献给

为同济设计 60 年
奠定基石的前辈
和
所有添砖加瓦者

华霞虹 郑时龄 著

同济大学
建筑设计院
60年

1958
——
2018

同济大学出版社

同济大学建筑设计院60年研究课题

受访者名单 (按姓氏拼音排序)

常青、巢斯、陈继良、陈琦、陈小龙、戴复东、丁洁民、董鉴泓、范舍金、方健、傅信祁、高晖鸣、顾国维、顾如珍、归谈纯、黄鼎业、黄士柏、贾坚、贾瑞云、江立敏、金炜、李道钦、李麟学、李永盛、李振宇、林金奎、刘家仲、刘毅、刘仲、刘佐鸿、卢济威、陆凤翔、路秉杰、陆宗林、毛华、毛继传、宋宝曙、孙品华、汤朔宁、唐云祥、王爱珠、王季卿、王健、王文胜、王志军、吴长福、吴定玮、吴庐生、吴志强、夏林、项海帆、谢振宇、徐利平、薛求理、姚大镒、姚启明、俞蕴洁、郁操政、袁烽、曾明根、曾群、翟东、张斌、张丽萍、张邋伟、张洛先、张哲元、章明、赵秀恒、赵颖、郑时龄、周建峰、周伟民、周雅瑾、朱保良、朱德跃、朱谋隆、朱亚新、朱钟炎、邹子敬

校史顾问

章华明、皋古平

档案文献支持

岳彩慧

研究团队

郑时龄、华霞虹、俞蕴洁、王凯、刘刊、邓小骅、王鑫、吴皎

附录整理

王健、范舍金、俞蕴洁、尤嘉、宫竹婷、赵斌、王颖、施赛金、王鑫、王琨、朱欣 (同济设计集团) ; 华霞虹、吴皎、金青琳、朱玉 (同济大学建筑与城市规划学院)

助研团队

李玮玉、王昱菲、顾汀、朱欣雨、方银钢、赵媛婧、梁金、金青琳、朱玉、刘嘉纬、王子潇、毛燕、郭兴达、倪稼宁、盛嫣茹、胡笳、洪晓菲、陈曦、赵爽、顾雨琪、杨颖、刘夏、熊湘莹、王宇慧、郑瑞棽、陈王苗、付润男、燕炜

图表设计

金青琳、周雪松、吴皎、杜超瑜、赵媛婧

课题资助

本课题受国家自然科学基金课题资助 (批准号: 51778419, 51478317)

目录

上篇　1951—1977　边教学边生产

1951—1957　　院系调整　校园建设　　　　　　　　　8
全国院系调整　　　　　　　　　　　　　　　　　9
成立建筑工程设计处　　　　　　　　　　　　　22
中心大楼　　　　　　　　　　　　　　　　　　39

1958—1965　　半工半教　半工半读　　　　　　　　52
成立同济大学附设土建设计院　　　　　　　　　53
去北京参加"十大建筑"设计　　　　　　　　　65
上海3000人歌剧院　　　　　　　　　　　　　　75
大型远洋客轮的室内设计　　　　　　　　　　　83
东湖梅岭工程现场设计　　　　　　　　　　　　91
同济大学饭厅兼礼堂（同济大礼堂）　　　　　　97
小面积独门独户住宅　　　　　　　　　　　　107
花港茶室与"设计革命"　　　　　　　　　　　117

1966—1977　　教学设计施工三结合　　　　　　　124
"五七公社"设计组　　　　　　　　　　　　　125
皖南"小三线"　　　　　　　　　　　　　　　131
"典型工程"与"五七公社"教材　　　　　　　135

中篇　1978—2000　高校产业改革的试验田

1978—1992　　经济改革　市场开拓　　　　　　　144
成立同济大学建筑设计研究院　　　　　　　　145
同济大学建筑工程专修班　　　　　　　　　　153
设计院新大楼　　　　　　　　　　　　　　　158
433经济改革与个人产值分配制　　　　　　　166
深圳白沙岭居住区与深圳分院　　　　　　　　172
TQC全面质量管理　　　　　　　　　　　　　180
《高层建筑设计》与《实验室建筑设计》　　184
南浦大桥与桥梁设计室　　　　　　　　　　　194
市政工程与道路设计室　　　　　　　　　　　204
地铁1号线新闸路站与地铁设计室　　　　　　209

1993—2000　　股份制　设计院重组　　　　　　　218
成为同济科技实业股份公司全资子公司　　　　219
杭州市政府大楼　　　　　　　　　　　　　　223

学电脑 甩图板 229

静安寺广场和南京路步行街 233

成立专业室 245

并校与设计院重组 256

下篇 2001—2018 快速城市化语境中的产学研协同

2001—2010 集团化 大事件 268

成立新的同济大学建筑设计研究院 269

行政中心与大学城 283

成立都市院 298

汶川地震援建 308

2010上海世博会 318

2011—2018 新空间 新发展 332

从巴士一场到上海国际设计一场 333

网络化 信息化 平台化 340

海外建筑项目 350

632米的上海中心大厦 361

经营管理与市场拓展 371

质量控制与评奖创优 377

大院里的建筑师工作室 387

技术发展与品牌运营 398

总结 同济大学设计院与同济学派 413

附录一 大事记 1951—2018 419

附录二 机构沿革 1951—2018 436

附录三 部门组织架构变迁 1951—2018 438

附录四 历任管理人员 1951—2018 444

附录五 勘察设计资质 2018 451

附录六 重要奖项 1986—2018 452

附录七 科研课题 2001—2018 483

附录八 出版专著 1981—2018 491

附录九 研究生毕业论文 2000—2018 494

附录十 规范图集 1987—2018 509

后记 516

1951
—
1977

上篇

边教学
边生产

1951—1957
院系调整　校园建设

全国院系调整
成立建筑工程设计处
中心大楼

1958—1965
半工半教　半工半读

成立同济大学附设土建设计院
去北京参加"十大建筑"设计
上海 3000 人歌剧院
大型远洋客轮的室内设计
东湖梅岭工程现场设计
同济大学饭厅兼礼堂（同济大礼堂）
小面积独门独户住宅
花港茶室与"设计革命"

1966—1977
教学设计施工三结合

"五七公社"设计组
皖南"小三线"
"典型工程"与"五七公社"教材

1951
—
1957

院系调整
校园建设

全国院系调整

自 1952 年全国高校院系调整，经过几年的历程，按照行政大区逐渐形成中国八大建筑院校，即今天著名的"建筑老八校"——华北的清华大学和天津大学、华东的同济大学和南京工学院（今东南大学）、中南①的华南工学院（今华南理工大学）、西南的重庆土木建筑学院（今重庆大学），西北的西安建筑工程学院（1956 年，今西安建筑科技大学）和东北的哈尔滨建筑工程学院（1959 年，今哈尔滨工业大学）。同济大学此前并未专门设置过建筑学专业，通过院系调整一下汇聚了上海及其周边多达 13 所高校的土木系和建筑系，组成了当时也是今天中国最大的以土木、建筑工程为核心和优势的高等院校。如果没有全国院系调整，就没有同济大学建筑系，也不可能建立同济大学建筑设计院。

① 中华人民共和国建国之初，全国被划分为东北、华北、华东、中南、西北、西南等六大行政区，至 1954 年撤销。

为了迎接次年（1952 年）秋季即将涌入的其他十余所院校的师生和统招新生，同济大学于 1951 年成立了建筑工程处，以便快速建造教学生活设施。为了帮助华东地区其他合并的院校建设校园，1953 年，又根据上级要求调整重点，成立同济大学建筑工程设计处，并于 1958 年 3 月 1 日正式建立了中国第一所高校附属的土建设计院。在迄今六十年的历史发展中，同济的建筑设计实践在同济大学的整体发展中始终与建筑工程类的专业教育齐头并进。同济之所以成为同济，教学与实践两者的价值缺一不可。同济设计是同济学派不可分割的核心。

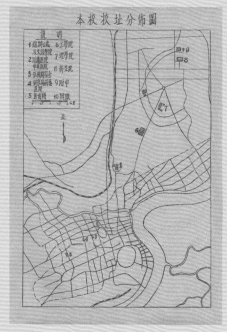

◎ 1949 年同济本校校址分布图（来源：《国立同济大学一九四九级毕业纪念册》，同济大学校史馆网上展馆）

其美路同济大学工学院

抗日战争结束后一年（1946 年），国立同济大学从四川李庄迁回上海。那时，吴淞校区已毁于战火，这所以理、工、医、文、法五大学院著称的综合性大学不得不分散安置各学院，校区多达十余处。②[1] 其中，工学院被分配到城市东北区的其美路旁一所 1942 年建成的原日本中学。其美

② 原德国医学院（善钟路，今常熟路）、原工部局西童学校（今四川北路）、原日本中学和日本第七国民学校（其美路，今四平路）、日本小学（今平昌街）、维德迈路校区（今邯郸路）、原江湾博物馆和飞机馆（今长海路）、江湾图书馆（今黑山路）。来自 1946 年同济上海校区分布图。

路以国民党沪军都督陈其美命名，路是因"大上海计划"中的"上海新市区规划"而于1930年兴建的一条通往江湾五角场的水泥路。地处城郊的同济大学工学院校园四周是纵横的河浜、大片的农田和零星的农舍。1946年，同济大学工学院拥有在读学生860人，教职人员95人。工学院下属五个系——机械、土木、造船、电机和测量，次年又成立了大地测量研究所。

返沪后不久，工学院改由李国豪担任院长兼土木工程系主任。1947年，从德国达姆施塔特工业大学毕业的金经昌和从奥地利维也纳工业大学毕业的冯纪忠受聘成为该系专职教授，在高年级开创建筑、都市计划和都市工程等设计课。他们跟这一时期其他留学回来的中国第一、第二代设计师一样，同时兼任着多所大学的教学职位，以及南京和上海都市计划委员会委员等职务，社会实践和人才培养并行不误。比如金经昌1946年底回国后，任职于上海市工务局都市计划委员会，与程世抚、钟耀华、黄作燊等一起修改完成当时"上海市都市计划总图一、二、三稿"。冯纪忠曾任职南京都市计划委员会建筑师(1947—1948)和上海市工务局都市计划委员会委员(1949年)等。

然而，谁也不曾预料到，在接下来的五年，伴随着社会的巨大变革，这处僻静的校区面积将扩大5倍，并大兴土木，完成几倍于此时既有的建设量。更不能预见的是，由于学习苏联模式，调整大学办学宗旨，培养模式从通才到专才，院系调整，原来多少有点权宜之计被分散在不同空间的同济大学真的被拆散了。1950年，其美路更名为四平路。1952年，同济大学工学院一举转变为华东地区乃至全国最大的一所单项专科类重点院校，以土建工程师培养为核心。曾经的其美路同济大学工学院在空间上独立和分离的事实演变成一种内容的本质。

同济早期院系调整

1949年6月25日，校长夏坚白携3200多名同济师生在工学院所在校区隆重接受上海军管会的接管，同济大学是上海解放后重点接管的首批4所国立大学之一。当时工学院登记学生人数为520人，其中土木系学生为104名。③完成接管和校产清点交接手续后，同济大学正式被纳入国有的教育事业。1950—1956年间，同济大学由中央高等教育部领导，由华东高等教育局管理。

20世纪50年代初，为了尽快复学，大学无论是招生方式还是学科设置都是延续此前设置，仿照的是欧美大学的传统。招生方式

③《各院系及附校6月6日复课前后学生人数统计表》。同济大学档案馆馆藏，档案号：2-1949-XZ14.0001。

从各校分别招生到多校联合，再到大行政区招生，直到1952年才第一次实现全国统一招生。对高校通过院系调整进行社会主义改造的原因有三方面。第一，原来高校的地区分布不合理。中央高等教育部首任部长马叙伦在1950年曾指出："在全国227所高等学校中，华东地区有85所，占总数的37.4%，单单上海一地就有43所，几乎占全国高校的五分之一[2]25。"因此要在全国范围内进行资源调整，以促进各地区的经济发展和国家稳定。第二，原有高校规模普遍较小。第三，科类和教学内容设置无法适应国家建设的需要。其中一个突出的问题是"工科高等院校和工程技术系科每年仅招收1.6万新生，在第一个五年计划期间只能向国家输送4万至5万毕业生，不足经济建设需要的25%"。[2]72

当时高等教育改造的核心除了"统一招生"，就是"密切配合国家建设，尤其是经济建设的迫切需要，增加工、理、农、医、师专科学院。综合性大学中，在师资设备可能的容量下，首先调整增加工学院系科的名额，理学院有条件的系科适当照顾。文法学院维持并限制不超过30人"。"各大行政区和高等学校应充分贯彻短期速成与长期培养统筹兼顾而以大量举办专修科为方针，工科方面必须实现本科学生占百分之四十五，专修科学生占百分之五十五的比例。"此外，中央还从部队机关等单位抽调干部经补习考试合格后入学。[3]通过全国统一招生，1952年高等学校的录取后报到率从1950年的50%提高到1952年的95%以上。而在1953年录取的7万名新生中，工科人数占42.3%，达到2.96万人，其次是师范生，占26.1%。

早在1949年9月，同济大学就参与了小范围的院系调整，之前最年轻的同济文学院和法学院被调整至复旦大学。1950年，中央希望华东行政区支援中南和东北两个行政区各一所医学院和一所工学院，分别迁往武汉和大连。同济大学医学院和理、工学院分别派遣代表团赴武汉和大连考察。此后，校长夏坚白带领代表团赴京与中央高教部部长马叙伦座谈，最后决定：同济大学医学院迁武汉，理、工两学院本年度暂留上海。

1951年9月20日，中央高教部批复：同意同济大学医学院迁来汉口与武汉大学医学院合并，改称"中南同济医学院"。④中南区一所新的医学院就此诞生。除了医学院的师生外，同时前往武汉的还有同济大学附属中美医院及附设卫生学校。1951年4月，汉口跑马场各学馆和多栋教职工宿舍动工修建。同年5月20日，中美医院改称"同济大学医学院附属同济医院"，简称"同济医院"。

为了尽快建设500床的医院大楼，武汉同济医院院长林竞成一

④ 中央高等教育部高一字第277号文。

从东北抗美援朝救护前线归来,就和医学院院长唐哲一起着手商议同济医院的建设问题。商定结果是邀请同济大学土木工程系教授冯纪忠主持设计,因为冯纪忠在奥地利留学时期就与同济医院的教授过晋源、裘法祖、唐哲等熟识。林竟成拿出自己早年保存的从美国、德国等地收集来的多家医院建筑设计图供冯纪忠参考,还亲自带队考察了北京、上海、大连等地的数十处医院建筑。冯纪忠从医院大楼功能出发,结合同济医院基地朝南向和主要道路面宽较窄的特征,以及各临床和医技科室的需求,绘制了四翼形的医院建筑平面布局,以使病房尽可能南向,中间则布置诊疗用房,与四翼病房联系最便捷,且服务距离基本均等。入口体量的南向尽端

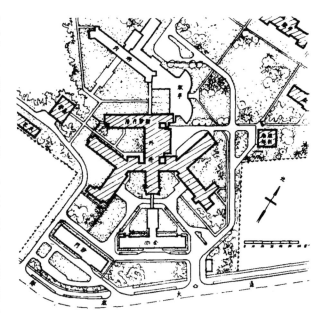

◎ 1953年武汉同济医院总平面图(来源:冯纪忠.武汉医院 [J].建筑学报,1957,(5).)

直接形成紧凑的门厅。医院建筑方案的模型曾在上海、武汉两地展出,因其形状被称为"飞机大楼"。⑤ 设计过程中,从最初的流线、面积到深化设备要求都跟医院各使用部门沟通协商,既保证了使用的需要,又利于工程进度。[5]分成几翼的布局方式也有利于分工制图,加快设计进度。傅信祁、顾善德、俞载道、李寿康、黄钟琏、杨公侠、徐鼎新等来自各校的建筑师、结构师共同参与,很快完成了施工图。[6]125

　　新的同济医院选址在汉口解放大道航空路武汉医学院校园内,该地块原为华商跑马场,占地面积约95 904平方米,总建筑面积19 300平方米,总造价约580万元,每平方米造价约300元。住院部大楼1000张床位,首期拟投入500张(实际投入600张)。大楼以四层楼为主,局部三层和五层。四翼均为病房,共14个护理单元,首层南侧两翼为检查和理疗区域。每个单元6间大病房,4间小病房,设40张病床。大病房靠南侧一字排开,每单元护理值班室设在北侧中段,护理距离最短最平均。两翼之间的三角地带设有探病等候厅、小化验室和污衣投送竖井。四翼病房的中间区域,也是"飞机"机身位置是诊断治疗单元,与各病区单元直接连通,便于接送病人。每个病区另设一间教室,供临床教学用。在四层布置4间手术室,上部设有圆形的密闭看台,学生可通过外部楼梯进入看台,见习手

⑤ 参见《建国初期同济大学医学院及附属中美医院内迁武汉纪事》,同济人网站, www.tongjiren.org/mag/view/103849.html。

◎上图　1955年武汉同济医院街景（来源：冯纪忠．武汉医院 [J]．建筑学报，1957，(5).)
◎下图　1955年武汉同济医院入口（来源：同济大学建筑与城市规划学院）

术过程。五层设阳光厅。医院的流线顺畅便捷。连接护理单元的各部门均形成尽端，主线支线分明，人流物流、清洁物污染物各有通道，避免交叉干扰和污染。房间采光充足，每个病房南侧设有几乎占满整个墙面的大玻璃钢窗，保证病房日照。走廊宽阔，通风良好。墙角设计成圆弧形，减少藏垢。外墙采用"汰石子"（水刷石）和斩假石饰面。[5] 入口上方墙面为反凹形弧面，上面开"十"字形窗，兼作医院的标志。

新的中南同济医学院附属医院全部工程设计由冯纪忠与工程师胡鸣时主持的群安建筑师事务所负责，中南建筑公司武汉第二公司承建。医院大楼于1952年春开始设计，1953年5月在汉口兴建，

1954年，土建基本完工。因为忙于应付各种"运动"，冯纪忠未能亲临施工现场指导，而是派年轻设计师胡其昌在武汉监工。[6]124-127所幸同济医院院长林竞成即甲方的项目负责人，为了把项目建设好，他也承担了监工的工作，他将上海同济医院的管理委托给副院长，自己日夜吃住在武汉新医院工程工地，与群安建筑师事务所依靠书信和电报沟通工程信息。⑥ [7] 1955年春节刚过，同济医院迁汉职工及家属数百人，包乘数艘客轮，在3月抵达武汉。5月5日，新的同济医院举行开幕仪式，这标志着同济医学院迁汉工作完成。⑦ 此前，冯纪忠带着群安建筑师事务所已设计建成毛泽东20世纪50年代在武汉的主要居住工作场所——东湖客舍（1950—1952）。[6]42-48

⑥ 同⑤

⑦ 同上。

与医学院内迁形成鲜明对比的是，本拟内迁大连的同济大学工学院和理学院最终没有离开上海。相反，在1952年的全国院系调整中，随着华东地区十余所高校土木、建筑学科的迁入，以及除土木建筑以外其他所有学科的迁出，同济大学转变为中国最大的以土木建筑为专长的单科类工科大学。

13所高校土木建筑系齐聚同济

根据中央高教部公布的华东区高校院系调整方案，新成立的同济大学事实上整合了上海及周边地区13所高校中的建筑系及土木系的师生，为当时形成的"建筑老八校"中组成成分最为复杂的一所。

同济大学土木建筑学科的合并主要分成两个阶段。第一阶段，1951年9月，为合并私立光华大学和私立大夏大学而创建华东师范大学，两校中不适合师范大学设置的系科并入其他学校，其中土木系与同济大学土木系合并。⑧ 第二阶段，1952年9月，全国性院系调整，同济大学调整为土木建筑测量类单科性工科院校。华东地区9所学校，包括之江大学、圣约翰大学、上海交通大学、大同大学、震旦大学、上海工业专科学校、中华工商学院、华东交通专科学校和中央美术学院华东分院下属的土木、建筑、测量系科的师生与原同济大学土木系合并，形成新的同济大学土木系、建筑系和测量系。⑨ 因上海交大土木系中已包含1951年6月并入的原复旦大学土木系，加上原同济大学土木系共计13所院校。按照中央高教部的最初计划，原南京大学建筑系（即中央大学建筑系）也要并入同济大学，内部已宣布由杨廷宝出任建筑系主任，黄作燊任副主任，后因江苏省委向中央报告要求保留而未实施。

⑧《为私立光华大学与大夏大学部分并入你校》。同济大学档案馆馆藏，档案号：2-1951-XZ-.0001。

⑨《华东区高等学校院系调整设置方案》。同济大学档案馆馆藏，档案号：2-1952-DW-11.0001。

1952年调整前，同济大学工学院设有8个系，包括机械、电机、造船、土木、测量、数学、物理、化学，教师235人，学生1247人。调整后，新的同济大学设立铁路公路、上下水道、结构、建筑和测量5个系，下设房屋建筑学、都市建设与经营、工业与民用建筑、工业与民用建筑结构、桥梁与隧道等10个本科专业，桥涵、工业与民用建筑、普通建筑、建筑设备等8个专科专业，教师增长至246人，学生数量翻了一倍多，达到2589人。[10]

[10]《院系调整工作总结》。同济大学档案馆馆藏，档案号：2-1952-DW2.0002。

新建的同济大学建筑系主要来自三所学校，原同济大学土木系和两所教会大学——杭州之江大学和上海圣约翰大学的建筑系。同济大学土木系从1946年返沪后开设都市计划和建筑学课，从1950年开始在高年级组中成立市政组，学习城市规划、城市道路、上下水道、建筑设计、建筑构造、建筑艺术（建筑史）、素描课等，主要授课的是专职教授金经昌和冯纪忠、兼职教授钟耀华。之江大学前身是1845年美国北长老会在宁波设立的崇信义塾。1914年更名为之江大学，1938年，在土木系开设建筑课目，低年级在杭州、高年级在上海慈淑大楼（今东海大楼）上课，由陈植负责。王华彬在1941—1949年任系主任。圣约翰大学前身为1865年成立的培雅书院和1866年成立的度恩书院，1879年合并，1905年改名为圣约翰大学。建筑系成立于1942年，由黄作燊担任系主任。先后任教的有来自德国德累斯顿高等工程学院的鲍立克（Richard Paulick），美国留学回国的程世抚、陆谦受、郑观宣、王大闳、李锦沛和英国人白兰德（Brandt）等。[8]

之江大学调入11名教师，包括6位教授，在宾夕法尼亚大学建筑系获硕士学位的陈植和谭垣，毕业于麻省理工大学的黄家骅，毕业于法国巴黎建筑学院、曾长期担任海关总建筑师的吴景祥，毕业于美国密歇根矿冶学院的罗邦杰和毕业于伊利诺大学的汪定曾，还有之江大学毕业生、副教授吴一清和助教黄毓麟、李正、叶谋方和大同大学毕业的杨公侠。圣约翰大学建筑系也调入10名教师，包括曾在法国巴黎美术学院和比利时皇家美术学院学习的美术教授周方白，英国建筑联盟学校本科、美国哈佛大学建筑研究生院毕业的建筑系主任副教授黄作燊，曾留学美国的陈业勋，由圣约翰大学毕业的青年助教李德华、王吉螽、翁致祥、罗小未、王轸福，以及后担任建筑系党支部书记的唐云祥。之江大学文学系毕业后在之江大学和圣约翰大学两校教授中国建筑史的副教授陈从周同时调入。[8]陈从周原系圣约翰中学中文教师，后受黄作燊邀请教授中国建筑史，故向刘敦桢等建筑史学家请教自学。之江大学和圣约翰大学并入同济的学生分别为59名和153名（其中建筑系56名）。

来自原同济大学土木系的教师为教授金经昌、冯纪忠，毕业于德国柏林工业大学、曾同时在大同大学土木系任教的教授唐英和曾在日本东京川端画校留学的美术教授陈盛铎，助教包括同济大学土木系的毕业生傅信祁、顾善德、肖开统和土木系市政组毕业生董鉴泓、邓述平。[8]

来自其他学校的教师包括：宾夕法尼亚大学毕业、原任教复旦大学后并入上海交通大学土木系的教授哈雄文，原上海交通大学副教授巢庆临、助教葛如亮，原光华大学讲师丁昌国，原大同大学洪钟德、沈阗、黄振寰，和毕业于之江大学、由震旦大学调入的助教王季卿。1952年后，又陆续调入从清华大学和美国纽约勒塞里工科大学建筑系毕业的前上海轻工设计院技术顾问庄秉权，毕业于伊利诺伊工学院、密斯·凡·德·罗的中国学生、副教授罗维东和毕业于国立

◎ 1953年秋同济大学建筑系教师合影（来源：同济大学建筑与城市规划学院）。第一排从左至右：傅信祁，邓述平，吴庐生，王微琦，金德云，哈雄文，史祝堂，董鉴泓，张佐时，钟金梁，陆轸；第二排从左至右：王吉螽，陈盛铎，丁日兰，朱亚新，何启泰，黄作燊，吴景祥，臧庆生，何德铭，陈从周，钟耀华，杨义辉，陆长发；第三排从左至右：乔燮吾，吴一清，王轸福，陆传纹，朱耀慈（周筱慈？），谭垣，唐英，周方白，朱保良，唐云祥；第四排从左至右：黄家骅，王淑兰，张忠言，李德华，赵汉光，董彬君，金经昌；第五排从左至右：黄毓麟，葛如亮，杨公侠，冯纪忠

艺专、曾在中央大学建筑系教授美术的樊明体等。1952年，南京工学院13位毕业生中的4位——戴复东、吴庐生、陈宗晖和徐馨祖也加入新成立的同济大学建筑系。[11] [8]2

土木系并入人数最多的为上海交通大学土木工程系，并入学生211人、教师30余人，其中包括系主任杨钦、王达时、曹敬康等8位教授。圣约翰大学土木系调入的包括教授张问清，副教授欧阳可庆、

⑪ 罗维东在董鉴泓论文中并未列出，华霞虹根据同济大学建筑与城市规划学院编，《同济大学建筑与城市规划学院五十周年纪念文集》（上海：上海科学技术出版社，2002）和罗维东自传《永不言休》（非出版物）添加。2017年，罗维东先生去世前由吴鸣幼先生整理汇编《永不言休》，王季卿先生赠阅。

郑大同、蒋大骅等。大同大学土木系教授祝永年、翁朝庆，助教戚德钧、陈培正、朱伯龙（1950年毕业于上海光华大学）等，大夏大学土木系专任教授王兴（系主任）、程良生、孙绳曾等均加入同济大学土木系。

通过院校合并，同济大学教师中汇聚了50余位留学归国的著名土木建筑类学科的学者。建筑系的教授和副教授中，拥有海外学位的有16人。其中，10人留美、1人留英、2人留德、2人留法、1人留奥、1人留比利时、1人留日。⑫因此同济大学建筑系的教师常被戏称为"八国联军"。其余教授和中青年教师则全部毕业于清华大学、原中央大学建筑系、国立艺专和合并前的相关院校，包括同济大学、之江大学、圣约翰大学、大同大学等。

新成立的同济大学建筑系主任暂时空缺，由黄作燊担任副系主任。下设建筑设计、建筑构造、都市计划、美术、画法几何及工程画和建筑历史6个教研室，分别由哈雄文、黄家骅、金经昌、周方白、孙青羊和陈从周担任主任。各校教授和中青年教师重新混编，组成各教研室。

1958年2月28日，同济大学人事科拟定的附设土建设计院的人员名单共列入107位教师作为设计人员。六年前来自13所院校的教授和曾经录取在不同学校，现在全部是同济大学新毕业后留校任教的年轻教师已经融为一体。15位教授被委任为室主任和副主任，包括吴景祥、庄秉权、哈雄文、冯纪忠、黄家骅、谭垣、黄作燊7位建筑系教授，王达时、曹敬康、张问清、俞载道、孙绳曾、欧阳可庆6位结构系教授和担任设备室主任的城建系教授胡家骏。只有通过回溯才能了解他们曾经来自华东地区十余所高校，而这些学校大部分已经成为历史。

与在全国院系调整中形成的清华大学建筑系、南京工学院建筑系和天津大学建筑系相比，同济大学建筑系是由多所背景不同的、有着悠久历史传统的高校土木系和建筑系组成的新的学科，教师的学术流派多元。之江大学、圣约翰大学和同济大学均以传播欧美文化技术为起点，加之身处新潮开放的近代新文化聚集地上海，其学术流派天生具有开放民主、兼收并蓄和百家争鸣的活跃气氛，不会形成"有一二位权威性教授形成金字塔式的人才结构"，而是形成"群峰耸立的局面"。[8]同济学派的开放多元还得益于并非建筑专业一枝独秀，而是相关专业携手发展，形成强大的学科群，且彼此始终处于一种和谐共处，互相促进的状态。比如同济建筑系本来就起源于土木系，而同济成立建筑系时，就同时创立了建筑学和城市规划

⑫ 黄作燊同时为留英和留美，周方白同时为留法和留比利时。

两个专业，而不是规划从属于建筑学；在改革开放以后又在国内率先成立风景园林、室内设计、工业造型专业；在新千年后又第一个创建了历史建筑保护工程专业。而与建筑土木实践密切相关的环境工程、岩土工程、道路交通、桥梁隧道全部是同济大学的优势学科。依托国内专业最齐全，规模也最大的土木建筑类工科院校也是同济设计不断做大做强的基础和优势。

高校设计院的逐渐形成既是社会生产的需要，是高等教育革命的结果，也与当时设计体制的"社会主义改造"密不可分。因为经济的公有制转型，教授们原来的私人事务所渐次关闭。通过像高校附属建筑设计院这样的组织机构，建筑和土木系的教授和中青年教师们得以继续施展他们的设计才华，将专业和理论的思考变为物质空间的现实。

同济校园规划与早期建设⑬

1946年，同济大学从李庄迁回上海，工学院被分配在其美路上的原上海日本中学。该校建于1942年，由日本建筑师石本喜久治设计。校园总体为集中式布局，以旗杆为中心，将礼堂、教学大楼和羽毛球馆等建筑体量呈"U"字形布置，围合而成的中心小广场正对其美路大门。学校占地13.8公顷，有运动场地5.7公顷，包括羽毛球馆、柔道场、剑道场和位于校园南侧的400米跑道。[9]

在接下来的三年（1946—1949）里，学校主要通过调整功能来满足使用。除了沿着其美路建造的学生宿舍(胜利楼)体量较大以外，陆续兴建的其他项目，包括用于办公的旭日楼、教师居住的四平斋和光明楼等，新建建筑规模有限，校区范围也未做明显扩展。⑭ [10]

1951年，为了接收光华大学和大夏大学的土木系并入的师生，同济大学在院外西侧征地22.50亩（1.5公顷），开始建造解放楼、青年楼及浴室，并于1952年完成一期工程。

1951年底，为了应对院系调整后其他十多所学校转移来的师生，同时准备好迎接1952年9月将入学的第一届统招的新生，同济大学紧急向北面的村庄征地316.59亩（21.1公顷），并成立同济大学建筑工程处。1952年底，工程处主任冯纪忠与邓述平等一批教师完成了同济校园的第一版规划方案。[11]1953年，根据上级指示成立同济大学建筑工程设计处后，又由设计一室主任哈雄文完成了第二版校园规划。在这一轮规划中，计划将学校的东西向主轴线北移，轴线南北两侧由4栋形制相同的教学楼两两对称，围合出中心的绿化广场。1953年，同济四平路校区在"一·二九"大楼南侧征得土地

⑬ 此节内容参考：吴皎，《新中国成立初期同济校园建筑实践中本土现代建筑的多元探索（1952—1965）》（上海：同济大学硕士学位论文，2018），导师：华霞虹。

⑭ 参照《同济大学志》编辑部，《同济大学志1907—2000》（上海：同济大学出版社，2000），448页；张涛，《百年校园形态》（上海：同济大学硕士学位论文，2008）中附录B部分内容。

45.05亩（3公顷），设立了新的运动场。1954年征到的200.93亩（13.4公顷）土地在原校区的西南侧，而非原规划设想的北侧，因此1953年的规划只能调整，仅原定的工程馆（文远楼）改换主入口方向后继续建设，新征用地最西侧集中布置试验室与实习工厂。学校的主轴线与大门不动，根据第一版规划的意图在近四平路的保留地块（即今南、北教学楼，图书馆和入口广场处）上筹建学校的教学中心大楼。

1955年，学校修建了机电馆。以机电馆为起点，陆续在校园最西侧的区域增置了6处实验室，包括给排水试验室、暖通试验室、工程结构试验室、热工实验室、材料研究所和1964年完工的道路研究所，并在原理化大楼西北角加建了声学实验室（以上名称据档案）。1957年，学校向学一至学六楼区域的西侧征地11.80亩（8000平方米），于1959年建成西北一楼、西北二楼两栋学生宿舍，由于不规则地界边缘和建设基地内天然的水域，西北楼的朝向与其他校园建筑呈一定的角度。

1963年竣工的学生饭厅兼礼堂（即同济大礼堂）和1965年建成的图书馆（现图书馆二层部分）的选址一个位于中轴线的最西端，一个位于入口广场的底端，成为同济校园中的"压轴"之作。

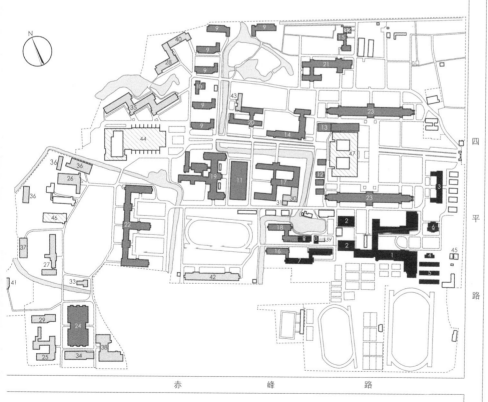

1942-1951
1. 一·二九大楼（1942）
2. 体育馆（1946）
3. 胜利楼（1946）
4. 光明楼（1946）
5. 四平斋（1947-1949）
6. 旭日楼（1947）
7. 解放楼第一部分（1951）
8. 青年楼第一部分和浴室（1951）

1952-1955
9. 学一至学六楼（1952）
10. 公共浴室（1952）
11. 大草棚（1952，后拆除）
12. 小草棚（1952，后拆除）
13. 民主楼（1953，后部分拆除）
14. 和平楼（1953）
15. 卫生科（1953）
16. 解放楼第二部分（1953）
17. 土建工程试验所（1953）
18. 青年楼第二部分（1953）
19. 第一学生食堂（1953）
20. 理化馆（1953）
21. 文远楼（1954）
22. 西南一楼（1954）
23. 南北教学楼（1955）
24. 机电馆（1955）

1956-1960
25. 暖通试验室（1956）
26. 工程结构试验室（1957）
27. 给排水试验室（1957）
28. 西北二楼（1957）
29. 热工间（1957）
30. 土建工程试验所加建（1957）
31. 水塔（1957）
32. 卫生科加建（1958）
33. 建筑机械车库（1958）
34. 实习工厂（1958）
35. 西北一楼（1959）
36. 耐火材料及水泥厂（1959）
37. 玻璃丝厂（1959）
38. 金工厂（1959）
39. 青年楼浴室加建（1959）
40. 西北二楼扩建（1960）
41. 危险品仓库（1960）
42. 西南二楼（1960）
43. 理化馆声学实验室加建（1960）

1961-1965
44. 大礼堂和厨房部分（1961）
45. 泵房及水池（1963）
46. 公路研究所（1964）
47. 图书馆（1965）

◎ 1946—1965同济校园建设演变图（来源：吴皎、杜超瑜根据同济设计集团提供的同济校园基建档案绘制）

除了成立设计机构、组织土木建筑系师生参与设计外，学校还组织教师与同学参与"劳动建校"。1952年时挖平了日军占领时期留下的几个飞机库，并团结力量加快了6幢学生宿舍楼的建造进度。⑮ [12]1953年后，在日常学习工作之余，师生义务参与南北教学楼、文远楼、理化试验馆、工程试验馆等项目的施工，以及疏通河道、校园景观及绿化等环境建设的工作。⑯ 其中最知名的是同济"三好坞"的修建。在文远楼竣工后，旁边留下的一处洼地，不久便成为垃圾倾倒处，时常散发恶臭。在陈从周的提议下，薛尚实和刘准开始动员大家一起挖淤泥、堆山头、移植花木进行造园活动，于1956年造就今日"三

◎ "一铲一锄挖出三好坞"（来源：《同济人》2006年第三期（总第8期）封底）

好坞"的园林景观。所谓"三好"呼应的是毛泽东1953年提出的教育方针"学习好、身体好、工作好"。陈从周的诗文"三好坞中千尺柳，几人知是薛公栽"指的就是校长薛尚实亲自参与建设。[13]

从1946年迁到其美路迄今七十多年的历史中，同济大学每一时期的校园建设都可见同济原创设计、产学研紧密结合和技术不断创新的烙印。同济校园也常常充当着同济设计的第一个试验场和展示地。

⑮ 原载于《同济人》2006年第三期。

⑯ 参考"caochikang"的新浪博客《用自己的双手建设同济园——1950年代初期的大学生面貌》一文内容，信息来源：http://blog.sina.com.cn/s/blog_5cf9a1200102uw2a.html.

参考文献

[1] 张小松. 同济老照片[M]. 上海:同济大学出版社,2002.

[2] 何东昌. 中华人民共和国重要教育文献(1949—1975)[M]. 海口:海南出版社, 1998.

[3] 杨学为.中国考试史文献集成——第8卷(中华人民共和国)[M]. 北京:高等教育出版社,2003:290-294.

[4] 赵冰. 夏夜医院楼——冯纪忠作品研讨之三[J]. 华中建筑,2010,(6):1-4.

[5] 冯纪忠. 武汉医院[J]. 建筑学报,1957,(5):13-18.

[6] 冯纪忠. 建筑人生——冯纪忠自述[M]. 北京:东方出版社,2010.

[7] 马先松. 林竟成与武汉同济医院的建设[J]. 武汉文史资料,2017,(4):31-35.

[8] 董鉴泓. 同济建筑系的源与流[J]. 时代建筑,1993,(2):3-7.

[9] 朱晓明,田国华.特殊时期建造的原上海日本中学校羽毛球馆结构与空间解析[J].住宅科技,2015,(1):13-19.

[10] 《同济大学志》编辑部.同济大学志1907—2000[M].上海:同济大学出版社, 2000:448.

[11] 邓述平.怀念冯先生[J]. 华中建筑,2010,(3):183.

[12] 董鉴泓. 同济生活六十年[M].上海:同济大学出版社,2007:55.

[13] 金正基. 同济的故事[M].上海:同济大学出版社,2015:243-246.

成立建筑工程设计处

同济大学在正式成立附设土建设计院以前，曾经成立过两个机构，组织土木系及建筑系教师开展校内外工程实践。一个是1951年11月底成立的同济大学建筑工程处，一个是1953年1月15日成立的同济大学建筑工程设计处。这两个机构成立的时间相隔仅14个月，从名称上看不过是有无"设计"两字的区别，但两者的背景、性质和作用其实存在很大差异。

先期成立的建筑工程处偏重于自带设计团队的同济大学基建部门，不过利用本校土木系教师的专业优势，以尽快完成因院系调整而催生的校园建设任务，需负责组织设计和建造。同济大学建筑工程设计处则是由华东军(行)政委员会文化教育委员会(以下简称"华东文委")指示，在同济大学总务处下成立，行政上接受同济大学直接领导，业务上接受华东文委计划财务处的指导，承接华东文委直属单位部分建筑、安装工程，以及华东各省、市文委系统下各单位部分工作量较大的建筑、安装工程。这是一个为生产任务而专门设置的"建筑与安装工程的设计机构"，其工作重心在设计、施工指导和标准设计编制，[①] 而不是一竿子到底的项目总负责。同时，建筑工程设计处也是同济大学第一个"教学与生产劳动相结合"的建筑和安装工程设计的实习基地，与学习苏联模式的社会主义改造和教育革命一脉相承。一方面，院系调整后利用同济大学作为全国最大土建类专业高校的人才优势；另一方面，也是从以理论为主导的传统教育模式向以实践为主导的社会主义工科大学教育模式转变的一种新型组织机构。从"边教学边生产"这一角度来说，同济大学建筑工程设计处与5年后成立的同济大学附设土建设计院性质相同，这类组织既是高校设计服务社会的窗口，也是"设计革命"和"教育革命"的实验室。

建筑工程处

因为1952年全国院系调整和第一次高校统一招生带来的师生人数倍增，同济大学"日趋发展，对于建筑修缮工程，亦日趋繁剧"，需有专人负责。1951年11月14日，校务委员会开会商议后向华东军政委员会教育部呈文，申请"在秘书处增设工务组"，以便由"研习工程之专门人才主持处理"。[②] [1] 结果工务组未成立，却成立了建筑工程处这样一个为应对学校基建扩展而创立的机构，由时任同济大学校委会秘书长的工程力学教研室副教授翟立林负责。[③] 负责建

① 《同济大学建筑工程设计处组织条例》，同济大学档案馆馆藏，档案号：2-1953-XZ-53.0004。

② 1951年11月14日经校务会议第116次会议决议"添设工务组，隶属秘书处，先行呈报教育部批准，再研究人选"，并于19日向华东军政委员会教育部呈文："拟在秘书处增设工务组"，"查我校日趋发展，对于建筑修缮工程，亦日趋繁剧，必须研习工程之专门人才主持处理。兹为适应实际需要，拟增设工务组，专事其事"。虽其后并未正式宣告成立工务组，但却成立学校建筑工程处，由秘书长翟立林领带，并由冯纪忠、祝永年和丁昌国等在校教师负责学校建筑工程的设计营造事务。

③ 翟立林是沈阳人，1941年毕业于同济大学土木系，后一直留校任教，1953年任工程力学教研室副教授，1956年还创建了建筑工程经济与组织专业。

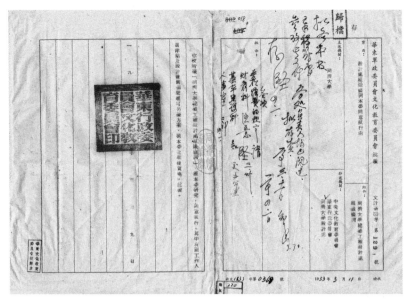

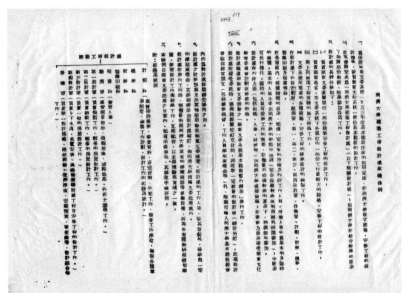

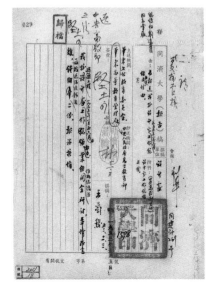

◎《华东军政委员会文化教育委员会批复同意试行〈同济大学
建筑工程设计处组织条例〉》
◎《同济大学建筑工程设计处组织条例》
◎《向华东文化教育委员会报送我校设计处1953年—至六月工
作总结报告》
（来源：同济大学档案馆）

筑和结构设计的是在土木系专职任教的冯纪忠、祝永年两位教授和讲师丁昌国，以及青年助教顾善德、傅信祁等。

专人专事的效率的确很高。1951年，工程处设计建成了两栋两层高的砖木结构的宿舍楼——解放楼和青年楼的一期部分，两者之间还建有浴室。解放楼和青年楼主要由傅信祁负责建筑设计，顾善德负责结构设计。青年楼的立面设计略有细节调整，窗户并非居中布置，而是"歪在一边"，两个房间形成一组。这一细节是冯纪忠的想法。因为每间宿舍住10个人，需要纵横放入五组高低床。其中靠窗位置一侧横向布置了2米长的高低床，如果窗还开在房间中间位置，就会被床挡住，开关很不方便。歪在一边反而符合功能的

◎1951年，青年教师傅信祁（下）、顾善德（上）在劳动建校中正在设计解放楼和青年楼（来源：《同济老照片》（增订版），陆敏恂编，同济大学出版社，2007）

需求。[2] 负责青年楼施工的"包工头"是傅信祁的同学，在云南时曾邀请傅信祁合开建筑公司。这样选择肯定有利于控制施工进度和质量，不料也埋下了巨大的隐患。1951年底，全国开展反贪污、反浪费、反官僚主义的"三反"运动。1952年初，有人揭发：解放楼、青年楼工程被承包给了关系户，肯定有贪污、行贿。结果不仅包工头被抓起来，负责设计的傅信祁和顾善德被抓起来，连三位学校领导（校委会主任夏坚白、教务长李国豪、秘书长翟立林）也被隔离审查了数月，直到后来华东教育部长和学委会来校查无实据，才得以

恢复工作。④ [3] 因此，1951年在设计和平楼时，除丁昌国完成了梁板的结构计算外，冯纪忠"只能一个人设计，一个助手都没有"。[4]

第二年，在新生入学前，部分得益于全校师生在课余积极参与施工，6幢新的学生宿舍在学校新征的西北角地块上也基本建成了，清一色的双层双坡顶砖木结构建筑，主要由祝永年负责。因为是学生宿舍，由南向北依次命名为学一楼至学六楼，在学二楼和学三楼之间插建了一个"T"字形的单层双坡顶的公共浴室。原来只能在"一·二九"体育馆分隔出来的超大统间里听同学磨牙说梦话的学生们终于可以住进卫生舒适的专用宿舍房间了。[5] 每栋宿舍南北对称，每层共18间标准宿舍，每间布置5组高低床，可以住10名学生，一栋两层的宿舍楼即可容纳360名学生。当时，钢筋混凝土很贵，因此宿舍楼采用砖墙承重，二层楼板采用木楼板。为了避免楼上安装洁具而必须使用混凝土楼板从而增加造价，公共卫生间和盥洗室统一设置在一个独立的单层结构里，位于靠近马路的一端，与宿舍楼形成"L"形。从1951年12月21日完成的卫生设备图纸上可以发现，当时尚处于公私体制并存的时期，负责给排水设计的是张发记工程行的卫生工程师赵忠远。

不过，由于政治运动、资金和工期等原因，学校未能在短时间内扩充教学和服务设施，只能请当地工匠在新建宿舍区南侧用毛竹搭建了一个"大草棚"，与6栋宿舍楼一起构成生活区。从历史照片来看，这个大草棚有上下两层稻草屋顶，下层的稻草屋顶覆盖所有面积，为四坡形式，上层为双坡顶，只遮蔽中间四跨，并与下层屋顶脱开，以增加大空间的采光通风。董鉴泓后来在《同济人》杂志中回顾了"大草棚的故事"：这个长约25间共100米，宽约10间共40米的大跨度竹构建筑修建于1952年底，并没有设计图纸和结构计算，完全是由工匠直接搭建的。中间屋顶采用两排较高的杉木立柱支撑，两边较低的空间则完全是用竹篾绑扎的竹结构。毛竹斜撑从两侧外墙伸出，插入基地。四周围合的墙体采用玻璃门窗。双坡屋顶用于采光的部分是工匠用半透明的海产类贝壳薄片串联而成的。大草棚最多可容纳千余人同时用餐，在建成正式的同济大礼堂前，这里也一直是全校师生集会、举行文艺演出和放映电影的场所。20世纪五六十年代在此求学的同济人对此都留有深刻的记忆。

同时修建的还有一系列"小草棚"，虽说是小草棚，每个也可容纳两个班级近百人，⑤ 新成立的建筑系一到四年级都曾在此上课。据当时的青年助教王季卿回忆，"1952（年）秋开学因为教室不够，沿四平路搭建草棚煤渣地的教室供建筑专业绘图使用，两年后才拆除。

④ "三反"运动初期，学校成立专案小组，审查解放楼和青年楼两项工程中偷工减料和行贿受贿问题。审查中，因有人被逼供在"坦白书"上"检举"校委会主任夏坚白、教务长李国豪、秘书长翟立林贪污受贿，三人被隔离审查。1952年4月华东军政委员会教育部党组书记陈其五及华东学委会三人来校亲查此案。结果，三位领导贪污受贿之事查无实据，纯属诬告。6月20日，恢复三人工作。

⑤ 2018年1月23日，华霞虹访谈朱谋隆、郁操政、陈琦、贾瑞云 路秉杰，地点：同济大学建筑与城市规划学院B楼三楼女教师之家。

因为当时除建筑本科生外，还设有建筑施工和建筑设备两个两年制的专修科，每班各约百人，远超本科人数"。这些大大小小的草棚，加上开在四平路上的大门也是一个竹排楼，使20世纪50年代的同济大学被学生们戏称为"草棚大学"。直到1952年底，时任设计处主任的冯纪忠才与邓述平等一批教师完成了同济校园的第一版规划方案。[6]

建筑工程设计处

1953年春，建筑工程处成立刚满一年，由多校合并形成的建筑系创建仅半年。春节刚过，老师们就接到通知，要求年初三（2月16日）就到学校开会。[7] 事实上，年初三开的已经是新成立的同济大学建筑工程设计处的第五次会议。早在1月15日，翟立林已主持召开会议，传达了华东文委的指示精神，对原同济大学建筑工程处的工作范围进行调整："施工工作可全部由上海建筑工业局负担，我处今后全力从事设计工作"，就此正式成立"同济大学建筑工程设计处"（下文简称"设计处"），以承接华东文委分配的设计任务。[1] 建筑工程设计处由翟立林兼任主任，总务处副总务长曲作民兼任副主任。

◎ 1953年《同济大学建筑工程设计处纪念册》
（来源：傅信祁提供）

同年1月31日，设计处对其组织机构及负责人员进行决议：翟立林和曲作民分任处长和副处长；第一设计室承担规划工作较多的设计任务，建筑由哈雄文、黄毓麟负责，结构由俞载道负责；第二设计室承担结构较为复杂的房屋设计，由冯纪忠、曹敬康、肖开统负责；第三设计室负责一般砖木结构的房屋设计，由丁昌国、傅信祁负责；第四设计室任务为水电安装工程，由张德龙负责；技术室由唐英负责，进行规范设计、制订规格标准和相关的预算工作；此外还配有勘测室（测量及钻探）和钻探队。在2月9日召开的会议中，学校决议四个设计室分别由四名建筑系的年轻教师——王季卿、陈宗晖、戴复东和葛如亮脱离教学工作担任指导员，以直接指导当时建筑学三年级的60余名学生进行设计施工。同时，会议明确了四个设计室中每个设计组的人员和组长，每个设计室下设五个设计组。设计处即日正式开展工作。[7] 1953年3月11日，华东文委批复同意试行《同济大学建筑工程设计处组织条例》。⑥

⑥《华东军政委员会文化教育委员会批复同意试行〈同济大学建筑工程设计处组织条例〉》，文计基（53）第129号文；同济大学档案馆藏，档案号：2-1953-XZ-53.0004。

设计处成立的目的是"尽力发挥同济师生的潜在力量，以减轻全国范围基建工作中力量不足的问题"。从设计处的人员安排来看，有"轮流抽调，完全脱离教学的基本人员"和"课外参加工作人员"两种。[7]"当工作需要突击时，全体师生可短期停课参加工作"。在具体人员安排上，建筑系除哈雄文、冯纪忠、唐英三位负责教授外，其余均为各校合并或分配进入同济的中青年教师和三年级学生。从这一角度看，设计处这个"主要从事设计工作的生产单位"，更像年轻师生的"实习工厂"。除了更为资深的教授们需要把工作重点放在新成立的建筑系的教学和行政组织上以外，另一个原因是中华人民共和国成立初期，很多教授或兼有私人事务所的设计和后续工作，或兼任其他设计单位的顾问，因此不必依赖设计院开展实践。比如，1950年冯纪忠与胡鸣时创办群安建筑师事务所，1951年谭垣与吴景祥、李恩良、李正等之江大学师生7人合办中国联营顾问建筑师/工程师事务所，1951年至1955年间谭垣还兼任市政建筑委员会上海市建筑工程局（后上海民用建筑设计院）顾问，每周一次前往指导重要建设项目。[8]207-208同样，在1955年前，吴景祥一直兼任华东建筑设计院的顾问。而建筑系副系主任黄作燊曾于1948年至1949年间与陆谦受、王大闳、陈占祥、郑观宣共同组成五联营建计划所；1951年4—6月间担任上海市土产展览交流大会场地建筑设计委员会委员；此后至1952年合并进入同济大学建筑系以前，曾担任上海工建土木建筑事务所负责人；院系合并后他则将重心基本放在校内事务上。[9]同时，1953年上海也仍有一些私人的设计和施工机构还在开展业务。

设计处共有161人，其中教师17人，兼职人员26人，技工13人，并抽调工民建结构学生34名和房（屋）建（筑学）秋三（年级）学生71人。[8]除了少量结构课以外，这些学生"正常的教学课程全部停止"，他们在老师的指导下，"全天投入各项工程的建筑设计，边干边学，日以继夜赶制完成了大量施工图"。[7]1953届建筑学学生朱亚新、李清云、赵振武、寿震华、乐卫忠、褚菊馨、奚伯昌、陆轸等均参与了施工图绘制，第一设计室的"李清云小组"还参与了青年楼、文远楼等校园项目的建筑设计。[9]结构系同样抽调了土木系原三年级的同学来进行结构设计和计算。这些同学刚参加完治淮工程返校，担任指导的是设计处第一室结构负责人土木系教授俞载道，文远楼的结构就是俞载道指导土木系学生设计完成的。

设计处在1953年完成的校内设计包括青年楼第二期，第一、第二学生食堂，还有理化馆（王季卿负责），并由第一设计室负责

⑦《〈同济大学建筑工程设计处组织条例〉内容要点》，同济大学档案馆馆藏，档案号：2-1953-XZ-53.0005。

⑧《建筑工程设计处第一阶段工作的简要报告》，同济大学档案馆馆藏，档案号：2-1953-XZ-28.0002。不过王季卿认为此为报告中数据，因有人病休推迟毕业，实际人数为60余人。

⑨相关内容参考同济建筑设计研究院档案、同济大学基建档案资料和同济大学建筑与城市规划学院本科生名单进行编写。李清云为之江大学建筑系转入同济大学的学生。

筹划文远楼（黄毓麟负责）的建造工程。此外，设计处还继续进行原学校建筑工程处的同济新村建造任务。⑩除本校的校舍营建工程外，根据当年 11 月 5 日同济大学《向华东文化教育委员会报送我校设计处 1953 年一至六月工作总结报告》中所附总结报告还可得知的是，设计处在 1953 年 1—6 月间，完成华东文委交下的设计任务共达 23 个建设单位，包括中央音乐学院华东分院、上海第一医学院儿科医院、华东师范大学、华东水利学院、中国科学院、山东结核病防治所、俄文专科学校、新华切纸厂、上海第二医学院、中央戏剧学院华东分院、上海第一医学院护士学校、华东人民广播器材厂等，共计工程项目 101 项，还完成了 14 种宿舍标准设计（也作为实际工程的入门训练），总计建筑面积 97 449 平方米，总造价 1200 多亿元，⑪其中钢筋混凝土结构建筑占 27.6%，混合结构建筑占 18.6%，砖木结构建筑占 53.8%"⑫。完成图纸 1134 张，计算书 2700 页，钻探报告 65 份。

文远楼

　　文远楼可能是同济大学校园内知名度最高的建筑——1993 年，在中国建筑学会成立 40 周年之际被授予"中国建筑学会优秀建筑创作奖"。1999 年，文远楼与松江方塔园中的何陋轩一起荣获"建国 50 周年上海十大经典建筑铜奖"。⑬文远楼 1953 年开始设计，1954 年建成。之所以一直被视为本土现代主义建筑的代表作，是因为其"形式追随功能"的抽象形式、钢筋混凝土结构、平屋顶和大面积玻璃窗形式与同时期建成的大部分砖木和砖混结构、坡屋顶的建筑形成了非常鲜明的对比。

　　文远楼是院系调整后同济大学在四平路校区建成的第一幢重要的教学楼，也是设计处完成的最有影响力的作品之一。在哈雄文主持的校园规划中，该楼原为东西

⑩ 相关内容参考同济建筑设计研究院档案和同济大学基建档案资料进行编写。

⑪ 此为旧币。1955 年 2 月 17 日，国务院第五次会议通过《关于发行新的人民币和收回现行人民币的命令》。新币 1 元等于旧币 1 万元。

⑫《向华东文化教育委员会报送我校设计处 53 年一至六月工作总结报告》及其所附《同济大学建筑工程处第一阶段工作总结报告草案》，同济大学档案馆馆藏，档案号：2-1953-XZ-28.0003。部分项目应为 1953 年下半年设计，1954 年后建成，如华东水利学院工程馆。

⑬ 上海现代建筑设计集团汇编，《建国 50 周年上海经典建筑评选活动》。该文本非出版物，280 页详细记载了该活动从策划到颁奖的全过程，包括很多评选过程文件。上海市建筑学会提供。

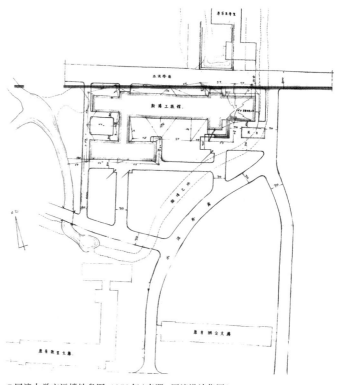

◎同济大学文远楼地盘图，1953 年（来源：同济设计集团）

1953年同济大学建筑工程处设计项目
◎中央音乐学院华东分院　　◎华东水利学院工程馆
◎山东结核病院　　　　　　◎俄文专科学校饭厅
◎上海第一医学院儿科医院
（来源:《1953年同济大学建筑工程设计处纪念册》插页,傅信祁提供）

◎1953年同济大学建筑工程设计处第一设计室校园规划方案,哈雄文
主持设计（来源:《1953年同济大学建筑工程设计处纪念册》插页,傅信
祁提供）

◎ 1953年同济大学文远楼效果图,哈雄文、黄毓麟、王季卿设计(来源:《1953年同济大学建筑工程设计处纪念册》插页,傅信祁提供)
◎ 同济大学文远楼建成鸟瞰全景(来源:同济大学新闻中心)

◎ 同济大学文远楼底层平面图,1953年
◎ 同济大学文远楼立面图,1953年(来源:同济设计集团)

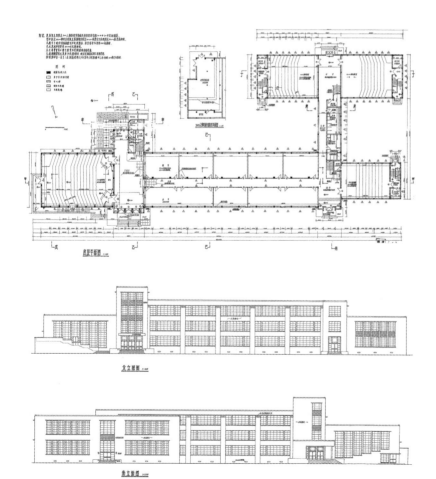

向主轴线上教学广场四周的四栋教学楼之一，拟建在西南角，用作测量系馆。当时分管学校基建的副校长夏坚白是中国天文测量专业的先驱，他希望这座测量工程馆上面能够安装天文测试仪器供教学和研究使用。因此，这栋仅3层高的教学楼得以突破当年通用的瓦屋坡顶的经济做法，获特别批准使用钢筋混凝土结构的平屋顶。在1952—1965年间同济大学校园内建成的44栋建筑中，文远楼单方造价为历年基建项目最高，总投资共87.81万元，每平方米造价约为179.4元。[10]夏坚白以中国古代伟大的天文学家祖冲之的字"文远"为大楼命名，立面上"文远楼"的字体则摘自鲁迅的手稿。[7]

文远楼的设计任务主要分配给设计处的第一设计室，在室主任哈雄文1953年同济大学规划基础上，主要由青年助教黄毓麟主创，王季卿参与设计。黄毓麟1949年从之江大学毕业后留校任教，是之江大学当时主持教学的教授谭垣的得意门生和主要助手，被誉为"深得谭派嫡传"。1949年5月上海解放，市政府决定建造"上海人民英雄纪念碑"，谭垣与之江大学教师合作提交了两份方案。1951年3月，竞赛委员会匿名评审，在22份作品中选出3个分获一、二、三等奖，结果前两名竟然都是之江大学的谭垣、张智、黄毓麟和雕塑家张充仁四人合作设计的，⑭ [8]137-138在当时成为美谈。

文远楼建筑面积为5053平方米，平面布局采用大小空间分离的策略，中间形体南北布置小型教室和教研室，中、大型的阶梯教室则分列在主形体两端，通过门厅和垂直交通疏导人流。文远楼的总体布局呈"L"形，目的是避开基地中原有呈袋状环绕的自然河滨；北侧朝向拟建教学广场设置两个主要入口，立面规整；南侧根据功能与河道边界呈现从西至东逐渐缩进的变化。所有教室和办公室均为南北朝向。

1953年6月，设计图纸基本完成，项目开始按计划建造。后因学校未能如愿征得校园北面的地块，原有的规划方案无法实施。同年10月，考虑到大楼落成后，全校师生将主要从校园的南部进入，设计一室对南、北入口的图纸进行了修改。北面主入口依旧，南入口则在原有的金山石踏步台阶的基础上添加了柱廊和雨篷，还将一层门厅一侧的体量，即卫生间的位置凸出，并在室外台阶的两端设置花台，作为收头，通过显著的空间和凸出的体形实现背立面变正立面的效果。建筑西侧的南北两处入口为次入口。入口台阶的形式也强调了主次的区别。其中两处主入口都采用6级踏步，台阶两边花台立面设有凸出的方形石块装饰，次入口则为3级踏步，两侧花池未设装饰块。同年12月，黄毓麟增补了气窗内外立面的纹样图纸。

⑭ 据王季卿回忆，这是上海人民英雄纪念碑因为选址改变而举行的第二次竞赛。第一次竞赛获奖者另有其人。

大楼最终于1954年落成。

1956年，学校委任王季卿负责对文远楼106教室进行声学改造。由于先前设计时对声学设计缺乏经验，200余人的大教室空间高大，音质不佳，因此校部要求原设计者加以解决。改造工作于暑期完成，106教室室内音质得到显著改善。设计师王季卿和盛养源在《同济大学学报》1957年第2期合作发表1篇论文介绍该改造经历和经验。[11]

同年8月，同济测量系师生根据全国院系调整计划全部迁往武汉，与青岛工学院、天津大学、南京工学院、华南工学院四校测量系合并成立武汉测绘制图学院。夏坚白也因此离开同济。落成后的文远楼由学校分配给建筑系和土木系共同使用。只有"文远楼屋顶平台上仍遗留下原预备放置测量仪器的许多小柱墩"。[7]

不过对于将文远楼贴上"我国最早的也是唯一的典型的包豪斯风格建筑"[12]标签的做法，研究者大多存有疑虑。一是设计者黄毓麟自己从未作此表述，⑮且几乎在同一时期，受到全国推广"民族形式"思潮的影响，建筑师还设计了同济校园里唯一采用大屋顶的西南宿舍楼。二是从黄毓麟所受"布扎"教育来看，文远楼高低错落的建筑体量和立面处理更可能依据的是轴线、比例、构图的古典建筑设计原理，[13][14]以及谭垣所强调的"形式反映功能，从而丰富立面效果"[15]的内外统一的指导思想，而非意在表现现代技术和材料的"现代主义"原则。当然，从之江大学建筑系的设计理论讲授大纲来看，"布扎"的教学方式并非只注重形式不顾及功能，其设计方法除了对"统一""对比""比例""尺度"等构图法则外，也包括对功能、环境等关系的指导。[16]在中国早期的现代建筑教育中，古典与现代并不构成对立。⑯

在文远楼、西南楼学生宿舍、中央音乐学院华东分院（今上海师范大学桂林路校区）、上海第一医学院附属儿科医院（枫林路）等作品上展露过人才华的设计者黄毓麟因罹患脑瘤，于1954年春刚被聘为讲师后不幸英年早逝，时年28岁。工程的扫尾工作由王季卿等其他教师接替完成。也是因为与师兄黄毓麟合作设计中央音乐学院华东分院音乐厅，王季卿对建筑声学产生了兴趣，⑰并成为中国该学科早期开拓者之一，1956年在校内设计建造了我国第一个混响室和隔声试验室，填补了国内空白。

理化馆与文远楼几乎同时期建设，与文远楼一样也是设计一室的项目，由哈雄文担任工程负责人，黄毓麟和王季卿担任主要设计人，制图工作由第二小组，即丁耀森小组负责。理化馆是一幢理化试验楼，包括物理实验室、化学试验室、阶梯教室和办公室，总建

⑮ 2018年1月23日，华霞虹访谈王季卿、朱亚新，地点：王季卿、朱亚新上海寓所。

⑯ 同上。

⑰ 同上。

筑面积为2192平方米。因为规模不大，项目在1953年4月设计完成，当年年底落成使用。其主体采用砖混结构，屋顶为木屋架搭建的坡屋顶，总工程造价为29.92万元，每平方米136.5元。虽然墙体为砖砌，但是当建筑师提出是否可以"将砖柱做到最小，以便开设大窗"时，负责结构的教授俞载道就"计算出与混凝土柱外观相差不多的最小尺寸，大大改善了进深较大的实验室的采光条件"。因为造价相对充裕，理化馆全部采用钢窗，因此比差不多同时期建成的、采用木窗的和平楼和民主楼更显轻巧。

同济新村与同济大学教工俱乐部

　　除了校园内的教学、实验和办公建筑以外，建筑工程处和设计处的另一个工作重点是各高校教师居住的新村住宅。1952年，为解决同济大学教工的居住问题，都市计划教研室主任金经昌主持了同济新村的规划设计。最初规划的同济新村用地约10公顷，主入口设置在彰武路，为配合原来的河浜地形，道路设计成曲线形，内部住宅采用成组成群的布置方式，组团间设置绿化，供居民户外活动。小学、幼儿园、零售商店、理发室、浴室、俱乐部和职工食堂单独设置，避免对住宅的干扰。[17]

　　同济新村在1952—1957年间进行了数次集中建造。其中，1952年建成31幢两层楼教职工宿舍"同字楼"和12幢一层楼的"济字楼"，总建筑面积12 991平方米，共220套。同字楼与济字楼均为单层立帖式砖木结构住宅，平面功能简单，每户只有一间居室和一间厨房，卫生间需公用，只能提供最基本的生活空间。1953年建成4幢新一至新四楼三层砖木结构的教工宿舍，总建筑面积5893平方米，共计236间（包括临时厨房在内，1992年拆除）。1954年，建成1幢三层楼的教职工宿舍楼——合作楼，总建筑面积1 329平方米，共37间，包括厨房及现粮店、卫生站、居委会。同年又开工并于次年建成4幢"村字楼"，总建筑面积7080平方米，共计84套，这一区域主要分配给教授居住。1957年，建成同字楼两幢外廊式双层教职工宿舍，总建筑面积14 683平方米，同年又建成同3甲、同14甲等6幢两层教职工住宅楼，总建筑面积2842平方米，共计48套，均为三室户、四室户。[18]从1953—1957年的五年间，同济新村新建的大部分住宅集中反映了苏联标准式住宅的影响，套内面积较大，房间多，但是需要合用厨房和卫生间。因此在"村字楼"等住宅的设计中，减少了每个套型内的房间面积，并将每套中的户数减少到2~3户，每个家庭可以有1~2个房间，并且有一个南向卧室或共用南向起居室，[19]这是国内建筑师对苏联模式的适用性改进。在第一个"五年计划"期间，吴景祥、傅信祁、戴复东等均曾参与同济新村住宅的建筑设计。[18]

⑱ 2017年1月20日，华霞虹、贾瑞云、钱锋、王鑫、吴皎访谈傅信祁（一），地点：同济新村105号。

同济新村内有一栋与文远楼齐名的早期本土现代建筑——同济大学教工俱乐部。该工程由圣约翰大学毕业的青年教师李德华和王吉螽负责，于1956年完成设计开始建造，并于次年完工。俱乐部共918平方米，内设会议、阅览、音乐、舞蹈、棋牌等活动室以及餐饮、休憩空间，主要供居住在新村内的教职工使用。[20]

该建筑外形为当时较为普遍采用的江南民居形式，尺度亲切，通过划分功能区形成体形穿插，构成半围合式的院落，达到室内外环境的互动。因为功能的要求，也因为向学生做教学展示的目的，在内部空间的处理上，建筑师将现代主义建筑的"流动空间"和中国传统建筑空间手法相融合，形成"去走道"的发散式空间组织方式。通过家具、屏风、隔断、透空的楼梯以及楼板、天花和地坪的材质与色彩进行空间引导，打造富有趣味、流动、自由的空间体验。这些也反映出设计者对"建筑空间"概念的认知："建筑空间是建筑物唯一的以真正用途为目的的产物；它非但在使用上要达到功能合理的要求，而且是造成感觉上的趣味及心理与生活上的安适之重要因素。"[21]

立面上，建筑采用红瓦、粉墙、部分清水红砖矮墙，局部竹条篱笆墙和石材。"T"形体量依据内部的功能要求开窗，舞厅、活动室南侧等面向景观的界面上则使用大面积的窗扇和玻璃门，将外部环境引入室内，使室内外流通。从建筑内部伸出的几堵矮墙，围合出一个大内院和若干个小外院，院子围而不闭、流动自由，扩大了室内空间观感，也提高了室内使用者的舒适性。内庭中用矮墙分隔东西两侧形态自由的水景和规整的硬质内庭院，可谓"一墙之隔，景色互殊"，颇具中式园林的韵味。

建筑主体为砖墙承重体系，木屋架封顶，二层部分采用每平方米75元的钢筋混凝土预制槽形板。[20]且因为对建筑内部的色彩有所考究，加之各色涂料的花费，教工俱乐部的造价为每平方米300元，[21]与当时校园建筑项目的整体造价水平相比，教工俱乐部的造价标准也较高。相对于文远楼设计强调对教学功能区的划分、流线的组织和立面比例的推敲，同济大学教工俱乐部则将重心放在空间流动关系和影响使用者感受的内部空间要素、界面颜色、家具和地面标高等细节的组织上。

据董鉴泓回忆，在1956年前后，东德、西德联合组织建筑师代表团来中国考察，从东北入境，后由香港回国，金经昌全程陪同

◎ 同济大学教工俱乐部底层平面图（来源：李德华、王吉螽，《同济大学教工俱乐部》，《同济大学学报》，1958，（4））

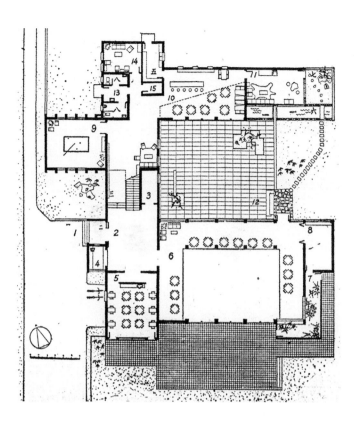

◎ 1956年，同济大学教工俱乐部（来源：《累土集——同济大学建筑设计研究院五十周年纪念文集》，丁洁民主编，中国建筑工业出版社，2008）

◎ 同济大学教工俱乐部小吃部室内效果图（来源：李德华、王吉螽，《同济大学教工俱乐部》，《同济大学学报》，1958，（4））

◎ 同济大学教工俱乐部门厅、楼梯效果图（来源：李德华、王吉螽，《同济大学教工俱乐部》，《同济大学学报》，1958，（4））

◎ 同济大学教工俱乐部休息室室内效果图（来源：李德华、王吉螽，《同济大学教工俱乐部》，《同济大学学报》，1958，（4））

并做翻译。事后金经昌告知，这些建筑师在同济新村参观了工会俱乐部后表示：这是他们在中国看到的最有现代建筑特色的作品。

虽然具体策略有所差异，但同济大学文远楼和同济教工俱乐部都当之无愧可以称为中国早期本土现代建筑的经典案例。它们体现了中国第二代建筑师接受了他们的老师所引进的西方建筑教育理念，无论是之江大学的英美学院派教学体系还是圣约翰大学的包豪斯现代建筑教学体系，都从具体的功能需求和有限的经济技术条件出发进行本土现代建筑创作的可贵探索。其中，建筑的功能、空间和形式是统一的整体，对西方学院派或现代派建筑以及对中国传统建筑和乡土民居的学习借鉴是不分彼此的。

同济大学校舍建设委员会

在师生日夜奋战半年，完成了100多项大小工程后，为了满足国家建设和社会生产对工程技术人员的需求，刚从各高校合并到同济大学学习了半年，又在设计处实习了半年的1953届两个班大约20多位学生就提前毕业了。部分同学留校，比如大同大学转来的何德铭，圣约翰大学转来的朱亚新、史作堂、赵汉光等。这一届学生大多为原各校在1950年招收的学生，在1953年春天毕业意味着他们在校时间仅为短短3年，还经历了一次院系合并。而对于设计处而言，好不容易培养的施工图"熟练工"一下全部离开同济，走向全国各地了，新的学生只有二年级，建筑知识不够，剩下的大量工程只能靠年轻教师收尾。[7]

由于师生忙于应接实际工程问题，导致设计工作与教学内容脱节的问题，引起内部争论。于是，1953年7—8月，同济大学提出撤销设计处，将今后的文教系统设计任务直接交由建筑系、结构系的教师。华东文委于8月22日批准了这一提案，但之后又要求学校派建筑系和土木系部分教师留守设计处，以解决还未完结的工程可能出现的问题。[1] 在1953年12月30日的"同济大学行政负责人员与教师名册"中，留守设计处的人员包括主任翟立林和副主任曲作民，设计处设计室主任哈雄文和曹敬康，设计部分负责人为黄毓麟和傅信祁，结构部分负责人为陆子明，职员王兰馨、侯立达、苏尚初。[19] 1954年学校依然以设计处的名义完成了西南楼学生宿舍项目。

1954年4月10日，同济大学决定成立"同济大学校舍建设委员会"，[20] 负责学校校舍设计和施工检查全部工作。主任委员夏坚白，副主任委员李国豪、刘准，办公室主任吴景祥，副主任张问清、翟立林、曲作民；下设建筑、结构、设备三个设计室和勘测室、施

⑲《1953年12月30日同济大学行政负责人员与教师名册》，同济大学档案馆馆藏，档案号：2-1953-XZ-12.0001；人事科制，1953年12月，《同济大学职员名册》，同济大学档案馆馆藏，档案号：2-1953-XZ-12.0002。

⑳《我校成立校舍建设委员会报请核查》，同济大学档案馆馆藏，档案号：2-1954-XZ-11.0002。

工检查室。正副主任分别为：建筑，吴景祥和黄作燊、哈雄文、冯纪忠；结构，张问清和曹敬康、王达时；设备，巢庆临和邓汉馨；勘测，俞调梅和郑大同；施工，黄蕴元和许振玉、吴根生。委员会采取设计与教学相结合的方式，由教师和学生利用课余时间或生产实习时间参加工程实践，既保证基建任务顺利完成，又可供理论联系实际的机会，促进教学。同年10月，为使学校基建更密切配合教学，校舍建设委员会成员调整为：主任委员夏坚白，副主任委员吴景祥、翟立林、曲作民，委员杨钦、刘准、黄作燊、冯纪忠、哈雄文、曹敬康和巢庆临。

校舍建设委员会在1955年8月至1956年8月间曾数度撤销重建机构，委员会成员也因此反复调整，不过主要成员始终由建筑系和土木系教授构成，其中吴景祥、冯纪忠、曹敬康一直在委员会成员名单中。[21] 该机构也"不给参与人员发放津贴，只是在工程结束后，由翟立林组织建筑系参与设计的教师去宁波旅游三天"。[22] 1958年初，学校曾在校舍建设委员会基础上拟组建"同济大学建设委员会"，后为了响应教学与生产劳动相结合的要求，在原"同济大学建设委员会"组织成员基础上用短短半个月时间就完成同济大学附设土建设计院的筹建和成立，这正是前五年组织和实践积累的结果。1954—1958年间，建筑系、土木系与设备专业的师生联合设计建造的同济校园建筑有南北教学楼、文远楼（工程馆）、西南一楼、建筑物理实验室、机电馆、暖通试验室、给排水试验室、工程结构实验室、热工试验室、声电试验馆（以上名称据档案）及水塔等一系列工程。截至1956年暑假，各项新建扩建工程的总建筑面积与1949年6月前既有建筑面积相比，扩大了9倍。

㉑《公布成立校舍建设顾问小组及组成名单》，同济大学档案馆藏，档案号：2-1956-XZ-.2.0006；《为公布校舍建设委员会组织机构》，同济大学档案馆藏，档案号：2-1956-XZ-4.0032。

㉒ 2017年3月29日，华霞虹、王鑫、吴皎访谈董鉴泓，地点：董鉴泓家中。

参考文献

[1] 林章豪.同济设计的品牌之路 —— 同济大学建筑设计研究院成立50周年[J].同济人，2009，(16)2:54-56.

[2] 同济大学建筑与城市规划学院.建筑人生:冯纪忠访谈录[M].上海:上海科技出版社，2003.

[3] 皋古平.同济大学100年[M].上海:同济大学出版社，2007:69.

[4] 冯纪忠，青年楼与和平楼[M]//建筑人生:冯纪忠自述.北京:东方出版社，2010:118.

[5] 顾奇伟，内敛的年华[M]//《民间影像》.文远楼和她的时代.上海:同济大学出版社，2017:23-24.

[6] 邓述平.怀念冯先生[J].华中建筑,2010,(3):183.

[7] 王季卿.来同济前后的岁月片断[M]//《民间影像》.文远楼和她的时代.上海:同济大学出版社,2017:13-22.

[8] 同济大学建筑与城市规划学院.谭垣纪念文集[M].北京:中国建筑工业出版社,2010.

[9] 同济大学建筑与城市规划学院.黄作燊纪念文集[M].北京:中国建筑工业出版社,2012:108.

[10] 吴皎.新中国成立初期同济校园建筑实践中本土现代建筑的多元探索(1952—1965)[D].上海:同济大学硕士学位论文,2018.

[11] 王季卿,盛养源.本校文远楼大讲堂的音质分析及改建设计[J].同济大学学报,1957,(2):57-72.

[12] 刘丛.重读文远楼的"包豪斯风格"——文远楼与包豪斯校舍的对比分析[J].建筑师,2007,(5):91-95.

[13] 钱锋."现代"还是"古典"——文远楼建筑语言的重新解读[J].时代建筑,2009,(1):112-117.

[14] 宋戈、王方戟、孙志刚.同济大学"文远楼"设计分析[J].时代建筑,2007(5):38-43.

[15] 朱亚新.谭门学子忆先师[M]//同济大学建筑与城市规划学院.谭垣纪念文集.北京:中国建筑工业出版社,2010:13.

[16] 刘宓.谭垣先生与中国早期建筑教育[M]//同济大学建筑与城市规划学院.谭垣纪念文集.北京:中国建筑工业出版社,2010:40-41.

[17] 同济大学建筑与城市规划学院.金经昌纪念文集[M].上海:上海科学技术出版社,2002.

[18] 杨东援.同济大学志[M].同济大学出版社,2002:451-452.

[19] 董璁.同济新村中小套型住宅设计研究[D].上海:同济大学硕士学位论文,2008.

[20] 李德华,王吉螽.同济大学教工俱乐部[J].建筑学报,1958,(6),20-21.

[21] 卢永毅."现代"的另一种呈现——再读同济教工俱乐部的空间设计[J].时代建筑,2007,(05):44-49.

中心大楼

全国院系调整后，同济大学建筑系汇聚了 13 所院校土木或建筑系师生。中心大楼是 20 世纪 50 年代同济大学筹建的面积最大、体量最高的教学主体综合大楼，也是同济建筑系第一次、且唯一一次全体教师的"百家争鸣"。在当时"反复古，反浪费"的政治背景下，学习苏联莫斯科大学"民族主义形式"的同济大学中心大楼设计最终演变为一次惊动中央的历史事件。刚受邀全职任教并担任建筑系主任的吴景祥，也就是中心大楼项目的主要负责人，很大程度上受到"中心大楼事件"的影响，此后不久由建筑系主任改任同济大学科研部副主任。1958 年 3 月，同济大学成立附设土建设计院时，吴景祥受命担任首任设计院院长至 1964 年。1979 年，教育部批准成立同济大学建筑设计研究院时，吴景祥再次被任命为院长，直至 1981 年退休。

建筑系百家争鸣

一方面，院系调整后最初两年中，很多课程只能在临时搭建的草棚教室里开展；另一方面，受到《人民教育》杂志 1952 年 12 月号刊登的莫斯科大学校长彼得洛夫斯基撰写的《莫斯科大学的一九五二年新校舍》的影响，1953 年底，同济大学决定筹建一座教学中心大楼。

当时同济大学总务处长，也是后来成立的校舍建设委员会的副主任委员刘准提出，采用民主科学的"校内招标"模式开展中心大楼的建设任务。同济大学作为甲方，建筑系每位教师都有资格和义务进行设计投标，可独立或自由组合参加。在规定时间内提交的设计图纸和模型将在校内公开展览，并由师生投票选出中心大楼的最终方案。①

刚被任命为同济大学校长的原青岛市委书记薛尚实②[1]"邀请建筑系全体教师在学校办公室参加晚宴"，并"作了动员报告"，系主任吴景祥"感谢了校部的信任，希望全体教师共同努力做好中心大楼的设计工作"。冯纪忠还"引用杜甫《江上值水如海势聊短述》律诗的开头两句'为人性僻耽佳句，语不惊人死不休'"，以表拥护学校的决心。[2]4

接到学校里最重要的教学大楼设计任务后，建筑系大多教授选择与自己以前的学生或熟悉的年轻教师进行自由组合，大多三人一组，也有个别教师单兵作战，最后提交了共 21 个设计方案。目前根据

① 2016 年 12 月 2 日，华霞虹、周伟民、王鑫、吴皎访谈路秉杰，地点：控江路 1688 号精桐建筑办公室；董鉴泓访谈；王季卿、朱亚新访谈。

② 1953 年 1 月调到同济担任党委书记，1953 年 11 月与夏坚白分任正副校长。

多人回忆，可以厘清其中具有代表性的几组。

系主任吴景祥选择与戴复东、吴庐生夫妇合作，因为两人
1952年秋刚从南京工学院建筑系毕业分配到同济建筑系，戴复东
一直担任其建筑设计课的助教。教授谭垣选择王季卿和朱亚新两位
年轻教师共提交了4个方案。因为王季卿是之江大学毕业的年轻助
教，而朱亚新早在圣约翰大学一年级时期（1951年），就由绘画老
师张允仁介绍，成为谭垣工作室（Atelier）的家塾学生。1953年9月，
朱提前毕业留校后虽然分配到建筑构造教研室，但受谭垣亲定同时
担任他的设计课助教。[3] 这次合作还促成了王朱两人后来的姻缘。
冯纪忠邀请自己第一位助教傅信祁帮忙画图，设计一个不对称的方案，
同时鼓励傅信祁自己也提交一个对称布局的方案。③ 朱保良一个人
提交了两个对称布局的方案。教授哈雄文和黄家骅也分别提交了自
己的设计，4个方案都是民族形式的。青年教师李德华和罗小未联
合设计了一个注重功能的"田"字形方案。④ 他们在圣约翰大学时期
的老师，也是当时担任副系主任的教授黄作燊与青年教师郑肖成合
作⑤提交了一个具有现代特征的设计。⑥ [4]

中心大楼设计竞赛的21个方案虽然形式各异，但是受到当时
全国"社会主义内容，民族主义形式"建筑风潮的影响，除了极个
别的方案外，大多带有一定的民族形式的趋向，区别主要在于借鉴
的是北方官式大屋顶，还是乡土民居形式，或是现代的形体上在檐
口等部位采用简化的小屋顶。从布局上来看，大多数采用对称布局，
不过多为主轴对称。另外一个争议点是：中心是放置高耸的主楼，
还是空出来，使校园东西向主轴线一直延伸到生活区。

给大多历史亲历者留下印象最深刻的是吴景祥、冯纪忠和谭垣
三位教授所带团队的设计差异。受到苏联刚建成的宏伟的莫斯科大
学的深刻影响，吴景祥、戴复东、吴庐生小组认为"多面对称的方
式好像是应当努力的方向，但不是用苏联和欧洲的建筑语言，而是
采用中国传统的屋顶和细部语言"。他们设计的中心大楼为双向对
称的"H"形布局。居中为一栋高层主楼，两翼为与东西轴线平行的
长条形的副楼，四角分别连接独立拉出的阶梯教室。整个教学综合
体与校园入口处规划中的楼宇呈"品"字形布局，形成半包围的校
园主广场，踏入四平路校门，就能感受到恢宏的气势，与莫斯科大
学入口区域的空间关系和整体氛围非常接近。

不过建筑的屋顶和细部采用了北方官式建筑的形制，主从有
序。面对校门的主楼整体为6层体量，下设基座，上覆通长庑殿屋
顶，其中5层窗下设一圈外饰的斜面檐瓦，形成重檐效果。中间为

③ 2018年3月2日，华霞
虹访谈傅信祁（二），地点：
同济新村傅信祁家中。

④ 当时担任投票秘书的
董鉴泓回忆。董鉴泓访
谈。

⑤ 王季卿、朱亚新访谈。

⑥ 黄作燊生平年表，
1955年参与"教学中心大
楼"设计竞赛，提交的方
案具有现代特点。

9层高的塔楼，平面和屋顶均凸出主体之外，形成视觉中心和制高点。塔楼前设两层独立基座，做法类似古代城门，下有三道拱形门洞。由两侧台阶拾级而上，可上至一座较为通透的门楼，上覆歇山顶，即为大楼的主入口。塔楼顶部设重檐四角攒尖屋顶，檐下一层设有挑台。从总平面图看，塔楼背后还向西凸出较大的体量，或为大报告厅。

南北平行的两栋副楼中段与主楼连接部分高起，体量略小于主塔楼，但形式亦为四角攒尖重檐顶。五层体量的教室上覆有比庑殿顶低一等级的歇山顶。东侧正对四平路校门广场的山墙上每层设悬挑的阳台。四栋辅楼形式更次之。主体为平顶，顶部檐口处外挂檐瓦，形成盝顶，四角设角楼。

从方案最终呈现的大幅水彩渲染效果图中可以看到，吴景祥小组建筑群整体形式处理中，两个方向的轴线强烈，等级鲜明，并以连续舒展的坡屋顶、高耸的塔楼和城门楼等传统建筑形式，营造出庄重雄伟的校园礼仪空间格局。这张大透视图，由戴复东用水彩绘制建筑主体，吴景祥添加配景和环境，包括草皮及大小远近的树木，还有前景的一个石雕作品加以润色。[2]5

冯纪忠和傅信祁小组的方案也考虑了民族形式，但他们不赞成采用"北方官式大屋顶"，而是参考了江南民居中常见的马头墙。在《建筑人生》的访谈录中，冯纪忠提道："当时中心大楼有好多方案……我算是头一个提马头墙的……过去中国一讲到民族形式其实就是北京形式，从来没想到过其他形式，为什么不能做做其他形式呢？为什么非要用宫殿形式作为民族形式？"于是，冯纪忠就在自己的设计方案上采用江南民居的风格形式。邓述平在《怀念冯先生》一文中认为，冯先生的中心大楼方案是从南京鸡鸣寺的屋顶得来的灵感。虽然没有其他人可以印证这一观点，但冯纪忠在解放初期曾兼任南京都市计划委员会建筑师，在南京工作过一段时间，其设计受到鸡鸣寺的启发也在情理之中。

冯纪忠小组方案与其他设计最大的不同是，没有按照中心大楼任务书要求采用对称布局。最近发现两张带马头墙的不对称中心大楼效果图照片[7]，其中一张精美的水彩效果图是在入口中轴线上偏心布置了三合院（南侧为12层主楼，东侧2层，西侧6层），北侧与此脱开也有6层的附楼，另一张铅笔绘制的图傅信祁认为最可能是冯纪忠自己的手笔。穿过东南角的松林从侧面远望建筑群——三条南北向长短不一的多层主楼，中间为院落，南侧两栋之间设置抬高的主入口。教学楼朝向东面校门方向的山墙采用大片实墙，顶部为

⑦ 在向傅信祁、董鉴泓、王季卿、赵秀恒等先生求证时，因为年代久远，虽肯定马头墙系冯纪忠设计，但不确定是否两张马头墙方案均为冯纪忠设计。傅信祁曾提到冯纪忠做过2次不对称的马头墙方案，第二次甚至基地都换到文远楼和现图书馆之间。他认为铅笔图比水彩图更像冯纪忠手笔，但两个方案的早晚，水彩马头墙方案是否冯纪忠设计，赵汉光绘图暂无人能确定。

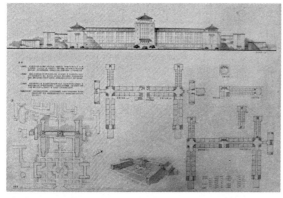

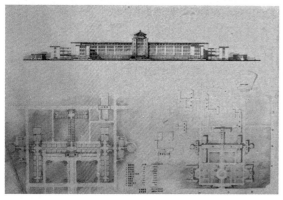

◎上图　1953年吴景祥小组同济大学中心大楼方案设计效果图（来源：同济大学建筑与城市规划学院）
◎中图及下图　谭垣小组同济中心大楼方案设计图纸（来源：同济大学建筑与城市规划学院）

◎右上图及右中图　1953年冯纪忠
小组同济中心大楼方案设计效果图
（来源:同济大学建筑与城市规划学院）
◎右下图　朱保良中心大楼方案Ⅰ正
立面图,1954年（来源:朱保良提供）
◎下图　铅笔绘制的同济大学中心大
楼最终实施方案效果图（来源:《当代
中国建筑师:戴复东、吴庐生》,《当代
中国建筑师》丛书编委会,中国建筑工
业出版社,1999）

马头墙，最北一栋中间设置高层塔楼，除马头墙外，还在顶上加了一座小亭。不过冯纪忠后来自己评价，认为"假使真的（造）成功也不好。一个是尺度不对……主要是思想偏，不是一种整体的。它超出了实际要求……可是那时候还是有历史作用。没造是更好的历史作用"。[5]

谭垣带着王季卿、朱亚新为设计中心大楼在自家画室连日工作，最终提交了四个方案。根据朱亚新在《谭门学子忆先师》[3]3-23 一文的回忆，方案构思之初，首先确定了两个设计的基本原则：第一，"学校主楼必须切合基地环境来考虑"；第二，"针对当时盛行的费工费料的大屋顶情况，拟通过具体方案设计，探索民族形式的创新问题"。在切合基地方面主要考虑"大楼朝东与校门相对，应是正面。大楼朝西是学校内部各类建筑，因此，大楼的正、背立面应该有主次之分"，"由于大楼位处校园主轴线中央大道上，大楼底层以通过式为宜，以免大楼拦断中央大道，使校园前后隔断，日后造成大量人流在建筑中穿越的问题"。在探索民族形式反对大屋顶浪费方面，提出"采用以平屋顶为主，顶部周边设女儿墙，外饰檐瓦，类同中国传统的'盝顶'，以简化施工，节约材料，降低造价"。

谭垣小组根据任务书要求，提供了三个不同的对称方案，还提出一个在使用功能上最合理的、不对称的"手指形"平面方案。因为谭垣认为中心大楼教学与行政各部分功能组合采用"对称的方案，平面交通流线必然产生不必要的穿越及干扰的问题"。朱亚新担心不对称方案不可能中选，但谭垣却认为"提方案不只是为了中选与否，而是提出更合理的建议供领导参考"，"还说'手指形平面'适用于较大型、功能要求复杂的学校、医院等公共建筑"，所以他自己用了较多时间研究"手指形平面"方案。

不满投票结果

根据董鉴泓、钱锋整编的《建筑城市规划学院50年大事记》记录，在 21 个中心大楼方案中初选出 15 个方案。[6] 学校将入选方案的设计图纸张贴在行政楼会议室的墙上，供全校师生参观投票。最终像莫斯科大学一样气势恢宏的吴景祥小组方案拔得头筹。当时在建筑系城市规划专业任教的青年教师董鉴泓被调到校舍建设委员会担任秘书。根据他的回忆，当时校长薛尚实看中的是吴景祥挂帅，戴复东和吴庐生设计的方案。董鉴泓的任务就是做一些说服工作，帮设计组解决一些需要，促使选票集中到这一高层的、四面对称的、有大屋顶的方案，使其中标。除了师生投票评选外，同济大学还邀请当时在上海设计中苏友好大厦的苏联专家安德烈耶夫主持召开了一个专家评审会，确定吴景祥、戴复东和吴庐生设计的中心大楼为最终实施方案。⑧

建筑系多数参加竞赛的教师们对此结果表示不满，首先质疑的是建筑布局和风格形式。根据朱亚新 [7] 的回忆，对吴景祥小组方案的意见主要有两条：一是四面对称的布局与所处基地关系不恰当，有照搬苏联莫斯科大学主楼之嫌；且中央大道后面大片校园受中心大楼遮挡，容易产生校园空间局促的错觉。二是"民族形式"的探索问题。20世纪30年代"大上海计划"中江湾地区的建筑群"采用西洋古典建筑的比例，加上中国宫殿式大屋顶，以及民族形式的细部点缀，不失为那个时代成功的创始。但是几十年后，当建设的规模、数量、建筑材料及施工技术等发展和进步之后，不应再予抄袭。……作为同济大学的标志性主楼，又是建筑系的代表作品，应该是实用、经济、在美观方面体现时代创新精神的"。

为此，除吴景祥小组外的其他建筑系教师又重新做了几个方案。其中冯纪忠的新方案更加激进，甚至不再局限于原来的基地，而是在偏向文远楼一侧设计了一个更加不对称的布局，把中央大道彻底让了出来。⑨最后，在毕业于伊利诺伊工学院的密斯·凡·德·罗门下的中国学生罗维东⑩的召集下，几位教师一起做了一个综合方案，两边还是保留对称布局的教学大楼，但是去掉了中间的高楼，而是改成一条架空的长廊，在二层将南北两个教学楼连接起来，中央大道可以在底层前后贯通。⑪大家都对"架空"方案比较赞同，但学校却还是决定按照原来吴景祥小组的大屋顶设计方案实施。

联名上书最高领袖

曾经承诺"民主选举"的中心大楼竞赛最后因为校长的"长官意志"和苏联影响选择了时任建筑系主任的吴景祥的方案，建筑系教授、讲师联合起来开会，认为此乃不公平竞争，应向上层报告请求解决。于是由冯纪忠和金经昌起草，⑫[5]44-45 十几人联合写了一封措辞严肃的信，"针对学校选中的最终建造方案表述了大家的反对意见，并以经济性为由请求停建尚未动工的大屋顶和部分装饰"。[8] 为了避免暴露个人笔迹，王季卿找人做了重新抄写。⑬"可是这封信呈交对象是谁，没人提出来……于是罗维东提出应寄给最高领袖毛泽东。"大家表示赞成，约18位教师⑭签名后，还是罗维东跑到淮海路邮局，以双挂号信的方式寄出。"当时邮局工作人员在一旁瞪着眼看着，一副不可置信的样子说：'真的要寄吗？'我毫不犹豫的说：'当然要

⑧ 董鉴泓访谈。

⑨ 访谈傅信祁（二）。

⑩ 1953年春夏之际与钢琴家妻子一起从美国回到上海的罗维东（1924—2017），最初被分配到淮南煤矿去盖砖木结构的工人宿舍，后经家人帮忙协调关系才改派为同济大学建筑系任副教授。

⑪ 后面三段叙述参考：王季卿、朱亚新访谈。

⑫ 严格说两人是在初稿基础上重新起草，以对人不对事的客观态度陈述事实。

⑬ 王季卿、朱亚新访谈。

⑭ 王季卿和傅信祁等多位老师在访谈中提到有18位教授，不过继续追问确切数字时，王季卿说因为是每个人分别签名的，无法确定，应该是20人以内。据朱亚新回忆，谭垣未签名，因为大家怕他心直口快，暴露此事。而朱亚新因胆怯，未被通告签名。

寄！以双挂号寄出！'"⑮罗维东对这一幕记忆深刻，一生难忘。虽然这件事并未影响他已经准备好的离沪赴港计划，但是却在同济大学引起轩然大波。

1955年初，恰好遭遇了全国的"反复古，反浪费"斗争。起因是1954年11月30日在莫斯科开幕的"第二次全苏建筑工作者会议"，为了"去斯大林化"，赫鲁晓夫要求"无条件地摒弃陈旧的设计手法"，推广标准化设计。参加会议的建筑工程部副部长周荣鑫的汇报成为1955年建筑设计批判的主要起因之一。其中批判的重点就是以梁思成为代表的"复古主义"和"形式主义"。同济大学建筑系教师的

⑮罗维东自传《永不言休》（非出版物），21-22页。2017年罗维东去世前由吴鸣幼整理汇编，王季卿赠阅。

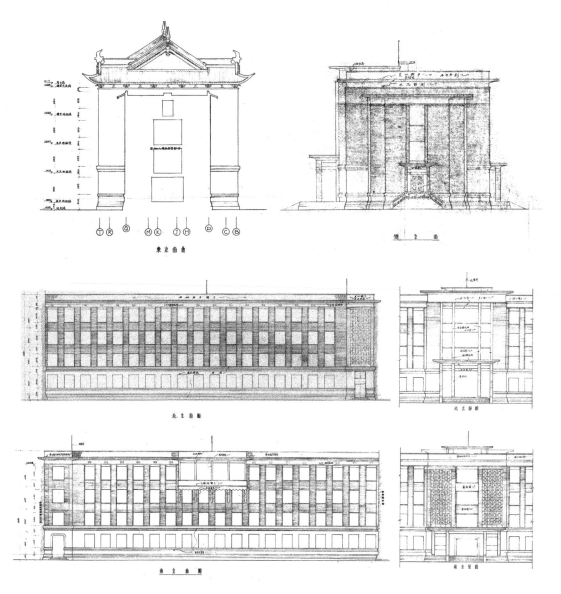

◎ 上图　中心大楼南北教学楼修改前后立面方案对比（来源：同济设计集团）
◎ 中图及下图　中心大楼南北教学楼修改立面图样（来源：同济设计集团）

集体上书正好配合这一"反复古主义,反形式主义"的运动高潮期。虽然信件没有送到最高领袖手中,但是周恩来总理很快就指派检查组到同济大学展开调查。调查组认为,总体的方案设计并无问题,但教师们上书所反映的问题属实,意见合理,督促中心大楼正在建设的屋顶部分和立面雕花停止施工,[4]232-234 其余还未开始建设的部分应去除屋顶部分,继续设计,准备建造中心大楼的主楼部分今后根据投资情况再进一步申报。[2]3-6 由于中央调查意见的介入,之前已完成的一版建筑施工图面临新一轮的修改,已经开始建造的北楼也被迫停工,之前预制好的斗栱和已经雕刻好的汉白玉栏杆被弃置不用。原本打算采用米白色粉刷、灰筒瓦屋顶的建筑外观,也就此被清水红砖墙面代替。[9]

改造与施工

中心大楼曾有过两次集中出图的时间,一次是 1954 年 8 月 20 日以"同济大学校舍建设委员会"的图签完成的施工图,其中两侧教学楼依旧采用庑殿式大屋顶,木门窗也带有从传统纹饰转变而成的装饰细部。图签上,建筑负责人为吴景祥,结构负责人为张问清,绘图人者包括吴庐生、董彬君、史祝堂、陈琬、陈渭等。图纸完成后,就开始动工建造北侧教学楼。因为"集体上书"事件修改设计时,北楼的须弥座已经建造,木门已经预定。第二套图纸主要是 1955 年 3 月 18 日完成的建筑施工图修改图,制图者包括朱亚新、郁素琴,傅信祁也参加设计但未签字。这次为边设计边施工。

1955 年秋季开学时,朱亚新因身体原因晚了一些时间返校,未能赶上正常的教学安排,因此被派到当时成立的校舍修建处,主要任务是在文远楼顶层办公室修改中心大楼南北侧教学楼的施工图。另一位参与修改的教师是建筑构造教研室的傅信祁,不过他还需要同时授课,朱亚新则是全职改图。1955 年正值"反复古,反浪费"运动,中心大楼的风波更使其他专业的工作人员和施工人员对建筑系的教师有了成见,用朱亚新的话,就是"建筑系教师都成了反面人物"。所以整个修改过程,建筑师处于被动状态,一方面想要在原来完整的设计上改得既符合"反复古、反浪费"的要求,又能满足建筑师职业性的美学考量;另一方面还要寻找合适的理由说服施工人员采纳自己的想法。

南北楼去掉中式大屋顶后,原来设计的须弥座基座就显得过于厚重。朱亚新希望能改为谭垣小组方案中曾经用过的盝顶,结果被施工单位斥为"帽子去掉加眉毛";想放大檐口,又说浪费;最后提出做混凝土女儿墙，并以"作为屋面翻修的防护"为理由通过。不过因为"要节约木料，没有壳子板"，所以朱亚新和傅信祁将它设计成用红砖砌筑的镂空女儿墙。因此朱亚新提出，楼梯外的装饰构件应该跟女儿墙统一，也用砖砌，但直到施工完成才发现，这部分还是用混凝土浇筑的。因为"需要搭脚手架才能砖砌"，不方便。因为屋檐变小了，为了平衡体量，朱亚新参考冯纪忠设计方案，在立面两端突出两个体量，说功能上可以增加两个较大的教室，从而通过了修改。设计师还在底部设计了雀替（牛腿），不过施工中又被放大了。[16] 作为历史亲历者，无论是傅信祁还是朱亚新都感觉，南北楼被改来改去，建成后有点不伦不类。[17]

建成后的南北教学楼沿着四平路主入口的轴线呈对称布局，每栋建筑体量长约170米，高4层，采用砖混结构，总建筑面积约2万平方米。立面为上下三段、左右五段的构图。底层立面仿须弥座，用水泥粉刷，上层外墙采用清水红砖，在窗间墙边缘砖砌的上下贯通的线脚，在主、次入口门厅处产生变化，体量略有凸出。建筑内部以中心走廊贯通，南北布置教室。中间主门厅和两侧次门厅均与楼梯相结合，形成交通节点。主次门厅之间各布置16间普通教室，两个次门厅东西外侧尽端各布置一个180人大阶梯教室。内部空间结构简明，流线清晰，便于使用和疏散。虽然形式最终改为平屋顶，但立面和细部融入少量中国传统建筑的构件或纹饰，如屋顶微微出挑的檐口和红砖砌筑的"十"字形花纹的镂空女儿墙、楼梯间外墙的花窗、四楼出挑教室下缘的5个雀替和仿江南蝴蝶瓦滴水板形状的底边纹样，还有入口大门门板及窗框部分保留的原设计的雕刻和花饰，从传统的"连升三节""富贵牡丹"的主题变为万年青、衔书的和平鸽等更符合新时代风貌的形式意象。

一方面因为争议，一方面也因为经济原因，两个教学楼中间原拟建造的13层综合主楼并未建造。校长薛尚实在全校会议上痛惜道："内部争论的结果，就是中心大楼变成了空心大楼。"[18]

1952年院系合并时，同济大学建筑系由原圣约翰大学建筑系主任黄作燊担任副系主任，系主任原拟留给南京工学院的杨廷宝，因此暂时空缺。根据当时担任总支书记的唐云祥介绍，原因是黄作燊为人比较随和，不太擅长行政管理，因此是他受命去邀请当时还在华东建筑设计院担任总工程师的吴景祥来同济专职出任建筑系主任。[19] 可惜因为中心大楼风波，为了维持内部团结，1955年底，吴景祥被学校调任为科研部主任，冯纪忠被任命为建筑系主任，黄作燊仍为副系主任。

[16] 王季卿、朱亚新访谈。

[17] 傅信祁访谈，王季卿、朱亚新访谈。

[18] 校长薛尚实全校大会上的说话，根据2018.1.14对姚大镅电话访谈。

[19] 2017年11月29日，华霞虹、王鑫、吴皎、李玮玉访谈唐云祥，地点：唐云祥家中。

民族形式与学术流派之争

同济大学中心大楼事件是一次特殊历史背景下的性质极其复杂的事件。既是民主之争也是学术之争，后者涉及什么是民族形式，关乎传统与现代的取舍，也是现代建筑内部的流派之争。

中心大楼以全体教师自主参与设计竞赛的民主选择程序开始，最终无论是设计形式还是选择过程都与最初的倡议并不一致，因此遭到长期接受西方教育的建筑系众教授的反对。不过最终采用向中央上书的形式，虽然符合"大鸣大放"的政治氛围，但不可避免地造成不同小组，尤其是方案中标的吴景祥、戴复东和吴庐生小组与其他教师之间长时间的芥蒂。

中心大楼的形式风格争议与同时期"社会主义内容，民族主义形式"的全国建筑形式大争议一脉相承。最主要的观点一是不主张追随莫斯科大学建造高层大楼，二是认为采取四面对称的布局不适合场地，三是民族形式不等同于官式大屋顶的复古建筑。但同样采用大屋顶的西南宿舍楼（1954年）却没有受到太大的争议。

几乎在中心大楼事件的同一时期，原建筑工程设计处负责人，也是同济大学总务处长翟立林在《建筑学报》上发表了23页的长文《论建筑艺术与美及民族形式》[10]，旨在"批判当时正在流行着的形式主义、复古主义的建筑理论"。[20] 该文试图厘清建筑的艺术和美中的阶级性，辨析把"社会主义内容，民族主义形式"的纲领落实到具体创作中时，如何将传统形式进行符合当下意识形态的转化的问题，主张"社会主义现实主义的创作方法"，强调建筑的物质和经济属性，批判只注重功能、技术和思想性的"功能主义""结构主义"和"形式主义复古主义"。该文具体的结论几乎就是对中心大楼在"反浪费、反复古"的要求下进行"脱帽"改造的阐释：第一，建筑屋顶的形式应与其结构技术相对应，不能为了实现固定的建筑形制而造成不必要的浪费，不能忽略对建筑功能的考虑；第二，虽然民族形式来源于中国传统的建筑形制与装饰，但不能完全照搬，需以其为基础进行新的创造，以适应新时代的生活和生产的方式和要求；第三，中国的官式建筑并非所有的传统，对中国传统民居的借鉴也是探索"民族形式"的一条路径。

对于莫斯科大学主楼在1952—1954年对中国高校主楼建设的影响，成为这一时期主要批判对象之一。比如，张开济认为："目前建筑设计中公式化或八股化的倾向是非常严重的……不少大学的主楼建筑都采用蛤蟆型，大概是因为莫斯科大学的主楼也是属于这一类型吧。"[11]

[20] 文章的初稿成于1954年10月，从写作时间上来判断，该文可能与同济大学中心大楼竞赛中众人对"民族形式"的争议有关。

也正是因为中心大楼方案采用了大屋顶形式，有人因此将同济建筑系教师分为古典派和现代派两个派别，其中之江大学的教师属于古典派，主要代表是毕业于宾夕法尼亚大学、曾在中央大学任教的教授谭垣和毕业于法国建筑学院的教授吴景祥，更多地受到布扎传统的训练，因此属于"古典派"。而圣约翰大学的教师，黄作燊和年轻教师李德华、罗小未等的设计受到圣约翰教学系统内德国包豪斯的影响，同济大学的冯纪忠、金经昌则受到奥地利、德国的现代规划建筑思想的影响，因此属于"现代派"。虽然这样的标签可以解释"同济学派"的多元性和以现代建筑教育为主导的特征，但是这样的区分显然过于简单化，尤其是在对于之江大学教学系统和吴景祥学术思想的认识方面。一方面，中心大楼的形式更应该被视为特殊政治背景的产物，而非吴景祥个人古典主义学术思想的结果。作为勒·柯布西耶著作和法国现代装配式住宅的最早引介者，吴景祥更是现代主义建筑的倡导者。另一方面，从之江大学毕业生黄毓麟在差不多同一时期完成了中国现代建筑的经典之作——同济大学文远楼和民族风格的西南楼这一事实来看，建筑形式不仅是功能技术的产物，也是意识形态的产物。而在建筑教育领域，所谓古典的布扎传统与现代建筑并非泾渭分明，彼此对立，或者有着先进和落后的绝对区分。无论是西方古典还是现代的形式或理念，抑或中国传统文化或乡土建筑要素，以及20世纪五六十年代的政治经济条件，都在中国建筑的现代化演变中起到不应被忽视的作用。

参考文献

[1] 皋古平.同济大学100年[M].上海:同济大学出版社,2007.

[2] 戴复东.诚恳、忠厚、仁爱、好学的老学者——吴景祥教授[M]//同济大学建筑与城市规划学院.吴景祥纪念文集.北京:中国建筑工业出版社,2012.

[3] 朱亚新.谭门学子忆先师[M]//同济大学建筑与城市规划学院.谭垣纪念文集.北京:中国建筑工业出版社,2010:3-23.

[4] 同济大学建筑与城市规划学院.黄作燊纪念文集[M].北京:中国建筑工业出版社,2012:232-234.

[5] 同济大学建筑与城市规划学院.建筑人生:冯纪忠访谈录[M].上海:上海科技出版社:2003.

[6] 同济大学建筑与城市规划学院.同济大学建筑与城市规划学院五十周年纪念文集[M].上海:上海科学技术出版社,2002.

[7] 朱亚新.缅怀先师吴景祥教授[M]//同济大学建筑与城市规划学院.吴景祥纪念文集.北京:中国建筑工业出版社,2012:159-165.

[8] 钱锋.同济现代建筑思想的渊源与早期发展[J].时代建筑,2004,(6):18-23.

[9] 支文军.精心与精品——同济大学逸夫楼(科学苑)及其建筑师吴庐生教授访谈[J].时代建筑,1994,(4):18-24.

[10] 翟立林.论建筑艺术与美及民族形式[J].建筑学报,1955,(1907):19-41.

[11] 张开济.反对"建筑八股"拥护"百家争鸣"[J].建筑学报,1956,(7):57-58.

1958
—
1965

半工半教
半工半读

成立同济大学附设土建设计院

与 1953 年 1 月成立的建筑工程设计处相比，虽然都是老师带着学生一起做"真题"、搞生产，但是 1958 年 3 月成立的同济大学附设土建设计院，从规模、目标上都前进了一大步。如果说，建筑工程设计处的作用是利用专业优势解决华东地区校园基础建设的燃眉之急，那么土建设计院的本质则是一种"教育革命"，是与"生产科研大跃进"携手共进的"教育大跃进"，也是建设"社会主义新型工科大学"的众多改革措施之一。建筑工程设计处的成功为土建设计院的成立奠定了基础，并发展为"半工半读，半工半教"的模式。在"文化大革命"期间，同济大学成立"五七公社"，提出了更为激进的"教学设计施工一体化"模式，开展"开门办学"的教学改革，结合"典型工程"进行现场教学和建造。

筹建与成立设计院

因为有建筑工程设计处的基础和经验，同济大学附设土建设计院从筹建到正式成立只用了不到一个月时间。关于筹建的缘由和目的，《建筑与城市规划学院 50 年大事记》1958 年的记载为："建筑系部分青年教师提出应向医学院学习，成立建筑设计院作为师生实习场所，校部同意。于是成立同济建筑设计院，吴景祥为院长，冯纪忠、唐云祥为副院长。设计院在建筑系总支领导下，行政上与建筑系分开，设计人员为建筑系教师兼职。后来建筑工程系工业与民用建筑专业师生也加入设计院。"[1] 如果说建筑系的《大事记》中成立设计院的原因比较强调其"作为师生实习场所"的专业教学属性的话，那么同济大学建筑设计研究院在成立 50 周年时出版的纪念文集《累土集》后的大事记中则更强调当时社会大背景所要求的教育改革属性和社会服务属性："根据中央关于教育必须与生产劳动相结合的方针和当时国家建设的需要，学校决定，发挥本校土建学科特色，在'同济大学建筑设计处'的基础上成立设计院。"[2] 相关内容在同济百年校庆出版的《同济大学志 1907—2007》的"建筑设计院篇"中亦有提及。从"土建设计院"前加上"同济大学附设"的定义来看，高校附属设计院这种完全中国土生土长的设计组织机构不是学习苏联模式的产物，而是学习历史更为悠久的医学院附属医院的模式。同济大学源于 1907 年创建的"德文医学堂"；1912 年，医学院与德国政府筹划筹办的"工学堂"合并为"同济德文医工学堂"；1952 年，通过全国院系合并成为国内最大的工科大学，同济大学传统的强项——

医工学科均强调实践导向的教学和科研。

学校正式成立土木建筑设计院筹备委员会是在1958年2月15日。事实上,这也是1958年寒假的第一天,再过两天就是除夕了。发布"学校附设土建设计院的组织和人员名单"公告的2月28日本来应该是寒假的最后一天,但是后来开学提前到2月25日,因此是开学第四天。此前一个多月,学生被通知取消考试,开展除"七害"运动,而本来要在开学补上的考试依然决定停止,因为新学期开始要搞"反浪费、反保守"的"双反运动",酝酿"大跃进"的氛围。[①]

仔细研读同济大学人事处的档案可以发现,学校"原拟组设同济大学建设委员会并已分发聘函,后经研究,为了更好地适应实际情况和工作需要,决定不成立建设委员会,另行组建同济大学设计院,先成立设计院筹备委员会进行筹备工作,同时另设立绿化小组,进行绿化工作"。同济大学原科研部第二主任吴景祥受聘为同济大学设计院筹备委员会主任委员,副主任委员分别为结构系主任王达时、建筑系主任冯纪忠和行政领导许振玉,[②]其他委员包括建筑系哈雄文、黄家骅、金经昌三位教授和结构系曹敬康、欧阳可庆、胡家骏和郑大同四位教授。另聘金经昌、陈从周和董鉴泓担任绿化小组工作。从名单草稿来看,同济设计院筹备委员会加绿化小组基本上就是前面已聘任的同济大学建设委员会的成员,仅减少冯之椿、谭垣、熊同舟、陈本端四人。王达时则并未受聘于建设委员会,是直接受聘筹备设计院的。[③]据王季卿回忆,教授谭垣几乎不参与学校任何组织的职务,短暂受聘"同济大学建设委员会"是唯一的例外。[④]

1958年2月28日,同济大学人事科第0204号文件确定了学校附设土建设计院的组织和人员名单。原定的名称为"土木建筑设计院",包含两个专业方向的实践,后划掉两字,直截了当地改为"土建设计院"。设计院下设院办公室、两个技术室和六个设计室。除了学校任命的专职院室领导,其余都是兼职的,实行双重编制。15位教授被委任为室主任和副主任,分别是:建筑系的吴景祥、庄秉权、哈雄文、冯纪忠、黄家骅、谭垣、黄作燊7位,结构系的王达时、曹敬康、张问清、俞载道、孙绳曾、欧阳可庆6位,城建系的胡家骏任设备室主任,还有许振玉兼任办公室主任。设计人员包括建筑系(59人)、结构系(29人)、城建系(16人)和路桥系(2人),共107位教师(包括许振玉),工民建(工业与民用建筑专业)、工民结(工业与民用建筑结构专业)四年级和建筑学四年级全体学生,城建系部分学生参加。[⑤]六个设计室均为综合设计室,正副主任分别由建筑系和结构系教授担任,从第一室到第六室人员搭配如下:王达时与哈雄文、冯纪忠与曹

① 赵秀恒编,《同济大学建筑学专业1962届六年大事记》;《民间影像》编,《文远楼和她的时代》,上海:同济大学出版社,2017。

② 在《附设土建设计院人员名单》的人事通知上,许振玉被列为专职负责人,但并未在下面四系人员名单中找到。据姚大镒回忆,许振玉系军人转业的行政干部,不是专业人员。

③ 1958年2月15日,《聘任同济大学设计院筹委会委员及绿化小组工作》,同济大学档案馆藏,档案号:2-1958-XZ-9。

④ 王季卿、朱亚新访谈。

⑤ 1958年2月28日,同济大学人事科第0204号文件,《同济大学附设土建设计院人员名单》,同济大学档案馆藏,档案号:2-1958-XZ-9.0007。

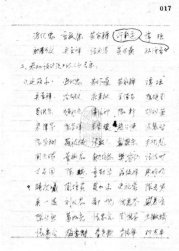

◎ 1958年2月28日同济大学人事科第0204号文件,《同济大学附设土建设计院人员名单》(来源: 同济大学档案馆)

敬康、黄家骅与俞载道、谭垣与欧阳可庆、黄作燊与孙绳曾、吴景祥与张问清。庄秉权任两个技术室主任。⑥ 1958年3月1日,同济大学在"一·二九"礼堂召开同济大学附设土建设计院正式成立大会,任命吴景祥为院长。建筑系、结构系、城建系和路桥系参加设计院的工作人员121人及部分四年级学生参加了成立大会。半个月后,同济大学向教育部申请备查"同济大学附设土建设计院",同时强调,成立设计院是"根据勤工俭学方针"。"3月3日,同济大学附设土建设计院自成立起即进行工作。"⑦ 同济大学附设土建设计院是中华人民共和国正式成立的第一所高校设计院。

教育革命

从1958年2月至8月,短短半年时间,同济大学人事科发出多次人事任免和机构调整的通知和报告。比如,2月25日的文件提出"撤销研究部、教务部、函授部、学校办公室所属的专家工作室和人事处所属的干部科"。⑧ 7月24日的文件提出专业调整的计划,准备"在暑假后增设12个新专业",建筑系、结构系都被撤销,重新成立"建筑工程系",下设建筑学专业、工业与民用建筑专业、建筑工业经济与组织专业和工程制图专修科,原结构系主任王达时任建筑工程系主任,原建筑系主任冯纪忠和副主任黄作燊任建筑工程系副系主任。城市规划系则从建筑系分离出来,重新分配到城市建设系。⑨ 8月16日,同济大学人事科向上海市高教局教育部和建工部发送了两份由校长薛尚实签署的报告,内容均为"机构调整和人员任免"。其中一份"为了更好开展勤工俭学工作,贯彻学校办工厂,工厂办学校的教育方针",

⑥ 王吉螽为同济设计院50周年《累土集》手书"同济设计院历届组织机构及干部名单"。

⑦ 1958年3月15日,同济大学人事科第0271号文件,《向教育部为报我校成立土木建筑设计院由》,同济大学档案馆藏,档案号: 2-1958-XZ-9。

⑧ 1958年7月24日,《同济大学人事科送交建工部教育部上海市高等教育管理局等机构的"关于机构人员调整的报告"》(58)人字第0703号,同济大学档案馆藏,档案号: 2-1958-XZ-9。

⑨ 同上。

决定设立（调整）四个生产机构，成立由建筑工程系领导的"建筑设计院""建筑工程公司"和由建筑材料及制品系领导的"预制构件厂"；"教学与设备工厂"改划由建筑机电及设备系领导，"原附设土建设计院撤销，未了工作由建筑设计院负责"。吴景祥和唐云祥分别担任建筑设计院正副主任。免去王达时、冯纪忠、许振玉土建设计院副主任职务。⑩ "同济大学附设土建设计院"改为"同济大学建筑设计院"，原本依附教学的实习机构就变成大学创办的生产单位。另一份报告涉及"为加强科学研究而成立13个专项研究室"，分别由相关的系或教研室领导，唯一的例外或许是当时尚属保密性质的"地下铁道及黄浦江越江工程研究室，由校部直接领导"。在建筑工程系旗下的研究室有两个，分别是工程结构研究室和建筑研究室，前者由王达时任主任，后者由冯纪忠和傅信祁分任正、副主任。而原"民用建筑研究室"被撤销，"未了工作由建筑研究室负责"。这一举措也响应了对过去"忽视工业建筑倾向的批判"。⑪

⑩ 1958年8月16日，《同济大学人事科送交上海市高教局等机构的"机构调整和人员任免"》（58）人字第0791号，同济大学档案馆馆藏，档案号：2-1958-XZ-9。

⑪ 同上。

从这些档案中不难发现，同济大学附设土建设计院的成立并非孤立事件，也并不像五年前成立建筑工程设计处，或是"向医学院设立附属医院学习提供工程设计的实习基地"那么单纯由技术导向，更深层的原因是贯彻"教育大革命"和"生产科研教育大跃进"。

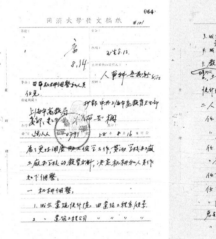
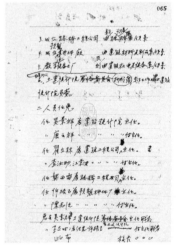

◎ 1958年8月16日，《同济大学人事科送交上海市高教局等机构的机构调整和人员任免》，（58）人字第0791号（来源：同济大学档案馆）

1957年，"一五"计划提前完成，大大激发了党和人民群众在短时间内彻底改变祖国"一穷二白"面貌的斗志和建设社会主义的积极性。1958年5月，中国共产党"八大"二次会议通过了"鼓足干劲，力争上游，多快好省地建设社会主义"的总路线，全国开始了国民经济的"大跃进"，向毛泽东在会议上提出的"五年达到4000万吨钢产量，七年赶上英国，十五年赶上美国"等目标迈进。与此同时展开的是一场从1958年延续到1960年的"三年教育革命"，它是1957年4月开始的"整风运动"的延续，也是全国范围声势浩大的"教育大跃进"，是"大跃进运动"的重要组成部分。[3] 1958年，全国教育工作会议提出了党的教育方针"教育必须为无产阶级政治服务，教育必须与生产劳动相结合"，目标是培养"既有政治觉悟又有文化，既能从事脑力劳动又能从事体力劳动的共产主义社会全面发展的新人"。在全国"大跃进"的形势影响下，同济大学和各系召开跃进会议，号召大家破除迷信，解放思想，进行"教育大跃进"。1958年7月，学校制定了《同济大学1958—1962年教学与科学研究发展规划纲要（草案）》，并上报高等教育部，提出把学校"建设成为以土木、建筑为中心的规模宏大的综合性的理工大学"，至1962年，"专业达48个""学生人数达12 000人"，"多快好省"地培养社会建设急需的人才成为各高校的当务之急。

就像1958年11月7日建工系党总支制定的《同济大学建筑设计院规划（草案）》中所强调的：同济大学建筑设计院不同于社会上的设计院，学生是半工半读，教师是半工半教。既要出图纸又要出人才，完全是生产和教学相结合的一个机构。建筑设计院在保证生产的前提下，必须满足教学上的需要，每周安排定期的生产劳动，在生产劳动中传授学生的城市规划、结构、设备和勘测各方面的专业生产知识，使学生既是有某项专长的技术人员，又是通晓有关房屋建筑设计各方面知识的多面手，努力成为又红又专的共产主义建设人才。⑫

⑫《同济大学建筑设计院规划（草案）》,同济大学档案馆藏,档案号: 2-1958-DW-58.0012。

因此，同济大学建筑设计院成立的核心是"贯彻教育结合生产劳动"，目的是"提高师生的政治觉悟"，"揭发和批判教学中严重脱离政治脱离实际的倾向"，"清算过去教师中存在的资产阶级教学思想"。在成立后半年内，"工民结和工民建两专业毕业班同学121人，建筑学四年级同学54人全部参加了设计院工作"。从1958年3月到8月，"完成大小工厂276个以上，建筑面积299 054平方米，其中民用建筑面积67 299平方米"。⑬

⑬《同济大学建筑设计院半年来贯彻教育结合生产劳动的工作总结》,同济大学档案馆藏. 档案号: 2-1959-XZ-55.0012。

通过设计院的组织，教育结合生产实践、结合实际的设计工作，首先，同学们在思想上改变了过去"为个人、为成绩的个人主义学习观点"，进而"树立了为政治服务而学习的观点"。其次，提高了学习效率和教学质量。过去的教学是"纸上谈兵，空中楼阁"，容易脱离实际，"设计求大求新求奇，忽视经济，忽视施工"，通过"真刀真枪"的实际工程，学生们了解了实际问题，掌握了施工图等实际技能，更能贯彻"多快好省"的方针。再次，通过多工种的协作，改变学生仅限于建筑艺术或结构的狭隘专业认识，"树立全面的设计观念，培养一竿子到底的人才"，培养学生深入踏实的工作作风，这是全国各地区紧缺建设人才的实际需要。最后，"实际设计工作也促进了技术革命和科学研究"，并可以使"教育革命跨进一大步"，目标是"（学制）六年改四年，又红又专多面手"，"计划使参加设计院的建四学生通过

8个月的设计工作,将原六年制的最后2年内的课程,在设计院期间结合生产实际又快又好地学好,并培养为能独立掌握建筑、结构、预算设计工作的多面手"。⑭虽然师生的工作与"附属土建设计院"时期并无太大的改变,但因为建筑设计院已经不是教学附属的实习部门,而是学校内的设计工厂,是生产单位,因此理解为学生(进入设计院时)已经完成专业学习,相当于缩短了2年学制。

⑭ 同⑬

在半年工作的总结中,设计院也指出了工作的困难和不足。第一,专职教师数量少,与工作任务相比力量不够。边做边学的方针可以对付简单工程,结构较为复杂的工程,不得不教师亲自动手。第二,院内多为青年教师,过去缺乏实际经验,也只熟悉自己学科的专业知识。第三,在编制边干边学的教学计划时,对于"有些高级的理论(建筑和结构)和城市规划课,还难以直接结合设计任务进行"。⑮

⑮ 同上。

为了实现教育与生产劳动相结合,建工系安排教师和学生"下放到工地、农村和设计单位""边教、边学、边做"。根据建工系的统计,截至1958年11月,全系154位教师,下放人数占60.1%,其中到农村、工地长期锻炼者32人,到农村短期锻炼的21人,到戚墅堰工地半工半教者26人,到设计院半工半教的有14人,涉及上海、江苏、贵州、江西和北京等多地。1638名学生中,676人下放,其中设计院为68人,到农村群力公社、戚墅堰工地和上钢五厂劳动的分别是266人、252人和60人,还有30人在本校工厂半工半读。⑯

⑯ 1958年11月,《同济大学建筑工程系情况分析》,同济大学档案馆藏,档案号:2-1958-DW-58。

调整培养计划

按照《同济大学建筑设计院规划(草案)》,设计院主要培养的是各专业毕业生和三年级学生,其中三年级学生要求在设计院工作两个学期(8个月),在老师指导下边学习各科专业知识,同时从简到繁地承担设计任务。毕业班则在设计院工作一个学期(4个月)。⑰对于1958年已经进入五年级的15名工民建学生,建筑设计院调整了其最后一学年的培养计划:要求原来培养计划的4门理论课不予减少,但具体措施可根据设计院具体条件变化,同时要满足课程设计和毕业设计的要求。其中,上学期随班听讲钢结构和检验、地基及基础和政治经济学3门课,下学期则由设计院开设水暖设备及选修课。上学期完成钢屋架设计并参与一项工程,寒假前后总结答辩,下学期结合毕业设计参加一项工程,并进行若干科学研究。15名同学分别排入一室和二室,与五年级建筑学的同学结合编组。每周除了周六晚上和周日上、下午休息外,其他时间分成18个单元,其中6个单元为业务学习,包括4个半天的课程和2个晚上的复习。9个单

⑰ 《同济大学建筑设计院规划(草案)》,同济大学档案馆藏,档案号:2-1958-DW-58.0012。

元为生产，即在设计院上班做实际工程。周五、周六下午两个单元政治学习，周五晚举行党团活动。其中周二、周三两天是从早到晚全部上班。[18]

1959年2月4日，"经过4天突击"，建筑学专业修订了教学计划和教学大纲。主要改革了"过去资产阶级的教学方法、教学内容以及培养目标等有害的一面"，发现了其中"脱离政治、脱离实际、脱离生产等问题"。"贯彻以教学为主的教学、科研、生产三结合方针，在教学中增加了生产劳动和科研的时数。"对比新旧教学计划和教学大纲，主要特点包括：第一，在培养目标上，"不再是过去的脑力劳动者建筑师，而是有社会主义觉悟、有文化的劳动者，即又红又专、能文能武、体脑结合、克勤克俭的国家干部"。第二，业务上"贯彻为无产阶级政治服务"，设计课和原理课都"以人民公社为纲"，"工业建筑、民用建筑并重""建筑与规划，生产与生活相统一"。第三，理论联系实际纵横分配，"纵的方面，理论课基本结束后学生直接参加设计院实践。横的方面，高年级同学设计课可以结合设计院任务，尽可能联系实际"，最终希望实现用五年时间达到六年制的效果。[19]

从课程具体的安排来看，原来以教学为主、规定不甚明确的教学实习加生产实习为29周，现在明确为31周的工地劳动和22周的设计院实践，实践几乎翻了一倍。在设计习题的安排上，生产性建筑（包括工业和农业）的比重加大，从1954年计划的18%翻倍为36%，相应的比重从原来占7成多的民用建筑课时中削减。[20]

值得一提的是，建筑专业教学革命的背景还包括"双反运动"和大力发展工业的战略转向。1958年3月29日，《人民日报》发表社论《火烧技术设计上的浪费和保守》，4月15—23日，建筑工程部召开地方建筑设计会议。会议明确，为了适应地方工业的大发展，地方建筑设计部门必须积极转向工业建筑设计的方针。会议批判了轻视工业的思想、树立个人纪念碑的思想以及技术上的保守思想，并指出这是资产阶级和无产阶级的分歧，是"多快好省"和"少慢差费"两条建设路线的斗争。此后，各地有许多设计单位开始下现场搞设计。[4]

土建类学科其他专业的理论学习相对偏科学技术，而建筑学专业的理论学习与人文历史、艺术美学和生活意趣密不可分。因此在1958年下半年，广大师生就"建筑学专业教学中两条道路的斗争"展开了激烈的辩论。事实上，这种争论虽然与建筑学科本身兼具物质技术和艺术文化双重属性有关，但本质更是资产阶级和无产阶级思想的斗争，其中引发的矛盾体现在招生和教学的诸多环节中。比如是否应该大量增收工农子弟？是否应该废除建筑学招生中的"美

[18]《建筑设计院"工民建五（15位同学）培养计划"》，同济大学档案馆藏，档案号：2-1959-XZ-55。

[19] 1959年2月4日，《建筑学专业修订教学计划，教学大纲小结》，同济大学档案馆藏，档案号：2-1959-XZ-55。

[20] 同上。

术加试"？建筑设计中民用建筑和工业建筑类型的侧重比例、设计的定额标准问题，以及在课堂上还是在设计院实际工作中更能够培养全面的建筑师等。[21] 意见双方在意识形态和生活方式上的根本冲突很难在短时间内抹平。

[21]《建筑专业教学中两条道路的斗争》,同济大学档案馆藏,档案号：2-1959-XZ-55。

边教学边生产是理论联系实际的好方法

建筑系教授内部虽然对教学与实际工作之间的差异等问题有不同的声音，但是设计院的工作成果是令人瞩目的。设计院的教学和科研是在生产的基础上进行的，所以，基本上，生产是设计院经常性的任务。这些任务有的是国家科委、建工部和上海市下达的，有的是设计院自己联系承接的。具体工作是规划设计和建筑设计，任务范围以上海为主，其次是江苏、浙江，也有山西太原等地。自建院起，设计院在开展教学与科研工作的同时，完成了大量的生产设计任务，1958—1963年的五年中，设计院完成设计的单体工程共达476个，建筑面积约60万平方米。其中工业建筑为327个，民用建筑149个。仅1958年3—8月，就完成大小厂房276个、近30万平方米的设计任务；1959年为49个单位进行了设计，其中包括革命历史纪念馆、大型体育场、复旦物理楼、提篮区剧院等重要工程的设计；1961—1962年度完成104项工程，如多层仪表厂房通用设计、毕丰钢铁厂机修车间、水上新村幼儿园托儿所、新余钢铁公司职工医院、新余钢铁公司职工技校、综合商店。1958年在北京举行的"大跃进科技展览会"上，年轻的同济大学附设土建设计院的成果吸引了诸多参观者的目光。展示的成果不仅有"突击4天完成的四万平方米的工厂"，并将造价"从80~90元/平方米降到65元/平方米"，比如上海机器厂等，也有像华沙英雄纪念碑这样的竞赛，还有黄浦江越江隧道、黄浦江跨江大桥、地下铁道和"共青号"地铁车站等"技术大革命"的方案。[5]

对于这种"建设社会主义的新规律"和生产力的"新高峰"，设计院院长吴景祥颇有感触。1958年5月，他在《建筑学报》上撰文，题为《边教学边生产是理论联系实际的好方法》。他认为设计院的成立在教育和国家建设两方面都是有益的。通过从事实际工程，"学生从实践中学习，教师从经验中汲取营养来丰富理论知识"。大量建设任务必须在短时间内设计完成，投入施工及生产，用老的方法和标准按部就班分阶段实施是无法完成的。只有通过"思想解放和技术革新"，采用"边作工艺边设计，边钻探，边规划同时交叉进行"的"三（或四）边设计法"才可能达到"多快好省的要求"。对于"在学校里办设计院是否会阻碍教学？时间上有否矛盾？工作能否做得

◎ 1958年,在大草棚举行的"大跃进科技展览会"上学生布置同济
大学附设土建设计院成果展板(来源:赵秀恒提供)

◎ 1958年,王宗瑗在"大跃进科技展览会"上介绍同济大学附设土
建设计院的作品(来源:赵秀恒提供)

好?学生能否胜任?教学如何安排"等疑问,经过同济附设土建设
计院的试验,感觉"困难不大"。更进一步认为,"如果工作中发现
有困难的地方,正足以反映教学工作中的薄弱环节,应当加以充实"。
不过,吴景祥也指出刚成立不久的(附设)设计院存在一些不足,从
教学上看,一是毕业设计主要以大型工业区为主,对于实际工程中
占比最大的中小型工业建筑缺乏了解;二是工作分配无法使学生获
得全面的认知。从实际工作的角度来看,毕业班仅一学期,所以上、
下半年人力不均衡。此外老师"半工半教"而非全脱产生产对建设
单位开展工作不方便,六个设计室之间也忙于各自生产,缺乏经验
交流。[6]

　　1958年9月,因为建筑系和结构系已撤销,重新组建成立了建
筑工程系,教学需要重新安排,需要大量人手。于是学校将原来建
筑设计院的六个设计室缩减为两个设计室,设计院办公室也因为支
援新系建立从10人减为6人,但首次确定了参加建筑设计院的专职
教师,包括建筑系7人,结构系9人。㉓11月7日,受学校指派,由
结构系和建筑系合并而成的建工系党总支制定了《同济大学建筑设
计院规划(草案)》。该规划对教师学生绘图员和职工近三年的发展
规模做出以下规划,计划从1958年的345人发展到1959年的676人,
1960年的875人。这些人员主要从本校毕业的学生中选取。职工主
要从事图纸和资料管理、生产计划、晒图、财务、文书和文具管理
等工作,另外还有工友1人,同时承担油印工作。总体来看,这个
发展规模的规划带有"大跃进"的理想主义色彩,因此并未如期变

㉓《同济大学土建设计院
半年来贯彻教育结合生
产劳动的工作总结》,同济
大学档案馆藏,档案号:
2-1959-XZ-55.0012。

为现实。㉔

㉔《同济大学土建设计院规划(草案)》,同济大学档案馆藏,档案号: 2-1958-DW-58.0012。

直到1960年,同济大学建筑设计院重新扩充规模,设立了五个设计室和一个技术资料室,还成立了院务委员会,成员包括周简、王达时、吴景祥、李德华、庄秉权、王吉螽、朱伯龙、史祥周、唐云祥、贾瑞云、曹善华等。王达时任院务委员会主任,副主任为吴景祥和唐云祥。第一设计室为综合设计室,由陆轸负责;第二设计室为工业室,庄秉权和俞载道分任正、副主任;王吉螽、史祝堂和曹敬康是第三设计室(民用室)正、副主任;第四、第五设计室为规划室和设备室,分别由李德华和李鹏飞负责。这一时期,设计院办公地点设在文远楼一楼,共有每间57平方米的大房间9间,每间44平方米的小房间4间,加上一间15平方米的院务委员会主任室,总面积共计704平方米。1961年1月,随着业务范围的扩大,学校将"同济大学建筑设计院"改为"同济大学设计院"。同年10月,经学校多次申请,建工部肯定和批准了"同济大学设计院",任命吴景祥为设计院院长。[7]

在"教育与生产劳动相结合"的国家教育方针指导下,全国多所建筑院校在1958年到1962年间相继成立了高校附属设计院作为"教学、科研、生产三结合的基地"。与同济设计院的情况类似,华南工学院(今华南理工大学)建筑系也于1953年与基建处联合成立了设计室,1958年7月,华南工学院建筑学系成立建筑设计院,原设计室归入设计院。院长谭天宋,除负责校内基建任务外也承接校外项目。同期土木工程系成立建筑工程公司,由土木工程系老师参与。1959年12月17日,华南工学院"建筑设计院"改组为"高校设计院",由广东省高教局将原有分散各校的部分设计人员集中后组成。该院由华南工学院与省高教局共同管理,在华南工学院校内办公,参加设计的主要是建筑系、土木系的教师,以及部分高教局调派来的设计人员。1964年"设计革命"后停滞。[8]清华大学建筑和土木两系于1958年7月24日成立清华大学土建设计院参与生产,主要承担"国庆十大工程"设计。[4]1965年6月,南京工学院(1988年更名为东南大学)决定由建筑系、土木系共同筹建"建筑设计院",并于同年10月获得国家高等教育部批准。[10]

教师培养

在"文革"以前,设计院是教学、生产、科研"三结合"的教学单位,在"以教学为主,为教学服务"的前提下,完成部分国家基本建设任务,学生"半工半读",教师"半工半教"。当时设计院的基本任务是使学生通过生产实践,综合运用所学知识,理论联系实际。宗旨是给学生和青年教师提供实习基地。其中教学的内容主要包括三部分。第一，毕业设计。主要对象是城市规划、建筑结构、供电及暖通、给排水、勘测等专业的毕业班学生，时间一般为4个月。第二，课程设计。主要对象是上述专业三年级学生，时间一般为8个月。第三，指导研究生。主要在建筑设计方向，每年还招收2~3名研究生。

设计院的教学主要是结合实际工程进行的。在选题上，大多是选择实际工程作为设计项目，即选真题，在生产任务较少时也选一些假题。同时，设计过程结合参观、调研、访问、跑工地、下现场等途经进行，设计成果交付施工，到实践中接受检验，学生与工人师傅、工程师共同解决实际中发生的问题，教师现场讲评。有时，设计院还与外地设计院合作，扩大学生的教学场所。比如，1965年，设计院派两组人（包括学生）分别到杭州、无锡，与地方设计院结合进行工程设计。"文革"前，设计院教学任务很重，如1962年下半年，课程设计有建五107人，毕业设计有工民建120人，同时，还担任3716小时工作量的工民建、力学、给排水、地基基础等专业的钢筋混凝土讲座与辅导，以及给排水、暖通和建六课程设计任务。

设计院边教学边生产，逐步形成一套从选题—收集资料—各阶段设计—总结答辩—施工配合等全过程的教学指导方法，使生产程序变为有效的教学过程。这种结合生产实际的教学，提高了学生解决实际问题的能力和独立工作的能力，也增强了学生的责任感。

设计院同时也是教师的实习基地，与土建工程相关的系，比如建筑系、建工系等将部分教师，大多是青年教师送来设计院培养锻炼，使教师在一定时期内接触生产实际，增加实践知识和技能，提高业务水平。教师进设计院后，有的担任指导教师，有的担任专业课教师，有的担任施工教师。1961年9月，设计院建立"四定"培养措施，即定专业方向、定导师、定必要的自修时间、定阶段的考查方法。教师的自修，主要是在指导学生时结合教学需要进行业务学习（阅读有关教材）。1962—1963学年第二学期，设计院组织部分青年教师试做毕业设计，编写教学任务书，在课程设计中加强集体备课和帮助青年教师改图。不仅如此，设计院还指派青年教师到外院工作，争取校外设计院工程师的指导，并在有经验的工程师的指导下担任教学辅导工作。通过生产实践和科研活动，进院教师获得了丰富的实际知识和教学经验，多数人能独立设计。设计院教师中95%是青年，经过锻炼，他们成为设计院主要力量，在生产科研中起到突出作用，许多重要项目都是由他们完成的。

参考文献

[1] 董鉴泓,钱锋.建筑城规学院50周年大事记[M]//同济大学建筑与城市规划学院.同济大学建筑与城市规划学院五十周年纪念文集.上海:上海科学技术出版社,2002.

[2] 丁洁民.累土集:同济大学设计研究院五十周年纪念文集[M].北京:中国建筑工业出版社,2008.

[3] 何东昌.中华人民共和国教育史(1949—2004)(上卷)[M].海口:海南出版社,2007:238.

[4] 《建筑创作》杂志社.建筑中国六十年1949—2009(事件卷)[M].天津:天津大学出版社,2009:54-57.

[5] 赵秀恒.我和设计院的缘分[M]//丁洁民.累土集:同济大学设计研究院五十周年纪念文集.北京:中国建筑工业出版社,2008.

[6] 吴景祥.边教学边生产是理论联系实际的好方法[J].建筑学报,1958,(7):39.

[7] 《同济大学百年志》编纂委员会.同济大学百年志(1907—2007)(下卷).上海:同济大学出版社,2007:1833-1853.

[8] 肖毅强、陈智.华南理工大学建筑设计研究院发展历程评析[J].南方建筑,2009,(5):10-15.

[9] 《建筑创作》杂志社.建筑中国60年1949—2009(机构卷)[M].天津:天津大学出版社,2009:126-137.

[10] 东南大学建筑学院学科发展史料编写组.东南大学建筑设计研究院有限公司简介[M]//东南大学建筑学院学科发展史料汇编.北京:中国建筑工业出版社,2017:61-63.

去北京参加"十大建筑"设计

1958年9月初，暑假刚结束，回学校没几天，四年级的郁操政、朱谋隆和龙永龄，还有刚升入三年级的贾瑞云和路秉杰分别接到系总支书记或班干部的通知，要他们去北京帮助吴景祥、冯纪忠、黄作燊、谭垣等老师做一些工作。[①]至于组织上为何选择自己，几人至今不得其解。具体要做什么工作，则是到了北京才揭晓谜底。根据当时"教育必须为无产阶级政治服务，必须同生产劳动相结合"的方针，同济大学三、四年级的同学本应走出课堂，去半工半读，分期分批到上海城乡及江、浙、皖、赣、闽等6省（市）27个大、中城市或本校附设的工厂、工地、设计院、工程公司、铁路公路等参加生产实践。[②]其中最大的一个基地就是江苏常州戚墅堰机车厂的工地。[③]

不到一周时间，五名同学、两位青年教师、设计院第四设计室全脱产项目指导员葛如亮和构造教研组的张敬人在学校的安排下，一起坐火车赶往北京。这次还十分破例地坐了卧铺，这对两位老师和五名学生来说都是第一回。一过长江，从南京到徐州，从济南到北京，到处都是热火朝天的高炉和小高炉，在夜晚也灯火通明地在炼焦和炼钢。[④]"赶英超美"的"大跃进"不仅体现在全民大炼钢铁上，也体现在重大项目的建设上。坐了一晚火车抵达北京后，同学们竟然有幸住进了杨廷宝先生刚设计建成的、位于金鱼胡同的和平宾馆，同济设计小分队这才知道，他们要参与设计的是国庆十周年的重要工程。离这些项目建成和举办庆典的时间只有一年了，但具体做哪些项目，规模形式如何，还有待建筑系的负责老师以及各地区主要设计院的专家带着青年设计师和学生们群策群力。

建筑专家齐聚北京

1958年8月，中共中央在北戴河召开政治局扩大会议时提出，为庆祝中华人民共和国建国十周年，将在北京进行天安门广场改建并建设"十大建筑"。那次会议上，一方面，号召全国人民为钢产量比上一年增加一倍、达到1070万吨而奋斗，农业上要大搞人民公社。另一方面，根据毛泽东的设想明确提出，要建造能容纳100万人集会的世界上最大的广场和万人大礼堂，外加一系列超大建筑工程，所有工程要在1959年国庆节前竣工。[⑤][1]96

1958年9月7日，北京市建筑学会副理事长、党组书记及北京市建筑设计院院长沈勃和中国建筑学会秘书长汪季琦拟定了名单，向16个省、市、自治区的专家发出电报邀请。第二天，当时北京

① 根据朱谋隆、郁操政、陈琦、路秉杰、贾瑞云访谈和其后数次电话访谈：差不多同时期，四年级其他同学都被分配到戚墅堰机床测量厂劳动实习，主要进行建筑施工实践。

② 《同济大学积极贯彻教育方针，大办工厂组织师生参加生产实践》，载于《新民晚报》，1958年10月28日。

③ 《在戚墅堰建设工地贯彻党的教育与生产劳动相结合的方针》，同济大学档案馆藏，档案号：2-1959-DW-55.0013。

④ 朱谋隆、郁操政、陈琦、路秉杰、贾瑞云访谈。

⑤ 中共中央北戴河会议公报，《新华》半月刊，1958年第18号第1页。

市副市长万里在中央电影院（今北京音乐厅）为北京设计施工单位的1000多位专家做了"北京市国庆工程动员大会"报告，并向在场的设计单位立即分发各项国庆工程的规划位置图和设计资料。

发出邀请函仅3天，9月10日晚，全国各地设计单位和建筑系的30余位专家就在和平宾馆汇齐了。当时北京市规划局局长冯佩之和北京市建筑设计院院长沈勃"于当天晚上，到宾馆详细介绍了有关情况，并要求大家在五天内设计出第一稿方案，还请北京市建筑设计院为他们搬来了画板和画图架。专家们听了传达以后，十分兴奋，有些专家当晚就行动起来，开始了方案设计"。⑥ [2]27

紧随第一批专家到达北京参加方案设计的贾瑞云老师在半个多世纪后写的回忆《1958，初到北京》[3]中感慨："这是我接触老前辈最多的一次。"从当时的邀请电报和名单可见，1958年9—10月间，聚集在北京为"十大建筑"出谋划策的建筑专家真可谓"大腕云集"。一方面是全国各地区和大城市主要设计院的院长或总工程师和规划建筑部门的负责人，另一方面是全国八大建筑院校的建筑系主任和负责教授。比如，上海华东工业建筑设计院副院长赵深、上海民用建筑设计院院长陈植、轻工业部设计院总工程师奚福泉、浙江工业建筑设计院（杭州）副院长陈曾植、东北工业建筑设计院（辽宁）总工程师毛梓尧、广东建筑工程局（广州）局长林克明、西南工业建筑设计院（成都）总工程师唐璞、武汉市城市规划委员会副主任鲍鼎等；以及清华大学建筑系主任梁思成和（弟子，教授）吴良镛，南京工学院建筑系主任，也是中国建筑学会副理事长杨廷宝和青年教师张耀曾、施慧英，天津大学建筑系主任徐中，华南工学院教授陈伯齐等；同济大学受邀的教授分别是金经昌、吴景祥、黄作燊和冯纪忠。⑦

对于当时才20岁出头的青年学生来说，这无疑是一次令人终生难忘的机会，能与平时仰慕的大师、前辈朝夕相处，携手工作。"老先生们都非常和蔼可亲，平易近人，和年轻人非常融洽"。[3]27-33当时仅30岁出头的清华大学教授吴良镛，被老先生们戏称为"少儿队教授"，沈勃院长喜欢说"好吧"，就被学生叫做"好吧院长"，"先生们也都欣然接受"。陈植院长还给学生取绰号，叫剪短发、穿军装的贾瑞云"贾宝玉"，称路秉杰为"路大爷"。[3]27-28

杨廷宝设计的和平宾馆（1951年）是当时在建筑系学生中备受青睐的现代建筑，是为筹备"亚洲及太平洋区域和平会议"而在北京设计建造的第一座高层。该设计没有采用当时流行的"大屋顶"做法，而是设计了一个简洁的"方盒子"，重点放在交通和环境的处

⑥ 该文1986年7月第一次发表于北京市政协编辑的《文史资料选编》。

⑦《1958年9月6日北京市人民政府发国庆工程设计审查会议专家名单》：上海五位专家，赵深、金经昌、吴景祥、黄作燊、奚福泉。参见《新中国著名建筑师毛梓尧》（中国城市出版社，2014）一书中所刊档案。《冯纪忠人生：冯纪忠访谈录》（上海科学技术出版社，2003：52）记载是"冯纪忠、黄作燊和赵汉光被指派集中到北京参加十大建筑概念方案的竞选"。是否为不同批待考。

◎玉潭渊合影（1958年）（来源：贾瑞云提供）前排左起：朱谋隆、陈植、广东省院总工、路秉杰、广东院设计师、贾瑞云、□□；后排左起：天津大学教师、殷海云、毛梓尧、吴景祥、徐中、赵深、杨廷宝、陈曾植、□□、鲍鼎、东北院总工、林克明、□□、黄作燊、葛如亮、郁操政

理上。能住进自己最想参观的现代建筑，跟崇拜的设计师面对面接触，这是学生们"做梦都想不到的"⑧。年轻学生晚上熬夜画图时"又唱又跳"，还把住在楼上的老先生们都吵得"不能睡觉"⑨。

⑧ 朱谋隆、郁操政、陈琦、路秉杰、贾瑞云访谈。

⑨ 同上。

集体创作

为了实现"多快好省"的总路线方针，国庆工程采取的是集思广益、博采众长的集体创作方式。就像万里在动员大会上所号召的，建筑师们要"发扬集体主义精神，搞好共产主义大协作"。[1]96-100与"国际通行的封闭式建筑设计竞赛，以保证个人创作版权不受侵犯的做法不同，国庆工程采取了一种非常独特的方式，所有参赛者以个人或小组为单位参加方案设计，分阶段限期交卷。经领导审阅，或在领导主持下，大家一起讨论、分析、评比、相互学习、取长补短，在意见汇总后再进入下一轮创作。"[1]101

专家进京5天后，第一轮方案如期完成。市领导"没提具体意见"，只要求"进一步解放思想"。[2]28于是各地专家纷纷电报自己省市，调来年轻助手，以及"八大建筑院校建筑系高年级的学生"。⑩同济的2位年轻老师和5位学生应该就是此时被调进京的。又是5天后，9月20日，第二轮方案共完成100多张图纸，内容包括大会堂、革命历史博物馆和国家剧院，所有设计在北京规划局五楼展出，还组织各位专家前往参观座谈，提出修改意见，并在此基础上，开展第

⑩ 同上。

三稿方案设计。除北京各设计单位进一步设计方案外，还把在和平宾馆的各位专家分为三个组：由梁思成牵头革命历史博物馆的设计；杨廷宝牵头大会堂的设计；赵深和陈植牵头国家剧院的设计。[2]28

　　建筑系的学生主要工作是"打下手"，把草图"用尺规画成有比例的图纸"。院校之间也是打散工作的，比如路秉杰最开始被安排"帮梁思成先生把草图画成正图"，⑪贾瑞云主要画的是剧院。不过也有清华的学生明确表示是"来做方案的"。[3]32事实上，这是因为前三稿方案"仍是老一套的居多。加上老专家们不好意思互相提意见，因此设计工作开展不大"，[2]28方案定不下来，其他各项工作无法开展。于是在周恩来总理的指示下，北京市委第二书记刘仁到清华大学去要求"党委组织青年教师和学生参加设计竞赛"，[2]28北京市规划局长冯佩之也在局里动员"所有建筑师都积极参赛"。[1]102

　　新老建筑师合作，仅用了3天就完成了第四稿方案，对以下问题却还存在诸多争议，包括天安门前是放两个还是四个单体，天安门广场的宽度是350米、400米还是500米，大会堂的高度是否能超过天安门，形式能否采用大屋顶等。甚至有建筑专家"对如此庞大的建筑规模的必要性感到有疑虑"。此后一周，专家们又完成了两轮方案，国庆前夕，"建筑专家们听说周总理要看方案，十分兴奋。纷纷行动起来，连夜加班做第六稿方案"。10月6日，设计领导小组在中南海向周恩来总理汇报了三个项目的第六稿方案，并听取了修改意见。3天后，抵京一个月时，专家们完成了集体方案的第七稿。次日，万里将其中较有特色的八个方案，制成照片，发向全国27个省自治区以及各大城市的建筑专家征求意见，等各地意见收拢回来，设计领导小组请北京三家单位：清华大学、北京市建筑设计院和北京市规划局在八个方案基础上各做一个综合方案，供中央定夺。至此，住在和平宾馆的专家们开始陆续返回。[1]103

　　在一个多月的全国设计竞赛过程中，除了"北京的34个设计单位之外"，[2]26上海、南京、广州等地的30多位建筑专家进京共同进行方案创作。除此之外，包括工人、市民在内的形形色色的"群众建筑师们"共对各项国庆工程提交了400多个方案，其中为人民大会堂设计的方案包括平面方案84份，立面方案189份。[4]13其中平面的差异主要是礼堂、宴会厅和人大常委会的组合和会堂的平面形式设计。立面风格大致可分为四类："琉璃瓦屋面式的民族形式、西方新古典的柱廊式、民族形式和西方新古典相综合的形式，以及现代形式，包括高度抽象化的柱廊式、强调抽象体量和块面的三维构成、大面积玻璃幕墙覆盖的和着力表现结构的形式。"[1]109

同济的方案主要采用了冯纪忠的构思,特征是以南北为主轴线,其中会堂主要采用圆形,主体空间顶部采用一个"多瓣中心型薄壳结构",[5]196事实上是折板式的,高于正立面其他结构,面对天安门广场的立面采用红色的大墙,上面开设圆拱门,与天安门的大墙在气势、形式和颜色上"协调一体"。方案的效果图由冯纪忠的助手赵汉光绘制。⑫ 这个方案与其他单位提交的"民族形式"的方案很不一样,强调对传统形式的现代技术转化,最终没有入选。

⑫ 同⑧

同济五位学生在北京的工作并非简单地描图,其实也包括深化设计,因为老先生们的方案设计时间很短,而大部分建筑师也从来没有设计过这样大规模的项目,因此还有很多内容需要学生把草图拓展和深化。有一次,贾瑞云在绘制平面时发现缺了厕所,就自己设计补上了,被黄作燊赞为"天才建筑师"。虽是玩笑话,却让年轻人得到了很大的鼓励。黄作燊还通过在草图纸上绘制身材矮小梳发髻、头占身高比例大的老太和五官位置靠近、头占身高比例小、但是尺寸大的小孩来解释细部和尺度的关系。[3]30

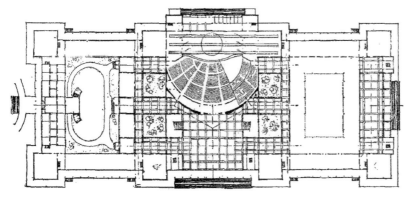

◎上图　1958年北京市规划管理局人民大会堂立面方案(来源:《建筑学报》,1960(2))
◎下图　1958年北京市规划管理局陶宗震等设计人民大会堂平面方案(来源:《建筑学报》,1960(2))

同学们还负责制作模型的工作,"用石膏或石料刻出人民纪念碑、中华门、天安门那些小玩意儿,1:500的模型,比例要对,位置也要对"。⑬

事实上,从北京返回上海后,五位学生和两位老师还继续被安排在当时的宝庆路上造纸设计院(也就是奚福泉领导的轻工业部设计院)继续做人民大会堂的方案,后来被赵冬日编入1960年第二期《建筑学报》上《从人民大会堂的设计方案评选来谈新建筑风格的成长》一文中一张拱形玻璃幕墙的效果图,文章注明系同济大学建筑系立面方案,实际上是郁操政绘制的学生设计方案之一。⑭

⑬ 朱谋隆、郁操政、陈琦、路秉杰、贾瑞云访谈,路秉杰介绍。

⑭ 同上。

对选定方案的争鸣

1958年10月14日,在万里向建筑师做动员报告后的36天,周总理在听取汇报后选定了"刘仁直接指导的北京市规划局赵冬日、沈其和助手陶宗震设计的方案"。人民大会堂面积初定为5万平方米,后放宽到7万平方米,用地面积为3.78万平方米。前三轮方案都严格遵守这一指标,却未能产生领导满意的方案。后在北京市委第二书记,也是国庆工程领导刘仁挂帅和鼓励下,规划局的几位设计师放开手脚,最终完成的设计面积达到17.18万平方米,而且,柱网大、层高高,体积相当于160万立方米。大会堂的立面设计为三段式的古典柱廊风格,基座高5米。

最后确定的方案,无论是规模还是形式都让积极参加"半开放式集体创作竞赛"的专家们很不满。据后来担任施工图总建筑师的北京市建筑设计院张镈回忆:"杨廷宝和林克明认为规划局拨地小,而成品大,是不合理,不合法的。也有学者、专家说,如果可以任意扩大用地和建筑面积,不能只约束别人,而放松自己。" [6]153 对于方案的形式,众专家也提出了批评,梁思成认为中选方案尽管在细部上加了斗栱、琉璃和彩画,但总体上遵循西方文艺复兴风格,属于"西而古",还犯了把尺度简单放大的错误。

同济大学的吴景祥、冯纪忠、黄作燊、谭垣四位教授也和赵深、陈植两位上海的建筑师联名向周恩来提交了一份书面报告。他们担心的是500米宽的广场的尺度问题,唯恐出现"旷、野和建筑的比例失调"。他们援引欧洲名城的广场上的标志性建筑高度与广场深度一般构成1:4至1:6的比例,认为中选方案大会堂高40米,已经比33.7米的天安门高,但和500米宽度的广场构成的是1:12.5,"失调太多"。此外,他们认为"大会堂中选立面风格类似日内瓦国际联盟设计竞赛的中选方案,也是西方新古典主义的折中风格,没有新

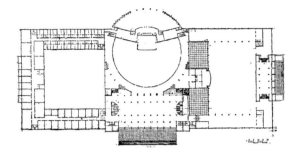

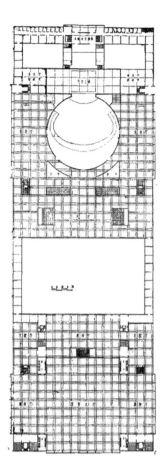

◎ 右图　1958年同济建筑系人民大
会堂方案一平面图
◎ 上图　1958年同济建筑系人民大
会堂方案二平面图（学生方案）
（来源：《建筑学报》，1960（2））

◎ 下图　1958年同济建筑系人民大
会堂方案一效果图，赵汉光绘制水彩
◎ 底部图　1958年同济建筑系人民
大会堂方案二效果图（学生方案）
（来源：《建筑学报》，1960（2））

意，有违时代潮流”。[7]22 1963年上半年，在为同济建筑系师生举办的一次学术讲座上，谭垣大胆批评刚落成的“十大建筑”之一——人民大会堂，认为“如果处理不当，一座建筑即使尺度巨大，也并不一定显得伟大”。[8]55

前内宾馆和中华门

在1958年国庆即将来临前，因为国宾们入住和平宾馆，同济的师生和其他一些设计师一起搬到地处西交民巷的前内宾馆，也就是天安门的正南面。建设部对来京参加“十大建筑”设计的人员生活工作安排得非常周到。每个工作周期都会由北京院的工作人员带领大家去参观历史名胜，比如故宫、居庸关长城、北海公园、公主坟、十三陵、玉渊潭等。从当时留存的照片看，东西南北的各代建筑师与学生们不仅不分昼夜地一起工作，还在旅行中朝夕相处，盛况空前。国庆前夕，老师们还被邀请到中南海看焰火，而学生们也在天安门前体验了国庆晚会。⑮

⑮ 同⑧

天安门的新规划比原来扩大了两倍半，在一个月快速方案的同时，建设大会堂的高速度还体现在快速拆迁上。在政府的强大组织和动员下，仅花了一个多月，就拆迁了“67个单位的1823间房屋和684户居民的2170间房屋，其中包括2068间私产”，加上革命历史博物馆和天安门广场修建，总计拆房10 129间。[2]40 “没有人要条件，讲价钱，没有发生一起‘钉子户’”。[1]126-127

因为前内宾馆的位置就在天安门广场扩大的规划红线

◎ 1958年长城合影（来源：《文远楼和她的时代》，贾瑞云，《1958，初到北京》一文插图）
左起建设部工作人员、沈勃、贾瑞云、哈建工同学、郁操政、□□、龙永龄、朱谋隆、路秉杰、张敬人、周可夫

内，设计小组在那里住到了拆迁前的最后一天。在连续工作两天两夜以后，整理好图纸，带着“隔两夜”的面孔，全体人员怀着既高兴又留恋的心情在楼顶拍了一张以天安门为背景的珍贵照片，其中包括45~60岁左右的前辈专家杨廷宝、赵深、徐中、毛梓尧、黄作燊、殷海云（中南工业建筑设计院副总工程师）、周可夫，30岁左右的青年教师葛如亮、张敬人、张耀曾、施慧英（1956届南工毕业），

◎ 后搬至西交民巷的前内宾馆于顶楼合影（1958）（来源：《文远楼和她的时代》,贾瑞云,《1958,初到北京》一文插图）
前排左起：施慧英、张敬人、朱谋隆、龙永龄、张耀曾,后排左起：葛如亮、毛梓尧、黄作燊、周可夫、杨廷宝、赵深、徐中、贾瑞云、殷海云、路秉杰

以及同济大学的5位20岁刚出头的在读学生。[3]33

被拆迁的还包括中华门。搬到前内宾馆时,因为觉得旁边的"单层斜屋顶五开间的"中华门很好看,路秉杰就去画水彩,第一天水量没有掌握好,水都流掉了。第二天一早再去画时,"中华门就被摧枯拉朽地拆掉了,琉璃瓦什么的都被推倒在地上了"。[16] 赴京建筑系师生自然也都成历史的见证人。

⑯ 同⑧

边设计边施工

人民大会堂等"十大建筑"的施工采用了"大跃进"时代发明的一种工程组织方式——"三边",即边设计、边备料、边施工。在9月初开动员会时,施工队已经开始准备材料和机械；10月16日方案一通过,施工队就进入现场,开始平整地基和预作土压试验；10月28日,北京市建筑设计院加班加点拿出了全部基础图,人民大会堂正式开工。[2]40 周总理还特别指示："要用成熟的技术,要保证安全",因为离计划竣工时间不到10个月,超过万人的工地分三班日夜连续施工,天安门广场夜夜灯火通明。

为了高速完成设计图纸,11月,同济大学又从在戚墅堰工地上劳动的四年级学生中抽调了十多人,前往北京市建筑设计院,协助做施工图。据当时参加"边设计边施工"的1954级学生莫琴后来回忆,到北京后,同济的学生被分成两组,一组"支援工人体育场",一组"支援人民大会堂"。[17] [9] 到了设计院后,组长把学生分成三个

⑰ 莫琴,《回忆大学生活点滴》,刊于《沧友集——同济大学建筑学专业五九届毕业同学纪念文集》,2006。

设计组，分别负责"大会堂、宴会厅和常委办公部"。她的同学陈琦则提到，当时好多女同学一起住在一个招待所大房间里，每天由汽车接送到北京规划设计院。画图也是在一个大房间，每人安排一张桌子，大家一起画。主要是做各种厅室的深化设计，每个厅"画一个平面，一个立面，然后画一个透视效果图"，"并没有人具体指导"。[18] 大概在北京画了两个多月图，直到过了春节才返回上海。期间，他们还"常常去观摩学习其他设计组的工作"，[19] [9] 中间休息日，也同前面的同学一样，有人专门安排外出游玩。

　　1959年9月10日，人民大会堂如期竣工，并完成调试、清扫，工期仅10个月。其中混凝土工程量位12万多立方米，钢梁总重3600吨，其中宴会厅两榀主梁，每榀重141吨，最大跨度60.9米。设备先进，设有翻译12国语言的"译意风"，直接参加施工的人员有3万多人。1959年9月25日，人民日报盛赞"十大建筑"是"我国建筑史上的创举"。邹德侬在《中国现代建筑史》中称之为"革命意志变建筑"。而对同济等建筑院校的师生而言，去北京参加"十大建筑"的现场设计也是"大跃进"时期盛行的教学生产一体化，即教师半工半教，学生半工半读的一段具有代表性的史实。

参考文献

[1]　朱涛. 大跃进中的人民大会堂[M]//胡恒. 建筑文化研究(4). 北京: 中央编译出版社, 2013: 92-152.

[2]　沈勃, 黄华青, 潘曦. 人民大会堂建设纪实[J]. 建筑创作, 2014, (Z1): 24-91.

[3]　贾瑞云. 1958, 初到北京[M]//《民间影像》. 文远楼和她的时代. 上海: 同济大学出版社, 2017: 27-33.

[4]　赵冬日. 从人民大会堂的设计方案评选来谈新建筑风格的成长[J]. 建筑学报, 1960, (2): 3-26.

[5]　冯纪忠. 建筑人生——冯纪忠自述[M]. 北京: 东方出版社, 2010.

[6]　张镈. 人民大会堂修建始末[M]//张镈. 我的建筑创作道路. 北京: 中国建筑工业出版社, 1994.

[7]　杨永生. 建筑百家轶事[M]. 北京: 中国建筑工业出版社, 2000.

[8]　卢永毅. 谭垣建筑设计教学思想及其渊源[M]//同济大学建筑与城市规划学院. 谭垣纪念文集. 北京: 中国建筑工业出版社, 2010.

上海3000人歌剧院

上海3000人歌剧院是同济大学建筑设计院1960年开始设计的一个重要项目，主要负责人是黄作燊，时任刚被拆分建筑系归并入建工系后的副系主任，也是新成立的设计院设计三室的负责人。1958年秋季开始，为庆祝国庆十周年，全国的建筑设计和施工力量都被聚集起来建设北京"十大工程"。受此形势感召，上海也准备建设迎接国庆的重大工程，项目包括3000人歌剧院、历史博物馆、火车站等。

黄作燊对观演类空间并不陌生，他兄长黄佐临是一位著名的戏剧、电影艺术家和剧作家。黄佐临于1942年与黄宗江、石挥等人以"齐心合力，埋头苦干"为信约创办的"苦干剧团"是当时具有强烈创新意识的职业剧团之一。黄作燊刚从国外回来时，还曾为该剧团的演出剧目《机器人》设计过舞台布景（1944—1945）。[1]109

真刀真枪工程

上海3000人歌剧院虽然数度辗转，最终却未能建成，但是这一"真刀真枪"的重大工程对当时参与实习的四年级学生赵秀恒而言却至关重要，奠定了他其后数十年的学术研究和设计实践的一个主要方向。① [2][3]1960年2月初，寒假后开学第一天，升入四年级的建筑系1956级学生就到建筑设计院开始一年的实习，赵秀恒和十几位同班同学被分配到实际工程"上海3000人歌剧院"设计组。这个工程原计划在第二年一季度开始施工，由黄作燊、王吉螽、王宗瑗、朱伯龙、王季卿等老师指导。这个实践工程与四年级的教学衔接得很好，因为这一届四年级上学期的设计课题就是"2000座剧院设计"，同学们已经全面了解影剧院的设计原理，也到人民艺术剧场和文化广场等地实地调研。② 实习的学生被分成不同的小组以研究不同的专项问题。赵秀恒的任务是观众厅的研究和设计，李实训、王学祥负责前厅、立面设计，俞文寿、仇家凤负责舞台、后台设计。③

因为最终方案要在同济、华东院、民用院之间比选才确定，同济师生为此非常努力。在听了唐云祥书记的"大跃进"动员后，歌剧院小组提出口号："七天超民用，五一超清华，设计达到国际水平，资料收集多、广、细、深。"④

当时在设计院的工作方式很像在事务所，老师是项目负责人，学生是主力设计师，项目负责人把握大方向，并做技术把关，具体的研究和设计工作都由年轻的学生独立或合作承担。负责人越放手，

① 2017年12月20日，华霞虹、吴皎、李玮玉访谈赵秀恒，地点：同济大学建筑城规学院C楼都市院一层会议室。

② 赵秀恒编，《同济大学建筑学专业1956—62届毕业50周年纪念文集》，26页。

③ 文献同上，74页。

④ 文献同上，30页。

年轻的设计师就越自主，从日常事务到具体设计到最终汇报，学生都是主角，当然老师的把关也很严。老师一般每周至少会到设计院三四次，从文远楼四楼的资料室给学生借来大量国外杂志作为参考资料，指明重要的研究方向（比如对于观众厅来说视线是最重要的），指导修改草图，在汇报前也会指导汇报的重点和介绍的顺序等。学生则负责收集文献和实例资料，从中总结经验，运用于设计中。

在访谈中，⑤赵秀恒介绍，黄作燊搜集了当时在上海能看到的所有最新的外国建筑杂志，从中了解20世纪50年代刚造好的和正在建造的国际知名大剧院，比如英国皇家音乐厅、德国的汉堡歌剧院和科伦歌剧院，等等。这些国际最新建筑动态成为同学们最重要的参考资料，不同研究方向的同学选择自己感兴趣的内容进行研究和分析。就观众厅而言，当时印象最深的两个案例是汉堡歌剧院和科伦歌剧院，尤其是汉堡歌剧院层层跌落的挑台。上海3000人歌剧院最后也选用了跌落式挑台，不过做了改良，中间没有用墙隔开，以使交通更顺畅。为了能在观众厅的最优视线区布置3000个座位，设计小组通过在不同位置上切剖面等方法来判定视线的关系，反复进行方案比较。经过对当时最新的十几个歌剧院国际案例的分析研究，设计组发现"大容量的观众厅，采用两层挑台出挑差不大的剖面是解决这一矛盾比较理想的方式"。在深刻理解建筑空间的基础上，朱伯龙"创造性地采用了悬索倒薄壳结构方案，减少了挑台的结构厚度，使得观众厅空间更加紧凑。与普通挑台方案相比，席位由1800个增加到2800个，而结构自重反而减轻了30%。"[4]

⑤ 赵秀恒访谈。

观众厅的视线是一条多变量的抛物曲线，当时只能用手摇计算机逐排计算，计算工作量很大。更麻烦的是，因为视线差变量有四五个之多，往往算到后面几排的设计高度并不能达到理想效果。在反反复复的计算中，赵秀恒萌发了寻求简便计算方法的思想，也得到黄作燊的鼓励。赵秀恒仔细地研究黄作燊借来的外国杂志中有关剧院的资料，把其中的数据都摘录下来，还自己到市区很多电影院、影剧院参观，专门做了一个统计表，把这些剧院的座位数（分别统计了池座、楼座的座位数）、挑台设置状况等数据信息记录下来，加以分析。

3月初，"为了能在规定的时间内完成两套图纸和两套模型，其他设计组的同学也跑来支持歌剧院小组，设计人员从十几个增加到了四十几个，所有的老师和同学都开了通宵"。赵秀恒还记得，有一次开夜车，老师也陪着。因为实在太困了，自己坐在椅子上就睡着了。那时候房间没有暖气，黄作燊就把自己的皮大衣脱下来盖在他身上，让他非常感动。同样参加歌剧院设计组的王学祥也对当年的加班加点终生难忘。他"记得为了赶图纸，我暑假也没回家。设计图结束前因突击任务而四天四夜连续作战，图纸交出后我即在文远楼办公室沙发上一觉睡了两天两夜才醒"。⑥ 他还提到，在紧张的设计期间，方案在上海市文化局进行了六次讨论才确定。

⑥ 文献同②，43-44页。

　　1960年4月4日对同济设计院乃至整个同济大学都是非常荣耀的时刻。在上海市文化局的会议室里，同济建筑系的年轻学生们在上海建筑界的元老面前汇报了自己的3000人歌剧院方案。会议桌中央放着学生们精心制作的1∶50的大模型，模型的宽度就有A0图板那么大。从一张历史照片上可以看到，这个大模型四周站得下十五六个人。这是一个对称布局的歌剧院，平面为"工"字形，设前厅和左右两个休息厅。正立面为高大的柱廊，可以想象能在入口外的人工水池投下富有韵律的倒影。模型里面还安装了灯珠，可以点亮。八角形的有机玻璃柱子是用锉刀锉出来的，屋顶可以揭开，以便看到前厅和观众厅内部的设计。

◎ 左图　同济建筑系上海3000人歌剧院方案模型（来源：赵秀恒提供）
◎ 右图　上海3000人歌剧院项目汇报立面设计，图中汇报者为李实训（来源：赵秀恒提供）

　　与其他设计院由负责工程的总建筑师汇报形成对比的是，同济设计院安排现场汇报的全部是负责各部分的年轻学生。不过在汇报前老师做了指导，提点了应该汇报的重点问题和大致的结构等。坐在旁边的黄作燊还鼓励赵秀恒说："沉住气，别紧张。"整个汇报完全公开透明，同济师生和其他设计院的设计师都围坐在大桌周围，而且投票也是公开的。"由于剧场设计指标优越，结构先进，建筑造型新颖"，最终同济设计院的方案"在评比中胜出，上海的建筑界元老：赵深、陈植、汪定增等都投了赞成票"。

　　因为为同济大学赢得一个重大工程，"3000人歌剧院设计小组"马上被评为"先进集体"，并"出席了校群英会"。4月30日的校刊在头版采用了"特大号字标题'毛泽东思想的凯歌'"，用两版面8000多字记载了上海歌剧院设计取得优异成绩的过程，同时刊载的还有1956级建筑学一班根据歌剧院小组的先进事迹专门创作了现代京剧"东游记"参加学校文艺汇演的事迹。这部戏"以歌剧院设计的前前后后为中心，反映整个设计院的新面貌，现实主义结合革命的浪漫主义，以西游四僧为线索引出各个矛盾"。演出十分成功。因为设计小组在工作中经常走访歌剧院、京剧团等单位，交了很多朋友。所以这次演出得到专业人士的协助，"解决了作曲、

◎ 同济的"上海3000人歌剧院"方案在评选中胜出，建筑系向王涛送喜报（来源：赵秀恒提供）左前起：王涛、黄作燊、冯纪忠

服装、道具等困难"，还使用了纱幕、追光灯等专业的手段，"前后上台的有50多人，场面壮观，轰动全校"。赵秀恒在剧中饰演孙悟空，还根据黄作燊的贡献加入这样一个唱段："黄先生是老将，头上白发已苍苍，叫他休息他推让，我要为社会主义贡献力量"。歌剧院设计小组后来还被评为上海市级的先进集体。⑦

⑦ 文献同②，31-32页。

周总理接见

因为经济原因，上海3000人歌剧院并未能如期在1961年开工，而是被搁置了。到了1964年，该项目又有意上马。为此，上海成立了以同济设计院为主的"上海3000人歌剧院"项目设计组。其间，设计组在剧场的设计实践中，对视线质量、后台功能、舞台尺度、声音效果、排座间距、造型技术、前厅布局等方面进行了专题性的理论探讨。挑台设计采用悬索结构方案。视距依旧控制在33米，俯视角控制在25°的情况下，与普通挑台的剧院相比，席位增加了1000个，结构自重反而减轻30%。

1965年7月29日，周恩来总理、陈毅副总理及上海市委、市文化局有关领导在上海锦江俱乐部⑧接见了参加"上海3000人歌剧院"项目的设计人员，歌剧院设计小组因此被授予"上海市文教系统先进集体"荣誉称号。当天，设计院院长吴景祥、副院长唐云祥和建筑师陆轸三人在会议室布置好1960年和1965年设计的两个模

⑧ 陆轸记录为"上海文化俱乐部"。

型和主要图纸，并向多位首长汇报了方案，其间两位总理不断插话、提问。文化局张葵和同济设计院的三位设计人员会后整理的谈话记录为后人记录了这一段历史。⑨

对于1960年设计的方案，两位总理都认为"观众厅和前厅、后台不成比例""进厅太大""后台太大，人民大会堂后台也没有这样大"。不过对于技术，则指出"要用最先进的"，比如"幻灯片大银幕""译意风""打桩基础"。因为新的方案缩小了规模，造价已经从1960年的780万元降到了500万元。

最后周总理的指示采用"500万元"方案，功能上"要各种剧种都能演，全套都有，还要小型演出厅和人防地下室"；技术上"要搞最新技术，要尖端，要现代化，装冷暖风设备"；整体布局方面，"正门广场搞喷水池，水可以循环"（指中苏友好大厦前面一样）；还说"清华设计了一个，同学们参加设计"，⑩但"北京不会搞了，让给上海搞"，以"同济为主"；关于进度安排，总理提出："今年不搞了，目前做准备，明年还有希望"，后来又提出"现在不要定案，继续设计，精益求进，第三个五年计划内总能造的。"离开会场时，周总理好像自言自语地说："我看500万元打不下来。"

⑨ 文化局张葵、同济设计院吴景祥、唐云祥、陆轸整理的"1965年7月29日'上海歌剧院'设计方案介绍谈话记录"。这份记录由陆轸保留原稿，于2008年3月8日将复印件和一封介绍背景的短信寄给唐云祥。2018年3月7日由唐云祥转交给华霞虹参考。虽文末注明"记录未经审查，可能有误"，但经4人记录整理，出入应不大。

⑩ 指中华人民共和国成立十周年"十大建筑"之一的国家大剧院方案，1959年由清华大学师生设计，总建筑面积4万平方米，包括一个3000人的歌剧院和一座960座的音乐厅。

◎ 周总理接见上海歌剧院设计小组谈话记录，文化局张葵、同济设计院吴景祥、唐云祥、陆轸整理的谈话记录
（来源：唐云祥提供）

虽然一再担心规模和造价，但总理的预计依旧相当乐观。没人料想到第二年就进入"文革"，"上海3000人歌剧院"永久停留在了图纸和模型中。同样夭折的还有葛如亮主持的万人体育馆项目。

视线计算简易方法

在设计院实习后期，赵秀恒在设计成果基础上总结发明了一整套"视线计算简易公式"。其中直接计算法——"M公式"适用于初步设计，只求得最后一排和任意一排观众厅研究位置的高度，以便指导剖面布局；逐步推算法——"L公式"则适用于技术设计和施工图设计，可以精确地求得每排座位的标高。毕业留校任教后，赵秀恒把这种计算方法整理成文投稿给《建筑学报》并收到了校样，可惜1962年学报停刊了。1964年文章由同济大学科技情报站编印成内部参考文献，1966年又被收录在北京工业建筑设计院编辑的《建筑设计资料集2》"体育建筑——观众席视线"部分。[2]16-17

在"文化大革命"后期，已经留校任教十余年的赵秀恒找到一个机会进行剧院创作实践，"上海3000人歌剧院"项目中创造的两项新技术，观众厅视线计算法和预应力悬带结构都得以成为现实。位于闸北区的中兴影剧院原来只能容纳910个座位，没有楼座。为了满足日益增长的大型集会的需要，政府希望改造，升高屋顶，增加楼座，扩大台口，加深加高舞台，把容量提高到1340座。1973年5月到1974年7月，赵秀恒接下了这个义务工程，并邀请在十多年前负责上海3000人歌剧院结构设计的朱伯龙合作。当时，朱伯龙在金山石化总厂现场教学，每两周回市区一趟，因此只负责结构选型和计算，建筑结构所有画图工作全部由赵秀恒承担。

1978年，《同济大学学报》建筑版复刊时，赵秀恒执笔介绍了这个项目，《上海中兴影剧场的改建》一文以朱伯龙、赵秀恒的名义发表。[2]20-27 [6] 该项目在1980年被国家建委评委"上海市七十年代优秀设计三等奖"，同济大学另一个获二等奖的项目是"五七公社"时期设计的上海电视台电视塔205米高的钢结构塔桅。[2]21 同济设计院在1978—1983年间还出色地设计了上海戏剧学院实验剧场。

北京30万人体育场

在"大跃进"的历史氛围下，同济大学完成了很多"虽然头脑有些发热，目标还是可行"的大课题和新设计，比如黄浦江越江隧道、黄浦江跨江大桥、地下铁道等。"年轻的设计院也为越江隧道、跨江大桥、地下铁道等设计了方案"，同济大学和交通大学等高校，

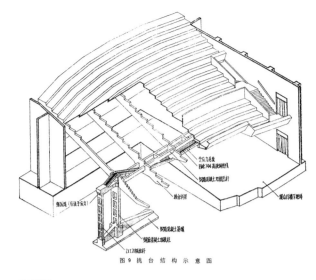

图 9 挑台结构示意图

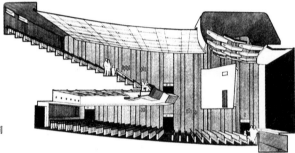

◎ 上图　赵秀恒,《视线计算简易方法》(内部编号:64057)同济大学科学技术情报站编印,1964.6（来源:赵秀恒提供）

◎ 右及右上图　中兴影剧院图纸（来源:赵秀恒提供）

◎ 左图　1958年,五九届学生龙永龄(指图者)和郁学儒(旁立者)、马光蓓、艾亨音,拿计算尺似是李鑫林,介绍北京30万人体育场方案

◎ 右图　1958年,吴景祥院长向苏联外宾介绍葛如亮负责设计的北京30万人体育场（来源:《百年同济》,同济大学出版社,2007）右一马光蓓,右二吴景祥,右四、五、六摆弄模型者钟临通、陈琦、艾亨音

还"提出力争两年内把'上海号'地球人造卫星发射升空"。[4] 师生们投入了大量精力开展研究和设计，虽然几乎都要到半个世纪以后才能真正付诸现实，却对当时一些青年教师的研究和实践方向产生了非常深远的影响，后来也逐渐影响他们的学生，使其成为同济大学的学科专长。对于建筑系而言，与上海3000人歌剧院可以相提并论的另一个大工程就是"北京30万人体育场"。根据路秉杰等人的回忆，这个项目是同济建筑系师生到北京参加人民大会堂设计后，与五位学生一起的青年教师葛如亮带回上海的大工程。五九届的学生龙永龄、郁学儒等都参与了该设计。学生们制作了大比例的模型，设计院院长吴景祥在接待苏联外宾时还专门介绍了这一大项目。

通过这一项目，葛如亮牵头的体育场视线科研小组研究了体育场的视线设计，通过合理选择视点和视线升高差 C 值，实现观看对象无阻碍，决定观众席剖面设计；研究观看体育竞赛的视线质量诸要素，包括清晰度、深度感觉、方位等，以确定观众席的平剖面设计原则，保证最优视觉质量。这些研究成果可惜未能在30万人体育场中实施，但曾于1959年发表在《同济大学学报》和《建筑学报》上。[6] 结合他1957年对大型体育馆的研究，葛如亮从20世纪50—80年代，先后主持设计并建成了长春体育馆、上海黄浦体育馆、国家体育中心与体育馆等多个项目，还成为中国建筑学会体育科学专业委员会委员。他的学生钱锋及其后来更年轻的团队，迄今仍是国内富有影响力的体育建筑和大跨度建筑的研究和设计专家。同样得益于当年在北京一起设计人民大会堂、毕业后留校的龙永龄参与了诸多葛如亮主持的项目，最有名的就是1982年建成的、位于浙江建德的习习山庄。

参考文献

[1]　同济大学建筑城市规划学院. 黄作燊纪念文集[M]. 北京:中国建筑工业出版社, 2012.
[2]　赵秀恒. 匠门逐梦:赵秀恒作品集[M]. 北京:中国建筑工业出版社,2012.
[3]　赵秀恒. 忆黄作燊先生[M]//同济大学建筑城市规划学院. 黄作燊纪念文集. 北京:中国建筑工业出版社,2012:169-171.
[4]　赵秀恒. 我和设计院的缘分[M]//丁洁民.累土集:同济大学建筑设计研究院五十周年纪念文集. 北京:中国建筑工业出版社,2008.
[5]　朱伯龙,赵秀恒. 上海中兴影剧场的改建[J]. 同济大学学报,1978,(2):44-56.
[6]　葛如亮. 葛如亮建筑艺术[M]. 上海:同济大学出版社,1995.

大型远洋客轮的室内设计

同济大学附设土建设计院和后来的同济大学建筑设计院最初承接的项目并不局限于一般意义的工业与民用建筑，还有像大型远洋客轮、长江轮船这样的船舶建筑工程，其中不乏为中央首长服务的保密项目。同济大学建筑学专业下属的"室内装饰与家具专门化"的创建，以及"船舶建筑学"理念的提出，都离不开这些交通设施设计工程的支撑。

"伊里奇"号

在赵秀恒投入研究3000人歌剧院观众厅视线的同时，他的同班同学刘佐鸿被分配到设计院院长吴景祥负责的客轮室内设计小组。1959年，建工系的建筑学专业中设立了"室内装饰与家具专门化"，①[1] 因此在年初的新编制中，设计院新成立了设计三室和四室，其中四室负责室内设计。[2] 1960年第一期《同济大学学报》中吴景祥以"同济大学建筑设计院船舶室内设计组"的名义介绍称：这是1959年4月某造船厂对设计院的委托，需要承担的是"远洋大客轮的旅客公共厅室部分的室内设计"。[3] 刘佐鸿后来回忆，这艘名为"伊里奇"的大客轮是从苏联到中国来检修的，内部需要全部清除后，重新装修，由当时可以承接对外设计建造大型远洋轮的江南造船厂进行改装。②

因为"这艘客轮，吨位较重，载客较多，航程较长，因此公共厅室的数量很大"，[3] 同济设计院承担的舾装设计范围共计22个部分，包括音乐室，图书室，一等、三等高级船员及机械师餐室，一等、二等、三等级船员休息室，一等、三等儿童室，以及三套前厅楼梯。

文章及其附图介绍的主要是散步甲板上的重要公共厅室的空间和家具设计。位于船身中间位置的一等餐室因为需要兼作晚会和舞会场所，空间"分为上下两层，中间部分形成空井，一方面增加了空间感，一方面也突出了室内的重点"。根据平、立面图可以想象，二层宾客从"T"字形的弧形大楼梯款款进入舞池的状态很具有戏剧性和仪式感。为了便于中

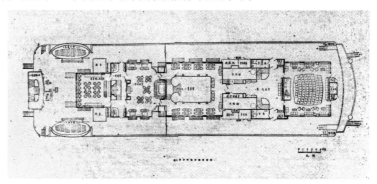

◎ 远洋客轮散步甲板平面布置图（来源：《吴景祥纪念文集》，同济大学建筑与城市规划学院编，中国建筑工业出版社，2012）

① 专门化是20世纪五六十年代的说法，即学科下面细化的专业方向。

② 2017年5月17日，华霞虹、周伟民、范舍金、王鑫、吴皎、李玮玉访谈刘佐鸿，地点：天山路刘佐鸿家中。

心空间的多功能使用，桌椅设计成既可固定又可拆卸。餐室毗邻的一等休息室主要为餐前餐后宾客的吸烟、社交和棋牌等文娱活动服务，"按照国外习惯，休息室内酒吧除供应酒类外，还供应热茶、咖啡、冷饮及小吃，因此设有冷藏设备"。所有空间重点部位的设计，比

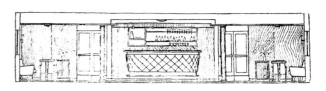

如一等餐室的楼梯、休息室的吧台等都提供了不止一个方案作比较。

如何正确使用室内装饰是设计者非常看重的。核心有二：一方面认为应该将"室内设计提高到反映我国政治经济的高度上来衡量"，能"体现出我国人民在党领导下的伟大民族气魄和风貌以及和我国装饰材料和技术的生产工艺水平"；另一方面要考虑"由于民族性格和习俗不同而导致的装饰和设备要求方面的特点"。前者重点体现在图书室"对中国优秀文化遗产的继承和革新上"。位于散步甲板靠近尾部一端的图书室通过家具划分室内空间，采用了"室内扇面墙"，朝向大厅的一面为大幅国画，背面安装书柜。图书室的家具继承了明代花梨木家具的传统，阅览区的软椅采用的是简洁折线版的素圈椅造型，与其他空间采用的西式圈椅和沙发形成中西对比。

与图书室遥遥相对的是位于船头的音乐室，一个多功能的公共活动厅，可以举办舞会、演奏音乐会和放映电影。大厅的长向两端分

◎上图及中图　远洋客轮一等餐室吧台立面图和方案透视图；下图　大型远洋客轮图书室方案透视图（来源：《吴景祥文集》，同济大学建筑与城市规划学院编，中国建筑工业出版社，2012）

别设置放映室和银幕（音乐表演台），还有四个疏散门。主体空间的划分通过地面材质肌理的变化和平顶的升降来实现。中间观众席地面为硬木拼花地板，既可以作为舞池，又可以作为音乐厅和电影厅的观众席，与周边用油地毡铺砌的休息区形成对比。音乐厅的照明是设计的重点，希望"充分利用照明的控制和变化来增强实用和装饰的目的"。照明系统分成四个部分：中间舞池上空设满天星，直径

◎ 远洋轮音乐室方案透视图（来源：《吴景祥纪念文集》，同济大学建筑与城市规划学院编，中国建筑工业出版社，2012）

15厘米平顶灯，部分为五彩的。通风槽周边和四壁结合窗帘盒设暗灯槽，音乐台设集中照明。所有灯带都能逐渐明暗，也能单独开关，使用非常灵活。比如，放映电影时只要开启中间个别彩灯和四壁通长暗灯就可以保证照明和安全。举行舞会时将满天星灯光分组有规律的变换，可"增加舞会的气氛而又不致炫目"；听音乐或休息时，就可以利用台前灯和周围暗灯，突出音乐台，又保证整体空间的照度。灯具的构造都绘制了详细的大样图。

该项目是在吴景祥、王吉螽和郑肖成三位老师的指导下，由五年级的杨卓群等12人和四年级的刘佐鸿等5人，共17位学生完成全套施工图的。因此，文章结尾的总结充分肯定了生产实践对教学质量的促进作用。认为正是"在党的正确领导下，坚持政治挂帅，坚持两个三结合"——"教育与生产劳动、科研相结合，党、教师和同学三结合"，才得以"发挥每个人的积极性和创造性""克服重重困难"，"在非常有限的时间里"，"完成了教学生产和科研的任务"，"累积了一部前所未有的船舶建筑学的基础资料"。[3]

船舶建筑学

吴景祥在1962年"中国造船工程学会年会"上发表了一篇论文《船舶设计中的建筑问题》[4]，加以总结。作者认为船舶建筑设计的重点是"功能的合理，技术的先进和正确的审美观念"。他梳理了船舶造型的历史发展、船体的造塑艺术、船体内部组织与空间分布、船员舱室及生活间、旅客舱室、船舶室内建筑风格及装饰、船舶内部装饰的构造和技术问题七个方面，用图表分析了欧洲古代船型以及各时代建筑风格为背景的发展过程，讨论了动力机舱位置的改变对船舶使用功能和造型的影响，居住舱室和其他活动室的内部布置，案例选择面广，内容丰富，既包括中国生产的"民主十八号"，也包括荷兰、苏联、波兰、丹麦、法国等不同国家生产的不同类型的船舶，如大型客轮、内河游览船和摩托船等。

事实上，吴景祥带到同济设计院的项目和他感兴趣的研究并不仅限于船舶，还有其他交通设施，如地铁、飞机等。他认为这些交通工具的室内设计都属于建筑设计的研究范畴。根据刘佐鸿的回忆，在设计院实习期间，他还被安排与年轻教师陈琬一起为上海当时拟建设的地铁收集国外地铁站点的相关设计资料。③

③ 2018年2月12日，华霞虹电话访谈刘佐鸿。

同济设计院保留的图档资料中，还可以看到类似的轮船室内设计项目。与"伊里奇"号差不多同时承接设计的是从上海到宁波的申甬线客轮，即"民主18号"，④由刘良瑞负责，1960年3月完成施工图。主要设计包括救生艇甲板、游步甲板、主甲板的平面、不同舱室的室内和家具。1963年承接的"1号工程"是一艘万吨载货量柴油机远洋货轮。1964年8月，王宗瑗负责完成了57张铅笔绘制的施工图纸，不仅包括船长、政委、大副、高级船员等21种舱室，起居甲板、餐厅、休息室等公共用房的六面图（平面、吊顶和四个立面），还有墙面做法，床、沙发等家具设计，灯具设计，以及各舱室细木作、窗帘、床帘数量和详细的材料表。甚至对柜子的小五金件——铜把手进行了专门的细部设计，绘制了8张1：1的详图。⑤1969年9月，王宗瑗还完成了江南造船厂一座三层高的投影塔的施工图。⑥

④ 同济大学建筑设计院图档室资料，项目编号：四Q 001-074。

⑤ 同济大学建筑设计院图档室资料，项目编号：四Q 081-144。

⑥ 同济大学建筑设计院图档室资料，项目编号：四K 101-106。

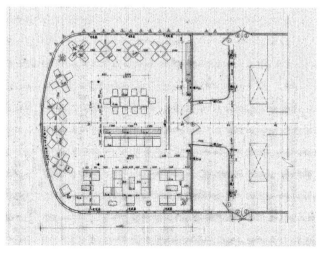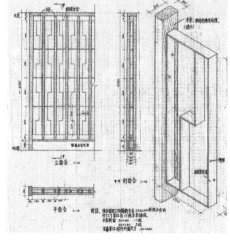

◎ 左图 申甬线客轮俱乐部及前室平面图，刘良瑞小组龚丽慈绘制（来源：同济设计集团）
◎ 右图 申甬线客轮俱乐部隔断详图，刘良瑞小组龚丽慈绘制（来源：同济设计集团）

吴景祥对火车、轮船、飞机的兴趣并非偶然，应该是受到法国现代建筑大师勒·柯布西耶思想的影响。吴景祥在《同济大学学报》（城乡建设建筑工程版）1958年第一期发表了近万字的长文《勒·葛比席耶》，该文是国内较早全面讨论柯布西耶建筑思想的文章。

1981年，"文革"结束不久，吴景祥又参考英文译本，从法语直接翻译出版了《走向新建筑》的第一个中文译本。1958年的论文并非单纯介绍，还有分析和评述。其中"对建筑的定义"一节中，通过引述柯布西耶在1954年所写的《模度》的前言中对书中所用"建筑"一词的定义——"人类建造房屋、宫殿、庙宇的艺术，也是：一、人类建造火车、轮船、汽车与飞机的艺术。二、设计一

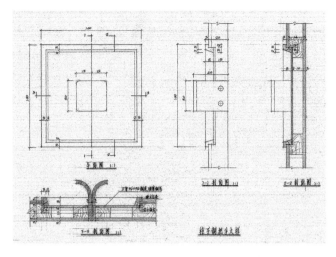

◎ 10 000吨载货量柴油机远洋轮小五金设计图（来源：同济设计集团）

切民用与工业的设备与用具以及一切商业商品器具的艺术。三、印刷编排的艺术(包括报刊、杂志、书籍等)。"吴景祥得出结论：勒·柯布西耶"对建筑学的看法是广义的而不是狭窄的""建筑创作的对象，不仅限于房屋""房子与汽车有同样的功能要求，都要求美观"，因此设计房屋和汽车的差异，只是"大小的范围，复杂性、技术性有所不同"。既然"今天的汽车没有把历史上马车的装饰艺术及传统的形式带来，而能够设计成今天美丽的汽车"，那么我们也应该能够"用今天的材料和技术来设计成合乎现代生活需要以及审美要求的房屋。"吴景祥进一步举例说明船舶设计与建筑学的互通性：葛丹斯克城（GDANSK）工业大学"将造船建筑放在建筑系中，前三年所学课程是完全相同的，只是从第四年起才分开专业。这种看法可以说和勒·柯布西耶的看法是相同的"。从这些观点来看，吴景祥将船舶、飞机、地铁等现代交通设施都列入建筑学研究范畴是很自然的，因为他非常认同柯布西耶"在新的时代，新的科学技术条件之下，应该有新的建筑艺术"的观念。

事实上，"船舶建筑学"是当时社会主义大学里一个颇受重视的方向。院系调整后第一次统招的同济大学建筑系学生中就有人毕业后走上了船舶设计师的道路。1952级学生蒋冠玉在1956—1960年间"受命到波兰革旦斯克（即葛丹斯克）工业大学建筑系研究'船舶建筑'，师从建筑造船两位教授——在船舶设计的有关领域内，

运用'建筑学'来使船舶的总体设计更趋合理、完善、美观。（她）深知祖国重托而全身心投入，三年完成万吨远洋货（客）轮'双龙号'千吨沿海货（客）轮'飞天号'万吨远洋货（客）轮'凤凰号'的船舶设计……刊登在波兰《设计》杂志上"。[7]

当然，这些大胆创新的观念在全国"大跃进"时期，即便在同济校园内也还算不上激进。1958年秋，学校的文化技术革命不仅包括人造卫星、黄浦江越江隧道、跨江大桥、地铁等科研，[8] 为响应中央"大炼钢铁"的号召，同济大学也办起了炼钢厂，1958年9月26日流出了第一炉钢水。[9] 炼钢厂每天三班24小时不停工作，以完成该年度"400吨的生产指标"[10] 1958年9月至12月，共炼出295吨"钢"。但实际上，只是一堆废铁。到1959年初，学校决定停止炼钢生产。[11] 1956年工业与民用建筑结构专业本科毕业后留校任教的黄鼎业在1961年"读研究生时，还被派去'新材料研究所'，中间曾被派到北京航空学院去学飞机设计，目的是要造一架玻璃钢的飞机，[12] 后来改变原旨，改为建造一架玻璃钢的滑翔机。1966年左右，滑翔机造成了，在宝山滑翔机俱乐部的机场上试飞成功。"[13]

"海上的人民大会堂"

因为参与伊里奇远洋轮室内设计的实习经历，1960年，两位在项目中起到领头作用的同学，五年级的杨卓群和四年级的刘佐鸿，还有三年级的沈福熙被调去另一个保密船舶室内工程组，设计服务于中央首长的代号为"60"的长江航线轮，当时"号称要做成海上的人民大会堂"。[14] 在建筑系1956—1962届毕业50周年的纪念文集《寒窗同济情》（2012年）和开展设计院60周年院史研究的访谈中，刘佐鸿公开了这个守了五十余年的秘密。这是一艘颇具规模的长江轮，在一个甲板上，布置了很大的接见厅、会议厅、主席的卧房，还有总理的卧房以及各个省委书记的房间。该项目的负责老师是史祝堂，最初方案由王吉螽和王宗瑗两位老师设计，并完成了一张效果图。三名实习学生被分配到外滩的船舶设计院展开深化设计。为了赶工，加班加点甚至开通宵画图是常有的。刘佐鸿至今记忆犹新的是，有一次，杨卓群夜里去上厕所迟迟不归，他很担心地去查看，发现原来杨同学是实在太困，已经在座便器上呼呼大睡了。[15] 施工图差不多画完后，杨卓群和沈福熙回到学校，刘佐鸿则继续脱产，到沪东造船厂现场设计，直到项目全部结束，参加完试航返回学校时已是1961年五年级下学期。

刘佐鸿参加了长江轮舾装工程的全过程，先是根据王吉螽、王

[7]《蒋冠玉回顾》，载于《同济大学建筑系建筑学专业1952级同学缅怀心影录——如烟》，96—98页。

[8] 赵秀恒，《同济大学建筑学专业1962届六年大事记》，载于《同济大学建筑学专业1956—62届毕业50周年纪念文集——寒窗同济情》，16页。

[9]《炼钢厂1958年生产劳动总结》，同济大学档案馆藏，档案号：2-1958-XZ-56.0001。

[10]《转发小型炼钢单位生产任务的通知》，同济大学档案馆藏，档案号：2-1958-XZ-56.0012。

[11]《报告（1959年停止炼钢生产）》，同济大学档案馆藏，档案号：2-1958-XZ-40.0015。

[12] 1957年底，中国仿制苏联安-2飞机成功生产出了运-5飞机，此后拟在此基础上试制"非金属安-2"飞机。主要任务是用玻璃钢代替金属。建工部决定在同济大学开展此项科研，与耀华玻璃厂和常州253厂合作。1961年9月，时任建筑工程部副部长赖际发指示，改为搞小模型试验，主要目的是研究玻璃钢材料而不是生产飞机。

[13] 2017年11月22日上午，华霞虹、周伟民、王鑫、吴皎、李玮玉访谈黄鼎业，地点：同济设计院一楼贵宾室。

[14] 刘佐鸿访谈。

[15] 刘佐鸿电话访谈。

宗瑗的设计绘制施工图的平、立、剖面图和大量详图，还在史祝堂的指导下单独设计了家具、灯具和各种装饰件，如地毯。设计做得很细，节点、大样都要出图。设计完成后，还要到家具厂、灯具厂去跟他们的老师傅商量，放大样以后，再进行加工。因此，刘佐鸿还学习了一年木工。平时还要参加劳动，比如给家具表面上蜡。项目的主要负责人是史祝堂，在沪东造船厂现场设计时，史祝堂每周来一次，看刘佐鸿画图，并敲定设计。其间，设计组还去"参观毛主席住的地方，了解主席的生活方式，他的坐高，他喜欢的颜色。这些都是有规定的，所以就得去看、去体验"。

　　因为是保密工程，所有资料都未能带出来留存。不过有两个设计细节刘佐鸿印象特别深刻。一个是五扇带有民族形式的屏风设计，是请当时上海知名的画家唐云（1910—1993）绘制的，画面全部采用玉石镶嵌。大的一座屏风内容是旭日东升，还有一棵大松树，其中太阳是用一块很红很红的玉石镶嵌而成的。四面四个小屏风表现的是梅兰竹菊四君子，另一个是刘佐鸿设计的灯具。在"文化大革命"期间有人就此查史祝堂的问题，因为图纸主要是老师签名，从设计图纸上看，这个灯具上下两层12个角的平面，下面还有个圆形，像国民党的党徽。所幸此事后来并未追查到底。[16]

　　无独有偶，来自隔壁班的同学吴建楣有着跟刘佐鸿非常相似的经历，从中发现当时同济设计院承接的船舶项目，包括保密工程的数量和种类还真是不少。在1956—1962届毕业50周年纪念文集《寒窗同济情》中，吴建楣回忆道："三年级上学期起，系主导老师安排我负责不少室内设计工作，如苏联商船'伊里奇号''共青团号'及国内的'民主''和平'号的室内和家具设计。"应该也是这些实习经历，1961年，系里又安排吴建楣"独自一人去当时属保密的船舶设计院，参加并完成一项绝密的室内设计。为期半月，集中设计，不得外出外传"。吴建楣负责设计的是"毛主席乘坐的长江飞翼船"，一种"当时世界最先进的快速船"，全船均为"铝合金轻型结构""要求室内及家具设计符合船体流线型及主席使用时的舒适、安全、实用"。吴建楣日夜苦干，查阅大量国外资料，又快又好，圆满完成任务，"得到了专家和总师的好评"。[17]

　　按照当时的历史环境，能参与保密级别如此高的项目一般都应拥有可靠的政治背景。比如刘佐鸿1951年就参加新民主主义青年团并在长宁区委工作，1959年6月21日经过十年坚持不懈的申请后被批准为中国共产党的预备党员，一年后按期转正。[18]不过，吴建楣的情况却不同，因为出身外资洋行买办家庭，上的是西式教会

[16] 关于长江轮舾装工程的介绍均来自华霞虹访谈刘佐鸿。

[17]《吴建楣自述》，载于《同济大学建筑学专业1956—62届毕业50周年纪念文集——寒窗同济情》，56页。

[18]《刘佐鸿自述》，载于《同济大学建筑学专业1956—62届毕业50周年纪念文集——寒窗同济情》，16—21页。

学校，父亲在国民党政府中央航空公司工作，又有海外关系，本来一心想考航空学院飞机设计专业因政审通不过而失败，只能转考对政治背景要求不那么高的建筑学。因此对于被选去独立负责长江飞翼船，感觉非常不解。[19] 估计还是学生本人的设计才能起了决定作用。

　　1962年10月3日，同济建筑系建筑学专业第一届六年制学生终于毕业了，从入学到毕业在同济的13个学期中，他们和老师一起经历了"反右""双反""大跃进""人民公社化""三年自然灾害""反右倾"等诸多风雨。平时设计成绩突出，在设计院的实习中也表现优异的赵秀恒、刘佐鸿、吴建楣、郑友扬留校任教，被分配到民用建筑教研室。[20]

[19] 文献同注②，48页。

[20] 赵秀恒编，《同济大学建筑学专业1956—62届毕业50周年纪念文集——寒窗同济情》，48页。

参考文献

[1]　同济大学建筑与城市规划学院.同济大学建筑与城市规划学院五十周年纪念文集[M].上海:上海科学技术出版社,2002.

[2]　赵秀恒.我和设计院的缘分——为同济大学建筑设计研究院50周年院庆而作[M]//丁洁民.累土集:同济大学设计研究院五十周年纪念文集.北京:中国建筑工业出版社,2008.

[3]　同济大学建筑设计院船舶室内设计组.一艘大型客轮的室内设计[M]//同济大学建筑于城市规划学院.吴景祥纪念文集.北京:中国建筑工业出版社,2012:95-105.

[4]　吴景祥.船舶设计中的建筑问题[M]//同济大学建筑于城市规划学院.吴景祥纪念文集.北京:中国建筑工业出版社,2012:72-94.

东湖梅岭工程现场设计

北京"十大建筑"在一年内实现从设计到建成，充分体现了中国建筑行业在"大跃进"这一特殊的政治经济背景下取得的异乎寻常的成就。不过同济建筑系师生在其中所起的作用是有限的，在一个月的方案阶段主要参加"头脑风暴"；在施工图阶段则主要作为北京市建筑设计院的外援帮手。在这一历史时期，真正能体现同济大学在"教育与生产劳动相结合"成果，或半工半教、半工半读的"教育革命"模式的，是另一个秘密而重要的项目——东湖梅岭"1号工程"。这组建于武汉市东湖风景区内的工程是毛主席生前在武汉生活、工作、接待、会议、文体活动和接待外国元首的场所，包括毛主席的住所、最高级别的招待所、多用途小会堂、室内游泳池、水榭和长廊等设施。[119]

武昌东湖休养所

梅岭"1号工程"并非同济大学建筑系第一次在武汉东湖边为毛主席设计建筑。早在1950年底至1952年，冯纪忠主持的群安建筑师事务所曾经在此设计建成武昌东湖休养所（"东湖客舍"），但是规模较小。随着毛主席后来经常去武汉横渡长江，新的梅岭工程才相应扩大了规模。

东湖休养所建造在武昌风景区东湖西部一座半岛上，由岛望湖，风景优美。该基地本为中国现代著名的银行家和实业家周苍柏①所有。1949年，时任省政协副主席的周苍柏主动将周氏家族有数十年历史的私家园林"海光农圃"捐赠给人民政府，更名为"东湖公园"。1951年初，冯纪忠接受武昌东湖公园管理处委托设计两幢休养所，并第一次到武汉。勘察地形后，冯纪忠认为半岛山丘不高，周围山光水色宜人，建筑体量不宜过大，宜与环境融合，并通过"借景"手法，实现室内外空间的流动和融合。

休养所建筑分成甲、乙两所，位于两座小山坡上，面积分别为1300平方米和2000平方米，分别设置卧室若干组和公用的起居室、客厅、日光室、书房和餐厅等。结合地形，平面均采用曲折蜿蜒的形态，室内净高也参差不齐。屋顶采用四坡顶，青平瓦铺设。墙面则采用当地石料冰纹砌法和微加米黄色的石灰粉刷，粉前不剔灰缝。内部除门厅为磨石子，房间均为梓木地面。全岛覆以草皮，不设花坛，"仅有的几株木樨被审慎地保留了下来"。

该项目主要由冯纪忠和傅信祁合作设计，1952年项目建成。直到1955年夏，冯纪忠才有机会故地重游。在1958年4月发表在

① 周苍柏（1888—1970），著名花腔女高音歌唱家、声乐教育家周小燕之父。

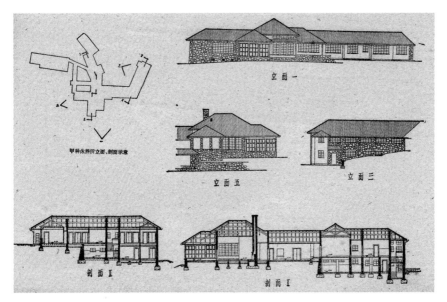

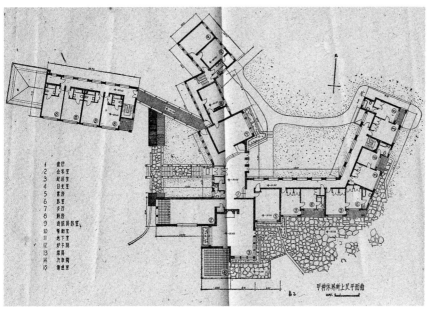

◎ 上图 武昌东湖休养所甲所立面图；下图 武昌东湖休养所甲所平面图
（来源：冯纪忠，武昌东湖休养所，同济大学学报，1958（4））

《同济大学学报》（建筑版）的论文中，建筑师虽然自我评价感觉"民族的风格不够鲜明，新颖的气氛不够浓郁"，但也欣慰"我受自然孕育而不要众人瞩目于我"的设计意图"总算是达到了"。[2]

意外受命

1958年，戴复东接手梅岭"1号工程"是一次为其他设计院改图却意外成为设计者的经历。1996年，当武汉东湖梅岭工程开始"对外开放，公开售票"后，设计师戴复东在1997年第12期的《建筑学报》上撰文介绍了当年这一保密工程的设计过程和构想。因为当年的项目属于绝密，图纸都未拿出来，他还跟当年驻扎现场的建筑师妻子吴庐生一起根据回忆重新绘制了图纸。

根据两位设计师的叙述，1958年夏天，湖北省委招待处处长朱汉雄等和某地设计院的建筑师W先生，带着设计好的武汉"东湖梅岭招待所"图纸来同济大学，请当时担任建筑系副主任的教授黄

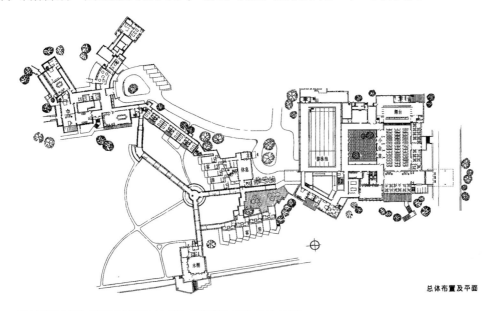

总体布置及平面

◎ 武汉东湖梅岭招待所总体布置及平面（来源：建筑学报,1997,(12),11页）

作燊和讲师戴复东提意见。两位老师就"很友善地给设计提了意见和积极性的建议"，没想到，甲方就提出要同济大学建筑系重新设计。这使两位老师非常为难，于是坚决地谢绝了，认为应该由原设计单位继续改进。没想到，"两天以后，上海市委指令要同济承担这一设计任务"。后经向党总支汇报，并再次拒绝，但"市委又再一次明确将任务交下"。无奈之下，抱着对前面设计院和建筑师的"无限抱歉"，戴复东"应朱处长的要求进行了设计，并请黄作燊教授对方案作了审阅。很快，湖北省委批准了新方案，并要派人去武汉进行现场设计作施工图"。[1]9

于是，建筑系总支派遣戴复东、吴庐生、傅信祁三位教师和结构、水、暖、电工种的几位教师一起前往武汉现场设计。后来因为任务又增加了多用途小会堂、室内游泳池，戴复东和吴庐生进一步设计了方案并获得批准。在基本完成施工图后，主要由吴庐生驻守工地现场配合工程建设，在此期间还设计了长廊、水榭两个小品。在建造的两年时间里，建筑系和其他系的个别教师和学生也短期参加了部分设计工作，其中常驻现场的还包括建工系的教师朱伯龙、潘士

劫和暖通专业的教师张剑，以及建筑系 1961 届的两位学生王爱珠和许祥华。[2]

② 2018年1月9日，华霞虹、王鑫、吴皎、赵媛婧访谈陆风翔、王爱珠（二），地点：同济新村陆风翔、王爱珠家中。

被戴复东称为"独臂英雄"的湖北省委招待处朱处长对设计师的想法大部分都很赞同，唯一坚持卧室必须采用 8 米 × 8 米的平面和 4 米净高。建筑师提出异议，认为这样的卧室尺度太大，不够亲切。直至在有一次"独臂英雄"特意安排戴复东和吴庐生观看演出，指着前面就座的毛主席说"房间是给他老人家用的"，设计者才了解实情，并放下心来。[3]

普材精用

设计师戴复东先生在 1997 年第 12 期的《建筑学报》上撰文介绍了当年这一保密工程，题目中用了三个关键词：因地制宜、普材精用、凡屋尊居。

此项目中，为了尽可能节约造价，建筑师对普通材料进行创造性利用。除了采用当地产乱石砌筑的部分内、外墙，迄今仍令人惊叹的是室内游泳池的防水墙面和工作室的地面材料。室内游泳池的墙面如果太光滑，混响时间过长，会太过震耳，因此需要既能防水又能吸声。虽然当时在建筑系的国外建筑杂志上可以看到穿孔金属板的介绍，但国内当时无法找到这种材料。于是两位设计师想到可以用防水的玻璃，决定在玻璃上打小孔，在背面涂上油漆，用来隐藏背后的材料；而里面的材料则选用了一般农民用于防雨的蓑衣，材质不怕水、疏松，可以作为吸声材料。而工作室的地面采用废弃的木料，因为商店在出售整木时通常会把根部有斧痕的切去。于是设计师就决定采用圆木横截做地面、当地产麻布糊墙面。两位建筑师认为，刚锯下的木材一头尖一头圆，有年轮，既好看又结实，可用到建筑中作铺地。而武汉特产夏布（即麻布），质感好，做墙面会使人感觉舒服。建筑师如果没有对材料性能、构造原理的重视和深刻理解，很难创造出这么富有新意又合情合理的细部。

◎ 梅岭一号接待室外景（来源：华霞虹拍摄）

◎上图　武汉东湖梅岭3号游泳池内景及其室内穿孔玻璃墙面（来源：华霞虹拍摄）
◎下图　武汉东湖梅岭1号工作室外面的圆木横截铺地及水榭的灯具（来源：华霞虹拍摄）

在武汉，学生与教师在工地现场同吃同住，主要在老的"东湖客舍"内。教师设计方案、绘制草图，部分则由学生用尺规绘制成正图。建筑系先后曾安排6~8名学生到现场"半工半读"，男、女生各半。不少教师则在寒暑期短期到武汉"半工半教"。就这样，王爱珠与吴庐生同住一个房间工作了一年。设计的内容是"一竿子到底的"，不仅是建筑方案，还包括各种细部的推敲，还有家具和灯具的设计。为了赶图，经常工作到深夜一两点钟。③

王爱珠印象非常深刻的是有一次假期，她回上海时，吴庐生还给她布置了任务：去旧货店买灯具带回武汉。"有的好用的就直接配上去，有些不好用的，吴先生就叫我画灯具的平面和剖面图。把灯具的整个脚扒开来看着画，画出每个节点。"④

③ 陆凤翔、王爱珠访谈
（二）。

④ 同上。

现场教学

无论是"半工半读"还是"半工半教"，参与实际工程的意义除了完成工程，同样重要的还有开展"教育革命"。对于参与实习的学生，这也是学习相关专业知识的过程。对于参与东湖梅岭招待所工程的建筑系学生来说，学习结构、设备和构造课程不再是"纸上谈兵"，而是通过解决切切实实的工程问题。除了协助吴庐生绘制建筑图纸，学生们也需要绘制一些其他工种的图纸，甚至直接负责部分结构计算。比如在结构教师朱伯龙的辅导下，王爱珠完成了放映室框架结构的计算，绘制了结构施工图，而她的同班同学陈大钊则负责了难度更大的游泳池的排架结构。两名建筑系学生还在武汉完成了结构课程的考试，朱伯龙出题。因为在工程中一直"有一位结构老师手把手地教，不懂就可以问"，因此两名学生对结构和构造的深入理解让他们感觉"终生受益"。⑤

⑤ 陆凤翔、王爱珠访谈（二）。

东湖梅岭招待所现场设计"教学生产一体化"的模式是同济大学建筑设计院的教学生产和实习机制上的一个典型代表。该项目成为同济设计院20世纪50年代末和60年代初建成的经典作品，也是这一时期中国现代乡土建筑的经典之作。对于戴复东和吴庐生两位主创设计师而言，东湖梅岭项目是他们第一个从构思到建成的完整作品。该作品的现代乡土特征并不是追求民族形式的结果，而是在当时强调经济适用的时代背景下，创造性地利用乡土材料，融合现代空间和技术追求的一次探索。在两位设计师后期的作品中，还能看到在东湖项目中已经开展的形式尝试，比如同济大学研究生院大楼，即瑞安楼（戴复东、吴庐生负责，1998年）的入口雨篷，与梅岭招待所的雨篷结构有异曲同工之妙。因为东湖项目一年多的驻现场经历，吴庐生在所有的实际工程中，都格外重视细部构造设计、室内家具和装饰设计和施工质量。因为在实际工程中的杰出贡献，吴庐生于2004年荣获"全国工程勘察设计大师"称号。

同济大学设计院在武汉东湖的实践在2000年后得以延续，比如2008年设计了武汉东湖会议中心，包括宴会中心、会议中心和客房中心（章明、刘毅负责）。

参考文献

[1] 戴复东,吴庐生.因地制宜、普材精用、凡屋尊居——武汉东湖梅岭工程群建筑创作回忆[J].建筑学报,1997,(12): 9-11.

[2] 冯纪忠.武昌东湖休养所[J].同济大学学报(建筑版),1958,(4):42-47.

[3] 柴育筑.意外接手东湖东湖客舍[M]//柴育筑.宜人境筑的探索者——戴复东、吴庐生.上海:同济大学出版社,2011.

同济大学饭厅兼礼堂（同济大礼堂）①

受到庆祝中华人民共和国建国十周年"十大建筑"重点工程的影响，在1958—1960年期间，大型公共建筑是备受瞩目的建筑类型。同济大学建筑设计院也承担了多个大型公共建筑，如上海3000人歌剧院、北京30万人体育馆等，这些项目都涉及大跨度空间，大量技术创新充分体现了设计院建筑系和结构系老师之间紧密合作的优势。因为经济的原因，很多大项目最后都止步于施工图纸，只有同济大学校园内的"3000人大食堂"最终变为现实。

继南、北教学楼落成之后，因全国对建筑造价的进一步控制下调，同济校园中的大型公共建筑项目便在之后的几年中搁置了下来。原本南、北教学楼之间的中心大楼也在基础建成之后停工，中心大楼就此变为"空心大楼"。1952年底修建的大草棚依旧履行其作为食堂兼礼堂的功能。直到1958年"大跃进"开始，同济大学的校园建设伴随着本校高校设计院的成立开始了新一轮的校园大型公共项目的建设。同济大学决定建设自己的"千人大食堂"，以替代已经使用了6个年头的大草棚。

设计师署名矛盾之谜

1958年11月，同济大学将设计任务交由同济大学建筑设计院第一设计室的建筑主任黄家骅和结构主任俞载道具体负责。设计室接到任务后马上成立设计小组商讨方案。当时到设计院参加实习的1961届建筑学七八名学生也加入学校千人食堂的项目中，② 由黄家骅和俞载道作为主要的指导教师，带着同学们一同参与实践工程。[1]具体设计工作的安排与展开则由胡纫茉负责。

有意思的是，关于此设计所在的单位、署名，相隔仅两年发表的两篇论文并不一致。《同济大学学报》1960年第3期三篇结构介绍的文章署名是"同济大学建筑设计院第一设计室"，但1962年9月在《建筑学报》上刊载的由黄家骅、胡纫茉和冯之椿撰写的《同济大学学生饭厅的设计与施工》一文中，署名单位却为同济大学设计院设计二室。[2] 这种差异源于在1958年3月到1962年9月之间，设计院的名称和组织架构已经数度改变。

在1958年3月成立土建设计院时，黄家骅和俞载道被指定为设计三室的正、副主任，但因为整风运动不断开展，同年7月，建筑系被撤，建筑学专业并入建工系，城市规划并入城建系。受此影响，1958年9月开学后，学校将刚成立半年的六个设计室缩减为两个设

① 本节研究部分参考华霞虹指导的同济大学硕士学位论文：吴皎，《新中国成立初期同济校园建设实践中本土现代建筑的多元探索（1952—1965）》（上海，2018）。

② 路秉杰访谈。

计室。③ 黄家骅和俞载道被调到设计一室去担任正、副主任，胡纫茱讲师和朱可英是黄家骅的主要助手，冯之椿讲师成为俞载道的得力助手。1958年11月7日，受学校指派，由结构系改组而成的建工系党总支制订了《同济大学土建设计院规划(草案)》，提出了教师、学生、绘图员和职工近三年发展的规划，目标定得非常高，计划从1958年的345人发展到1959年676人，1960年的875人。④但事实上，这个根据当时建筑系和结构系两届学生人数确立的规划仍过于理想化。到了1960年，设计院成立了院务委员会，主任为王达时，副主任为吴景祥和唐云祥，并重新编排了设计室，分成五个设计室和一个技术资料室。其中第二设计室是工业设计室，正、副主任分别是庄秉权和俞载道。⑤ 1961年1月，随着业务范围的扩大，学校将建筑设计院改为"同济大学设计院"。同年10月，经学校多次申请，建工部肯定并批准了这一申请，并任命吴景祥为同济大学设计院院长。[3] 因此同济大礼堂发表者单位署名的矛盾正反映了这一段复杂的机构变迁史。

　　关于设计开始的时间，根据俞载道的回忆，同济大礼堂的设计共进行了9个月，按照习惯，施工图上签署的1959年8月应为设计完成时间，设计开始时间应为1958年底。这也能解释1957年被打成右派后发配到新疆工作的1956届建筑系毕业生吴定玮有机会参与早期的方案设计，但是因为被打成右派，未能出现在任何出版物和图纸的责任人名单中。

饭厅兼礼堂

　　跟以前的大草棚一样，位于校园中轴线尽端的新建大空间也将兼做学生饭厅和礼堂。平时需容纳3300人同时用餐，在作为集会和文娱演出场所时，需容纳观众约5000人，建筑总面积为4880平方米，其中大厅部分3350平方米，厨房1530平方米。[2]

　　主体空间由三部分构成：20米宽、8米深的开敞式门廊，40米宽、56米

③《同济大学建筑设计院半年来贯彻教育结合生产劳动的工作总结》，同济大学档案馆藏，档案号：2-1959-XZ55.0012。

④《同济大学建筑设计院规划(草案)》，同济大学档案馆藏，档案号：2-1958-DW-58.0012。

⑤ 王吉螽为同济设计院50周年《累土集》手写笔记：《历年设计院机构人员》。

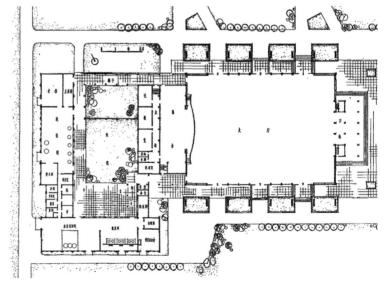

◎ 同济大礼堂底层平面图(来源：建筑学报，1962，(9))

进深的大空间兼作餐厅和观众厅，长边每隔8米设一道4米宽的边门用于疏散。为同时照顾观演和用餐的需要，地面采用了水平面最大允许的3%的坡度。但"这个坡度对视线要求尚嫌不够，对餐厅的使用却有一定的影响"。设计师认为"这个问题还值得研究"，但建成后的确造成了较大的困扰。虽然当时有徐罗以专门研究了多功能餐桌，⑥但一方面用餐时无法摆放普通椅凳，大家只能围着专门设计的桌子站着吃饭，另一方面在两种功能之间也不太容易高效地转换。因此，使用没有几年后，就不再用作餐厅，而是成为固定的大礼堂。

⑥ 据贾瑞云回忆。

同济大礼堂的舞台宽32米，深10米，台口宽14米，台唇伸出3米，可满足一般演出的需要，舞台两侧还有宽敞的侧台，设有灯控、音效和休息室。后台还设有化妆室，平时可供学生文娱社团活动使用。

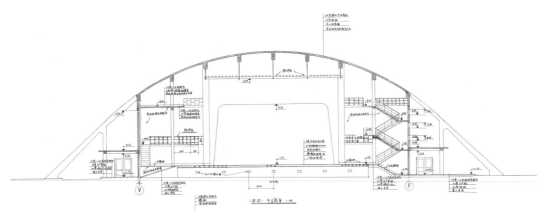

◎ 同济大礼堂剖面图（来源：同济设计集团）

除容纳数千人用餐和聚会的大空间外，辅助空间布置成"U"形平面，东侧紧靠大厅部分即化妆间，其余部分为厨房使用。大厅与厨房部分左右各以廊子相连，可区分主食和副食的送餐路径，保证厨房有良好的操作秩序；中间形成较大的内院，一部分作为厨房的室外操作空间，另一部分则用于景观布置。[2]

联方网架

同济大学饭厅兼礼堂最独特的结构和空间是如何形成的？主要得益于外国杂志的启发，以及建筑师与结构设计师的紧密合作。以1958年布鲁塞尔世博会为契机，中国的建筑师不仅通过外文杂志了解国外的建筑技术，比如《建筑译丛》在1958年的第20期中，详细介绍了布鲁塞尔博览会中苏联馆的设计；其后《建筑学报》1959年第6期刊登的《1958年布鲁塞尔国际博览会》和《1958年布鲁塞尔博览会法国馆介绍》也得到中国建筑师的广泛关注。在20世纪50年代，同济大学把国家分配的有限外汇额度用于支持建筑系购买外文书刊，订阅了包括德、法、英、美、瑞士、意大利及当时苏联等国的建筑与规划杂志20多种。1955年，建筑系还成功向学校图书馆申请到在系里设外文书刊阅览室（安排在文远楼三楼），大大方便了师生的阅读。[4] 这些为同济大学建筑系在20世纪五六十年代设计和思想保持现代性创造了良机。

　　绘制了大礼堂最初的方案设计和透视图的吴定玮介绍了当初的设计经过。1956年，毕业留建筑系任教的青年教师吴定玮曾于1957年与戴复东合作设计杭州华侨饭店，并与清华大学教授吴良镛的方案并列第一。两位年轻教师的成绩当时在同济建筑系引起不小的轰动。不久吴定玮就被错打成右派，不能再任教，而是在设计院参加设计工作。据当事人回忆，因其特殊的政治身份，他参与的设计工程项目图纸和相关的论文发表中都不允许署名。吴定玮"终日画图，不闻窗外事"，因为透视图"画得又快又好"，当时"画了好多效果图"。除了在设计院中参与"大跃进"期间上海地区许多小工厂的改造扩建项目外，他也参与了大礼堂的初步设计。

　　据吴定玮介绍，当时他"看到一本外国杂志里有一张很小的黑白室内照片，就是这样的联方网架的结构。觉得很好看，很喜欢"。当时在设计院兼职的一位结构教师说："你们建筑能设计出来，我们结构也没问题，可以做出来。"受此说法鼓励，吴定玮决定试一试。除了布置基本的平面方案，他主要还绘制了室内、室外各一张水粉透视图。"外景比较简单，就是一个抛物线拱的形态""联方网架结构的室内透视很复杂的，画法几何的老师都说太难画了,(能)画出来，画法几何绝对是学到家了。"

　　吴定玮终于设法用一点透视求出了菱形交叉的网架结构的室内透视图。结构采用预制的菱形网格构件。他还设计了大礼堂的主立面图，即东立面。原设计打算在"大门上面安装直通到顶的大玻璃"，后来一方面因为"玻璃太贵"，另一方面因为"东晒太厉害"，于是就"改成实墙了"。⑦ 做完同济大礼堂方案设计后不久，吴定玮"被调到青浦高教农场去养鸭子了"，方案交由设计院的建筑师和结构师深化。

　　就礼堂大厅的结构选型，俞载道回忆道："在我印象中，当时一共考虑了五六种结构方案，包括钢筋混凝土双铰拱、双曲扁壳、多波圆柱长薄壳、圆柱短薄壳以及联方网架等。设计院院长吴景祥、设计室主任黄家骅和庄秉权三位老教授对此都十分关心，大家从耗材量、视觉效果、施工难度、工期长短等多方面对这些方案进行泛

⑦ 2017年6月13日，吴皎访谈吴定玮，地点：杭州市文晖路青园小区吴定玮家中。

读对比，最后意见集中在装配式钢筋混凝土网架结构上，认为它既经济又美观，结构外露、轻巧、爽亮。"[1]

"大跃进"运动中，中央政府号召全国开展"技术革新""技术革命"的"双革"运动，希望通过科学技术水平的提高，实现"多快好省地建设社会主义"。[5]当时，国家建筑工程部也向全国推荐五种新型结构，以推动建筑领域的结构改革。网架结构就是五种新型结构之一。1959年，全国结构改革刚刚起步，在实践中运用网架结构的国内建设先例为零。但受到短薄壳结构的启发，俞载道决定"对连续结构进行离散化的方式，使之成为网架结构"，解决了大厅结构的布置问题。之后，经过俞载道和其助手周利吉的努力，在半年的时间内仅用两台老式的手摇计算机对布置好的结构进行计算，通过得出的数据对这次的网架结构设计进行最终的确定。[1]

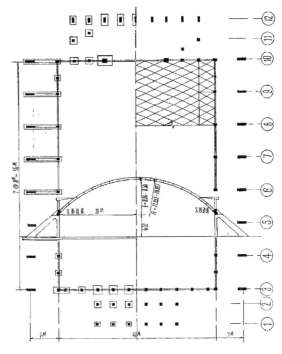

◎ 同济大礼堂大厅结构布置图（来源：建筑学报，1962，（9））

结构计算通过后，根据俞载道设计的联方网架弧形拱结构，胡纫茉等建筑师对建筑的立面和细部进行深化设计。弧形拱朝东的正面采用整面实墙，以凹进的直线条进行划分，并用浅杏黄色水泥粉刷，避免立面过于呆板、单调。实墙

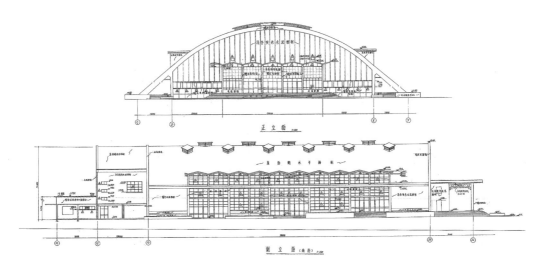

◎ 同济大礼堂立面图（来源：同济设计集团）

下部入口两侧开设一排连续的小窗，窗下漆成酱红色。由于建筑空间系复合使用，放映厅整合在建筑的入口门厅处，位于蟹灰色折板雨篷下的夹层中，可顺两侧辅助楼梯进入。这样的处理手法一方面使雨篷的形态与大跨的拱形结构在立面上比例协调、外观恢弘；另一方面通过引入夹层合理地解决了礼堂的放映室布置问题。同时从建筑高大的外观门廊下转换到更为亲切的尺度，空间感受和使用都更为舒适合理。正如设计者所说明的："放映间挑入厅内，既可以打破大片墙面的单调，也可以与舞台互相呼应。"[2] 放映厅的外墙面为酱红色，与外立面墙裙颜色统一。

覆盖于网架结构最后一跨下的礼堂舞台空间，将大跨空间高度划分为3层，除顶层外，一、二层均为完整的功能空间。因为大厅也需满足食堂的使用要求，所以两侧的立面需大面积的开窗，以满足采光和通风。此外，建筑师还将侧窗伸出结构体系的外侧，形成类似"老虎窗"式的附加立面开窗，顶部设连续的折线上盖，与正立面的折线雨篷在形式上相呼应。"老虎窗"的下方设置净高2.78米的长条形雨篷，覆盖建筑两侧的疏散通道。考虑到用餐后学生需要清洗餐具，就在疏散通道的墙壁上设置水槽。

因2005年同济大学已对大礼堂实施了更"芯"驻"颜"的保护更新，对建筑的观演功能进行了全面的提升和改造。[6] 所以对于大礼堂落成时的室内设计只能通过《同济大学学生饭厅兼礼堂结构设计介绍》一文中设计者的描述获取，"舞台口边框呈梯形，与拱形墙面配合得和自然。餐厅室内湖绿色的天花板衬托着白色的网格，奶黄色的墙面配上浅橙色的墙裙（目前暂做水泥墙裙），使厅内具有温和平静和明朗淡雅的气氛。但是放映间墙面和台口边框的色彩较深，不够协调，是一个缺陷。"[2]

不过，设计中对颜色的考虑并非礼堂室内空间形象的主导。大厅室内形象的主导因素是顶棚上露明的联方网架交错的菱形网格。暴露出来的屋顶结构构件结合了力与美，为室内空间带来了别样的感受。同时，建筑师选择位于顶部中间的17个菱形网格，设置为通风洞口，表面以镂空花格装饰，结合建筑两侧墙面上的开窗满足大空间的通风要求。

集体建造

在"大跃进"的背景下，从建筑初步方案的设计，到结构设计，再到绘制完成建筑施工图，同济大礼堂设计小组仅仅花了9个月的时间就完成了全部的任务。[1]1960年初，同济大礼堂进入施工阶段。

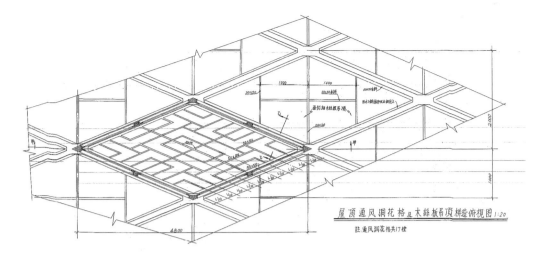

◎ 同济大礼堂屋顶平面图及屋顶通风洞花格，1959年（来源：同济设计集团）

　　大礼堂建造的主体工作由专业的施工队进行，但为了响应当时"劳动建校"和"教学生产劳动"相结合的号召，按照学校的安排，师生们也会在课余时间到工地上帮忙做一些基础性的工作。工人们先在校门内大道两旁的人行道上预制钢筋混凝土网片单元，再由两人一组的施工人员或师生用竹竿绳索抬至打好的满堂脚手架旁，再通过人力将预制的模块吊至屋顶，按照满堂脚手架上已经由放样师傅画好的黑色样线对正拼装。对拼接好的网片模块的连接点，最后再用混凝土进行现场浇筑。由于缺乏起重机械，大礼堂的施工全凭人力。1961年，完成了结构部分的施工，建筑整体于第二年正式落成。

　　大礼堂屋顶单元的结构原来设计的厚度不足10厘米，后来因为施工精度难以达到，实际建成的结构厚度有所加大。此外，原设

◎ 左图　同济大礼堂施工之初刚刚搭建的满堂脚手架；右图　将预制网片一块块安装在满堂脚手架的模板上
（来源：俞载道，黄艾娇，《结构人生——俞载道访谈录》，同济大学出版社，2007）

计希望在网架菱形单元的交叉点上放一个圆灯。后来因为"灯罩里面积水，害怕会有安全隐患，就拿气枪把那些灯都打掉了"。[8]

⑧ 2016年12月9日，华霞虹、吴皎访谈贾瑞云，地点：同济新村105号。

远东第一跨

落成后的同济饭厅兼礼堂是20世纪50年代以来中国新技术探索浪潮中唯一采用"落地拱"和"钢筋混凝土联方网架"的建筑作品。大礼堂40米跨度的装配式钢筋混凝土联方拱形网架结构被誉为当时的"远东第一跨"[7]。在形式方面，建筑的形式美学与结构设计一体化：南北两侧的落地拱结构极具张力，屋顶网架菱形结构直接形成极富韵律的拱顶顶棚，侧墙天窗外轮廓也是结构构架，不加其他装饰。简洁有力、富有现代感的同济大学大礼堂与意大利的罗马小体育宫（1956—1957年）有着异曲同工的空间感受。

◎ 上图　同济大礼堂外观鸟瞰图；下图　同济大礼堂内景（来源：俞载道，黄艾娇，《结构人生——俞载道访谈录》，同济大学出版社，2007）

1960年，俞载道将同济大礼堂的结构工程设计、计算和试验的情况撰写成文章，发表于同年《同济大学学报》第三期的工程结构专辑中。1962年9月，同济设计院同济大礼堂设计小组在《建筑学报》上发表这一同济校园的新作。期刊中登载由黄家骅、胡纫茉和冯之椿撰写的《同济大学学生饭厅兼礼堂结构设计介绍》一文，并在封底附照片。1963年，俞载道收到由北京图书馆转来的西班牙国际壳体结构协会的约稿信件。此次邀请是因为该协会看到刊登于《建筑学报》上同济大礼堂的相关信息，对其结构设计产生了极大的兴趣，遂前来邀稿。随后在西班牙国际壳体结构协会第16期通讯上刊登了由俞载道撰写的大礼堂设计、施工的英文稿件。[1] 同济大礼堂的设计也因此赢得了国际的赞誉，成为可与西方同类大跨度建筑相媲美的结构主义作品。

同济大学校园内比大礼堂更早建成的一个大跨度拱形结构的作品是1955年建成的电工馆(同济大学机电馆)。该项目建设单位是"同济大学校舍建设委员会"，于1954年10月完成施工图，主要结构设

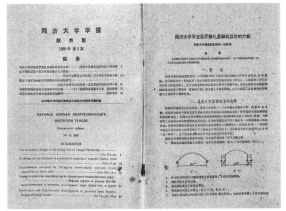

◎ 左图　1960年第3期《同济大学学报》工程结构专辑，头3篇分别介绍大礼堂的设计、计算和试验情况
◎ 右图　西班牙国际壳体结构协会第16期通讯，刊登同济大礼堂设计、施工英文稿
（来源：俞载道，黄艾娇，《结构人生——俞载道访谈录》，同济大学出版社，2007）

计人为结构系教授张问清，建筑系教师组成"机电馆组"配合设计，其中审核人为罗维东，徐馨组为校核人，而时任建筑系主任的吴景祥则以设计室主任的身份在图纸上签字。总建筑面积为3100平方米的机电馆主体由两个"三联拱"的双曲砖拱覆盖的大空间和中间平屋面的附属用房构成。"三联拱"将一段筒拱的两缘朝内卷裹，由几百片相同的小拱并排相贴，搭建成一道道大拱，其纵横两个方向的断面都呈拱形。每组三联拱的跨度约14.5米，拱高约3.6米，每孔拱长33米左右，由13节拱波组成。拱顶厚度为1/2砖厚，砖长向平行于拱波排列，侧向立砌，相邻拱波交线处设一道金属拉杆，承受大拱的水平推力。在当时"勤俭建国""节约三材"的背景下，机电馆采用的双曲砖拱的结构形式是从苏联技术和规范发展而来的。张问清调研了北京、天津、上海三地采用苏联规范的双曲砖拱实际案例，从中总结经验，并据此调整了相关国家规范。根据研究结果，张问清在机电试验室旁砌筑了一孔足尺的双曲砖拱样板进行结构试验，试验成功后将双曲砖拱应用到机电馆的设计建造中。[8]

参考文献

[1] 俞载道.结构人生:俞载道访谈录[M].同济大学出版社,2007.

[2] 胡纫荣,俞载道,冯之椿.同济大学学生饭厅的设计与施工[J].建筑学报,1962,(9):15-19.

[3] 《同济大学百年志》编纂委员会.建筑设计研究院[M]//同济大学百年志(1907—2007)(下卷).上海:同济大学出版社,2007:1833-1853.

[4] 邓述平.回忆学院早期的两件事[M]//《民间影像》.文远楼和她的时代.上海:同济大学出版社,2017.

[5] 翟睿.新中国建筑艺术史 1949—1989[M].北京:文化艺术出版社,2015.

[6] 袁烽,姚震.更"芯"驻"颜"——同济大学大礼堂保护性改建的方法和实践[J].建筑学报,2007,(6):80-84.

[7] 同济大学档案馆.同济大礼堂[J].同济大学学报(社会科学版),2015,(2):2.

[8] 朱晓明,祝东海.建国初期苏联建筑规范的转移——以原同济大学电工馆双曲砖拱建造为例[J].建筑遗产,2017(1):94.

小面积独门独户住宅

根据同济设计院图档信息中心已电子化留存的图纸统计，1951—1980年间设计的300个项目或子项目中，有三种类型占比接近八成，包括107项学校建筑（占36%）、89项工业建筑（占30%）和38项住宅或宿舍（占13%），其他则是小型的文化、办公、医疗、附属用房，甚至还有像"益民酿造厂酱渣出口"（俞载道负责）、"虹口糕团厂洗米池"（王宗瑗负责）这样的小工程设施。同济设计院参与的居住类建筑项目主要是学校、工厂的附属新村或配套宿舍，只有少数例外。比如，1957年，同济、清华两校的建筑系与北京设计院合作的莫斯科西南小区住宅竞赛；还有1960—1962年间，谭垣、吴景祥等教授与青年教师朱亚新等一起在上海南市区（现黄浦区）所做的住宅创新实验；以及1978年由陈运帷规划、朱亚新与何德铭设计的杨浦区长阳路霍兰新村等。

工人新村与社会主义新型大街

同济大学建筑系和设计院的住宅实践和研究的背景是中华人民共和国成立初期的"社会主义工人新村"和"新型大街"建设热潮。1951年，上海市政府就成立"上海工人住宅建筑委员会"，以贯彻"为生产服务，为劳动人民服务，首先为工人阶级服务"的方针。1950—1958年，"由国家投资新建职工住宅面积4 475 528平方米，其中统一规划修建的住宅面积共计220万平方米，环绕分布在四郊15个基地。其中以沪西的曹杨新村和沪东的长白、控江、鞍山、凤城四个新村的规模较大，建设比较完整"。[1] 1951年建成的曹杨新村一期是中华人民共和国第一个示范性工人新村，综合运用欧美"邻里单位"的规划原理，结合自然地形设计，二层砖木结构的坡顶住宅主要分配给1002户劳动模范和先进工作者家庭居住，有较齐全的公共服务设施和绿色空间。

1958年开始的近郊工业区和卫星城配套工程规划针对"一五"计划期间新村建设过度注重"群"（小区），而忽视"线"（街道）带来缺乏街区活力的问题，提出应向传统经验学习，重点定位于"先成街后成坊"[1]。即在解决工人居住问题的前提下，将"街道"作为规划的主要结构，房屋上层居住，下层商铺，间以街心花园等绿化带，使居民使用方便，城市氛围吸引人。按照"成街成坊"概念规划的"闵行一条街"（亦称"闵行1号路"，1958—1959）、"张庙一条街"（1959—1960）、"天山一条街"（1952—1960）等"社会主义新型大街"都比较有影响。有些街道的建设也充分体现了"大跃进"背景下"多快好省"的发展方针，其中"闵行一条街"由上海市民用建筑设计院院长陈植负责，一期工程仅用半年就完工，而沿街的其中11个单体的工期只有建设78天。[3] "张庙一条街"以12天时间设计了全部施工图，房屋建筑、道路、绿化等工程以95天的惊人速度全部建成。[4] 最后一类则是对中心城区的棚户区改造。比如，1963年开展改造的上海密度最大的棚户区之一"蕃瓜弄小区"[5] 在不征用一分土地的前提下，原拆原建安置了1965家住户。

中华人民共和国成立初期的住宅建设有两波高潮，分别是1951—1953年和1957—1962年，其中第二个高潮期也是"大跃进"时期。在社会整体大跃进的背景下，上海高校也掀起了"多、快、好、省、比、学、赶、帮、超"的热潮，同济大学搞起教学、生产劳动和科学研究"三结合""技术革新，技术革命（双革）运动"等全面跃进的群众运动。比如从1959年10月到1960年上半年，同济大学参与完成的规划和建筑设计项目包括"上海县中心居民点规划设计""莫斯科西南区试点居住区规划设计"国际竞赛等，还承担了国家科委建工部和上海市的重大科研项目25项，[1] 其中包括上海歌剧院、吴淞和南市两条街的规划和设计。[6] 同时还完成了多个科研课题，如哈雄文等人完成的《华东区居住建筑典型设计》、陈从周的《苏州住宅》和《苏州古建筑》、欧阳可庆的《竹结构》、沈祖炎主持的《地震区单层工业房屋的计算》等。[2] 列举这些成果意在指出，虽然"大跃进"时期生产指标和成果数据整体浮夸，但是在高校，因为科研人员的不懈努力，的确产生了不少颇具理论高度和实际参考价值的成果。对于同济大学而言，其中就包括基于大量现状调研的居住区规划和住宅建筑研究和实践。

"合理设计，不合理使用"

"合理设计，不合理使用"，或者说"正确的设计，错误的使用"是20世纪50年代中国住宅设计的口号，是学习苏联模式的结果。"一五"期间，住宅户型按照远期目标设计，通常为"五开间内廊式大单元户型"，人均居住面积按照6平方米，甚至远景9平方米设计，而当时实际居住水平只有4平方米。[7] 所谓"合理设计"是指：不久的将来实现了"土豆加牛肉"的共产主义，大家就可以像设计的户型那样生活，一家人单独住一套了。但是因为现在实际经济水平还不够高，所以只能"不合理使用"，即设计的大户型需要多家分享，一般是3户合用5室，厨房、厕所需要合用。这种为了"遥远的目

① 《呈报我校1960年重大科研成果登记表》，同济大学档案馆藏，档案号：2-1961-XZ-92.0005。

② 同济大学档案馆藏，档案号：2-1958-XZ-36.0014。

标牺牲现实的生活需求"的做法造成了很多家庭内部和合住居民间的矛盾。水盆、脸盆、便池和浴缸合用，既不卫生又不方便，浴缸使用率也很低。事实上，即使当时在苏联这种模式也不适用，矛盾大到"甚至有居民把合住人家的孩子扔掉"。③此外，苏联常用的内廊式单元住宅的日照、通风条件都不太理想，也不符合中国人的居住生活习惯。

③ 王季卿、朱亚新访谈。

　　1957年中央提出"双百方针"（百家争鸣，百花齐放），建筑界对合住现象进行反思，开始实践外廊式单元和独门独户住宅，比如1956年北京市规划管理局设计院华揽洪设计的北京幸福村街坊。[8]上海的转变主要出现在1958年5月以后，建工部和中国建筑学会在上海联合召开"住宅标准和建筑艺术座谈会"，对以往"远近结合，以远期为主"的做法进行批评，提出"以近期为主，适当照顾远期"的新原则。在此思想指导下，还"提出了合理分户"的问题，认为要"尽量减少与他人合住和合用厨厕"，"每户应使用一套相对完整的住宅"，同时"家庭内部的合理分室问题也得到重视"。[7]105-170

　　除了住宅标准制定的不切实际，根据当时上海民用建筑设计院建筑师汪定曾1959年在《建筑学报》上发表的论文，20世纪50年代以来学习苏联模式为主的住宅建设主要存在三方面的问题：一、"住宅单体设计类型单调，色彩不鲜明，整个住宅区感觉沉闷不活泼"；二、建筑艺术(规划形式)布局"跳不出圈子""从群的概念出发多""很少甚至没有考虑从线（成街）的问题""否定周边式沿街建筑"，"好像布八卦阵"；三、公共福利设施的设立方面，小学托幼布置比较令人满意，但商业供应、文化娱乐和医疗卫生设施不足。[1]同济大学1960—1962年所做的住宅创新主要针对的是第一点问题，改善住宅单体的设计，包括户型和立面。

　　事实上，同济建筑系和设计院承接的上海"南市一条街住宅"设计包括前后两个项目，第一个由教授谭垣承接下来，跟朱亚新一起完成，户型基本按照当时通用的苏联住宅模式，采用一梯两户三室的大单元平面。但在立面设计上突破了标准化形象。原来的户型为两家合用一个阳台，建筑师把大阳台拆分为两个出挑的小阳台，这样一来每家有一个单独的小阳台。谭垣还建议将阳台外表涂上颜色，以改变千篇一律的水泥灰色。不过因为材料质量限制，第二年颜色基本就褪掉了。尽管只做了很小的改进，在同时期建成的住宅区中，这个住宅项目因为有特色，建成效果好，吸引了大批参观学习者。上海市南市区政府因此很受鼓舞，决定支持同济设计院在南市区继续做住宅试点，这就是第二个项目——瞿真人路（今瞿溪路）

十号楼试建住宅。在吴景祥的建议和指导下，朱亚新带领学生开展调研，并负责探索了小面积独门独户住宅，还设计制作了配套的多功能铁木家具，创新成果引起全国反响。

小面积住宅设计与研究

1958年以后，各地开始探索小面积住宅，探索独门独户的居住可能，这既是受到大的建设方针的影响，主要是对"一五"期间学习苏联标准建造的大户型合用住宅的纠正，对同济设计院而言，也得益于院长吴景祥的强烈意愿。当时具体负责上海南市区住宅研究的朱亚新迄今仍对这个场景记忆犹新。有一次，吴景祥接待外宾后，特地到她的画图桌前，十分气愤地跟她说："我今天接待外宾，带他们去看我们的新工房。有一个外宾说：'你们这种住宅都是合居的，环境也差，属于slum（贫民窟）。'"接着他又说："我不相信我们就不能做出独门独户的住宅。"[9]159-165根据当时的工程经验，朱亚新认为不可能，因为建筑材料不足，每户还要有一个卫生间，面积小了，隔墙也会增加很多，当时的造价估计无法满足设备和材料的增加。吴景祥却坚持："没有什么不可能，一定可能。就是不能再让外国人骂我们是'新的贫民窟'。"

◎ 1958年吴景祥（左1）与冯纪忠（左4）接待外宾（来源：吴景祥之子吴刚先生提供）

因为半工半教，配合住宅设计工程，朱亚新带领学生对上海市大量新旧住房展开了调研。在调查棚户区和旧式里弄时，师生们亲眼看到有的"一家人住在顶层小房间里，挤得不得了""有人住在晒台上""还有人晚上睡觉时脚只能伸到室外，上面盖一个肥皂箱"。[4] 这些调研既让设计者直观地认识到居住的实际需求和解决住宅问题的迫切性，也为设计小面积独门独户的新平面打开了思路。在调查多户合住的旧式里弄住宅时，师生们发现，只有住在堂屋的一家是从前门进出的，其他住户都是走后门，也就是穿过厨房进入每家每户。朱亚新因此"开窍"，"从'通过式厨房'开始，在不增加建筑面积，不增加造价，也不增加建筑材料的情况下，实现了'小面积独门独户住宅'的设计"，[9] 这样做既节省了面积，又使每家每户都拥有了自己的厨房。

④ 同③

对比当时通用的苏联模式的大开间住宅平面和瞿溪路独门独户
住宅平面可以发现，同样是五开间住4户，三个中户型（2室），1个
小户型（1室）。因为开间进深略微加大，内廊改为通长外廊，原来
需要穿过走廊两户合用的厨房厕所，现在可以每户独用。两个大阳
台也被分解成每户拥有一个独立小阳台。

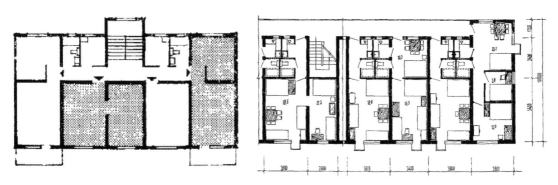

◎ 住宅平面比较：大单元合住住宅平面（左）与1962年瞿溪路十号楼独门独户住宅平面（右）
（来源：左图 朱亚新，《当前住宅设计若干问题我见》，同济大学学报，1979，（4）；右图 朱亚新，《住宅建筑标
准和小面积住宅设计》，建筑学报，1962，（2））

朱亚新1962年在《建筑学报》发表的论文《住宅建筑标准和小
面积住宅设计》系其研究生论文的主要部分。该文用大量的实地调
研成果、数据分析和图纸图表，记载了相关研究和设计的成果。内
容包括四个方面：居住面积标准、辅助设施标准的确定、衡量住宅
经济性的指标和独门独户小面积住宅的实践。

◎ 朱亚新设计独门独户小住宅厨房使用情况（来源：朱亚新提供）

这篇论文偏向于科学报告性质，大部分展示的
是严谨的调研事实和数据分析，论断为数不多，
立场和观点却都很鲜明与肯定。比如对于居住
建筑的概念和类型，作者提出："住宅是能以家
庭为单位解决居住问题的建筑"，"独门独户应
是住宅的基本要求之一"，"'合用'或'集中设置'
辅助设施的居住建筑则属宿舍性质"。对于户型
比例的设置，根据1958年住宅户型与实际人口
结构和户型需求之间不相匹配的情况，作者认为应"根据不同地区
具体人口结构资料进行设计"，以使"设计与分配密切结合，使居住
更为合理"。[10]

为了确定居住面积标准，研究者计算了不同户型常用家具的面
积和数量，主要是床、桌凳、衣橱等基本家具，并研究了居民对室
内家具布置密度的意见，发现在家具密度超过60%时大家感觉拥
挤，50%~55%感觉合适，家具密度在50%以下就感觉宽敞，而如
果在40%以下则标准过高。因此提出："在一室户和二、三室户中

兼做起居室的房间家具系数可采用 0.45，二、三室户的专用卧室家具系数可适当提高到 0.50。"根据不同户型的计算公式，研究者发现，除了两口户和三个成人的三口户以外，3~9 口户人均居住面积均在 4 平方米以下，由此提出"人均 4 平米作为居住定额比较符合当时的居民生活水平"。两口户的设计特别需要考虑适应发展的需要，作者认为"应适当提高定额""设置 12~15 平方米的中小一室户住宅单元，为 2~4 口之家提供独门独户居住的条件"，并"应使两个中小一室户单元在远期有合并为一个二室户的可能"，"遵循合理设计，合理使用，近期为主，照顾远期的原则"。

除了面积指标外，设计者通过新旧住宅的调研，对厨房、厕所、阳台、走道、壁橱还有垃圾道等部位的设计均提出优化改进的意见，考虑非常细致。比如，在上海旧有公寓的调研中，同济师生发现 1.3 平方米的厨房就能满足基本需求，2.12 平方米的紧凑厨房甚至能为 5 口家庭服务。原来住宅标准设定的厨房每户 2~3.5 平方米，面积过大不经济，反而会使居民在此堆积其他物品，因此提出厨房每户标准可定为 2 平方米。厕所中便池应每户分设，但是浴缸却并非必要，只是安装了莲蓬头。小阳台部位设置落地窗，利于夏季通风。生活阳台取消，改为在外廊上留出空间，并加大窗户，设置栏杆以供生炉子。还考虑了在户内设置较大深度的壁橱，外廊上设置多户合用的垃圾道等。

在住宅研究中，还有一个问题是如何节约材料。因为中华人民共和国成立初期住宅需求量很大，但是钢筋、水泥不足，木材也没有。同济设计院开展了各种新材料的尝试，比如用菱苦土和竹筋建造墙体，用发电厂的煤渣制作硅酸盐中性砌块，还研究怎样使用最少的砌块，以节约模板，方便施工等。

1961—1962 年同济设计院完成的小面积独门独户住宅实践引起了热烈的反响，在经济上也证明是可行的。不过因为很快进入"文革"时期，这种户型标准直到"十三年后的 1975 年才终于在上海作为住宅的使用标准定了下来"。[11]

多功能铁木家具

为了"更好地发挥小面积居室的使用效果"，"降低家具造价"，"改善住户的家具配置情况"，朱亚新还对瞿溪路 10 号楼的两种户型，一室（4 口）户和二室（6 口）户专门设计了家具。事实上，为新婚夫妇设计结婚家具也是圣约翰大学建筑系的传统。朱亚新有过不少经验，有熟悉的木工师傅可以合作，还有外文建筑杂志做参考。

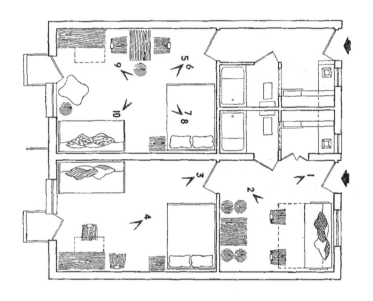

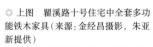
◎ 上图　瞿溪路十号住宅中全套多功
能铁木家具（来源：金经昌摄影，朱亚
新提供）
◎ 中图　瞿溪路住宅单元家具布置图，
朱亚新设计（来源：朱亚新. 多功能铁
木住宅家具 [J]. 建筑学报，1964，(8)）
◎ 下图　瞿溪路十号住宅中多功能铁
木书柜（来源：金经昌摄影，朱亚新提供）

为了减少小面积住宅的室内家具面积，减轻住户的经济负担，设计师提供的主要是小尺度可以沿墙摆放的基本家具，包括床、衣橱、餐桌和写字桌，以及各式坐具，从圆凳、靠背椅、帆布椅，到双人沙发。其中部分家具还考虑了多功能使用，包括翻开可以储藏的沙发，可以拉出小桌板的衣橱等。为了节约木材和钢材，除厨柜外，全部家具采用铁木合制，节省木材用量超过50%。用作支架的是钢筋，代替角钢，避免焊点，既节约材料也节约人工。颜色上主要采用浅米色，或是浅米色与褐色相间，与纤细的黑色铁脚形成活泼的对比。

全套多功能铁木家具放入瞿溪路10号住宅后，由城市规划教授金经昌摄影，在《建筑学报》1964年的"家具设计"专辑中刊登。[12]这些造型简洁轻巧的现代家具，搭配墙面的书画和桌上的插花，为朴素的小面积住宅注入清雅的生活气息，即使在今天看来也完全不过时。事实上，《建筑学报》曾在1959年和1964年刊登过多篇北京、上海等地建筑师所做"多功能（或可变）家具设计"的文章，[13][14] 目的大多是配合小面积工人住宅的实践。这些设计大多参考了当时最新的国外杂志中现代家具的样式，因此造型简洁明快。多功能的设置上充分考虑国内居民的生活方式，研究细致，由木材加工厂合作生产。

1962年，建筑系招收第一批研究生，因为上海南市区实验住宅实践的成功，朱亚新决定跟随吴景祥攻读在职研究生——按照当时苏联习惯称为副博士，在吴景祥指导下完成论文《小面积独门独户住宅研究和实践》。

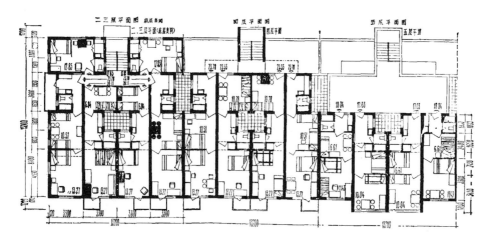

◎ 1978年,霍兰新村台阶式住宅平面图(来源:朱亚新.台阶式住宅与灵活户型——多层高密度规划建筑设计的探讨[J].建筑学报,1979,(3))

1978年，同济大学的住宅区实验性规划和设计在"文革"期间中断后，又得到继续发展。一个重要的案例就是杨浦区长阳路霍兰新村，由陈运帏规划，建筑设计由朱亚新负责，何德铭参与。霍兰新村基地为一独立地块，两面临街，还有一面为曲折的杨树浦港。该地块原来90%的面积都是抗日战争前后形成的棚户区，还混杂着工厂和仓库，因此属于旧城改造（项目）。设计从里弄建筑中得到启发，创造了多层高密度的"台阶式住宅"类型，加大了单栋住宅的进深，但是北面逐级退台，利用了楼栋间的阴影区。户型参考里弄，采用"前、后间"平面，中间加入小天井进深可以达到15米，可以增加24.6%的建筑面积。虽然在同类旧城改造形成的新村中建筑密度最大，达到2.27万平方米/公顷，如果算上一栋高层甚至达到2.58万平方米/公顷，但是日照间距也做到非常舒适的1：1.17。同类旧改多层小区如蕃瓜弄、明园村等都是1：1.1，有的甚至只有1：0.9，比如陵家宅等高层住区。[16][17] 台阶式住宅北面屋顶的退台也为居民提供了交流空间，避免"以前住棚户区时邻里关系很好，住到城市住宅里后，门一关彼此都不认识了"。不过，因为住宅进深加大，施工单位提出了困难："吊车的吊臂不够长，需要用钢材重做吊臂"。最后因为同济大学以往对住宅实验的贡献，由市里特批加长了吊车的臂长。⑤

⑤同③

4年后，同济设计院的何德铭又承接了杨浦区长白居住区的设计，探索了高层高密度城市住区的空间环境。1987年10月12日，项目建成交付使用时，当时的上海市市长江泽民、副市长倪天增兴致勃勃地参观视察新建成的长白居住区，出席了庆功大会。江泽民还心情激动地为居住区亲笔题词。因为这是十一届三中全会以后"上海第一个全面建成交付使用的50万平方米以上的大型居住区"。长白居住区全部建成并交付使用的消息还登上了次日《解放日报》和《文汇报》的头版显著位置。[17]

产学研相互激发和促进是高校设计院存在的价值和优势。同济设计院在20世纪60—80年代初所做住宅研究的主要贡献包括：第一，小面积独门独户住宅从研发到成为中国住宅标准堪称创举。此类户型从研究试建证明可行，后在同济新村建设时，作为住宅标准，再后来又变为上海市标准，并被不同地区采用，最后成为全国标准。第二，多层高密度住宅的研究，包括大进深小天井（有条式和点式）的大量推广建造，台阶式住宅的实验性试造。1982年，同济大学颁发了全校科研成果奖，同济设计院朱亚新荣获"住宅研究奖"。⑥

⑥同上。

这一历史时期，同济设计院对小面积城市住宅的实验也体现了建筑工程类教学生产的特征：以生产实践带动教学科研，用教学研究支撑设计创新。这些工程实验带着社会主义初期计划经济和技术限制的时代烙印，但其思考紧扣城市住宅设计的本质，迄今仍具有重要的参考价值。这些实验性规划和设计始终抱着实事求是的态度，对以前常规设计造成的问题进行反思，从里弄、旧公寓等城市住宅案例和真实生活中寻找创新的可能。一方面，紧抓城市住宅用地和面积指标的经济性；另一方面，也毫不放松满足居民的身心需求——室内、室外空间需适用，生活要体面。

参考文献

[1] 汪定曾. 关于上海市住宅区规划设计和住宅设计质量标准问题的探讨[J]. 建筑学报, 1959, (7): 13-16+39.

[2] 王玄通. 闵行一号路成街设计介绍[J]. 建筑学报, 1959, (7): 32-35.

[3] 张敕. 评闵行一条街[J]. 建筑学报, 1960, (4): 39.

[4] 上海市民用建筑设计院第二设计室. 上海张庙路大街的设计[J]. 建筑学报, 1960, (6): 1-4.

[5] 许汉辉, 黄富厢, 洪碧荣. 上海市闸北区蕃瓜弄改建规划设计介绍[J]. 建筑学报, 1964, (2): 20-22.

[6] 皋古平. 同济大学100年[M]. 上海: 同济大学出版社, 2007: 91-92.

[7] 张杰, 王韬. 社会主义计划经济时期的住宅发展(1949—1978)[M]//吕俊华, 彼得·罗, 张杰. 中国现代城市住宅1840—2000. 北京: 清华大学出版社, 2003: 105-170.

[8] 华揽洪. 北京幸福村街坊设计[J]. 建筑创作, 2013(2): 132-151. .

[9] 朱亚新. 缅怀先师吴景祥教授[M]//同济大学. 吴景祥纪念文集. 北京: 中国建筑工业出版社, 2012.

[10] 朱亚新. 住宅建筑标准和小面积住宅设计[J]. 建筑学报, 1962, (2): 27-31.

[11] 朱亚新. 当前住宅设计若干问题我见[J]. 同济大学学报(自然科学版), 1979, (4): 75-88.

[12] 朱亚新. 多功能铁木住宅家具[J]. 建筑学报, 1964, (8): 12-13.

[13] 曾坚(华东工业建筑设计院). 多功能家具设计[J]. 建筑学报, 1959, (6): 32-33.

[14] 吕克胜, 芦文光, 陈增弼. 几件新家具[J]. 建筑学报, 1964, (8): 44-45.

[15] 朱亚新. 台阶式住宅与灵活户型——多层高密度规划建筑设计的探讨[J]. 建筑学报, 1979, (3): 49-54+6.

[16] 陈运帷. 霍兰新村——实验性街坊的规划与建筑[J]. 同济大学学报, 1979, (4): 89-100.

[17] 叶传满, 钟勤. 梦想成真——同济人参与重大工程纪实[M]. 上海: 同济大学出版社, 1995.

花港茶室与"设计革命"

从1958年同济大学附设土建设计院正式成立以后到1966年前，半工半读是学生的常态，而半工半教是不少教师的常态。不少教师在春季学期带学生去现场"真题真做"毕业设计，其中最常合作的一个城市就是杭州。邀请同济建筑系师生去杭州设计的主要是当时主管园林的副市长余森文。据朱亚新回忆，余森文是在英国学习风景建筑学的第一代中国人，广东梅县人，是李国豪的老乡，[①]跟谭垣的太太也有亲戚关系，[②]因此对同济建筑系格外信任。他提出请同济师生参加西湖周围的规划和建筑的实际项目，由学生完成初步设计，施工图交给杭州设计院，学生也可以去设计院继续实习，参与施工图设计。在"文革"前后引起巨大风波的花港茶室其实就是开展西山规划时一个意料之外的项目。[③]

西山规划

1960—1965年间，同济大学建筑系部分青年教师半学期在设计院工作，半学期带领学生在现场开展毕业设计。据当时负责毕业设计指导的朱亚新和相关学生回忆，1962年毕业设计为孤山规划和西泠印社、楼外楼等建筑设计题目。[④] 1965年的毕业设计分成两队，分别前往四川自贡和浙江杭州。其中杭州的40余人由同济教师陈宗晖、朱亚新、刘仲等带队，杭州设计院也派出何振声、朱敏等建筑师协助，参与浙江旅馆的施工图预决算、冷库施工图、梅家坞规划方案等5个实践项目。[⑤]

20世纪五六十年代，杭州是接待外宾的重要旅游城市。因此，1957年举行了全国第一次公开建筑竞赛——华侨饭店。那一时期，菲律宾总统马可斯和柬埔寨的西哈努克亲王是中国的贵宾，两国与中国关系友好，国宾经常到杭州旅游，环游西湖。当时西湖景区缺乏公共厕所等配套设施，每次来访，菲律宾的马可斯夫人和柬埔寨的西哈努克亲王夫人内急时常需匆匆赶回下榻的宾馆，非常不便。因此杭州市政府决定在环湖游中间位置新建公共厕所，即"花港观鱼"的景点处。负责该项目的副市长余森文将这一任务交给同济设计院，并建议建造一个可以观景、饮茶、休憩的茶室兼厕所。

根据花港茶室另一位设计师刘仲的回忆，花港茶室一带本来就有一个竹棚茶室，叫翠雨厅，生意非常好，位置对着里西湖，对面是刘庄。后来因为毛泽东来杭州通常住在刘庄，出于安保原因，就准备拆除原来的竹棚，将茶厅移到小南湖这边，由此也可以串起从

① 2017年11月29日，华霞虹、王凯、王鑫、吴皎、李玮玉访谈刘仲，地点：刘仲家中。

② 王季卿、朱亚新访谈。

③ 同上。

④ 王季卿、朱亚新访谈。贾瑞云的回忆有所不同，她认为1962年最初开始的不是毕业设计，而是为1958—1964届学生的课程设计题目。

⑤ 1965届毕业生王凡琳与朱亚新通信回忆，2018年3月23日。

西湖到虎跑的旅游路线。⑥

⑥ 刘仲访谈。

1960年2月5日，同济大学公布了新的组织机构和人事安排，成立同济大学设计院及其院务委员会，任命结构系主任王达时为院务委员会主任，原（附设）土建设计院院长吴景祥和副院长唐云祥任院务委员会副主任。⑦其余成员包括：周简、李德华、庄秉权、王吉螽、朱伯龙、史祥周、贾瑞云和曹善华。⑧设计院下设办公室、技术和资料室，以及5个设计室，分别负责综合、工业、民用、规划和设备设计。从第一至第五设计室正、副主任分别为陆轸、庄秉权与俞载道、王吉螽与曹敬康、史祝堂、李德华和李鹏飞。技术和资料室由朱伯龙和张志平负责。朱亚新分配在王吉螽负责的民用建筑设计室，1962年春起，担任花港茶室的工程负责人。在两年后完成的施工图上，除了王吉螽和朱亚新，签字的还有院长冯纪忠、工种负责人刘仲和参与制图的黄仁、李铮生等。

⑦ 1961年，免去王达时职务，任命吴景祥为同济大学设计院院长。

⑧《同济大学60人字号第231号通知》，同济大学档案馆馆藏，档案号：2-1960-XZ-4.0012。

起先，朱亚新按照一般茶室的功能，设计了茶厅、服务的小厨房和"讲究的公共厕所"。当时，全国景区都在兴建这类带有景观小品性质的高标准公共厕所，从之江大学合并至同济建筑系任教的青年助教李正曾在苏州、无锡等地"设计成套与地方住宅造型风格匹配的景点式的公共厕所"。⑨

⑨ 同⑧

花港茶室的大棚和流动空间

在"设计革命"和"文革"中屡受批判的并非朱亚新设计的中规中矩的花港茶室，而是冯纪忠修改后采用不等坡屋顶和流动空间的茶室。在开始花港茶室工程的1962年，同济大学重新恢复建筑系，建筑学专业由建筑工程系分出，冯纪忠任系主任，黄作燊任副系主任，唐云祥任党总支书记。[1] 两年后，冯纪忠又被任命为同济大学设计院院长，唐云祥和王吉螽任副院长。

从教学和学术上来看，在1952年院系合并时，冯纪忠最初三年被分配在金经昌负责的城市规划教研室，直到1955年底被任命为建筑系主任，教学和研究的重点才从城市规划转向建筑学。1956年，他在北京"修订建筑专业教育计划会议"上提出有收有放的"花瓶式教学模式"，并开始酝酿"建筑空间原理"教学提纲。1960年，冯纪忠正式提出"建筑空间组合原理"，并开始在这一思想系统下组织相应的教学实践，主持编写《建筑设计原理》的教材。[2]257-261

正是因为建筑系和设计院领导的身份和当时正在开展的空间原理探索，冯纪忠对花港茶室项目颇感兴趣。上完课后经常"跑到朱亚新绘图桌边指导修改方案"，他提出了"流动空间"的概念，认为"茶

◎上图　1964年花港茶室方案模型（来源:《累土集——同济大学建筑设计研究院五十周年纪念文集》,丁洁民主编,中国建筑工业出版社,2008）

◎中图　1964年6月绘制,花港茶室施工图底层平面（来源:同济设计集团）

◎下图　1964年6月绘制,花港茶室施工图绿化种植（局部）（来源:同济设计集团）

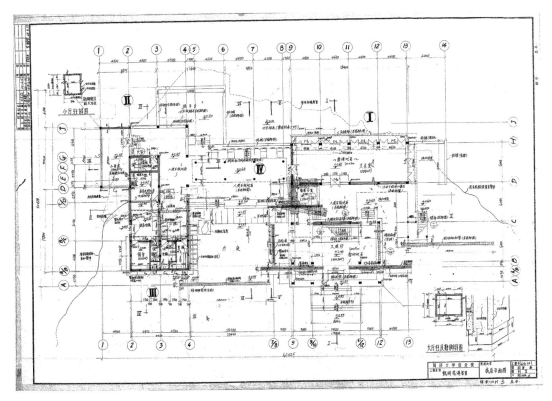

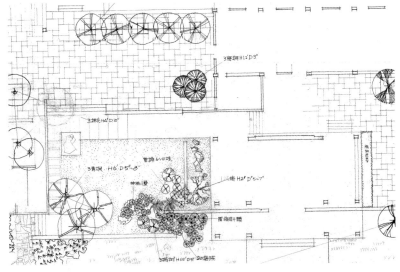

室设计应打破分间式的传统设计手法"。朱亚新感觉修改得"很有道理"，就"照办绘制，並（并）加以深化"。"室主任王吉螽也很喜欢流动空间的想法，经常来参加议论"。⑩

⑩ 同②

　　从现存的 1964 年 6 月完成的第一次施工图纸和模型照片来看，约 820 平方米的花港茶室主要分成两组体量，南侧为开敞的大进厅和茶厅，北侧为封闭的服务用房，包括备茶间与开水房、宿舍和厕所，以及二层的接待室。两组体量形成大小两个不等坡的屋顶，之间通过内庭院和敞廊连接。与立面上看似传统的坡屋顶形成对比的是平面上通过直墙穿插形成的流动空间，柱子与墙体刻意脱开，墙体顶部覆以瓦顶，形成独立元素，与屋顶也脱开。最引人注意的是主体部分的不等坡大棚，西向入口一侧坡顶压低，中间屋面破开，形成一个上抬的小坡屋顶，作为入口，东侧则覆盖两层高的茶厅。朝东悬挑于水面上的茶厅为上下两层，下层临水设美人靠，二楼茶室为一开敞平台，部分为大屋顶覆盖，部分向南伸出，由一个室外楼梯顺级而下，可以走到水边。大进厅与二层茶室之间通过一道镂空栏杆的直跑楼梯联系。人流可以顺着长坡屋顶的趋向直达二楼，上下空间流通，处于同一大棚之下。底层的大小平台朝向水面逐渐跌落，直线形的墙体和二层平台穿插在屋顶内外，使室内外空间得以延伸和流通。这一版施工图不仅对建筑的空间和细部，包括山墙博风板、用于山花部分的镂空陶砖、木门窗等都进行了精心的设计，还仔细配置了周边的绿化种植，沿湖为成行的垂柳，服务用房外有高大的青桐和广玉兰遮蔽，中间内院则为腊梅、槭树等有形有色有味的季节性景观树种。

　　根据花港茶室项目的工种负责人刘仲介绍，冯纪忠当时"非常投入"，每天一大早到办公室，"一面看图一面吃油条"。在刘仲看来，冯纪忠提出要再做一个"大棚"应该是受到原来"翠雨厅"茶室形式的影响。⑪ 不过据冯纪忠自己回忆，花港茶室的大棚意象来自"叔叔结婚时的大篷，到处挂满大红喜帐，很热闹，对土地很亲和。中国的东西亲和土地，都是往下'沉'的。"[2]168虽然没有明确提到像密斯的巴塞罗那馆这样的现代建筑案例，但是冯纪忠强调要设计成"流动空间"，并且主张"组织风景"，既考虑从茶室向外看的景观，也考虑从外部不同的角度观看茶室的景观效果，建筑本身构成"点景"。青年教师刘仲当时下放在设计院工作，一起绘制了花港茶室的建筑图纸并制作了模型，总图则由另一位建筑系的青年教师黄仁绘制，结构设计为汤葆年和路佳，室主任俞载道签字，制图人还包括方篪。⑫

⑪ 刘仲访谈。

⑫ 同济设计院图档室保存图纸签字信息。

除了视线引导的原理，包括向上向远看山，屋顶压低向下可看水以外，据当时也参与设计小组讨论的贾瑞云回忆，冯纪忠还试图引用当时大家都耳熟能详的说法来指导设计，比如用"围而不合，封而不闭"来说明流动空间的设计原理。⑬ 1964年6月12日，经冯纪忠修改的"花港茶室"完成设计图纸后就开始施工，到年底，结构封顶。

⑬ 贾瑞云回忆。

建筑界的"早春二月"

1964年，电影《早春二月》《舞台姐妹》等遭到全国性的批判，被定性为"大毒草"，即"与建国后的主流意识形态不符，具有资产阶级小资产阶级性质的，思想上被认为是负面消极和反动的文艺作品"。而冯纪忠设计的花港茶室则被批判为"建筑系的早春二月"。批判文章写道："建筑系反动学术'权威'冯纪忠，煞费苦心为杭州西山公园设计了一个臭名昭著的花港观鱼茶室。其外形令人吃惊，革命群众痛斥为土地庙、祠堂、地主庄园、衙门的'四不像'怪物。当人们进去一看，更是光怪陆离；钢筋混凝土的柱子和墙是脱空的，室内像个车间、库棚，其中还有一些虚假的装饰，新奇的吊灯，资产阶级夜总会式的照明，封建复古的石狮等等，可说是专为资产阶级少爷小姐服务，为资本主义复辟鸣锣开道的产物。"[3]40

⑭《党委关于建筑系从设计革命化入手达到教育革命的初步打算》，同济大学档案馆馆藏，档案号：2-1965-DW-8.0002。

对花港茶室的批判事实上也是全国建筑界开展的"设计革命化"运动的一部分。1965年1月14日，校党委派工作组进驻建筑系，发动学生"大鸣、大放、大字报"。⑭这就是继1958年第一次"火烧文远楼"导致建筑系被撤销后的第二次"火烧文远楼"。[1]部分杭州代表认为"同济占了杭州的地盘"，因此"放火"道："花港茶室的设计更改了西湖地区的建筑风貌。"因为"西湖地区的建筑都是四落水（四坡

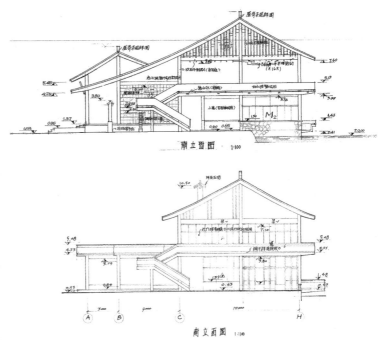

◎上图 1964年6月绘制花港茶室南立面（来源：同济设计集团）
◎下图 1965年7月修改后花港茶室的南立面（来源：同济设计集团）

顶），没有两落水（双坡顶）的。如此大型的娱乐性建筑被设计成'灶坡间'的样子"。还指出"镂空的楼梯，穿裙子的女同志的短裤要被人看见"。⑮

⑮ 同②

"设计革命"的极左批判并不仅限于花港茶室，还有冯纪忠的"空间原理"，认为"脱离阶级斗争""违背党的建筑方针"。1963年谭垣在学术报告中提出"尺度巨大并不一定伟大"的说法，被批判为污蔑攻击"十大工程"。陈从周和罗小未的建筑历史课被认为是宣扬封建主义、资本主义，是"明显有毒的课"。受批判的还有金经昌、刘旭沧的个人摄影作品。"党委某领导下令毁掉美术教研室的石膏像，认为这些是罗马暴君的形象，提出要画工农兵。"[1] 当时建筑工程部部长刘秀峰的讲话也遭到批判，认为是取消了阶级斗争，因此被撤销所有职务，下放劳动。委托同济设计花港茶室的余森文也已"靠边"。⑯

⑯ 同上。

花港茶室的改造和建筑师的劳动

杭州新上任的领导要求修改设计，有人提议把主体屋顶下端敲掉。⑰ 1965年3月5日，由王吉螽、朱亚新、刘仲、王宗瑗、朱保良一起修改绘制了最后一版施工图。茶室的主体空间被改造成一个东西对称双坡顶的设计，拉长的坡顶、空间下的自由穿插的墙体和平台均已去除，水平的天花改造成几近正方的藻井。轻巧镂空的金属栏杆改为传统回文的木制栏杆，原本为变截面的落地门窗改为标准的造型，原来半开敞的茶厅四周全部封闭起来。

⑰ 刘仲访谈。

朱亚新、刘仲和路佳被叫到现场，跟工人一起把已经造好的60~80厘米高的钢筋混凝土大梁敲掉，把不等坡的双坡顶改为完全对称的双坡顶，栏杆四面贯通，楼梯外移，还增加了鱼纹装饰的美人靠。刘仲和结构设计师路佳与工人同住男工宿舍，朱亚新则住在楼梯间下面的小房间。⑱

⑱ 同②

冯纪忠被指责"设计的流动空间没有考虑到茶室工作人员来回加茶水的距离太远"，因此被安排到杭州西泠印社、柳浪闻莺和平湖秋月3个茶室帮人家冲茶、扫地。而花港茶室的施工和改造都不许他参与。[2]59-60 那时候"冯纪忠患有严重脚疾"⑲，只能一瘸一拐地劳动。不过令其他人诧异的是，冯纪忠"冲茶冲得也很自然"，还在冲藕粉时研究"茶壶"的形式和"空间原理"，[2]168-172 后来还在教学中传授"茶壶空间原理。"这或许也是在一次次遭遇政治运动批判和巨大身心冲击时，冯纪忠先生都能乐观度过的原因。

⑲ 王季卿、朱亚新访谈。

今天的花港茶室依旧存在，却早已没有当初空间与形式创新、

◎左图 2004年何陋轩全景（来源：柳亦春拍摄）
◎右图 1989年何陋轩弧墙与新月形屋脊（来源：龙永龄拍摄）

风景组织理念的踪影。所幸花港茶室的主要形式语言，包括控制空间的大棚屋顶、与屋顶脱开的自由墙体、不同标高的平台以及与室内外的穿插、压低檐口引导视线等，都在20余年后松江方塔园的茶室"何陋轩"（1986年）的设计中得到延续和发展，材料建构、空间手法和意境营造臻于成熟和完美。

参考文献

[1] 董鉴泓,钱锋.建筑与城市规划学院50年大事记[M]//同济大学建筑与城市规划学院.同济大学建筑与城市规划学院五十周年纪念文集.上海:上海科学技术出版社,2002.
[2] 冯纪忠.建筑人生:冯纪忠自述[M].北京:东方出版社,2010.
[3] 赵冰,冯叶,刘小虎.与古为新之路——冯纪忠作品研究[C].北京:中国建筑工业出版社,2015.

1966
——
1977

教学设计施工
三结合

"五七公社"设计组

  1966年2月，同济大学设计院并入建筑工程系，改名为建筑设计室。夏季，"文化大革命"全面发动后，设计室也停止了工作。但同济设计院等机构通过多年实践，建立和完善的教学生产一体化模式结合当时的形势，进一步发展成为教学、设计、施工"三结合"的教育革命模式——"五七公社"。在"五七公社"模式的框架下，为建设"小三线"，由同济教师、华东工业建筑设计院（以下简称"华东院"）工程设计人员和上海市第二建筑工程公司（以下简称"上海二建"）工人组成的"五七公社设计组"可以被视为同济设计院一种变相的延续。理由有二：第一，"五七公社设计组"也涉及师生参与真实工程设计和劳动，延续了半工半教、半工半读的传统；第二，"五七公社设计组"的教师返校后不再从教，而是成为后来五七公社设计室（1974年）、同济大学建筑设计室（1977年）、同济大学建筑设计院（1978年）和同济大学建筑设计研究院（1979年）的工程师和管理者。

  最初提出"三结合"办学设想的是建筑系的"东风战斗组"，时间是在1967年春夏之交。7月，建筑工程系、建筑系和建筑材料系几十名师生为响应"复课闹革命"的号召，又组织了"三位一体"的教改方案串联会，进一步提出教学、设计、施工"三结合"的设想。8月中旬，校革委会向上海市革委会提出"教育与生产劳动相结合"，"依靠工人教员"，"把学校办成既是教学单位，又是施工单位，又是设计部门"的"三结合"教改试点方案。同济大学将这个试点单位命名为"五七公社"，表示这是按照毛泽东的"五七指示"，即要求学生"不但要学文，也要学工、学农、学军，也要批判资产阶级。学制要缩短，教育要革命"而开展的实践。①

  "五七公社"是同济的一个系，最初成立时设两个专业：房屋建筑和工业与建筑材料。1967年10月9日，经上海市革委会批准教学改革方案后，改为三个专业：工业与民用建筑专业（原房屋建筑专业）、建筑学专业和城市规划专业。专业目标是培养建筑工程方面的技术干部，由三家单位"三结合"共同领导，实行军事编制，按专业设专业连队，完全打破原有的教学体制。在教学组织上，废除了原来的教研室，建立由工人、师生代表和设计人员组成的"三结合"教师队伍，其中工人教员是核心和领导。原建筑系的19位老师，包括城市规划的金经昌和李德华，民用建筑的吴景祥、谭垣、冯纪忠、黄作燊、王吉螽、傅信祁和顾善德，工业建筑的黄家骅和庄秉权，设计基础的朱宝华，建筑历史的陈从周和罗小未，美术的陈盛铎、

① 1966年5月7日，毛泽东在看了解放军后勤部《关于进一步搞好部队农副业生产的报告》后，给林彪写了一封信，这封信后来被称为"五七指示"。8天后，中共中央印发了"五七指示"，其中要求学生"不但要学文，也要学工、学农、学军，也要批判资产阶级。学制要缩短，教育要革命""资产阶级统治我们学校的现象再也不能继续下去了"。

樊明体、蒋玄怡、朱膺和王秋野，制图的黄钟琏和建工系的李寿康、曹敬康、王达时、俞载道、朱伯龙、成莹犀共8位老师，分别担任"五七公社"的正副教授。

毛泽东于1968年7月21日在《关于上海机床厂培养工程技术人员报告》上的批示"理工科大学还要办，但学制要缩短，教育要革命，要无产阶级政治挂帅，要从有实践经验的工人农民中间选拔学生，到校学几年后，又回到生产实践中去"。这一"七·二一指示"为同济大学"五七公社"指明了办学方向。"五七公社"学生主要从政治思想好、历史背景清楚、斗争觉悟高，有4年以上实践经验，初中毕业或相当于初中毕业以上文化程度的建筑工人中招收，年龄一般在35岁以下，待遇由原单位负责。在校学习三年，具体分成四个阶段：第一阶段约四五个月，是在工地结合一个"典型工程"（规模较大，较重要，具有代表性的类型项目）进行全过程的教学活动；第二阶段约10个月，主要结合结构为混合结构的"典型工程"进行系统的理论教学；第三个阶段约10个月，主要学习工业厂房和多层房屋的设计与施工；第四阶段五六个月，主要参加施工现场的管理实践和进行科学研究。整个学习过程，理论教学占70%，实践活动占30%。同时学员需要参加学校组织的学军、学工和学农。

同济大学"五七公社"的教学改革曾得到大量关注和充分肯定，并成为全国典型。1969年11月，同济大学"五七公社"两周年之际，新华社上海分社、《文汇报》《解放日报》等以"社会主义工科大学的雏形——同济大学'五七'公社教育革命试点调查报告"为题，对这种新型的教学、设计、施工三结合，结合"典型工程"进行教学的崭新教学方法、新专业、新课程、新教材——面向三大革命运动所建立的新体系进行重点报道和充分肯定。[1] 1971年7月，《文汇报》还对"一批新型的大学毕业生"，即同济大学工人训练班进行了专题报道。[2] 但这种极左的思潮也导致大量干部和教师被遣送到"五七干校"劳动、"轮训"，甚至"被批斗"，

◎ 1970年，在"五七干校"劳动的教师，利用休息时间集体合唱自娱自乐（来源：《累土集——同济大学建筑设计研究院五十周年纪念文集》，丁洁民主编，中国建筑工业出版社，2008）

错失了人生和事业本应风华正茂的时机。

20世纪60年代初，因为国际环境恶化，同时受到美、苏两个超级大国的威胁，毛泽东在1964年6月的中央工作会议上提出了建设"三线"工业基地的备战设想。所谓一、二、三线是按照中国地理区域划分的。从沿海、中部到西部地区，分为"一线""二线"和"三线"。其中"三线"最为复杂，有大小三线之分。"大三线"又进一步分为南北两部分。西南"三线"包括云、贵、川三省全部或大部分，以及湘西、鄂西地区。西北"三线"包括陕、甘、宁、青四省（区）的全部或大部分，以及豫西、晋西地区。而"小三线"主要指中部及沿海地区各省区的腹地。上海的"小三线"是隶属于上海的，在安徽南部和浙江西部山区建设起来的综合配套的后方工业基地，主要用于生产反坦克武器和高射武器。

1969年9月开始，为了建设位于皖南贵池县（今安徽省池州市贵池区）的上海"小三线"② [3]143，除了"五七公社"四大队在上海施工现场外，所有学生都先后进驻山区建设现场，结合"典型工程"进行教学。系统化的基础理论教学被彻底否定，广大师生超过一半时间都和工人"结合"在一起，一边参加生产劳动，一边开展群众性的教材编写和科学研究，举办各种类型的工人业余培训班。"五七公社"基地管理严格，老师只有寒暑假才能回上海探亲。

在大批学生派驻现场的前一个月，还有一个先期成立的小分队，那就是由10名教师、4名学生、从华东院抽调的13名设计人员，以及从上海二建抽调的12名技术工人组成"三结合"的"五七公社设计组"。1971年初，同济大学撤销建筑工程系、建筑系建制，并入"五七公社"。1972年2月设计组撤回同济校园时，部分教师不再回系里教学，而是留在当时的"文革楼"（即文远楼）办公，成为专职的设计人员。1974年3月，"五七公社设计组"更名为"五七公社设计室"；1977年11月又更名为同济大学建筑设计室，归属建工系。1978年1月7日，恢复同济大学设计院名称，同建工系脱钩。因此，无论从人员还是机构沿革上来看，1969年8月成立的"五七公社设计组"，都属于同济设计院历史的特殊部分。从"五七公社"的组织结构来看，"五七公社设计组"就是一个典型"三结合"教学生产小分队。

事实上，早在1969年6月5日，包括建工局、上海第五建筑公司、上海第七建筑公司、华东院和同济大学等7家单位"讨论五七公社问题"的联席会议中，各方代表就谈到了组织人员前往建设小三线的事宜。③会议指出，"五七公社"需要担负"教育革命"和"支

② 上海"小三线"和外省市"小三线"和"大三线"的不同是，上海的"小三线"行政隶属关系是上海市的，等于上海在外地建立的工业区，为上海的战备服务。从1965年选点筹建开始，到1988年调整结束，历时24年，上海"小三线"逐渐发展成为全国各省市"小三线"中门类最全，人口最多，规模最大的一个以军工生产为主的综合性的后方工业基地。

③《一办市工交组建工局五公司二公司华东设计院同济大学各方联席会议》，同济大学档案馆馆藏，档案号：2-1969-DW-2.006。

援三线"两副重担。几方争论的焦点包括应去支援"贵池一汽"还是"南京梅街"。南京项目包括"7个厂，35万平方米建筑面积""全部是装配式的"，因为"山大人少"，而且"需要开山劈山"，第二年就要出钢，所以"困难大"，大部分代表支持去贵池。华东院代表相当于革委会主任，表示"支持五七公社教改"，因为这不仅是"教育革命"，也是"设计革命"。但因为设计院"有140多万平方米的设计任务"，且"国防任务多"，因此力量只能集中在"大三线"，但支持去建设贵池。"五七公社设计组"代表徐灿华表示最多能从设计组全部27人中抽出15人去贵池，但"负责150人有困难"。会议总结决定，"学校分配一些教师，在接受再教育的前提下参加设计工作"。"以华东院为主，吸收规划院参加""与工人相结合"开展设计和三线建设。

因为参与"五七公社设计组"而从教师转变为专职设计师的，好多后来都成为设计院的管理和技术负责人，比如暖通工程师姚大镒。姚大镒在1984—1992年间曾担任同济设计院副院长，被选入设计组时还是一位青年教师。他1960年毕业后留校，1969年时正在机电系任教。根据他的回忆，那年8月份正在学校实习工厂劳动，生产通风机时，有一天，领导通知他去学校"五七公社设计组"报道，准备参加皖南山区小三线建设。当时的形势下，没有人敢违抗组织安排。根据姚大镒回忆，五七公社设计组在安徽时期的部分人员名单包括：9（或10）名同济教师，建筑为詹可生和周友章、结构黄翰仁、地质胡德富、给排水吴桢东、暖通姚大镒、电气叶宗乾，还另有一位结构老师和一位规划老师；9名华东院工程师：建筑蔡镇钰和金至宏、结构陆苗元、电气徐仁光、暖通黄圣国、动力陈芳森，还另有两位结构工程师和一位给排水工程师；4名同济学生分别是：陈裕周、全宏学、苏友春和胡周生；以及上海二建工人汤冬根等六七人。[④]

到五七公社报道后，设计小组的成员"先集中进行保密条例学习，然后到上海有关工厂参观生产工艺，收集相关设计资料，做好进山前的准备工作"。直到10月份，设计组才离开上海，"带着铺盖和必要的设计资料和工具"，先坐船又坐汽车，才辗转抵达离贵池还有100多公里的工地现场——当时"只有三户农家的毛竹坑"。[4]

"五七钢铁连"

"五七公社"期间前往上海周边开展设计的另一支队伍有一个响亮的名号——"五七钢铁连"，是由当时在同济大学建筑系的工宣队分别带着两队师生前往南京梅山炼钢厂开展实践。梅山也是上海的"小三线"，梅山炼钢厂当时被称为"9424"工程（1969—1971），

④ 2018年3月4日姚大镒回忆五七公社设计组在安徽时期的人员名单，部分因为年代久远未能列出姓名。

珍宝岛事件之后为了与"苏联修正主义"抗衡，因地处长江边，水运价廉，梅山被作为上海十个钢厂的原料生铁来源地。"9424"工程由多家设计单位参与，其中生活区第一任设计总负责是（当时还在华东院任建筑师，1983至1992年出任上海市副市长的）倪天增。[5]

　　与"五七公社设计组"由教学设计施工"三结合"单位人员混合组成不同，"五七钢铁连"系由同济大学建筑系和建工系师生发起，在"教育革命"的名义下，得到工宣队同意并由工宣队带领前往梅山开展的。因为比起终日在学校搞政治大批判，大家更想做点实际工程学习。1969—1970年，在与梅山钢铁厂指挥部联系并获得同意后，两组人马分头前往梅山，一组由工宣队王连生（原上钢一厂工人）领头，建筑系教师刘佐鸿、陈寿宜和结构系教师俞载道、许

◎ 1969 年，南京市市郊板桥 9424 工程大型钢铁厂，同济大学以"五七钢铁连"之名率领当时 71 届学生参加现场实习（来源：陆凤翔提供）从左到右：邓述平、王明辉（同济 1971 届毕业生）、陆凤翔

哲明带领建筑系八九位学生，他们主要负责精苯工段，由于当时是新建厂，现场是一片空地，因此要求从规划开始，几幢厂房和附属设施一起设计。师生们在现场同吃同住同设计并同参加施工劳动。学生们在教师指导下边学习边设计，工作不分建筑和结构，被称为"一竿子到底"；在另一位工宣队负责人的领导下，建筑系教师何义方（系革委会成员）、陆凤翔、邓述平和建工系的十多名师生，他们主要负责炼焦厂部分的设计。"五七钢铁连"以两个排的方式分散在"9424"工程的两个片区开展教学和设计，直到1971年返回上海高桥化工厂时才合并起来。在"皖南小三线"的"五七公社"师生和"五七公社设计组"也陆续撤回上海。⑤

⑤ 2018年8月6日，华霞虹对刘佐鸿电话访谈。

参考文献

[1] 社会主义工科大学的雏型——同济大学"五七"公社教育革命试点调查报告[N].
     文汇报,1969-11-08(1).

[2] 一批新型的大学毕业生——访同济大学"五七"公社房屋建筑专业试点班工农学
     员[N]. 文汇报,1971-07-06(2).

[3] 中共上海市委党史研究室,上海市现代上海研究中心. 小三线建设[M]. 上海:上
     海教育出版社,2013:143.

[4] 姚大镒."五七公社设计组"始末[M]//丁洁民. 累土集:同济大学设计研究院五十
     周年纪念文集. 北京:中国建筑工业出版社,2008.

[5] 华东建筑设计研究总院和《时代建筑》杂志编辑部. 悠远的回声:汉口路壹伍壹号
     [M]. 上海:同济大学出版社,2016.

皖南"小三线"

1966年，"文化大革命"开始后，同济大学的教学、科研都处于停顿状态，刚刚并入建工系的建筑设计室被迫解散。三年后，由城市规划、建筑工程和建筑材料等专业的部分师生、华东院部分设计人员以及上海二建技术工人组成的"五七公社设计组"，开赴安徽贵池"小三线"，参加胜利机械厂的厂房和职工住宅的设计。该项目为生产军用大炮的兵工厂，共有26个子项。同期设计的还有梅街医院传染病病房等。[1]1833-1853

因为"小三线"涉及在山区进行备战基地建设，提出用"五七公社"模式进行"教育革命"的同济大学"三结合"领导班子觉得这和同济大学的改革方向正好一致，同济大学"开门办学"方向不应该在城市，而应该在山沟。[2]77于是皖南贵池"小三线"的建设工地，成为同济大学"五七公社"师生结合"典型工程"进行"三结合"教学，"接受再教育"的理想课堂。

在2008年出版的同济大学建筑设计研究院50周年纪念文集《累土集》中，曾担任设计院常务副院长和总工程师的姚大镒撰写了《"五七公社设计组"始末》[3]，生动地介绍了这一段鲜为人知的艰辛历史。在设计院60周年院史研究的专访，以及同济大学校史馆主持的校庆110周年专访中，姚大镒又补充了一些细节。

1969年国庆过后，"五七公社设计组"一起前往贵池"上海胜利机械厂"所在地：毛竹坑①。大家"带着铺盖和必要的设计资料及工具，先乘船沿长江而上，经南京、芜湖、铜陵到安徽贵池，再乘汽车进山"。[3]贵池"小三线"的工厂主要生产的是"85"高炮，很多图纸是在中苏产生分歧前由苏联提供的。上海胜利机械厂是上海"小三线"中最大的工厂之一，最多时职工达8 000余人。[4]胜利机械厂实际上是高炮的总装厂，工艺设计由上海的一机部第二设计院负责，同济大学的"五七公社设计组"主要按照他们布置的生产工艺设计厂房。在"毛竹坑"工作的，除了设计组，还有教学组和施工组。上海二建的205、207工程队都在贵池施工过。②

在设计组抵达贵池时，工程先遣队已经建好简易的工棚和食堂。但是"工作条件非常简陋，绘图桌是木架上放一块图板，绘图工具是鸭嘴笔、小钢笔、比例尺、圆规、一字尺和三角板，那时图纸线条是用鸭嘴笔画的，图面文字是用小钢笔写的仿宋体，计算工具是计算尺，这就是当时普遍使用的设计工具，由于都是手工操作，因此工作效率很低"。[3]

① 今池州市贵池区棠溪镇百安村新发组。

② 2017年5月9日，华霞虹、王鑫、吴皎、李玮玉访谈姚大镒、周伟民、范舍金，地点：同济设计集团一层会议室。

胜利机械厂有六七个大车间，还有动力站房和生活区。因为工程性质特殊，领导要求边设计边施工。由于工期紧张，大家需要日夜加班。由于电网尚未建成，依靠的是工地自发电，在晚上9点时就会停电。大家"只能靠煤油灯和蜡烛照明，真是地地道道的挑灯夜战"。更头痛的是，"建设单位的头头都是工人造反派，工艺经常改动"，大家只好跟着工艺修改把手绘图纸重画一遍。为了避免出现太大的返工量，大家"基本都是使用2＃图纸"，"很少使用1＃图纸"。尽管如此，设计组依旧"非常重视设计质量，要求大家严格执行设计程序，首先是了解工艺和熟悉建设基地，设计过程中，各专业之间要以书面方式互提资料，最后必须通过校对、审核和相关专业会签才能正式出图"。[3]

不过因为山区条件很艰苦，冬天"气温很低，经常是大雪封山，室内虽有火炉取暖"，但简易工棚内的温度仍然较低，"不少人的手都生了冻疮"。夏天"白天气温很高，经常是汗流浃背。绘图时还要避免汗水滴在图纸上，只有画几笔，擦一擦汗，而且山区还有一种小黑虫，被咬后很痒；晚上虽然气温比白天低些，但山区的蚊子咬人很厉害，因此工作效率很低"。[3]

"小三线"现场的生活很枯燥。工地广播"主要是播送新闻和通知，文艺广播除了语录歌就是样板戏。平时的室内娱乐主要是下棋和打扑克，周日的室外活动只有爬山，对健身有好处""无论设计任务是忙还是闲，每周的政治学习是雷打不动"。为了避免被打小报告受批判，大家精神压力很大，不敢随便说话。设计人员除每年两周探亲假外，不能"私自外出"。

经过一年多的日夜奋战，"五七公社设计组"基本完成了设计任务。五七公社的领导就安排他们"参加工程施工，到自己设计的工地去劳动"。姚大镒被安排到自己设计的厂区室外动力管网工地跟班劳动，"从管线定位测量到安装施工，最后试压验收，参加了设计、施工、验收全过程"。[3] 比如山区的动力管道，因为标高不一样，施工、放样比较困难。设计人员辅导施工的效果就比较理想。设计管道的姚大镒"会画好所有标高，在施工过程中，对照图纸上有哪些地方需要安装管道，先定好管道支架的位置，工人们再去施工。在施工过程中，要是出现了什么困难要调节，就再帮助他们进行调整"。③ 所以"虽然劳动很累，但还是有一些收获，为今后的设计积累了实践知识"。[3]

在另一次访谈中，姚大镒还介绍了"五七公社设计组"教学、设计、施工三结合的分工。华东工业设计院包括建筑、结构、水、暖、电，

③ 2017年5月9日，华霞虹、吴皎访谈姚大镒，地点：锦西路姚大镒家中。

工种很全。上海二建的工人主要是画施工图，因为他们这些施工员对施工的构造节点十分熟悉，会画大样图、放样图，还有建筑结构的节点。[4]

之所以没有用原来设计院的设计人员，而是在教师中重新抽调人员组成新的设计组，姚大镒解释说，因为要参加"小三线"建设，需要通过严格的政审，需要跟学校签署保密协议，并交到上海市去审批。

最初说是从机电系教研室"暂借三年"进入"五七公社设计组"的姚大镒，回上海后未能再返回教学岗位，而是成为专职工程技术人员。跟他一起被派入"五七公社设计组"，后来进入"五七公社设计室"，最后成为同济设计院资深设计师的还有电气工程师叶宗乾和给排水工程师吴桢东。[5]

学员因为没有专业知识，很多技术活插不上手，每周去工地劳动不算多，主要做的是平整土地、筛沙子等。

1971年夏天，"五七公社设计组"还"承接了梅街的三线医院传染病房的设计。该工程的建筑结构设计由五七公社教材组教师参加"，设计组主要进行了设备工种设计。"由于工程规模不大，经过近两个月的努力，圆满完成了设计任务。"[6] 除了参加上海周边省市的"小三线"建设，1968年2月，同济大学另有六七、六九届学生和年轻助教一起前往贵州高原"三线"，在工人师傅的指导下，开展理论联系实际的"现场设计"。[7]

跟其他单位一样，在"文革"期间，同济大学干部（包括教师）大多被下放劳动，地点除了当时的南汇县新港东海农场外，还有黑龙江、吉林、南京梅山等地。原建筑系总支书记、设计院副院长唐云祥1967年带领六九届中学毕业生去黑龙江插队落户，三年后因为严重眼疾才回到上海。[8] 1970年6月，还在安徽歙县红卫农场建起了"五七干校"，每年两批对教师干部进行"轮训"。参加"轮训"的干部教师按照部队编组，开会学习，批斗"牛鬼蛇神"，从事繁重的体力劳动。[9] 从1970年到1975年，同济大学累计有1000多名干部教师在此"五七干校"接受"轮训"。

"五七公社设计组"结束了安徽贵池"小三线"工程，又在上海二建207工程队驻地办公数月。当时受"极左"思潮的影响，强调知识分子同工人、学生同吃、同住、同劳动，设计人员的生活和人身受到严格管制，节假日也不得回家。1972年2月，"五七公社设计组"成员回到同济大学当时还叫"文革楼"的文远楼办公。[1]1833-1853 那年夏天，当时"留在学校跟着江景波同志挖防空洞"的吴庐生被设

④ 同③

⑤ 同上。

⑥ 同上。

⑦ 《同济大学支援某某工程设计小组小结》，同济大学档案馆馆藏档案，档案号：2-1969-DW-23.0009。

⑧ 唐云祥访谈。

⑨ 《关于同济大学干部（包括教师）下放劳动的报告（1968.10.22）》，同济大学档案馆馆藏，档案号：2-1968-DW-11。

院的副院长陆轸正式调到设计院，"告别了以教书为主的前20年，走向以工程设计为主的后35年"。[5] "文革" 后期重组设计院最初的员工包括：两位建筑师陆轸和吴庐生，结构工程师陶广仁，给排水工程师吴桢东和暖通工程师姚大镒，还有1974年8月起担任副主任的吴景祥。后来又进了暖通的李蔼华，电气的叶宗乾。⑩ 虽然只有七八个人干工程，但工种齐全。不过跟1958年3月设计院刚成立的"大跃进"时期，由"大教授当室主任""几乎建筑系、建工系的全体成员"都参加设计院工作的空前盛况已不能同日而语。

⑩ 人员除吴景祥来自《吴景祥纪念文集》所载生平（209页）外，均出自：吴庐生，《忆往昔设计院居无定所的岁月》。

◎ 1971年，"五七公社"设计组教师们离开安徽回沪（来源：《累土集——同济大学建筑设计研究院五十周年纪念文集》，丁洁民主编，中国建筑工业出版社，2008）

参考文献

[1] 《同济大学百年志》编纂委员会.同济大学百年志(1907—2007)[M].上海:同济大学出版社,2007.

[2] 同济大学党史大事记编写组.同济大学党史大事记(1949—2000)[M].上海:同济大学出版社,2002.

[3] 姚大镒."五七公社设计组"始末[M]//丁洁民.累土集:同济大学设计研究院五十周年纪念文集.北京:中国建筑工业出版社,2008.

[4] 陈保胜.美丽人生[M].长春:吉林大学出版社,2014.

[5] 吴庐生.忆往昔设计院居无定所的岁月[M]//载丁洁民.累土集:同济大学设计研究院五十周年纪念文集.北京:中国建筑工业出版社,2008.

"典型工程"与"五七公社"教材

"文革"开始后，设计院停止工作。在完成"小三线"建设后回到校园的"五七公社设计组"一定程度上延续了教学、生产一体化的模式。而通过调研实际案例、组织类型建筑研究和编写教材的做法在1979年成立同济大学建筑设计研究院后又延续了近十年。

1971—1974年，设计组（室）的主要任务是配合学生的"典型工程"设计，其中建筑和结构专业是辅导学生做设计或者接手完善学生的设计，使之可以用于施工，设备专业则是配合完成各项目的水暖电专业的施工图。期间完成的设计项目29项，其中工业建筑占了很大比例，如大隆机器厂、照相器材厂、上海工具厂、新沪钢铁厂、东风机修厂等。从地域上看，在上海市的项目占了绝对多数，而杨浦区又显得特别突出。1975—1978年，设计组以独立对外承接设计项目为主，并且开始走出上海市。期间设计的天津人民广播电台29号工程、上海科大加速器试验楼、闸北体育馆、江湾体育场、四平大楼等项目，在当时具有一定的社会影响。[1]1833-1853

金山石化总厂现场设计

从"小三线"回到上海后，1972—1974年间，"五七公社设计室"最大的项目是位于金山的上海石化总厂机修厂。1971年中国加入联合国；1972年，尼克松访华，意味着中美关系开始正常化。同一年，邓小平复出，国内政治格局开始转变，国家开始恢复生产和工业化建设。位于上海郊区金山的上海石化总厂是其中最大的一个项目，是"从国外引进的8套石化成套设备之一的重点工程"。[2]

上海石化总厂是一个集生产、工作、学习和生活为一体的新的卫星城市，工程主要由当时的上海工业建筑设计院（1955年月至1970年10月间为华东工业建筑设计院）负责，其他设计单位参与。同济大学"五·七公社"负责的是其中的机修厂。该厂的总体布局和工艺由机电院设计，同济承担的是土建和设备设计，负责人是原建工系教师朱伯龙。按照机修工艺，设计内容包括：铆焊车间、铆焊件机加工车间、热处理车间、锻工车间、电修车间、机泵阀修理车间、木模车间等，其中铆焊车间里还设有酸洗室、X光室等。在金山参加现场设计不仅有"五七公社设计室"的设计师，还有当时工民建专业的师生。有的车间由教师辅导学生开展建筑结构设计，设计室配合水电暖设计，有的车间完全由设计室承担。因此不仅是边设计边施工，而且是结合典型工程组织在现场教学。①

① 姚大锺、周伟民、范舍金访谈。

上海电视塔

　　1971—1974年间，同济大学"五七公社"的教师还完成了205米高的上海电视塔的设计。项目整体由建工系王肇民负责，结构设计师包括胡学仁、王肇民、蒋志贤和范家骧，建筑设计由周惟学、钟金良和顾如珍完成，负责施工工艺的是沈国明，没有学生参与。整个设计团队驻扎在青海路的工地做现场设计，边设计边施工。上海电视塔下部是钢筋混凝土门式桁架的控制室，钢塔支撑在基座上。钢结构是平躺在地上完成焊接后整体拉升就位，最后的发射天线再焊接在塔身上。[②] 1980年，上海电视台电视塔205米高的钢结构塔桅被国家建委评为"上海市七十年代优秀设计二等奖"。

　　此后，同济设计院还曾设计过多座钢结构的电视塔，包括江苏省滨海电视塔（1981年）、徐州电视塔（1984—1991）等。

　　上海电视塔是1993年后担任同济设计院副总建筑师的顾如珍第一次参加的实际工程。顾如珍与卢济威夫妇于1960年从南京工学院一起分配到同济建筑系任教。1978年后，同济大学调整了原来夫妇同在一系任教的情况，吴庐生（1972年调动）、陆凤翔、顾如珍等教师调动到设计院成为专职设计师。因此，戴复东、卢济威等教师在20世纪80年代以后与设计院项目合作最为紧密。参与上海电视塔的结构教师蒋志贤后来也调入设计院，1993年至退休一直担任设计院的副总工程师。

上炼厂减压车间

　　陆凤翔1956年毕业留校后分配在工业建筑教研室，在"文革"后因为夫妻不能在同一部门而调动到设计院。1978—1984年，1986—1990年间担任设计二室主任。陆凤翔在"五七公社"期间不仅带着学生到东北和江西等地开展现场教学，还在浦东高桥炼油厂开展"典型工程"的现场设计。为了缩短工艺流程，提高空间效率，陆凤翔决定把通常必须隔离开以防爆的催化和氯化车间组合在一起。根据油气性能和泄压防爆的基本原理，主要通过底层架空，管线暴露在室外，同时用空心砖立砌组成镂空墙面来泄压，屋顶采用双层防爆玻璃等措施实现了这一具有创新性的设计。[③]

四平大楼

　　1974—1979年间设计建成的四平大楼高11层，位于上海市四平路及大连路的东北侧，总建筑面积18 789平方米。这座位于十字路口、体量显著的工业化住宅楼是建筑系教师戴复东指导工农兵学员，

② 2017年7月6日，华霞虹访谈顾如珍，地点：同济新村顾如珍家中。

③ 2018年1月5日，华霞虹、王鑫、吴皎、赵嫒婧访谈陆凤翔、王爱珠（一），地点：同济新村陆凤翔、王爱珠家中。

◎ 右图　上海电视塔（来源：同济设计集团）

◎ 下图　上炼厂减压车间（来源：陆凤翔提供）

◎ 右图　戴复东绘制四平大楼水粉彩色效果图（来源：《建筑画选》，1979）

◎ 下图　四平大楼平面图纸（来源：戴复东提供）

◎ 右下图　四平大楼施工场景，带角钢罩面的大模板，浇筑后凹凸墙面一次成型（来源：戴复东提供）

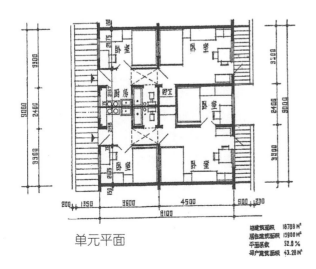

单元平面

总建筑面积　18789 M²
居住建筑面积　13900 M²
平面系数　52.0 %
每户建筑面积　43.28 M²

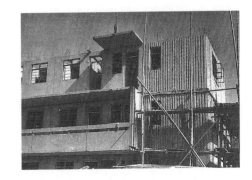

联系实际开展建筑设计教学完成的典型工程设计项目。该项目底层设置商用裙房，11层主楼为"U"字形，外廊式布局，每层设24套住宅，主要户型是二室户和三室户。这些住宅据说是分给"有一定级别的干部居住的"，[3] 要求每户住宅拥有独立厨房、浴室、储藏和阳台，平均每户面积43.28平方米。住宅房间和阳台尽量朝向东面和南面，长廊设在沿街的西面和北面，形体转折处安放两组楼梯和电梯。采用金属大模板施工工艺在外墙模板上固定角钢，脱模后形成凹凸竖条肌理的墙面，无需另做外墙饰面，节约了材料，同时又具有一定的装饰效果，施工基本取得成功。[4] 后来这种竖向条纹肌理的墙面处理成为戴复东和吴庐生设计的工程项目中一种标志性的细部设计。

唐山大地震灾后援建

1976年7月28日凌晨3时42分，唐山市丰南一带发生里氏7.8级大地震，23秒后，唐山变成了废墟。中央发动全国各省市紧急支援重建唐山，还举行了小区规划和住宅建筑全国竞赛。上海由华东院牵头，在震后数天内就组织部分设计人员坐一天一夜的硬座火车前往唐山。根据建设部的分工，华东院承担了总建筑面积约50万平方米的河北小区重建工程。[2] 同济设计院也是唐山援建的特邀设计单位之一。同济主持的住宅方案"主要根据唐山的气候及地区经济、管理情况，将宅前的公共绿地筑以围墙，形成小院，底层住户加设小门可供使用"。为底层住户设置独立小院这一"在唐山时的创举"④ 现在已经成为国内住宅的普遍做法。

◎唐山震后废墟前留影，前排右起：朱亚新、刘秋霞、赵深、张乾源，后排从右起：陈艾先、邢同和（来源：朱亚新提供）

④ 朱亚新回忆。

"五七公社"教材

在20世纪五六十年代，在完成生产教学任务的同时，设计院需要承担科研工作，主要涉及整理总结生产和教学过程中的资料、经验，编写资料集、书籍，举办学术报告会。比如，1959年，设计院紧密结合生产中关键的、尖端的重大问题进行科学研究，编写资料和撰写总结达22万字。其中有《原子能试验室的设计与研究》《大型体育场设计中视线和疏散等问题的研究》《同济大学饭厅40米大跨钢架结构的研究》等。1962年，设计院将住宅、剧院、医院、多层厂房等方面的资料汇编出版；并与建工系、城建系、机电系等协作，共同拟订协作科研项目，举办学术活动。1963年，设计院对仪器仪表厂房设计、工业厂房屋面防水及构造设计、建筑物间距设计、理化实验室设计等项目进行研究总结，汇编资料，编写书籍，并将学生的优秀作业（设计方案）、以往的设计实例、建筑方案整理成册。

到了"五七公社"时期，教材革命是教育革命一个重要环节，"五七公社设计组"在结合典型工程参与教学的同时，也利用设计调研和工程实例参与类型建筑设计的教材编写。"同济大学五七公社"署名编写的建筑工程专业学习相关类教材主要有两种，一种是实用技能类，如《建筑绘画》，将原建筑学美术课的素描写生、明暗写生与画法几何课程以及制图课程内容综合在一起；另一种是各种主要类型建筑的设计，如旅馆、住宅、单层厂房、综合医院、电影院、农村房屋建筑设计等。

教材编写的主要方针是遵循毛主席的指导，"学制要缩短，课程设置要精简，教材要彻底改革，有的首先删繁就简。""三结合"的教材编写小组由五七公社教员、上海二建师傅和上海工业建筑设计院的工程技术人员组成。"配合典型工程组织教学，深入工地，拜工人为师傅，进行调查研究，总结提高"。[5]

1975年10月编写出版的《单层厂房设计与施工》[6][7]将与单层厂房与施工相关的建筑原理、工程力学、工程结构、地基基础、施工组织和施工技术等原设课程综合组织在一起，打破学科边界，从生产实际和教学要求出发，结合典型工程编写成上、下两册教材。上册结合典型工程讨论单层厂房主要建筑结构设计问题，包括平立剖面设计、结构选型、地质勘测报告、基础、钢筋混凝土屋盖和吊车梁、构造设计等。下册主要讨论施工和其他基础知识，如施工组织和计划，土方基础、桩基础设计和沉降量计算，钢结构，钢架、屋架、吊车梁等。除了像大庆石油化工总厂等经典案例外，还介绍了"五七公社"师生，包括"五七公社设计组"参与的正在建设中的上海石油化工总厂案例。

◎《单层厂房设计与施工》下册封面（来源：同济大学图书馆）

1972年，已在安徽歙县干校劳动一年多的黄鼎业被紧急召回学校，编写教材和参与教学，在三年学制内紧急培养工民建人才。"文革"时期,为建设"社会主义理工科大学",收集第一手资料格外重要。因为取得了第一手资料就"不会陷入旧的框框里面",再向书本学习,"经过批判"和"学会创新"。⑤ 为此,黄鼎业与贾岗、丁士昭,建筑的詹可生,还有设计院的徐树璋等人,前往苏州、镇江、宜兴、扬州、南京、蚌埠、合肥、北京、天津、沈阳大小设计院调研。还到南京工学院、清华大学、天津大学、哈尔滨建筑工程学院去请教,从实际工程中收集问题以组织教学和编写教材。毕业设计也全部改为真题真做。对于参与"五七公社"的师生而言,在土建工程类的学习中,从实际问题出发的实用主义教学法的确有其专业的规律性和认知的合理性,在当时人才紧缺的情况下,的确"为多快好省培养人才"起到了一定的作用。"但真正要提高、要创新,还是必须从理论着手"。⑥

⑤ 中共中央办公厅转发姚文元报送的《为创办社会主义理工科大学而奋斗》和《上海理工科大学教育革命座谈会纪要》两份材料,1970-6-5,戴妙仙(同济五七公社教师,地下建筑专业)发言。

⑥ 2017年11月22日,华霞虹、周伟民、范舍金、王鑫、吴皎访谈黄鼎业,地点:同济设计集团一楼会议室;姚大镒、周伟民、范舍金访谈。

参考文献

[1] 《同济大学百年志》编纂委员会. 同济大学百年志(1907—2007)(下卷)[M]. 上海:同济大学出版社,2007.

[2] 华东建筑设计研究总院和《时代建筑》杂志编辑部. 悠远的回声:汉口路151号[M]. 上海:同济大学出版社,2016.

[3] 柴育筑. 斗室中的成就[M]//柴育筑. 宜人境筑的探索者——戴复东 吴庐生. 上海:同济大学出版社,2011.

[4] 戴复东. 上海市四平路四平大楼住宅及商店[M]//追求·探索——戴复东的建筑创作印迹. 上海:同济大学出版社,1999.

[5] 同济大学五七公社. 编写说明[M]//单层厂房设计与施工(上册). 北京:人民出版社,1976.

[6] 同济大学五七公社. 单层厂房设计与施工. 上册[M]. 北京:人民出版社,1976.

[7] 同济大学五七公社. 单层厂房设计与施工. 下册[M]. 上海:上海科技出版社,1978.

1978
—
2000

中篇

高校产业改革
的试验田

1978—1992
经济改革　市场开拓

成立同济大学建筑设计研究院

同济大学建筑工程专修班

设计院新大楼

433经济改革与个人产值分配制

深圳白沙岭居住区与深圳分院

TQC 全面质量管理

《高层建筑设计》与《实验室建筑设计》

南浦大桥与桥梁设计室

市政工程与道路设计室

地铁1号线新闸路站与地铁设计室

1993—2000
股份制　设计院重组

成为同济科技实业股份公司全资子公司

杭州市政府大楼

学电脑 甩图板

静安寺广场与南京路步行街

成立专业室

并校与设计院重组

1978
—
1992

经济改革
市场开拓

成立同济大学建筑设计研究院

同济大学附设土建设计院从1958年3月1日正式成立以来，不是由建筑系领导，便是归建工系管辖。它是土木建筑专业附属的教学实践基地，但是更主要的目的是进行"教育革命"，与原来以理论为核心的传统教育模式彻底决裂，转向以"真刀真枪"的生产劳动为核心的人才培养模式。"文革"期间，同济大学建工系与华东院、上海二建共同组成的"五七公社"，主张"教学、设计、施工"三结合，则是把这种重实践、轻理论的教育革命进一步极端化。结合"典型工程"，走出校园，边设计边施工成为全新的大学教育模式。虽然从1966年8月开始，设计院停止了工作。但是"五七公社"的成立使这一"轻理论，唯实践"的模式在全国范围得到肯定并推广。工程实践原来只是在基础理论学习以后才开展，现在成了学习的绝对中心。从进校的工地认识实习开始，到利用"典型工程"来进行类型建筑教育，最后的毕业实习也是现场的设计和劳动。生产实践，包括设计和施工被当作建筑技术人员认识真理和检验真理的唯一方式。直到1978年1月7日，同济大学建筑设计院才恢复名称，并与建工系脱钩。

教育部决定

从建筑系或建工系附属的实习基地到学校领导的独立编制的单位，同济设计院并非唯一的案例。事实上，其他高校和教育部也在酝酿改革。1979年5月29日到6月2日，教育部邀请六所高校的设计院代表到北京开会商讨，并在20天后发布了《关于在六所高校建立建筑设计研究院的决定》的征求意见稿。最初获批成立建筑设计研究院的高校是原教育部六所建筑院校，即清华大学、天津大学、同济大学、南京工学院、华南工学院和华中工学院。[1]

◎ 1979年6月22日教育部文件，《印发〈关于在清华大学等六所高等学校建立建筑设计研究院的决定〉（征求意见稿）的通知》（来源：同济大学档案馆）

在征求意见稿中，教育部从实际需要和已有成就两个角度总结了成立高校设计院的必要性。一方面，随着教育事业的不断发展，高等学校的基建任务逐年增加，而地方建筑设计院承担的项目类别多，任务繁重，无法"多快好省"地完

① 1979年6月22日，教育部文件《印发〈关于在清华大学等六所高等学校建立建筑设计研究院的决定〉（征求意见稿）的通知》，同济大学档案馆藏，档案号：2-1979-XZ-11。

成高等学校的设计工作，更难以通过实践进行研究和总结，积累经验，进一步提高设计水平。另一方面，多年来一些没有土建系的高等学校先后建起的规模不等的设计机构，不但及时完成了本校的基建工作，还通过土建系师生参与设计生产提高了土建系的教学和科研水平。因此决定在六所高等学校现有的设计院（室）基础上，成立六个建筑设计研究院，以"某某大学（学院）建筑设计研究院"命名。② ② 同①，1 页。

设计与科研

关于设计院的性质，该文稿开宗明义地指出，"设计研究院既是生产机构，也是科研机构"，因此"一方面要承担高等学校或其他自选项目的设计任务，另一方面又要结合设计工作，不断研究总结经验，出科研成果，以利于提高土建系的教学质量"。这一界定可以解读为迄今仍耳熟能详的说法——"产学研结合"，设计和科研缺一不可，同时要促进教学，这才是高校设计院存在的价值，也是有别于其他地方设计单位的特征。关于最后一点，征求意见稿进一步指出："设计研究院要接受土建系的教师学生参加某些项目的设计工作，有条件的设计研究院还可结合科研课题接受培养研究生的任务。"

◎ 1979年6月22日教育部文件，对于设计院的定位，《关于在清华大学等六所高等学校建立建筑设计研究院的决定》（征求意见稿）（来源：同济大学档案馆）

关于高校设计研究院的设计和研究，文件也做出了详细的建议，"70% 的力量要从事高等学校建筑的设计和研究工作，剩下 30% 从事自选项目"。而在全年时间分配上，"学校基建任务紧迫时要用较多的人力从事学校建筑设计工作，其他时间则可用较多的人力从事自选项目的设计及学校建筑的研究总结工作"。建院初期，"主要承担本校设计任务为主"，逐渐"扩大到所有地区的高等学校"。为了进一步强调高校设计研究院的设计要有研究性，文件还提出，设计研究院的设计重点除了高等学校的"总体规划"外，还"宜以教学科研建筑为重点"，"一些简单的项目或能够采用定型图纸的项目""建议仍由地方设计院承担"。

在领导体制、人员编制和设计科研任务的委派下达安排上，文件规定的重点可以总结为：高等学校的设计研究院是"教育部和省（市）双重领导，以教育部为主"的事业单位，不实行"独立的经济核算和企业管理"。在学校内部,"设计研究院作为一个独立单位由校(院)长直接领导"。可能是考虑到设计院的工作实际和历史渊源都与土建系紧密相关,文件也建议设计院的"院、室级领导骨干可由土建系的适当人选兼任"。"设计院实行党支部(或分党委)领导下的院长负责制,正副院长在总工程师的协助下主持全院的业务工作……为了加强民主管理,还可以设立技术委员会负责审查全院的设计、科研工作计划、重要工程项目的设计方案,以及其他重大技术问题等"。

设计院的规模编制建议"在现有人员基础上在三四年内逐步发展到100人到150人的固定编制(包括技术人员及行政管理人员)"。土建系的教师及学生参加工作时,"一般不列入设计研究院的固定编制"。固定编制的人员职称一律定"技术职称",以前教师的职称不变,新进人员初级职称为描图员、绘图员、助理技术员和技术员,新调入的职称则按照"助理工程师、工程师、主任工程师、副总工程师、总工程师"这样的级别进行晋级和提升,"并参考土建系中条件相当的教师统筹安排"。

高等学校委托设计研究院进行设计时,"需要先向教育部申请,经教育部审查平衡后正式向设计研究院下达设计任务"。自选项目中规模大的也需要向教育部申报批准。对于科研任务,教育部也结合各设计研究院的实际情况下达相应的科研题目,并在设计研究院提出科研成果报告后定期组织学术交流并推广经验。③　　　　　③ 同①,2-5页。

同济大学的修改意见与任命

按照教育部的规定,同济大学于7月23日把修改意见由主管教学的副校长王达时签名后报送给教育部计划司。主要的修改集中在两方面,一是设计任务的范围和管理;二是设计研究院与土建系教学和项目管理的关系。对教育部过度强调生产任务应集中在学校建筑范围的提法,同济设计院认为自选项目的设计和研究可以不局限于学校建筑,以避免对其他研究项目的约束;也提出了省市建委、科委、国家科委下达的设计任务是否还需要教育部批准备案的问题。原教育部文件提出自选项目"一般由设计研究院与土建系共同商定并报教育部备案",因"同济设计院已与建筑建工系分开独立,接受任务不必与他系商定",建议改为"自选的设计项目一般由设计研究院或与土建系共同商定并报教育部备案"。"设计研究院要接受土建系的教师

◎ 1979年7月,同济大学报送教育部批复意见(来源:同济大学档案馆)

学生参加设计工作"则改为"可接受"，因为土建系师生是否参加设计工作不是设计研究院决定的，而是土建系根据教学需要决定的。

1979年8月29日，教育部下达了正式批文，批准天津大学、同济大学、南京工学院、华南工学院和华中工学院五所高校成立"建筑设计研究院"。④ [1] 这不仅是第一批高校建筑设计研究院，也是全国第一批建筑设计研究院。后来其他各部委和地方设计院仿效教育部的做法，也将设计院更名为"建筑设计研究院"。比如北京市建筑设计院在1989年7月更名为北京市建筑设计研究院，而华东建筑设计院在名字中加入"研究"要到1993年5月。

同年11月底，上海市革命委员会教育卫生办公室对同济大学的申请下达批复，"同意任命吴景祥同志为建筑设计研究院院长，唐云祥同志为建筑设计研究院党总支书记"。同济大学党委进一步任命由唐云祥、李皖霞、范恒廉和陆轸组成设计院党总支委员会，李皖霞担任党总支副书记，⑤ 副院长陆轸主抓生产，办公室主任为范恒廉。下设两个综合设计室，史祝堂和徐立月任一室正副主任，陆凤翔和赵居温任二室正副主任，姚大镒任设备室负责人。

④ 同济档案馆未能找到教育部正式批文，却意外在东南大学建筑学院的史料中发现。教育部发文（79）教计字367号《印发〈关于在天津大学等五所高等学校建立建筑设计研究院的决定〉的通知》。

⑤ 市革委会教育卫生办公室批复的《关于吴景祥等八位同志任职的批复》（1979年11月26日）沪革教卫（干）（79）第115号和1979年11月28日批发《关于唐云祥同志任建筑设计研究院党总支书记的通知》，同委（79）字第376号，同济大学档案馆馆藏档案，档案号：2-1979-DW-7。

◎ 1982年冬，在文远楼前留影的同济设计院女设计师（来源：同济设计集团）。前排从左到右：陈硕苇、陈蓉英、徐运源、梁明华、李霭华、顾如珍、徐立月、李一华；后排从左到右：真慧芸、高凤莲、吴庐生、朱米毛、王玉妹、夏丽娟、倪月明、梁宗芳、冯庭梅。

今天中国的高校设计院虽然经过近40年的时代变迁和社会发展，无论从人员和生产规模上来看都已发生了翻天覆地的变化，但是高校设计院的组织机制以及与高校的紧密关系基本延续下来。这些文件一方面确定了设计院的存在不再是"教育与生产劳动相结合"的机构，而是"设计科研相结合"的单位，这与20世纪70年代末开始的高等学校教育方向回归到以培养人才和开展科学研究为主一脉相承，也明确了高校设计研究院的发展中心是"产学研一体化"而不是单纯的生产和经济利益。在生产和产值越来越成为设计院核心的今天，1979年教育部对高等学校建筑设计研究院的定位——生产和科研单位的双重属性尤其值得重提和重视。与以生产为目的地方设计院相比，高校内的设计研究院更主要的目标是结合设计不断总结经验，出科研成果，并反馈到相关专业的教学质量和人才培养上。这既是高校设计院不可取代的价值，也是其长期健康发展的保障。

上海戏剧学院实验剧场

在成立同济大学建筑设计研究院的最初两三年，设计院的人员数量不多，编制上仍属于教师，因此工作节奏较慢，组织也比较松散。工作人员大多为"文革"前毕业任教的教师，包括1952年院系调整时并入同济大学的吴景祥、唐云祥、王吉螽等教授。中坚力量是在20世纪70年代"五七公社"时期进入设计院的部分教师和"五七公社"毕业生，以及少量从外地调动回沪的青壮年设计师，最年轻的是1980年后录用的建筑工程班的毕业生和统招的高中毕业生。

从项目类型来看，20世纪70年代末到80年代初，同济设计院承接的项目大部分是小型的文教建筑和住宅，很少有较大规模的公共建筑。这一方面是因为当时的社会需求，另一方面也是因为同济设计院的规模、技术能力与像华东院、上海民用院这样的专业设计院尚无法相提并论。当时高校设计院设计师属于教师编制，还享有寒暑假，这让业主更感难以适应。

一些数量有限的特殊类型的公共建筑往往会成为高校设计院内的重点项目，上海戏剧学院实验剧场就是当时同济设计院最受重视的一个项目。上海戏剧学院实验剧场从1979年开始筹建，到1986年4月中国首届莎士比亚戏剧节开幕时才正式启用，历时7年。该项目的工程负责人是土建一室主任史祝堂，他是与朱亚新、董彬君等一起从圣约翰大学并入同济大学的学生，1953年春天提前毕业后留校任教并从事设计实践。

根据董彬君和薛求理执笔发表在《建筑学报》1987年第11期上的文章 [2] 介绍，因为华山路向南弯曲，基地呈不规则形，因此上海戏剧学院实验剧场的总体布局将门厅朝东，后部副台伸出两翼正好利用基地不规则的形状。并且在剧场前面临校园主干道的东面，留出800平方米的小广场，用绿化水池围合起来，既可以作为校园到剧场人流的缓冲和集散，也可以用于师生露天排练和表演。建筑前设置7米进深的坪台，立面设计将大门移到北侧，靠近华山路的南侧留出大片白墙作为露天舞台和背景墙。入口为6米开间的大玻璃门。

◎ 1980年,上海戏剧学院实验剧院透视图,薛求理绘制(来源: 薛求理提供)

因为上海戏剧学院是全国莎士比亚研究中心，实验剧场虽然面积有限，但采用跌落式座椅后得以设置999座。为了节省面积，仅在靠近华山路的南侧设置了单面的休息厅，前厅进深也只有6米，但其舞台和后台却做得很大很高，面积占总面积的57%，高度达到23.55米，总建筑面积达到4130平方米。

舞台部分由史祝堂负责，"品"字形的舞台由主台、左右副台和后舞台共同组成。主台后部设置了宽4米、长18米、深1.7米的天幕幻灯槽；主台台面有26块1.5米 × 1.5米的活络台板，可根据剧情需要自由开闭；主台上方设置了62道自动定位的电动吊杆（建成时安装了42道）、十几层幕帘。观众厅由董彬君负责，观众厅两侧墙面各悬出三组可调启开合的活动壁柱,用于存放面光灯、扬声器、装饰壁灯,并兼作声反射面。

当时国内首创的17米跨度的移动式面光桥，可以在离台口6米～18米范围内前后移动，大大增加了面光投射的角度和范围。设计还采用了活络台唇，即舞台台唇分成8块，从大幕线前伸4米，下设液压顶升机械。每块台唇可以根据剧情需要形成十种不同的高低组合关系，既可以与主舞台结合形成灵活丰富的表演区，也有利于进一步缩短演员和观众的距离。为了满足教学研究的需要，观众厅还设计了活动侧光灯吊斗，并将通常设置在舞台一侧的灯光控制室、导演观察、舞台监督室移到观众厅池座后部，既避免了舞台口因演员上下场造成的干扰，也为导演专业、舞美灯光专业师生提供了难得的现场教室。

观众厅平面布置成簸箕形，中间区域"大陆式"排列，不设中间走廊，楼座则从两边逐渐升起，连通到二楼楼座，形成包围舞台的趋势。这样台上的演员和观众就可以更好地交流，同时还将原来24米跨度的楼座大梁减少为16米。观众厅部分结构采用6米柱距的排架，上置24米跨度的钢屋架，舞台顶则是18米跨度的钢屋架。因为采用了较多的钢结构，设计由钢结构教研室出马。

除了设计和技术上的钻研以外，上海戏剧学院实验剧场现场设计的工作方式和资深教授的集体参与也颇具特色，充分体现了20世纪80年代初计划经济时代事业单位的工作方式。根据1980年4月毕业后就被分配到戏剧学院实验剧场工地的薛求理回忆，当时院里非常重视这一重大项目，"丁昌国先生经常来，帮助解决大量的构造问题""吴景祥院长也来过几次，主要是听取设计进度汇报，参与讨论"。因为现场办公的设计室在戏剧学院面向华山路门房小楼的二楼，需要通过铁爬梯上楼。"吴老当时已经76岁高龄，他一步步从铁爬梯走上来，让人心里暗自捏把汗。"⑥ 参与设计的还有当时属于设计院"少壮派"的，1961年毕业于南京工学院，1978年从江苏省建筑设计院调回上海的建筑师宋宝曙，还有声学专家王季卿。结

⑥ 2017年12月14日，华霞虹、王鑫、吴皎访谈薛求理，地点：同济设计集团一楼贵宾室。

◎ 1981年6月，上海电影制片厂项目组参观广州珠江电影制片厂摄影棚和刚落成的广东中山温泉，学习岭南建筑，图为小组成员在中山故居翠亨村留影（来源：薛求理提供）。自左至右：薛求理、宋宝曙、关天瑞、陈硕苇、吴桢东、上影厂小吴、珠影厂基建科夏工、梁老师、上影厂基建科张师傅、董老师、许芸生。

构设计除了设计院的唐庆国外，还有两位老师，包括一位钢结构教研室调入，被大家尊称为"先生"的女教授。设备工种由叶宗乾、董家业负责电气，王彩霞负责暖通，吴桢东负责给排水。戏剧学院基建科的邱贤丰是同济毕业生，因此也积极参与设计组的工作。设计期间，设计组主要人员基本驻现场开展设计、交流。因为戏剧学院的礼堂每周末都放电影，薛求理、陈硕苇等年轻设计师经常下午5点多钟下班后去那里看电影。

戏剧学院项目是委托设计，并未收取设计费。后来因为同济校友在上影厂基建科任职的原因，综合一室原戏剧学院设计团队又接手了上海电影制片厂及摄影棚的项目，由关天瑞和宋宝曙担任工程负责人。为了熟悉建筑功能，设计组被安排去当时国内最权威的四个电影制片厂：湖南潇湘电影制片厂、广州珠江电影制片厂、西安电影制片厂和成都的峨嵋电影制片厂参观其摄影棚，与摄影、美工和设计人员座谈；并根据业主需求完成了设计，收到了一笔16万元的设计费。这是同济设计院最早收到设计费的项目之一。遗憾的是，参观设计完成后，项目却因故下马，最终未能实施。⑦

⑦ 2018年1月31日，华霞虹访谈宋宝曙、孙品华，地点：同济设计集团B104会议室；2017年12月14日，华霞虹、王鑫、吴皎访谈薛求理，地点：同济设计集团一楼会议室。

参考文献

[1]　东南大学建筑学院学科发展史料编写组.东南大学建筑学院学科发展史料汇编[M].北京：中国建筑工业出版社，2017：62-63.

[2]　董彬君，薛求理.上海戏剧学院实验剧场[J].建筑学报，1987，(11)：56-61.

同济大学建筑工程专修班

恢复生产并升级为学校直属生产科研机构的设计院面临的首要困难就是人手严重不足。按照教育部成立高校设计研究院的计划，应该"三四年内在原来的人员基础上发展到100到150人的固定编制。"① 当时，人才紧缺是各行各业面临的普遍问题，唯一的解决办法就是尽快专门培养。因为本科学习需要4年，同济设计院向学校提出申请，自主招生办一个两年制大专班，专门培养建筑工程设计人才，以期在较短的时间内及时补充新鲜血液。经国家教委批准，同济大学于1978—1980年办了一个历史上独一无二的"建筑工程专修班"（以下简称"专修班"），由同济设计院派人从报考同济本科未成功，② 或是"达到录取分数线，但由于志愿填报不当，或者因为家庭社会关系等原因而未被录取的高考考生中扩大招生"③ 择优录取，总人数60名，为设计院定向培养。根据1978年9月13日同济大学上报教育部的计划，当时学制为1—3年的进修班和专修班共有7个，其中唯一的两年制是建筑工程专修班。④

现任同济设计集团信息档案部负责人的朱德跃曾在设计院内刊上撰文介绍过这个独特的人才培养模式，后来此文被收录到设计院50周年纪念文集《累土集》中。在我们为60周年院史研究所做的系列访谈中，除了朱德跃⑤，当时负责招生的陆凤翔⑥，以及工程班毕业，后来不断深造，获得建筑学博士学位，现在香港城市大学任教的薛求理⑦都介绍了相关的背景。

1977年恢复高考时，很多考生还在工厂工作，需要单位同意才能参加高考。所以并不是所有人都能有此幸运。此外，因为当时工人地位高且有工资，所以对是否上大学也无所谓。很多考生"想法比较单纯，觉得能参加考大学，是人生的一个经历"就去参加考试了，没想到"因此改变了自己的命运"。当时很多中学为学生提供免费补习班。高考前，朱德跃读了两年技校后被分配在松江水泥船厂，干了不到一年车床工。他的高考准考证保留了40年，上面清楚地记载着那一年上海高考的日期：1977年12月11日和12日。"考试共两天，四张卷子，语文、数学、政治和理化，（化学和物理是一张卷子）。考完后，继续在工厂上班。"[1] 后来他的同学巢斯，当时是造纸厂的工人，需要三班倒，干了三年。

因为考试的人数太多，就像"海选"，直到分数公布后才有资格参加体检。专修班的学生大约在第二年3月份拿到录取通知书，入学报到是在4月10日。"报到第二天在文远楼的213教室举行入

① 1979年6月22日教育部文件《印发〈关于在清华大学等六所高等学校建立建筑设计研究院的决定〉（征求意见稿）的通知》，同济大学档案馆馆藏，档案号：2-1979-XZ-11。

② 按照负责招生的陆凤翔的介绍，是在未能达到本科分数线的学生中按分数择优录取的，但也记得有分数较高暂放一边后来被收走未选入的，至今很为该学生遗憾。陆凤翔、王爱珠访谈（二）。

③ 同①

④ 同办（78）字第32号，1978年7月13日，同济大学上报教育部文件"报送我校1979年教育事业计划"，共招收7个特别班，三个3年制，制图师培训班、废水综合利用和净化、建筑美术专修班；1个2年制，建筑工程专修班，1968—1970届毕业生进修1.5年，还设立地下建筑和水泥两个专业的进修班。同济大学档案馆馆藏，档案号：2-1978-X2-7。

⑤ 2017年11月21日，华霞虹、王鑫、吴皎、李玮玉、赵媛婧访谈朱德跃，地点：同济大学设计集团417办公室。

⑥ 陆凤翔、王爱珠访谈（二）。

⑦ 薛求理访谈。

学欢迎仪式。当时王达时、冯纪忠等老先生都参加了欢迎会"。在欢迎会上，60位同学才得知，他们属于"扩大招生"，报到时间"比正常开学大概晚了一个月"。因为是停止了十年后第一次恢复高考，1977年考进大学的学生年龄差距很大，同济大学的建筑工程专修班也不例外，年龄最大和最小的学生相差14岁，大的多为"老三届"，有的当时已经结婚生子了。[1]

建筑工程专修班有多位老师来自设计院。包括构造课的吴庐生、何德铭，建筑设计课的朱保良、顾如珍，钢筋混凝土课的蒋志贤，班主任也由设计院的许谦冲担任。[1]

"学生的户口全部挂在建筑系，但学习的主要是工民建专业的内容。"[1] 所学课程以能尽快开展工程实践为目标。由于学制只有本科生的一半，但和专业相关的基础课程、专业课程等一门也不能少，建筑工程专修班的四个学期，每个学期的课程都排得很满。从当时的成绩登记表可见，从1978年春季入学，到1980年2月毕业，除了必要的基础课，如政治、政治经济学、数学、外语和体育外，其余14门均为建筑和结构的专业课，包括建筑制图、测量、房屋建筑、结构力学、地基、钢筋混凝土砖石结构、钢筋混凝土结构、钢木结构、建筑材料和施工等。⑧

⑧《建筑工程专修班成绩登记表》，同济大学档案馆藏，档案号：2-1979-5X1313-9。

由于"文革"的耽误，专修班学生"在中学学到的知识相当有限，一些'老三届'的同学，离开书本的时间也很久远"，但是他们"用刻苦勤奋弥补了一切"。大家"学习热情相当高，把全部精力都投入到紧张的学习中，基本上每天都要等自修教室熄灯后才回寝室休息"。朱德跃在回忆文章中记录："在学习高等数学课程时，我们班许多同学都把樊映川的习题集从头做到尾。其实，不光是我们，和我们同时代的同学都相当刻苦，立志要把'四人帮'耽误的时间给夺回来。"[1]

因为课程需要压缩，很多专业课程在第一学期就直接开设，比如吴庐生在文远楼213阶梯教室上的建筑构造课。一般建筑学本科教学都把构造课放在三年级及以后，等学生掌握了设计的基本原理后才会教授工程知识。虽然觉得"老师在黑板上画的构造图很好玩，但是如果没有经过后面的实践，这些知识可能并不能真正消化"。不过因为数学课等都是跟着工民建本科学生一起上的，大家都掌握了结构计算，因此大部分专修班的学生在设计院最终都承担结构设计工作。

经过两年的紧张学习，专修班的60名毕业生全部留在上海，并被迅速补充到建设和设计行业中。其中有1/3的毕业生，即20位留在同济大学,"其中的4位,和上海第一医学院置换了4名医生,可见当时各种人才都紧缺,也算是互通有无,皆大欢喜"。留在同济大学的学生,除了黄郁莺和应如涌被分配到建工系,其余同学全部留在同济设计院。另外40位同学都分配在上海市的各个单位。有的到设计单位,像华东院、第九设计院、商业设计院、教育局设计院、高校设计院、纺织设计院等。有的到工厂、企业的基建部门,如上海烟草公司、沪东造船厂、上海灯泡厂、电视机一厂、市政工程公司等,后来他们都成为单位的技术骨干。[1]

◎ 1980年同济大学建筑工程专修班合影(来源:朱德跃提供)

第一排从左至右(学生):孙瑜、周敏、李一华、陈硕苇、王耘方、钱跃芬、黄郁莺、徐晓勤、翁瑶美;第二排从左至右(老师):杨长芬、体育刘老师、蔡伟铭、刘守定、陈培林、刘培俊、丁根裕、朱保良、许谦冲、吴景祥、唐云祥、宗听聪、刘仲、何德铭、马志超、蒋志贤、吴庐生、李丽莲;第三排从左至右(学生):顾如珍(老师)、巢斯、汤皓钢、朱佳、李明、王德森、虞庆章、励允鹤、郑毅敏、王生辉、苏维治、方金才、戴仲康、薛求理、黄安、范家民、凌璋、洪定(老师);第四排从左至右(学生):金文斌、朱一平、章庆麟、朱德跃、周立国、朱伟康、施国华、汤进福、张智杰、潘述、凌玛、顾廷才、彭宗元、董澄、沈培德、徐鸣、高宪法、龚卫星;第五排从左至右(学生):曾平、陈云森、朱思泽、方国成、工献心、黄斌、王宇、张聪、苏小卒、陆润生、戴景涛、高建新、应如涌、李一飞、陆培俊、许立初、汤德隆。

　　根据朱德跃回忆,1980年4月中旬分配到同济设计院上班的有巢斯、陈硕苇、范家民、黄安、黄斌、金文斌、李一华、陆培俊、彭宗元、施国华、苏维治、苏小卒、徐晓琴、薛求理、郑毅敏、朱德跃共16位同学,其中三位,金文斌、黄安和薛求理,因为"比较喜欢建筑,觉得结构太枯燥了",⑨到了设计院以后改为建筑专业。　⑨同⑤

金文斌后来成为同济设计院第一位考出的注册建筑师,并于1990年9月至1997年1月间担任设计二室副主任和主任(1996年4月—

1997年1月）。其余均选择从事结构专业设计。分配在一室的朱德跃参与的第一个工程是中国农业科学院在镇江的蚕业研究所办公楼，同样分配在一室的薛求理和其他几名同学，包括结构的陈硕苇，则被安排到室主任史祝堂负责的大工程——上海戏剧学院实验剧场开展现场设计。⑩

⑩ 同 ⑦

1978—1980年的"建筑工程专修班"仅此一届，两个班，后来再也没有举办。在短时间内自主招生定向培养的专修班为设计院快速扩充了新生力量，对改善同济设计院人才断层的问题起到了十分积极的作用。"文化大革命"期间，虽然同济大学的师生以"五七公社"和"五七公社设计组（设计室）"的方式继续开展工程实践，但是相对于其他大型设计院，专职的设计人员年龄断层的情况严重。比如华东院，虽然相对于其他年份进院的人员少了很多，但是20世纪60年代入职员工为285人，20世纪70年代入职的员工为299人。⑪但同济设计院在这一时期出现了严重断层。

⑪《悠远的回声：汉口路壹伍壹号》（下册），附录4：华东院员工名册。

1986年从建筑系调动到设计院担任副院长，1989—1990年担任院长的刘佐鸿保存了一份1988年设计院的详细人事档案，⑫从中可以清楚地统计出同济设计院不同年份人员的情况，其中专业设计人员存在严重的年龄两极分化。当时设计室中110位设计和绘图员工中，担任室主任和总工的多为出生于20世纪30年代，1949—1959年间进入大学，1965年前毕业就业的资深专家。建筑专业的吴庐生、顾如珍、何德铭、朱保良、陆凤翔、关天瑞、许芸生等，结构专业的蒋志贤，给排水专业的吴桢东，电气专业的董家业，暖通专业的姚大镒等在"文革"前均为教师，后通过"五七公社设计组"或教学调整成为设计院专职人员。其中一室和三室各11人，二室13人，占总人数的32%。而1980年后毕业就业的一室19人，二室15人，三室15位，总计49人，占全部设计人员的45%，其中绝大部分为1985年以后进院的。而在1966—1979年的15年间毕业入职的不到25%，其中还包括7位高中毕业后参加工作的教辅员，主要担任绘图员。管理团队中还有三位设计师，王吉磊、陆轸和徐鼎新系20世纪20年代末出生。因此，通过专修班定向培养，1980年4月进入设计院的16名员工为设计院注入了可贵的新鲜血液。在留在同济设计院的人才中，"有8人后来取得了硕士学位，4人取得了博士学位，4人被聘为教授或教授级高工，6人去了国外发展"。[1]最终留在设计院的7人均成为技术骨干和管理者，包括设计集团结构总工程师巢斯、副总工程师郑毅敏、信息档案部副主任朱德跃等。

⑫ 因为所记录最晚进院的是1987年7月进院的员工，由此判断应为1988年的人员名册。

参考文献

[1]　朱德跃.设计院与专修班[M]//丁洁民.累土集:同济大学建筑设计研究院五十周年纪念文集.北京:中国建筑工业出版社,2008.

设计院新大楼

在1958年3月到1966年8月之间，同济设计院作为建筑系或建工系下属部门，一直与建筑/建工系一起在文远楼安身。从1972年初到1983年夏天之间，设计院则一直过着"居无定所"的日子，规模不大的设计院还常常分成几处办公，设计师在校园的教学楼、学生宿舍、甲方工地和新村的住宅楼里打游击战。直到1983年7月，100多位同济设计院员工终于从各处搬入一座拥有明亮中庭的新大楼，不仅结束了到处漂泊的岁月，而且成为"全国所有的高校（设计院）中第一个(拥)有固定工作场所的单位"，让很多高校都"非常羡慕"。[1]

"居无定所"的岁月

2008年，在庆祝同济设计院成立五十周年出版的《累土集》中，设计院的元老，勘察设计大师吴庐生回忆了同济设计院"居无定所的岁月"。在对1972年到1983年间进入设计院的老师的访谈中，很多人对从分居各处到迁入新楼的转变也大多记忆犹新。

1958年刚成立时，"设计院在文远楼的一楼，建筑系办公室、教研室在二楼，上课的时候老师们都上来研究教学工作，结束后就下去搞设计"。① 1972年时，设计院只有一个综合设计室，安排"在文远楼二楼一间朝南的大教室，还有一间朝南的小房间，供正、副院长办公"。1977年11月，当时归属建工系，已更名为"同济大学建筑设计室"开始正规化。因为人数增加，成立了三个设计室，并搬迁到北楼一楼的东翼。② 一方面同济大学招收学生数量的增加，一方面设计院规模也有所扩展，北楼的教室不够用了，就开始分散在校园学生宿舍，如学一楼和同济新村家属宿舍等各处。借用同济新村的住宅被戏称为"白公馆"，是一梯两户的六层楼，设计院占用了一层楼面对面的两个单元。③

① 赵秀恒访谈。

② 姚大镒、周伟民、范舍金访谈。

③ 朱德跃访谈。

◎ 同济设计院新大楼中庭照片（来源：《新建筑》1984年第2期（总第3期）封面）

同济校园的新蕾

1984年，刚创刊不久的《新建筑》杂志(总第3期)以"同济校园的新蕾"为题，连续刊发了四篇文章，吴庐生、顾如珍、刘仲和李道钦四位建筑师分别介绍了在同济校园内新设计和建成的四个作品：计算中心（1983）、设计院新楼（1983）、外语楼（1982）和留学生宿舍（1979—1983）。其中计算中心和设计院大楼都在封二刊登了彩色照片，封面则是全新落成的同济设计院新楼中庭的特写。[2]5

所谓"新蕾"，不仅是客观的叙述——这些项目都是近两年刚落成的新建筑，也是对其类型、空间和形式创新的肯定评价。这期杂志首篇文章就是对当年3月在北京香山举行"建筑创作思想讨论会"的报道，《新建筑》杂志社邀请全国各地30多位建筑师一起探寻建筑创作和创新。编辑部主任陶德坚用同济设计院"这个面积仅2000平方米，单方造价不足170元的小工程""雄辩地说明大量性建筑也同样是建筑创作的广阔天地"。[6]同一期杂志还刊登了同济建筑系郑人三老师对当时仍在建设中的上海松江方塔园的设计评介，关键词是"现代的""中国的"。[7]

在"十年浩劫"中，同济大学的教学设施遭到了极其严重的破坏。以实验室为例，全校20多个实验室，绝大多数处于无人管理状态，许多仪器设备损坏严重。因此，20世纪80年代初，快速更新和增添教学设备设施是当务之急。与其他三座楼均为教学或学生生活设施不同，设计院大楼是为高校以生产为重心的独立编制单位建设的，这样的例子前所未有。为了说服国家教委批准同济大学兴建设计院大楼并拨款，已经50多岁的吴庐生"曾在当时国家教委锅炉房附近的地下室里住了几天，虽然地面上全是水，但头上有蒸汽管道通过，冬天还不感到冷……只要能获得国家教委批准设计院建造，什么苦都愿意吃"。

设计院大楼所在的方正基地，原来是同济校医院，后来校医院拆除，并辗转搬迁至赤峰路，地皮空出来就开始筹建设计院大楼。据项目主要负责人顾如珍介绍，工程由院长王吉螽直接指导，当时院里很多人都参加了方案设计，设计过程中大家也常常一起讨论，出谋划策。"因为基地狭小，且设计室要求良好采光，应争取尽量多的南向，以节约能源"。[3]因此没有采用常规的内廊两边布置办公室的做法，而是"把中间的走廊拉开，一分为二，分为南北走廊，当中形成一个中庭，大家可以在这里活动，休闲交往"。④这一功能化的考量成就了当时国内并不多见的中庭共享式办公空间，建成后吸引了众多参观者。甚至在35年后的今天看来，仍是校园内颇为宜人的办公空间之一。

设计院大楼的外立面通过将窗裙墙和女儿墙外凸形成变化，同时增加了室内空间，沿墙可布置储物柜。立面材料因此分别采用豆

④ 2017年9月14日，华霞虹、王鑫、吴皎、李玮玉访谈卢济威、顾如珍，地点：国康路规划大楼508室。

沙色水刷石和白色丙烯酸涂料，形成简洁而丰富的立面肌理和色彩对比。⑤

⑤ 立面做法由周建峰补充。

1979—1990年间，除《新建筑》杂志刊登的四个项目外，同济设计院还在校园内设计了众多实验室和生活设施，包括声学实验室（顾如珍，1979）、电测大楼——电气楼、计算站（顾如珍、吴庐生，1980）、同济波尔固体物理实验室、同济结构动力试验室、材料力学实验室（金文斌、1984）等，以及同济大学学生食堂（第二食堂，顾如珍负责，1979）和西北生活区，含宿舍楼西北三至五楼、西北食堂和浴室（顾如珍负责，1984）。多个项目荣获这一时期上海市和国家教委的优秀设计奖，比如同济大学计算中心获国家教委优秀设计二等奖（1987），电气试验楼电算房获上海市优秀设计二等奖（1986），同济大学西北区学生食堂获国家教委优秀设计二等奖（1988），声学实验室获国家教委和上海市优秀设计三等奖（1986）。

中庭和天窗

因为中庭空间的跨度达到了19.5米×12米，如果按照一般的框架梁来设计结构的话，梁高将超过1.6米。为了尽可能减小梁的高度，"结构工程师蒋志贤提出采用井格梁方案"。⑥这一方案不仅节约了层高，而且还满足了中庭采光的要求。钢筋混凝土的井格梁上方支撑着角钢的锥形天窗。这样一来，朝向中庭的办公室墙上设玻璃推拉门，当时趴在图板上手工制图的设计师可以获得双面采光，另一方面，因为没有面积布置大活动室，中庭就成了明亮舒适的多功能活动空间。

⑥ 同④

这些井格梁的截面并非通常的矩形，而是设计成"Y"形。上部的两端用预埋铁件与天窗的钢架焊接，中部自然形成"井"形的天沟，还可以用作检修通道。"钢筋混凝土井格梁造价低，本身甚少维修，虽断面稍大，但由于梁底距地面10.85米，且刷成白色，实际效果良好，无压抑感。"为了利于中庭内的空气流动，沿周边的井格梁每一个都设置三个直径200毫米的塑料透气孔。

天窗上面采用了一种叫"飞机玻璃"的新产品，即今天所谓的"夹胶玻璃"，在两层玻璃之间夹一层塑料膜，防止上层玻璃打碎后，碎玻璃从高空落下伤人。这是当时耀华玻璃厂刚刚研发生产的新产品。⑦

⑦ 同上。

中庭内的立面处理得既简洁明快，又富有层次。中庭四周为钢筋混凝土实体栏板，下部略微凸出于走廊边的封头梁，上部略脱开后用扁钢支撑20厘米高的实木扶手，并与两个悬挑楼梯的扶手连成整体。深色的木扶手、实体栏板和封头梁构成共三圈深浅宽窄各异的横线条。面对中庭的房间外门窗采用钢窗，内墙则采用木门窗，刷浅绿色油漆，配磨砂玻璃，与中庭整体材质和氛围统一。既保证了房间内充足的采光，又避免视线干扰。中庭的地坪采用偏红的彩色水磨石，铜条分格，气氛温暖。在访谈中，1985年从同济大学建筑系毕业后分配在设计院设计三室的周建峰，今天已是同济设计集团副总建筑师和信息档案部主任，他饱含深情地描述了对当初设计三室的朱保良、董彬君、许芸生、顾如珍、李顺满等实践启蒙老师的感激之情，并提及自己后来"设计第二军医大学教学楼时，有关水磨石地坪的应用和配方等得到了顾如珍老师的真传"。[8]

⑧ 2018年2月7日，华霞虹访谈周建峰，地点：同济设计集团503会议室。

　　搬入新大楼后，中庭成为设计院名副其实的共享空间。工间休息时，有人在中庭打羽毛球，有人在走廊上绕圈跑步，有人聊天，也有人看热闹，"空间气氛热烈生动"，"建成后的第一个冬天，学校的一些大型畏寒植物纷纷送来过冬，更使中庭充满了春天的气息。"[3]

◎ 2007年，同济设计院中庭举行展览
（来源：朱德跃拍摄）

中庭地面较一层走廊下沉一级，形成完整的领域，便于举行大型活动，所有公共性的活动主要在此展开。如果把不同历史时期的活动类型展示出来，能看到清晰的时代烙印。除了常规的乒乓球羽毛球运动、会议、展览、新年联欢等，改革开放初期，这里也是展示和分发单位福利的场所。据1986年至1990年间历任副院长、院长的刘佐鸿回忆，当时设计院按照平均主义的分配模式，年终福利主要是鸡鸭鱼肉。每到逢年过节，设计院中庭大厅里"不是听到鸡叫声就是闻到鱼腥味，把个好端端的大厅搞得很脏，而且闹得左邻右舍都知道：今天设计院又在发东西了"。[8]据20世纪80年代入职的员工介绍，当时设计院最大的年货曾发过"半片猪"。在没有冰箱储存的时代，如果是平时家里不开火的年轻夫妻，通常需要连夜斩成几份，送去孝敬父母亲朋。

　　1980年4月进入设计院的朱德跃因为爱好摄影，后来成了设计院公共活动默认的专职摄影师。据他介绍，"这个中庭空间最好的用途，一个是打乒乓，另一个是经常在周末举办舞会，地上撒上滑石粉，跳交谊舞效果很好。还举办过卡拉 OK 比赛"。⑨ 的确，在他提供的照片里，我们看到设计院忽而成为每个作品都可以单独照明的绘画展览空间，忽而上下走廊站满了观众，为设计院的乒乓球比赛加油。更有趣的是，在某一年的卡拉 OK 比赛现场，螺旋楼梯上还有同事粉丝为参赛的歌手拉出了助威横幅："信魁信魁⑩，志在夺魁，德跃德跃，冲天一跃"。

同济设计院这一时期另一个中庭建筑的优秀案例也由顾如珍主创，那就是建成于 1990 年，荣获 1991 年教育部优秀设计二等奖的上海教育会堂。这是建造在城市中心区汾阳路、东平路、桃江路和岳阳路四条道路交叉口的狭窄基地上的一座七层高、面积达 9300 平方米的教育活动综合体。6 层高、仅 300 平方米的玻璃中庭，不是布置在尽端，而是布置在建筑体量的中部，正对城市转角。它不仅是连接不同功能区域的交通枢纽，是内部使用者聚集、休憩、交往的共享空间，同样也是城市转角的一个活力空间。19.5 米高的玻璃幕墙使人们在室内可以尽享城市景观和绿岛中的普希金雕像，而从城市的角度观看，茶色的玻璃幕墙又成为俄国诗人铜像和谐的背景。该项目提出了"建筑设计和城市意识"问题，主张"现代建筑师不能仅仅局限于一个单纯的建筑思考问题，而应把建筑作为城市的一个有机组成部分进行设计。建筑师的环境意识，在城市中首先要有城市意识。"[9]

螺旋楼梯

设计院大楼中除了富有韵律的天窗投影，白天能看到蓝天白云，晚上能欣赏漫天星斗的中庭以外，还有两个造型独特的楼梯增加了这一空间的趣味。负责设计楼梯的是被誉为"楼梯专家"的朱保良，他曾任教建筑系的建筑构造教研室，1978 年进入设计院专职工作后，用 30 余年的工程经验和资料收集出版了多部楼梯专著，如《直线·圆旋楼梯结构配筋设计手册》《坡·阶·梯——竖向交通设计与施工》等。这些著作收录了国内外大量楼梯案例，分析了各种楼梯的设计、计算和施工做法，当然其中也有他自己精心设计的作品，比如设计院大楼。[10]11

事实上，对螺旋楼梯情有独钟的朱保良本来规划了两部螺旋楼梯。1984 年和 1985 年，朱保良曾设计了南京水利学院（今河海大学）的教学楼和图书馆。其中在 5 层图书馆中他设计了一部直通顶层的螺旋楼梯，设计院同事曾一起去南京参观过。顾如珍"走到上面几层

◎右图 同济设计院大楼旋转楼梯
图纸,朱保良绘制
(来源:同济设计集团)

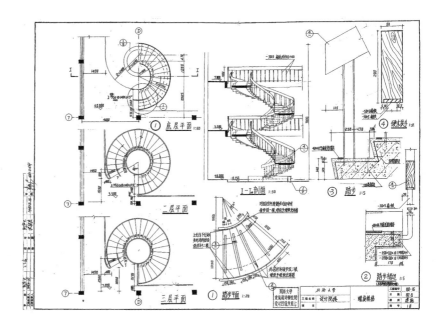

◎中图 2007年6月,同济设计院中庭举
行乒乓球比赛(来源:朱德跃拍摄)
◎下图 2006年11月,同济设计院中庭举
行卡拉OK比赛(来源:朱德跃拍摄)

都不敢走了"。⑪ 有了这样的体验，顾如珍提出另一个楼梯一定要改 ⑪ 同④
成剪刀楼梯。不过这个剪刀梯也并不简单，完全依靠折板出挑，楼
梯休息平台设计成半圆形，与中庭另一角的螺旋楼梯形成呼应。

　　5层高的螺旋楼梯可能会让人转晕，3层高的螺旋
楼梯却是恰到好处。楼梯的结构为完整的弧形厚板，在
端部并未像通常的楼梯一样做成斜面，而是局部悬挑
20厘米，将一级级踏步直接作为结构暴露，这一方面
可以减轻结构的重量，也使楼梯的侧面和底面增加了层
次和阴影。楼梯采用6厘米×20厘米截面的实木扶手，
由从踏步边缘伸出的角钢支撑，栏杆立梃和楼梯底面均
刷成白色，而扶手则是深木色，在明亮的天光照射下，
楼梯踏步边形成强烈的阴影，与两侧深色的扶手共同
构成流畅向上的螺旋线，楼梯的底面则是较宽的弧面，
视觉整体构成线面的穿插。底层圆形的花坛和螺旋楼梯
中间从屋面吊下的球形玻璃灯，进一步增加了楼梯的雕
塑感。栏杆立梃是垂直焊接的5毫米厚角钢，既轻巧又
加强了空间的渗透感，与周边走廊采用的实体栏板构成
了强烈的虚实对比。走廊的空间更加内向，而楼梯的
空间更加轻盈，与中庭整体空间相融合。

◎ 2011年9月，设计一场的新楼梯和庭院（来源：
同济设计集团，走出直道（日本）拍摄）

　　螺旋楼梯有很大的展开面，仿佛一个小包厢，可
以看到整个中庭和周边的情景。每逢中庭举行大型活动，这里仿佛
是 VIP 包厢。螺旋楼梯同时也构成了一个别具一格的小舞台，因此
也成为设计院小集体合影的最佳场所。比如在一张老照片上，我们
看到设计大师吴庐生同她9位学生在此欢乐重聚。

　　设计院的中庭和螺旋楼梯为曾在这里工作多年的设计师都留下
了美好的印象，因此在将原来的巴士一汽停车场改造成上海国际设
计一场办公楼时，设计师也将靠近入口大厅的一个主楼梯设计成宽
敞的旋转楼梯，以建立某种空间的记忆和文脉的延续。

参考文献

[1]   吴庐生.忆往昔设计院居无定所的岁月[M]//丁洁民.累土集:同济大学建筑设计研究院五十周年文集.上海:同济大学出版社,2008.

[2]   吴庐生.同济校园的新蕾(一)计算中心[J].新建筑,1984,(2):34-35.

[3]   顾如珍.同济校园的新蕾(二)设计院楼[J].新建筑,1984,(2):36-37.

[4]   刘仲.同济校园的新蕾(三)外语楼[J].新建筑,1984,(2):38-39.

[5]   李道钦.同济校园的新蕾(四)留学生宿舍[J].新建筑,1984,(2):39-40.

[6]   本刊记者.建筑创作思想讨论会侧记[J].新建筑,1984,(2):2-4.

[7]   邬人三.现代的,中国的——松江方塔园设计评介[J].新建筑,1984,(2):14-16.

[8]   刘佐鸿.改革开放初期的设计院[M]//丁洁民.累土集:同济大学建筑设计研究院五十周年纪念文集.北京:中国建筑工业出版社,2008.

[9]   顾如珍,卢济威.建筑设计和城市意识:上海教育会堂设计[J].建筑学报,1991,(8):46-50.

[10] 朱保良,黄鼎业,王耀仁,等.直线·圆旋楼梯结构配筋设计手册[M].合肥:安徽科学技术出版社,1996.

[11] 朱保良.坡·阶·梯——竖向交通设计与施工[M].上海:同济大学出版社,1998.

433经济改革与个人产值分配制

　　1979年秋，教育部确定高校设计研究院为事业单位，"暂不实行独立的经济核算及企业管理"。教育部根据指标"统一分配下达""事业费及所需的少量外汇"，"所需的仪器设备（如电子计算器、复印机、晒图机等）由教育部统一订货分配"；设计院本身的基建计划在"学校的年度基建计划中统一安排下达"。[①] 因此，与其他高校设计院一样，同济设计院的生产和收支并不挂钩，设计师做多做少一个样。部分设计师还需要承担少量教学工作。即使不需要带教，设计院的员工都是教师编制，也享受学校的寒暑假待遇，生产效率和职业化程度无法与其他同规模的行业设计院相提并论。然而1980年后，一方面因为设计人员的增加，另一方面是经济改革的深入，这种事业单位的管理模式越来越无法适应项目增加的需要。虽然同济设计院的方案能力被广泛认可，但进度无法保障，施工图的设计质量也常常遭到诟病，管理、分配和人事制度改革势在必行。

433经济改革

　　在访谈中，多位老师提到设计院第一次收取设计费的工程，但谈及的工程却并不完全一致。[②] 究其原因，应该是以前的项目都是免费设计，突然自己负责的项目有设计费进账，或者需要去收取设计费，每个人对从无到有的变化都印象深刻。不过同济设计院在市场化改革中的确走得很靠前，而改革的背景是全国设计院的企业化管理和工程设计收费制度的改革。1979年，上海的工业设计院和民用设计院开始试行事业单位企业化管理。1983年起，勘察设计单位全面实行自收自支。1984年4月，教育部在武汉召开会议，制定了《部属设计研究院经济技术责任制办法》（下文简称《办法》），要求部属设计院要和地方设计院一样实行事业单位企业化管理，经济独立核算，自负盈亏，国家不再负责事业经费。《办法》制定了四项考核指标：每人每年的设计能力不低于17万元；每人每年创收指标不低于3000元；每人每年盈余不少于700元；设计优良品率不小于90%。同济设计院负责生产管理的副院长陆轸参与了此次会议。[③] 一个月后，同济设计院根据学校的指示开展院级领导改选，任命黄鼎业为院长，唐云祥和陆轸为副院长。黄鼎业原在建工系任教，学校安排他到设计院担任常务副院长。1984年，王吉螽院长退休后，黄鼎业继任院长。提出"433经济改革"方案的正是1981年刚从美国访学回校的黄鼎业。[④]

① 《印发〈关于在清华大学等六所高等学校建立建筑设计研究院的决定〉（征求意见稿）的通知》，1979年6月22日，同济大学档案馆藏，档案号：2-1979-XZ-11。

② 陆凤翔、王爱珠访谈；宋宝曙、孙品华访谈；薛求理访谈。

③ 姚大镒工作笔记记录。

④ 黄鼎业访谈。

工作上任后，黄鼎业发现当时设计院存在生产力低下的问题，分析下来主要有三个原因：第一，因为设计不收费，个人工资与集体生产不挂钩，并且只满足于学校分配任务，缺乏自主承接项目的积极性。想要提高生产力，必须设法将个人利益与生产产值直接联系起来。第二，设计院固有的不同工种之间的矛盾；第三，因为数十年的政治运动，部分设计师之间也存在着个人瓜葛。这些矛盾不利于工作的分配和配合，同样会阻碍生产力的提高。⑤

⑤ 同③

1980年，浙江省海盐县衬衫总厂厂长步鑫生学习农村的联产承包责任制，开展企业改革，打破大锅饭，将一个只有300多位工人、濒临破产的小厂在两三年内变成利润每年以50%幅度增长的优质品牌企业，因此得到广泛社会关注。1983年10月，《人民日报》刊登了新华社发表的专稿《一个有独创精神的厂长——步鑫生》。一时间，全国掀起学习步鑫生改革创新精神的热潮，工厂还吸引了多国驻华外交官员参观。受此启发，黄鼎业向当时同济大学党委副书记阮世炯和总务处长宋屏提议，要在同济设计院试行经济改革。因为没有先例，校领导起初有点犹豫，后来看到设计院提出的分配方案可以节约学校的开支，还可以有部分上交学校，经过反复讨论，最终同意了设计院提出的"433改革方案"。⑥事实上，在当初教育部的决定中，也提到过"今后设计研究院如果有设计费及研究费收入，则这些收入可以抵充一部分事业费拨款"。⑦

⑥ 同上。

⑦ 同①

在改革以前，设计院员工的工资全部由同济大学财务处发放，办公空间使用的水电费全免，学校每年大约要为设计院支出四十多万。设计院实行承包制以后，学校不用再承担设计院员工工资，水电费也由设计院自行承担。除了这些成本外，设计费的盈余部分，按照4∶3∶3的比例分配，即40%交给学校，作为设计院上缴的利润，30%是集体福利，30%是个人福利，即作为奖金。通常来说，设计院的成本大约占总产值的50%，因此，总产值的15%将拿出来分配给设计人员，这是上海地区的设计单位第一次将设计人员的收入和设计费利润挂起钩来，多劳就可多得，大大激发了设计人员找项目和干活的积极性。承包制解放了生产力。改革初期，很多设计单位都来同济院取经。[1]

当然，同济院的经济改革并非孤例，也是当时勘察设计单位技术经济责任制和建筑设计收费制度改革的大势所趋。比如，1983年7月12日，原国家计划委员会（下文简称"原国家计委"）、财政部、劳动人事部联合发出了《关于勘察设计单位试行技术经济责任制的通知》以及附发的若干规定，8月，国务院颁布了《建设工程勘察设计合同条例》规定勘察设计单位与委托任务单位双方要签订勘察设计合同，明确规定双方的权利义务和技术责任，10月原国家计委又发出了两个管理暂行办法，分别对基本建设设计工作和勘察工作做出规定，并要求设计单位和勘察单位都需要建立技术经济责任制。还规定了设计单位需根据隶属关系向主管部门和省市自治区主管基建的综合部门申请，审查批准后才能获得不同级别的勘察设计证书，才具有从事各类勘察或设计的资格。[2]1984年，原国家计委还第一次发布了《工程设计收费标准》。当时实施"433经济改革"的也并非同济设计院一家。1985—1988年之间担任城乡建设环境保护部建工总局局长的张钦楠也提出过设计单位实施433分配改革的方案。[3]13因为当时设计单位已经恢复收取设计费，但是个人收入与设计费不挂钩，大家积极性不高。根据当时万里副总理在施工单位会议上提出的"建筑部门奖金上不封顶，下不保底"的精神，1986年、1987年左右建工部设计单位在南宁开会时，张钦楠提出"433方案"，"将单位的利润分为'4+3+3'，即40%交给国家，30%给单位，30%作为奖金发给个人。"这一提议得到了与会设计单位的广泛拥护，城乡建设环境保护部后下发了相关文件。各设计院因此"形势大变，产值大升"。[3]14

民主选举

提高建筑设计生产力除了多劳多得的收入动力外，还涉及团队合作关系。在实现了从纯粹的事业单位到企业化管理的体制改革后，同济设计院又开展了一次人事改革。1979—1981年间，设计院的组织方式是两个综合设计室加一个设备室；1981—1984年间，改为两个综合室，每个室设三位室主任，分别是建筑、结构和机电设计师，但生产效率还是受到历史原因造成的人事矛盾束缚。为此，黄鼎业决定对设计室的人员进行调整。人事改革包括两方面的举措。第一步是民主推选出室主任。室主任是生产第一线的组织者与指挥者，推选出群众信任的、有能力的、大公无私的、负责任的室主任，是改善生产环境、提高设计工作效率的重要举措。第二步是设计人员和室主任的双向选择，设计人员可以根据自己的意愿选择设计室，室主任也有权选择接纳或不接纳。这样两面兼顾的民主措施不仅有利于任人为用，而且可以充分发挥设计人员的积极性、主人翁精神，促使设计团队紧密合作。当然，这样的改革举措也是非常大胆的，"设计院经过民主推举和双向选择好像对全体设计人员进行了一次考评与鉴定"。[1]

虽然这样的民主选举在当时同济大学还属罕见，但是"绝大部分设计人员都表示赞同"。1984 年 5 月，1952 年从圣约翰大学建筑系调整到同济大学建筑系改为 1953 年开始参与同济大学建筑工程设计处，并在 1958 年土建设计院成立时就加入设计院的教授王吉螽从院长岗位上退休，续任总建筑师，黄鼎业继任为院长。在得到当时校领导、设计院总支书记兼副院长唐云祥和副院长陆轸的支持后，同济设计院在新大楼三楼的会议室公开唱票选举。当场开票的结果是，吴庐生和蒋志贤、何德铭和许谦冲、许芸生和沈世杰分别当选为综合设计一至三室的正副室主任。⑧ 接下来通过双向选择，每个设计室的设计人员基本确定，每个综合设计室人员在 25 人左右，其中建筑、结构人数较多，大约各 10 人左右，水、电、暖工种各 1~2 名设计师。⑨ 也是在民主选举以后，姚大镒接替陆轸担任副院长。⑩

随着市场开拓和发展，同济设计院随后又合作开设和新开设了一些分院，包括 1984 年成立的五角场分院，1985 年筹建和成立的深圳分院和厦门分院，1986 年又成立了川沙分院，因此人事进一步调整。赵居温和汪统成前往深圳分院担任正副院长，三室主任许芸生兼任厦门分院院长，给排水工程师吴桢东担任厦门分院副院长。⑪

个人产值分配制

除了生产部门的人员架构以外，延续计划经济时代的平均主义分配模式，也就是吃"大锅饭"，也是影响个人生产积极性的重要因素。因此，在从学校经济独立并通过民主选举重构设计室以后，同济设计院的管理层决定改革"做多做少一个样的奖金分配方式"。⑫

提出打破"大锅饭"的是 1985 年底由建筑系副主任调任设计院副院长的刘佐鸿。到任后，他发现，1986 年初，设计院有收入，还能上交学校，不错的奖金和福利在全校闻名。"但奖金受平均主义影响，而福利则是鸡鸭鱼肉"。1988 年，分发实物的福利被淘汰了，但是"大锅饭"的奖金分配制度依旧影响着设计人员的积极性。于是院务会讨论决定拉开奖金的等级，"对任务完成得好的和较好的分等级加发'红包'"。为了避免"红包"受院领导主观印象左右，院务会决定根据工作量按多劳多得的原则发放。一开始想按照建委的工日定额计算办法，后发现过于复杂，决定改为："一线设计人员按个人产值计奖，二线人员按平均奖乘系数计奖，院级领导的系数定为 1.1，下面为 1、0.9，最低的为 0.8，主要鼓励一线生产人员能多做"。[4]1989 年，在教育部全面质量管理系统的推行过程中，同济设计院将产值分配改为，每个人"按质量、产值、考勤等综合因

⑧ 王吉螽手书设计机构变迁和各历史时期负责人员名单。

⑨ 刘佐鸿保留人事档案。

⑩ 据黄鼎业回忆。

⑪ 同⑧

⑫ 刘佐鸿访谈。

素进行切块计奖，由于计奖有依据，当年还对两个人扣发了质量奖，没有人到院里来吵闹，这似乎是过去没有的。当然对质量评为'优'的两个人还发了加奖。"[4] 多劳多得的产值分配经济杠杆有效地推动了工程进度。

同济设计院经过企业化管理的经济和人事改革，生产力得到了显著的提高，根据当年刘佐鸿、姚大镒两位院长的记录，1983年，同济设计院全年完成建筑面积20.8万平方米，投资额是3779.14万元，年产值为38万元；到了1984年，完成的建筑面积几乎翻了一倍，达到37.4万平方米（投资额14 788万元），产值为上一年的2.99倍，达到110万元。从1985年开始到1991年，同济设计院的年产值一直保持在200万元以上。1991年年产值已经达到296万元，是1983年的7.79倍。虽然完成的建筑施工图面积仅为之前的2.61倍，但投资总额从3800万元扩大到3亿多元，人均年奖金收入则从240元增长到2770元，两个数据均增长了近10倍。[13] 在为同济设计院建院50周年撰写的《改革开放初期的设计院》一文中，刘佐鸿还特别提到，"1989年由于动乱的影响，基建压缩，为了拓宽任务渠道，院务会提请学校批准了高晖鸣同志由设计室调至院部任副院长，专管生产任务，起了很大作用。同时还加强了深圳分院，增加了收入。加上奖金制度的改革，1989年当年的产值还超过了年初预定的200万元，达到272万元"。[4]

⑬ 姚大镒记录同济设计院从1983年到1991年产值设计图纸建筑面积投资额总支出和人均收入的笔记。

这一时期，设计院每年的收入除了工资、奖金、日常开支和上缴学校和教委以外，其余均为事业发展所用。1989年院务会决定投资35万元扩建设计院二期办公楼，以改善设计办公条件，同时投资50万元购买集资建造的10套职工住宅，每套70平方米，改善职工住房条件。从1986年到1990年共增添了三台计算机和一台晒图机。当时每台PC机价格近三万元，超过全院120名员工两个月的工资总额。[4]

同济设计院的产值分配制度一直持续到20世纪90年代末。产值主要由室主任根据设计人员的工作量计算。因为设计人员平时只领取工资，个人奖金都是年终统一发放。在1997年以前进入设计院的员工很多都对年末用档案袋装现金发放奖金的壮观场面记忆犹新。上百万的奖金堆成一堆，在室主任的监督下，由财务向每名设计人员分发奖金，设计人员签字确认。因为产值计算很细，所以还会准备很多零钱。设计院分发奖金的日子，彰武路的银行需要排长队存钱。后来才改为打入银行卡。⑭

⑭ 2018年3月6日，华霞虹、王鑫访谈陈继良，地点：同济设计集团503会议室。

参考文献

[1] 黄鼎业.开启民主与市场化管理的先河[M]//丁洁民.累土集:同济大学建筑设计研究院五十周年纪念文集.北京:中国建筑工业出版社,2008.

[2] 建筑创作杂志社.1983—1984大事[M]//建筑中国六十年(事件卷).天津:天津大学出版社,2009.

[3] 李华,董苏华.张钦楠先生谈个人经历与中国建筑的改革开放[M]//陈伯超,刘思铎.中国建筑口述史文库·第一辑:抢救记忆中的历史.上海:同济大学出版社,2018.

[4] 刘佐鸿.改革开放初期的设计院[M]//丁洁民.累土集:同济大学建筑设计研究院五十周年纪念文集.北京:中国建筑工业出版社,2008.

深圳白沙岭居住区与深圳分院

20世纪80年代初，同济设计院的经济改革措施包含内外两个方面，向内主要是从学校独立，自负盈亏，改革收入分配制度，提高生产力；向外则是努力拓展市场，争取设计项目。向外拓展时，同济大学"规划先行"和"建筑规划"紧密结合的传统发挥了重要的作用，很多设计项目因为建筑系或规划系的教师先完成了规划设计，很自然地会和同济设计院、建筑系或其他系的教师合作。早期以新镇和居住区为主，在新千年前后则主要是新城和行政中心。在改革开放初期，同济设计院和规划系、建筑系合作的项目中，规模大、参与者众多，也最有影响力的分别是深圳白沙岭居住区和山东胜利油田的孤岛新镇的规划和建筑设计。这两个项目带来的声誉为同济大学此后与深圳和山东等地的长期合作奠定了良好的基础。

国内第一个高层居住区

在改革开放初期，全国最具有吸引力的地区是南方沿海城市，特别是1980年8月26日正式成立的深圳经济特区。《累土集》中《1983年的大事记》记载道："深圳特区设立，开始大规模基本建设，设计院抽调了精兵强将，去开拓深圳市场。"[1] 为了尽快落实中央批准的深圳市总体规划，深圳市政府邀请同济大学、清华大学和香港的规划专家开展详细规划设计。由规划系教授和设计院建筑师组成的同济团队主要负责了白沙岭居住区和莲花新村的详细规划以及福田市中心区规划。①

◎ 1986年深圳白沙岭高层住宅
（来源：许谦冲提供）

"深圳白沙岭居住区是（当时）国内除香港地区外，第一个规划建设的高层居住区"，也是同济规划系、建筑系和设计院在深圳第一个合作建成的大型项目。1983年，深圳市工程设计咨询顾问公司邀请同济大学建筑系做规划设计，规划系的郑正、王仲谷、邓述平、周秀堂和设计院的王吉螽等组成的设计团队"用了不到两个月的时间"就完成了规划方案，并获得深圳市城市管理部门的"一致通过"。[2]

① （原深圳分院第一任党支部书记、第二任副院长）包顺德.《回顾深圳分院发展过程》.载同济大学建筑设计研究院（集团）有限公司和深圳市同济人建筑设计有限公司编.《根：1989—2010回眸纪念册》。

根据两位规划系教授郑正和王仲谷于1985年发表在《时代建筑》上的论文[2]介绍，白沙岭居住区位于深圳市上步区，北面紧邻全市性的交通干道笋岗路，南面隔着红荔路与电子、轻工工业区接壤，基地东北角是八卦岭工业区，西北角是山峦起伏、林木葱郁、风景秀丽的笔架山。基地总面积为66.5公顷，根据深圳市的绿化规划，沿着道路留出30~50米宽的绿化带后，实际建设用地约50公顷。规划任务要求能居住3.8万~4万人，平均每户居住面积80平方米左右。居住的对象主要是八卦岭工业区和南部电子、轻工工业区工作的职工和干部。

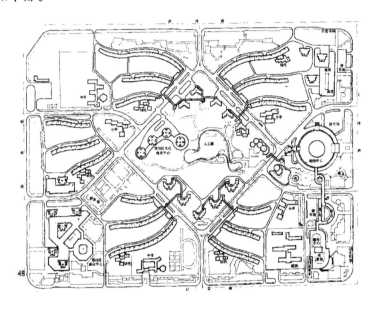

◎ 深圳白沙岭住宅总平面布置
(来源: 郑正, 王仲谷. 深圳白沙岭高层居住区 [J].时代建筑,1985(1))

规划设计将整个居住区视为一个整体，由六组大小不等的住宅组群构成。住宅组群采取塔式、板式结合的布置方式，低层为公共服务设施，其上设置屋顶花园，并用人行天桥连接，供居民休憩。整体规划的形态仿佛是一朵菊花，14幢高层塔楼围绕中心绿地形成核心，周围15栋向心布置的小高层长板曲线形板式高层宛若花瓣。之所以采用板式高层原因有三：一是提高土地利用率，留出更为集中的公共绿地；二是避免当时常用的蛙式高层朝向不佳的缺点；三是空间效果丰富且整体形象明朗强烈。

同济设计院和建筑系共同设计了7种高层住宅方案，其中三种为弧形板式，由正、反基本弧形单元灵活拼接成平缓流畅的曲板式住宅，并采用跃层、跃廊的形式，层数为10~18层。塔式住宅大部分为24层，少量加高到30层。

现场设计

因为项目太大，所以同济设计院和建筑系也只是分担了其中弧形板式高层住宅的部分，其他部分则分给当地设计院和全国其他设计院。因为"当时深圳开放了，项目比上海多很多，设计费收费标准也高。深圳大多数工程是通过招投标这样比较市场化的方式开展的，这种形式那些年在其他地方还比较少见，因此很多人跑到深圳去开拓市场"。② 当时同济设计院把白沙岭的项目视为"重中之重"，③ "1984年3月2日，同济大学一行12人首次经广州踏上了特区的土地"，包括规划系教授郑正、周秀堂，设计院的董彬君、汪统成，还有当届毕业生章岳鸣、高峰等。④ 去深圳做现场设计的人员还包括建筑系的陈锡山、李茂海等教师，设计院建筑师宋宝曙、结构师巢斯、设备室的给排水设计师吴桢东、范舍金等，⑤ 参与白沙岭项目的设计师多达"二三十人"。⑥

设计院主要承担两栋弧形板式高层的设计，其户型与上海地区户型差异很大。18层的住宅并非全部算是高层，而是6~7层的多层上部顶着10~12层的高层。"下面的部分是不装电梯的，因为电梯很贵，销售也按照多层销售。平面是外廊式的，南方温度高，不怕冷，也方便连通。"⑦

做18层高的住宅无论对设计院还是开发商来说都是头一回，因此深化设计的过程多有反复。按照宋宝曙的说法就是："那时候大家对高层住宅没什么认识。设计一天到晚要改。甲方去一趟美国参观，回来就改方案，去一趟新加坡，回来又要改。"⑧ 在施工过程中，因为深圳的经济遭遇低谷，白沙岭项目还曾下马过一段时间。据宋宝曙回忆："有一次去工地，因为下过一次暴雨，蜿蜒的地基仿佛是一条条河道。施工单位在施工的时候还做生意，先买了好多钢筋，钢筋价格涨上去就把钢筋卖掉来赚钱。到后来赔钱了，就连面包车都卖掉了。"⑨

胜利油田孤岛新镇

同济设计院与规划系的项目关系并非总是从规划发展到建筑，也可能是反向的，比如胜利油田孤岛新镇规划。胜利油田位于山东省黄河三角洲滨海地区，是中国仅次于大庆油田的第二大油田。原孤岛油田指挥部职工生活基地下发现丰富的储油量，故决定建设新的孤岛新镇 [4]——一座为胜

◎ 1983年同济规划系教师和研究生制作胜利油田模型，从左至右：张鸣、郑正、王仲谷、邓念祖、陈文琴、周秀堂、夏南凯（来源：侯丽提供，邓述平摄影）

② 2018年1月26日，华霞虹访谈周伟民、范舍金，地点：同济设计集团503会议室。

③ 同上。

④（原同济大学建筑设计研究院深圳分院第一任副院长、副总建筑师）汪统成.《说点古事儿，谈点今事儿》. 载同济大学建筑设计研究院和深圳市同济人建筑设计有限公司编.《根：1989—2010回眸纪念册》。

⑤ 同②

⑥ 宋宝曙、孙品华访谈。

⑦ 同上。

⑧ 同上。

⑨ 同上。

利油田下属孤岛油田与两桩油田职工服务的新城。据孤岛新镇工程总负责人，规划系教授邓述平介绍，"胜利油田最初找到同济建筑设计院做孤岛新镇规划，建筑院说规划做不了，转到我这里"。[5] 因为自己接受过城市规划、道路、给排水、建筑设计、结构设计等各种训练和实践，也画过施工图，邓述平"有恃无恐"地接受了这个项目。

为了建成一座"新型社会主义现代化的石油城"，新镇规划目标是2000年总人口达到6万，用地525公顷。新镇从总体规划、详细规划到单体和各项工程设计，都由同济大学孤岛新镇规划设计组和建筑设计组共同承担。邓述平与王仲谷、周秀堂两位教授，规划系教师邓念祖、吕慧珍和年轻的研究生，比如张鸣、王扣柱、吴志强、陈文琴等一起开展规划设计，建筑系的卢济威、来增样、余敏飞、刘云、罗辛、吴长福、刘双喜、彭瑞爵等教师组成了建筑设计组。[6] 在当时同济副校长徐植信的支持下，还邀请到道路、暖通、给排水各系教师和同济动力科组成设计工作小组，同济设计院也组织工程师团队参与施工图设计，比如综合三室的结构工程师刘湄等。⑫ "建筑和市政工程全部的配套都做了，包括公园广场的景观设计"。[5] 规划设计从1983年6月开始，1984年5月动工建设，26个月后建成一个居住社区，油田职工开始迁入。[7] 项目陆续做到1998年。

孤岛新镇工程为本来只能纸上谈兵的教学提供了可贵的实践机会。孤岛新镇用地布局采取分片成团结构，镇中心位于新镇基地的几何中心，围绕镇中心布置八个居民村（居住社区）。[7] 因为"石油工人工作条件很艰苦，居无定所"，设计师"希望能够给石油工人创造一个舒适的、有故乡感觉的和谐社区。孤岛八个新村分别起名叫作'振兴、中华，文明、建设，团结、友爱，光明、幸福'……社区是很多人在一起共同生活，是'故乡'的概念"。[5]

胜利油田孤岛新镇获得了1986年"建设部全国规划优秀设计金奖"和"建设部科技进步一等奖"。经过10余年规划和建设的这个项目在同济规划和建筑的很多教师心中也留有重要的地位。对于后来成为国内城市设计领域先驱者的建筑系教授卢济威而言，这是他第一次听到"城市设计"这一概念。⑬ "新镇规划设计的主导思想是突出城市设计，强调城市建筑空间造型，创造崭新的城市建筑风貌。"[7] 而正是这次项目实践推动了卢济威对城市设计理论的研究和思考。在孤岛新镇的建筑设计中，建筑师引用凯文·林奇《城市意象》中提出的理论，试图通过设计与"环境形成对比的色彩明快的建筑"和"力求多变的城市轮廓线"来塑造具有可识别性的油田城市形象，使居民获得强烈的记忆和清晰的"心理图像"。[8] 对于当时正跟随李德华

⑫ 据吴长福回忆。

⑬ 卢济威、顾如珍访谈。

教授攻读硕士学位的现任同济大学副校长、工程院院士吴志强而言，这是第一次完整参加规划实践的机会。⑭ 1996年被聘为同济设计院副总建筑师，2000年出任副院长，现任同济设计集团副总裁的吴长福当时还是留校不久的青年教师，他在访谈中也强调，胜利油田项目是自己与设计院第一次接触，其中中华村小学项目 [9] 是第一次绘制施工图。当时建筑系教师的创作主要以竞赛和方案为主。项目组通过从华东院借阅施工图，从最基本的轴线定位方式等学起完成了施工图。⑮

⑭ 2018年3月20日，华霞虹、王鑫访谈吴志强，地点：同济大学逸夫楼409室。

⑮ 2018年5月2日，王凯、王鑫访谈吴长福，同济设计集团5楼吴长福办公室。

孤岛新镇是20世纪80年代至90年代同济大学参与面最广的社会服务项目之一，对于同济规划和建筑系的师生而言，是第一次，也是唯一一次"从头到尾全面实施"的规划项目。而这座新城与同济的渊源也永远凝聚在城市中央绿化带间一条人工河中。这条8米宽的人工河被石油工人命名为"同济河"，它将环绕新镇的原有灌溉渠"'神仙沟'的水体连接起来，并将相邻的居住社区、小游园、中心广场和公园等绿地联成一体，形成该镇绿化体系中的一条轴线，为人工建设的新镇注入了自然的活力"。[10] 同济大学对胜利油田的服务一直持续，2011—2013年，同济设计院的建筑师胡仁茂还主持了胜利油田中心医院的设计。

成立深圳分院

20世纪80年代中期，因为经济特区的活力和市场机遇，同济大学在南方多个城市成立了规划和建筑的设计分院，包括同济大学建筑设计研究院深圳分院、厦门分院和董鉴泓1986年在海南成立的规划设计院。其中延续至今发展最好的是1985年因为白沙岭项目的成功而开始筹建，于1989年6月1日正式挂牌成立的深圳分院。最初同济设计院常驻深圳的包括从各室抽调的21名设计师，以原设计二室为主体。其中分院院长为原二室主任赵居温，副院长为吴景祥的研究生汪统成，建筑师还包括：万竞、金文斌、乐玉华、甄依群、李台然、笑寒、汤迅；结构设计师为：许谦冲、任华、徐钢、熊跃华、李如鹏、曹建荣、朱米毛、王忠平；设备包括给排水：包顺德；电气：李桂丹，还有陆耀珍、赵喜英两人负责概预算和财务工作。设计分院此后又出色完成了莲花新村的施工图。⑩

在20世纪80年代中后期和90年代初，深圳等地经济发展曾有所放缓，大部分人返沪，仅许谦冲、汤讯两人坚持留守。1992年邓小平南方谈话后才真正开始持续发展。1992年5月，深圳分院实行独立经济核算，由原设计三室主任许芸生兼任院长、吴桢东为副院长的厦门分院则撤销。

　　1991年底参与中侨物业发展公司开发的高层商住楼"西湖大楼"的竞标为陷入低谷的深圳分院带来了转机。同济设计院为该项目提供了两个方案，其中第一方案由万竞、苏亚等在深圳本地做。因为参与的设计师多为年轻人，缺乏相关经验，留守深圳的副院长兼副总工程师许谦冲经规划系教授朱锡金介绍，请当时在深圳规划设计院工作的建筑师罗新扬前来指导。第二方案则由刚从院长位置上退休下来的刘佐鸿带着甄依群等人在上海完成。经过2个月左右的努力，在与深圳市院、广东省院等其他5家较大的设计单位的竞争中，同济设计院的两个方案分获第一、第二名。[11] 最后实施的第一方案由1978年从上海市民用设计院调到同济设计院工作，1989年被派往深圳分院担任总建筑师直至2000年的万竞负责。万竞对住宅福利房、微利房、商品房等不同类型住宅均通过设计实践加以研究，曾于1993年荣获"十大上海市住宅设计专家"称号。"西湖大厦"的中标改变了深圳当地市场对"同济设计院只能搞住宅不能搞高层综合体建筑设计"的成见。[3]

◎ 叶宇同绘制的西湖花园水粉表现图
（来源：许谦冲提供）

⑪ 许谦冲.《深圳分院的一次转折》.载同济大学建筑设计研究院（集团）有限公司和深圳市同济人建筑设计有限公司编.《根：1989-2010回眸纪念册》。

西湖花园的实施方案为两栋33层，高度近100米，带四层连通的商业裙房的复杂建筑。在结构上，塔楼上部的若干剪力墙在底部转换成框支结构。这座当时难度较大的复杂高层，全部为手工绘图。为此，同济设计院深圳分院不仅集中了分院的全部力量，还邀请无锡市轻工业建筑设计院、深圳南方电子工程公司等单位的骨干合作设计。现任深圳院院长叶宇同当时还在攻读硕士学位，他为西湖花园手绘的彩色效果图被印制在房产广告上。"西湖花园"商住大厦的成功使同济设计院深圳分院在深圳市场上声名鹊起，开始项目不断。通过招收南下的新毕业生和刚退休的高级技术人员，深圳分院规模很快扩展至40多人。1992年冬，深圳分院第一次搬入固定的办公场所——深纺大厦C座东五楼，并开始实施独立经济核算。工作条件的改善和设计人员的增加大大提高了工作效率，分院在短短几年就完成了10余个高层住宅或办公楼项目，还建成了一幢超高层建筑——42层、162米高、建筑面积10万平方米、总投资达2.5亿元的深圳免税大厦。

伴随建筑市场的开放，加之应对日益激烈的竞争的需要，在总院的支持下，同济大学建筑设计研究院深圳分院于1999年11月30日正式改制为"深圳市同济人建筑设计有限公司"，成为深圳一家有100多员工，具有独立法人资格的综合甲级设计机构，委任已在东莞驻现场设计一年半，比较熟悉广东市场的建筑师韩冬为第一任总经理，任华和叶宇同担任副总经理，任华兼任总支书记。同济大学建筑设计研究院持有其70%股份。4年后，"深圳同济人"被评为2003年中国（深港）最具影响力的建筑设计机构。截止至2018年，"深圳市同济人建筑设计有限公司"已拥有员工309人，采用专业所的组织模式，下设5个建筑设计所，结构和设备设计所各1个，还设有休闲产业发展部、技术支持部和景观设计所。

◎ 同济大学和设计院领导视察深圳分院在深圳世界之窗门前合影（来源：深圳市同济人建筑设计有限公司）左起：许木钦、何义芳、张纪衡（同济大学党委书记）、王建云（同济大学党委副书记）、高晖鸣、赵居温

2010年，同济大学建筑设计研究院(集团)有限公司与深圳市同济人建筑设计有限公司合作编撰了《回眸纪念册》，图文并茂地记载了深圳分院20周年和"深圳同济人"10周年的风雨历程和成长成就。纪念册采用了"根"为主题，这是对当年南下艰苦创业的同济设计院前辈的致敬，更是对自身的来源——"同济品牌"的强调和重视。今天，同济设计集团旗下共享这一品牌的控股和参股公司共有9个，除"深圳同济人"外，还包括上海同济开元建筑设计有限公司、上海同济华润建筑设计研究院有限公司、上海同济协力建设工程咨询有限公司、上海同济工程咨询有限公司、陕西同济土木建筑设计有限公司、南昌同济规划建筑设计有限公司、上海同济室内设计工程有限公司和上海同悦图文设计制作有限公司。

◎ 深圳院第一任三位院长，汪统成、赵居温（前左）、许谦冲（前右）（来源：深圳市同济人建筑设计有限公司）

参考文献

[1] 丁洁民.累土集:同济大学设计研究院五十周年纪念文集[M].北京:中国建筑工业出版社,2008.

[2] 郑正,王仲谷.深圳白沙岭高层居住区[J].时代建筑,1985,(1):48-51.

[3] 陈晓东.广厦情深——记同济大学建筑设计研究院的建筑师们[M]//叶传满,钟勤.梦想成真:同济人参与重大工程纪实.上海:同济大学出版社,1995.

[4] 王仲谷.山东胜利油田孤岛新镇[M]//王仲谷.心系广厦:王仲谷作品选集.中国建筑工业出版社,2012:18.

[5] 侯丽.同济详规教研室两三事——邓述平先生访谈[J].城市规划学刊,2016,(5):v/iv-v.

[6] 同济大学胜利油田建筑设计组.山东省孤岛新镇中华村住宅[J].建筑学报,1987,(1):13-15.

[7] 同济大学孤岛新镇工程规划设计组.孤岛新镇规划[J].城市规划,1987,(1):13-19.

[8] 卢济威.油城建筑与城市形象——孤岛新镇建筑设计[J].建筑学报,1989,(8):29-32.

[9] 吴长福.山东胜利油田孤岛新镇中华村小学设计[J].时代建筑,1990,(4):53-54.

[10] 李铮生.孤岛新镇同济河设计的构思和效果[J].城市规划,1990,(6):22-57.

TQC 全面质量管理

　　建筑产品的质量是设计企业的生命，质量管理需要贯穿生产活动的始终。1987年以前，同济设计院并没有完整的质量管理体系，一般由技术室或总师室负责审核设计图纸和把关技术质量。1987年，国家教委系统所属设计院开始推行全面质量管理（Total Quality Control，下文简称TQC）。同年底，同济设计院成立TQC领导小组。经过两年的推行，到1990年11月，同济设计院的TQC体系通过了国家教委TQC达标验收领导小组的验收。第二年8月，又获复查通过。

同济的方案与施工图

　　同济大学建筑设计研究院的基因是提供"真刀真枪"实践机会的教学机构，开展设计的目的一方面是满足社会生产，尤其是教育系统的基建发展需要，另一方面是纠正"纸上谈兵"的传统教育方式，因此提出教育与生产劳动相结合，教学、设计、施工三结合。加之同济设计院的工程有不少是由教师带着学生兼职完成的，在实际工程经验方面自然比不上有经验的专职设计师和技术团队。因此，从1958年到1987年，同济设计院虽然在文教类建筑方案设计上有一定优势，但其机构规模和技术积累都无法与当时上海建委主管的华东设计院、上海民用设计院，甚至一些部委下属的设计院相提并论，以至在设计院成立初期，部分图纸需要经过华东设计院的会签才能出图，[①]直到20世纪90年代中期，碰到不熟悉的或技术难度高的工程类型时，同济设计院的设计师还经常从其他设计院借阅施工图纸学习。

① 姚大镒、周伟民、范舍金访谈。

　　1989年至1990年任同济设计院院长的刘佐鸿，迄今仍对1986年2月刚到同济设计院任职副院长后第三天去上海市建筑勘察设计部门开会的尴尬经历记忆犹新。那是一次全市各建筑勘察设计单位负责人的会议。在会场上，领导点名批评，给同济设计院定了"三条罪名"，说"同济大学（设计院）管理混乱、图纸粗糙、作风不正"。后经了解，原来是地下系有一个勘探项目，工程外包，以低价竞争，而且勘察报告做得不好。设计院其实是"代人受过"。但是同济设计院被当众批评，让刘佐鸿深刻意识到，设计院的质量和管理急需改进。[②]此外，"同济方案行，施工图不行"的口碑对同济设计院参与设计竞标也是一种障碍。在20世纪八九十年代的上海市项目设计投标中，同济设计院在方案胜出的情况下，因为技术实力原因未能签订项目合同的情况并不罕见。

② 刘佐鸿访谈。

推行全面质量管理

在计划经济时代，设计项目完全靠委托，因为不存在竞争，工程量少，进度慢，技术管理的问题尚不突出。随着同济设计院的企业化管理改革深入，设计项目不断增加，没有相应的技术管理措施不仅影响工程质量，也无法提高生产效率。1984年4月，教育部在武汉会议上公布《部属设计研究院经济技术责任制办法》，除了要求部属设计院和地方设计院一样，实行事业单位企业化管理以外，还对设计产品的质量提出"设计优良品率不小于90%"。1986年8月，国家计委颁发《关于勘察设计单位推行全面质量管理的通知》。一年后，上海市建委提出，上海市属甲级勘察设计单位在1988年8月底前达到 TQC 的基本标准。同样在1987年，国家教委也成立了 TQC 领导小组，以推动部属的甲级设计院实行全面质量管理。③

为了推行全面质量管理系统，同济设计院于1988年初成立了 TQC 领导小组，由主持工作的副院长刘佐鸿挂帅，副院长姚大锰、许木钦、高晖鸣和总支副书记范舍金等都参与其中。因为同济设计院以前没有相关的技术管理经验，当时也担任上海市勘察设计协会常务理事姚大锰记得那段时间曾去华东院和上海民用院借阅管理方法和技术措施的资料来学习和参考，和设计院其他技术管理人员一起制定规则，以纠正同济设计院原先不规范的管理状况。比如以前同济设计院设计图纸完成后，校对审核可以由同一人签字，但是 TQC 要求必须由两个人签字。以前不同工种在互提资料时只是口头说说，没有记录，因此不容易全面执行。根据新的质量管理要求，所有的提资要有书面材料，并且互相签字确认，避免了相互扯皮的状况。建筑全面质量管理意味着把设计流程按照质量标准规范化，这是企业正规化的必要过程。④

1990年6月20日，刘佐鸿整理了《推行全面质量管理工作汇报》（下文简称《汇报》），以"同济大学建筑设计研究院"名义向国家教委 TQC 领导小组报告。《汇报》中介绍，到1990年，同济设计院拥有建设部颁发的建筑设计综合甲级和勘察乙级证书，在编人数140人，其中高级工程师以上职称30人，工程师职称47人，两者比例高达54%。不在一线的管理和行政人员比例为15%。1986—1990年，设计院共完成施工图133项，总建筑面积108.87万平方米，工程投资总额12.2712亿元，设计总产值1076万元。由于同济设计院院级领导原来从事教学和技术工作，没有经过正统的管理训练，习惯了"年初计划，年终总结"的传统做法，虽然设计了不少优秀的作品，但是对"质量第一"缺乏制度上的保障。从1986年

③ 姚大锰工作笔记记录。

④ 同①

实施质量管理以来，每学期均制定了相关的质量管理工作计划，通过参加国家教委和上海建委的 TQC 学习班，领导层在观念上发生了三大转变："转变重技术轻管理的理念，确立管理也是生产力的观念；转变重产值轻质量的观念，确立'质量第一'的观念；转变质量管理只是设计人员的事，确立质量管理的'三全'（全面、全过程、全员）新观念。"⑤

《汇报》还介绍了同济设计院院内的 TQC 开展情况。1988 年初，同济设计院成立了 TQC 领导小组，领导全院开展 TQC 教育。1989 年又调整充实了院 TQC 领导小组，并成立了专职的 TQC 办公室，进行全面质量管理的日常工作。比如，进行 QC（Quality Control，质量控制）小组，也就是专项课题质量研究小组的登记，汇编有关规章制度，设计管理文件，收集 TQC 有关资料等。1990 年各设计室也相继成立了 TQC 领导组。设计院还设立了院、系两级的设计质量评定组，由总师室负责，部分总师和主任工程师参与，负责设计质量评定工作。

此外，设计院还印发教材，举办学习班，开展全面质量管理的教育，并组织院室干部去轻工业设计院、中船勘察院、上海勘察院参观学习；组织全面质量办公室去东南大学和浙江大学建筑设计研究院参观学习。

执行 TQC 管理后，成效显著。同济设计院 1989 年完成的 40 项工程优良品率（75 分以上）达到 100%。1985 年开展设计招标以后，1985 至 1990 年，14 个项目中标。将勘察设计质量与奖金挂钩，是提高设计质量的重要举措。1988 年奖金分配新规定按照质量、产值、考勤等综合因素切块计奖，其中质量奖占 45%，产值奖占 40%，综合奖占 15%。对质量奖评"优"者，还会在质量奖比例上加奖 20%，评"可"的扣 20%，评"差"的则质量奖全部扣发。

对设计院内固定的员工进行统一管理较容易推行，但是对于高校设计院而言，如何使各院系的力量也纳入管理轨道，使兼职参与设计的教师能在保证产品质量的前提下发挥创造力，这是富有挑战力的。在计划经济时代，设计项目都是委托的，也没有设计费。一般建设单位可能找到学校或系里来要求帮忙设计，系领导根据教师的专项分配设计。在 1984 年设计项目全面收费以前，各系教师承接项目并不需要经过设计院签订合同和管理，一般自行组织团队完成设计，甚至图纸图签也没有统一的样式。在设计收费和建设部颁发设计资质以后，按照上级部门的要求，设计院才开始负责各系教师的设计管理，但最初并不规范，因此质量并不能完全得到保证。

国家教委 1987 年推行的全面质量管理工作过程中，试行各院系有一定百分比的教师可以承接任务并在设计图纸上签字，即成为拥有"签字权"的设计师。教师需要参加 TQC 培训，经过考试取得合格证，各院系由一位领导分管负责，工程项目合同由设计院出面签订，图纸由设计院盖章后才有效，经济所得归各院系，设计院并不收取管理费。[1]1990 年，已担任同济大学副校长的黄鼎业建议学校增加一个设计院副院长编制，调派原暖通专业的谈得宏来设计院担任副院长，组建一个管理组"院外组"，专门管理设计院本部以外的各院系教师承接的项目，经济上由各院系独立核算，设计院象征性地收取少量管理费。这样一来，兼职实践的教师设计师的管理也开始逐步走向正轨，实现了按期交图、保证图纸质量的目标。[1]

◎ 1990 年同济设计院全面质量管理验收，左一为刘佐鸿院长（来源：《累土集——同济大学建筑设计研究院五十周年纪念文集》，丁洁民主编，中国建筑工业出版社，2008）

经过两年的努力，同济设计院的全面质量管理体系于 1990 年 11 月通过国家教委 TQC 达标验收领导小组的验收。次年 8 月，复查也获得通过。1999 年 8 月，同济设计院开始在全院推行 ISO9001 质量保证体系。2000 年 1 月，同济设计院的质量保证体系通过了中国 SAC 和荷兰 RVA 的双重认证。

◎ 1999 ISO9001 贯标工作，左起方稚影、周雅瑾、周伟民、范舍金、周瑛（来源：《累土集——同济大学建筑设计研究院五十周年纪念文集》，丁洁民主编，中国建筑工业出版社，2008）

参考文献

[1] 刘佐鸿.改革开放初期的设计院[M]//丁洁民.累土集：同济大学建筑设计研究院五十周年纪念文集.北京：中国建筑工业出版社，2008.

《高层建筑设计》与《实验室建筑设计》

1979年以后，同济设计院虽然脱离了院系日常教学工作，成为同济大学下属的、独立核算的、以生产为主的单位，但是直到1993年并入同济科技实业股份公司以前，员工还是教师或者教学辅助人员的编制。一些资深的教授和高级工程师还兼任培养研究生的教学任务，常常兼顾与专项实践相关的科研工作。根据统计，同济设计院在1979—1989年间编著出版专著、教材或图集共19本。① 这些研究成果或是完成的单项作品工程实录，如1979年5月陆轸、陆凤翔、朱保良合作编写，由同济大学科学技术情报组刊印的《同济大学图书馆》（1974，1979），或是围绕国家有大量建设需求的各类工程实践展开案例与理论的系统研究，后

◎ 同济大学建筑设计研究院《同济大学图书馆》封面
（来源：朱保良、朱钟炎提供）

一类著作中最有影响的是时任同济设计院院长的吴景祥主持编写的《高层建筑设计》和副院长陆轸主持编写的《实验室建筑设计》。

① 1990年6月20日，《同济大学建筑设计研究院"推行全面质量管理工作报告"》，刘佐鸿编制并保存底稿。

"文革"后恢复招收研究生

1979年，全国恢复招收研究生工作。同济大学建筑学专业的导师包括冯纪忠、吴景祥、黄家骅、谭垣、庄秉权等，"文革"后首批考上的研究生包括郑时龄、唐玉恩、黄太平（黄作燊之子）、张遴伟、江厥中等，城市规划专业导师有金经昌、董鉴泓、陶松龄、李德华，学生有张庭伟、马武定、邓继来等。[1]② 根据薛求理的回忆，除了建筑系的导师外，20世纪80年代，同济设计院中有资格指导研究生的导师主要是吴景祥、陆轸、吴庐生、王征琦和王吉螽等。吴景祥和朱亚新等老师还有带课、带实习等工作，因此有时候只上半天班，其余时间需要备课和做研究。③

② 其中张遴伟系参考《建筑人生：冯纪忠访谈录》附录补充。

③ 薛求理访谈。

1982年，设计院第一位跟1977级本科毕业生一起考上研究生的是建筑工程班毕业的苏小卒。半年后，他的同学薛求理也考上了副院长陆轸的研究生，苏维治则成为地下系的研究生。④ 当年分配到设计院的青年设计师有多位希望报考研究生，为了争取名额，甚至会找管理人事的副院长唐云祥日夜"纠缠"。

④ 同上。

建筑系"文革"后首批入学的研究生唐玉恩、汪统成、杨另圭跟随吴景祥研究高层建筑，他们1981年毕业时撰写的论文分别是针对高层建筑的旅馆、办公和住宅三种类型的设计特征问题展开的

研究。1986年入学的严龙华的论文题目为《高层建筑与城市景观》。唐玉恩、汪统成和严龙华三人同为清华大学本科毕业。此外,1984年,吴景祥还撰写了英文论文《高层住宅的宅间地与土地的高效利用》发表在《建筑科学评论》(*Architectural Science Review*, 1984. No. 3)杂志上。1984年入学的陈一新和1987年入学的王慧的论文题目分别为《盒子建筑研究》和《文化聚焦剖析》。所谓"盒子建筑"即工业化全预制装配式建筑。[2][4]

　　陆轸是1952年从之江大学并入同济大学的学生。他1972年进入"五七公社"设计室,1979—1984年间担任同济设计院副院长,主管生产和常务。1953届学生均为提前毕业,陆轸与来自圣约翰大学的朱亚新、史祝堂、董彬君、王征琦、钟金梁,来自浙江美术学院的朱保良等一起留校任教。陆轸分配在工业建筑教研室,1964年在吴景祥指导下,与陆凤翔、朱保良合作设计了"田"字形平面、两层高的同济大学图书馆,1965年7月竣工,填补了1954年中心大楼风波留下的空白。陆轸主要的教学和研究方向是实验室建筑设计,20世纪80年代初曾培养金力、薛求理、陈武等4名硕士研究生,这些学生的论文研究方向也均为实验室设计。

◎ 1965年建成的同济大学图书馆正立面照片(来源:同济大学建筑设计研究院编写的《同济大学图书馆》资料集,朱保良、朱钟炎提供)

　　在20世纪80年代,设计院依旧每年承担30多名毕业生的毕业设计指导、部分建筑学专业学生的施工图实习,还承担华侨大学毕业班全体学生的半年实践教学。1981—1990年,共培养19名硕士研究生,指导日本进修生1名,还有部分研究生在读。在设计院实施独立核算和产值分配制度,个人收入与工作付出挂钩后,对于这些教学工作,设计院还制订了"教学工作产值补贴折算办法。"⑤

⑤ 同①

《高层建筑设计》

吴景祥从20世纪50年代开始引介和研究勒·柯布西耶的现代建筑思想和法国的预制住宅，对社会经济发展引起的建筑类型和技术的变迁非常敏感。因此在80年代初，虽然当时国内的高层建筑还刚刚起步，吴景祥就洞察到这一"新生事物"领域的研究空白。他认为："为了节约土地、少占农田，适当地向高层发展，是一种不可避免的趋势。"[3] 高层建筑在短期内蓬勃发展的原因主要是工业化和经济发展造成的

◎《高层建筑设计》封面，吴景祥主编

土地紧张等，材料、结构、设备、施工机械和技术的发展为高层建筑的实现奠定了物质基础，而现代建筑思潮早期的倡导者，如勒·柯布西耶、格罗皮乌斯等则为高层建筑建立了理论基础。

吴景祥主编的《高层建筑设计》是国内较早全面研究和论述高层建筑设计的专著，全书由11章和《案例实录》组成，涉及城市发展中最常见的高层住宅、办公和旅馆等类型，这也是吴景祥指导三位研究生研究的建筑类型。书中全面分析了高层建筑的群体规划、外部空间和建筑造型设计，同时，还从建筑设计的角度概述了高层建筑结构造型选型，消防设施、给排水、空气调节和强电弱电系统；在《案例实录》部分选录了70个国内外典型实例，从建筑构思、平面布局、立面处理、结构选型等方面简要分析。

主编《高层建筑设计》一书时，吴景祥已经年过八旬，除了自己撰写《概述》《高层建筑发展简史》和《高层建筑的群体》等章节，纳入三位研究生在学位论文基础上进一步整理的成果以外，他还邀请当时已经担任建筑系主任，也是刚从美国哥伦比亚大学留学回国

◎ 1979年9月文远楼前，吴景祥与三名研究生，从左到右：汪坦成、吴景祥、杨弟圭、唐玉恩（来源：唐玉恩提供）

的戴复东撰写了《高层办公建筑组合设计》的章节。该书于 1987 年 12 月由中国建筑工业出版社正式出版。为此曾参与资料收集工作的研究生陈一新还从导师处获得 300 元"巨额"的稿费，相当于 1988 年她工资月薪的 4 倍。[4]182-185

带框无砂混凝土试验与同济大学留学生楼

1989 年，同济设计院有两项研究荣获上海市科技进步二等奖，分别是"带框无砂混凝土高层住宅试验研究"和"上海市标准——住宅厨房卫生间设施功能及尺度标准"。前者的主要负责人是综合设计一室的结构工程师孙美玉。当时设计院承接的两个高层住宅项目运用了无砂混凝土技术，13 层的同济大学留学生宿舍楼和 14 层的长白新村 1 号和 2 号楼高层住宅。[5] 这一研究成果也被收录于《高层建筑设计》。

之所以要研究无砂混凝土结构，是为了寻找一种减轻房屋结构自重，降低造价的结构体系。因为 20 世纪 80 年代初的民用高层建筑通常开间小、材料多、自重大，一平方米重量达 1.5 吨左右。上海属于软土地基，建筑工程中基础的造价占总造价 30% 左右。 如果可以减轻结构自重，就可以降低基础和整体造价。

◎ 1979 年，同济大学留学生楼效果图，唐玉恩、杨另圭绘制（来源：唐玉恩提供）

1979 年开始设计建造的同济大学留学生宿舍楼是"国内首次建造的一座高层学生宿舍"⑥ [6]，由于"各国留学生的民族文化、社会制度、生活习惯和方式与中国学生有差异，为避免相互干扰和便于管理照顾，单独形成小区"。这也是国内"首次使用带框无砂大孔混凝土承重体系的建筑"。该项目工程负责人是吴景祥，主要建筑设计人为李道钦，效果图由唐玉恩和杨另圭绘制，结构负责人为孙美玉。今同济设计集团结构总师巢斯 1980 年刚分配进设计院，他也跟随第一位老师孙关工参与设计、制图，在结构实验室做光弹力学实验。⑦

⑥ 面积数据在吴景祥、孙美玉等论文中为：总建筑面积 10 960 平方米，有卧室 300 间，略有出入。

⑦ 2018 年 3 月 9 日，华霞虹、王鑫访谈巢斯，地点：同济设计集团 503 会议室。

同济大学留学生宿舍总建筑面积 10 944 平方米，有卧室 290 间，每间 15.4 平方米。楼高 12 层（局部 15 层），地下 2 层，总高 42.9 米。平面呈"一"字形，坐北朝南，采用内廊式布局。该建筑除门厅外，大部分是 3.3 米的小开间，分间密、隔墙多、层数多、层高低，每层的层高为 2.8 米。为了避免打桩，主楼选择采用箱型基础，兼做地下人防。因为大楼使用活荷载不大，结构采用带框无砂大孔混凝土墙体系，相当于钢筋混凝土剪力墙中间由"不配筋的无砂大孔混凝土"代替。[7]"T"字形柱截面与墙板厚度一致，没有凸出墙面的梁柱，便于采用大模板进行机械化施工。[8]

根据吴景祥、沈怀忠、孙美玉、李道钦发表在《建筑学报》1981年第7期的论文介绍，无砂大孔混凝土即不用砂子，由水泥、粗骨料（碎石、陶粒等）混合搅拌而成的蜂窝状的多孔混凝土，其容重为1500~2000千克/平方米，标号为25—150号。国内外采用无砂大孔混凝土作承重结构的建筑，一般在5层以下。国外采用的带框架的无砂大孔混凝土墙可造到25层，而国内在高层建筑中应用尚是首次。从同济大学留学生宿舍楼的试点来看，采用该技术后，结构自重比钢筋混凝土结构减轻25%，墙体厚度仅16~18厘米，比砖墙薄。可以采用大模板，无需振捣，对模板侧压小，施工简便，速度快，墙面平整，粉刷薄。结构整体性能良好，材料建筑物理性能基本满足使用要求。虽然在首次的工程试点中"水泥用量不够理想""建筑隔声等方面须进一步研究改进"，但研究结论认为："在20层左右的高层民用建筑中这是一种有前途的体系，加之它不需要大型墙板等重大结构构件加工，以及大吨位起重设备，在一般中等城市中，特别是在不产砂的城市中更具有优越性。"[8]

在留学生楼的建造过程中，孙美玉参考国内外测定的数据，并与上海市二建公司一起开展多项试验和指标检测。还与校内各科研单位协作，对这种轻骨料混凝土墙体建筑物进行动力、光弹力学、抗震等多种试验。在施工时，"为了不让三好坞的水渗入地下结构，必须采取井底降水的措施。等造好地下室，又采取灌水方式以便早日撤去降水设备，降低造价"，为此，她还"穿着长筒靴，带领民工往地下室灌水"。[5]

同济大学图书馆扩建

同济大学图书馆扩建工程是20世纪80年代同济设计院负责设计，也是同济大学校园内另一个具有结构创新意义的高层建筑。该项目1985年动工，1989年建成。项目负责人是结构工程师路佳和建筑师周友章，1964年图书馆的设计者之一陆凤翔也曾参与前期方案。⑧ 该项目的设计难点是：校方要求"在不妨碍或少影响原有建筑的正常使用条件下进行施工"。[9] 图书馆扩建部分"位于原图书馆两个27.6米×23米的天井里，与邻近建筑最大距离仅2米"[10]。为此，"基础采用地下连续墙加箱基方案，单筒体作上部结构的主要承重体系，利用井格露面的主次梁作上下弦杆，分隔墙与连系柱作腹杆"[9][10]。为了减少高

⑧ 陆凤翔、王爱珠访谈（一）。

层建筑沉降，同济大学图书馆采用20米×52米的补偿式箱型基础，箱型基础高度9.4米，埋深8.9米，地下墙紧包在箱基外面，厚0.6米，作为围护结构。[10]

　　图书馆塔楼建成后面积达18 000平方米，大大缓解了当时学校教学设施不足的问题。新馆建于原图书馆四合院内，两个独立塔楼总高50米，塔筒外包尺寸为8.8米×8.8米，下面4层仅为电梯井，离地15.6米后外挑8.35米，形成外圈尺寸为25米×25米的八边形塔楼，采用后张法预应力工艺，悬挑于原二层建筑上空，作为阅览、开架书库、技术档案、科技情报等用途。建筑层高3.9米。在原目录厅位置拆除原有建筑，新建带中庭的二层目录厅，在该屋顶上拟建屋顶花园。扩建工程还包括1987平方米的新建书库，2080平方米的二层地下室（具五级人防要求）。[9] 两座塔楼间由天桥相连，兼做休息室之用。两座高耸的塔楼构成同济校园中轴线的地标，也是毛主席像的背景。

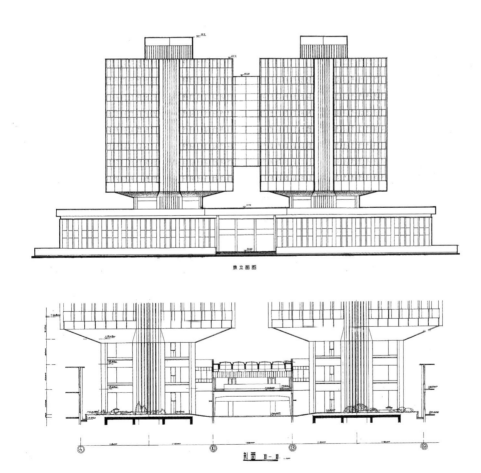

◎ 同济大学图书馆塔楼加建项目东立面及剖面图（来源：同济设计集团）

《实验室建筑设计》

由中国建筑工业出版社1981年10月精装出版的《实验室建筑设计》是陆轸在《实验室建筑原理》教学经验和新材料结构实验室、复旦大学理化楼等相关实践经验基础上，汇聚同济大学和南京工学院、湖南大学、浙江大学、上海科技大学、北京外国语学院、上海市民用建筑设计院和二机部（第二机械工业部）七二八设计院8家教学和设计单位相关设计师共同撰写。全书共16章，其中同济设计院设计师和相关系所教师撰写或合作撰写11章。

◎《实验室建筑设计》封面，陆轸主编

《实验室建筑设计》在调查国内实验室情况的同时，参阅了国外文献及访问国外实验室的调查报告，归纳成11个主题可供实践参考，包括研究所的总体布局以及生活区规划，实验室与研究室之间的布局问题，实验室开间、进深、层高的模式研究，实验室的标准化、灵活性与构建工业化生产的关系等。主编陆轸撰写了第一章《实验室设计的基本要求》，同济大学作者负责的章节主要在同济设计院这一时期设计完成的各类实验室基础上完成，比如吴庐生负责的《电子计算机房设计》，顾如珍负责的《声学实验室设计》，毛乾楣负责的《化学实验室设计》，陆轸负责的《放射性同位素实验室设计》和《加速器实验室设计》（与上海科技大学武强和同济大学刘盛璜合著）。建筑系戴复东撰写《建筑结构静力、动力试验室设计》。设计院的姚大镒与毛乾楣、陆凤翔、陈震武、王征琦还分别总结了通风系统、供电照明和工程管网综合设计。该书主要由吴景祥审校，南京工学院齐康、甄开源、上海民用院周秋琴等合写的《电教建筑设计》一章由南京工学院建筑系主任杨廷宝审阅。[11]

《实验室建筑设计》一书中大量插图为手工绘制。根据薛求理回忆，戴复东和吴庐生两位先生"将图纸手绘在A1大小的硫酸纸上"，"上面不注字，这些图送到出版社，将打好的字贴上去，再照相制成铅版"。在统稿和制版阶段，陆轸"专门去北京住了好几个星期"。此书的责任编辑是"20世纪30年代中央大学毕业的丁宝训"。薛求理由衷感慨，"在既无复印、又无电脑的年代，编写这么厚一本技术书籍的劳动今天难以想象。"⑨ 1981年12月7日，《文汇报》专题报道了《实验室建筑设计》发行的信息，并给予高度评价，称此专著填补了我国此项研究领域的空白。[12]

出版《实验室建筑设计》后，陆轸与毛乾楣合作设计了同济大学测试中心实验楼。该项目建成于1985年，建筑面积2600平方米，楼内设有电子显微镜、核磁共振谱、X射线衍射、原子吸收光谱、

⑨ 薛求理 .《忆陆轸师 "Archeology" of the 1980s》. https:// www.douban.com/ note/588104224/; 薛求理 .《心香一烛 —— 怀念戴复东先生（In memory of Professor Dai Fudong）》. https:// www.douban.com/ note/658937573/）。

红外光谱、紫外光谱、气相色谱、液相色谱等实验室。该实验室采用单元组合平面方案，打破一条走廊两边实验室布置形式，减少走廊内噪声对实验室的影响。朝北布置恒温恒湿要求的实验室，以利节约能源，朝南布置研究室及普通实验室，冬季阳光满室，改善了工作条件。[13]

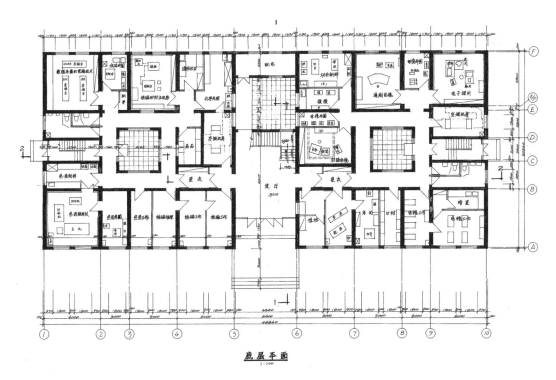

◎ 同济大学测试中心实验楼底层平面（来源：同济设计集团）

培养工程型硕士研究生

在《实验室建筑设计》出版以后，陆轸招收了两位硕士研究生，继续开展该方向的研究。1986年，陆轸在《学位与研究生教育》杂志上发表论文，总结了他对培养工程型硕士研究生的四点认识：扩大专业知识、广泛调查研究、参与设计实践和重视选题指导。[14] 陆轸指导研究生研究实验室建筑，这是20世纪80年代逐渐发展

◎ 1984杭州考察留影，陆轸与研究生及同事合影，从左到右：薛求理、陆轸、金力、汤迅（来源：薛求理提供）

起来的建筑类型，综合性较强，且缺乏系统教材。因此，他从三方面为学生拓展专业知识面，为参与工程实践做好准备，包括自己系统主讲《实验室建筑原理》课程，组织同行专家学者做国外科研实验建筑的专题讲座和邀请参与工程实践的老师开设给排水、供电设计和环境控制三门专项选修课。

为了研究实验室建筑、设施设计与科学试验成果之间的关系，陆轸利用寒暑假，在两年时间内，与研究生一起走访了10个城市，参观各种类型实验室，并邀请有关专家介绍。每参观一个地方，研究生就要写出书面的调查心得与体会，为拟写论文打下基础。

陆轸要求研究生参与生产实践，鼓励研究生自己提出设计方案，以提高独立思考和工作的能力，鼓励学生在导师研究的课题范围内自选课题。比如他选择设计院实际工程无锡石油地质实验室这一"急需上马的实际工程设计"作为两位研究生的课题，与业主单位"共同拟定了设计与教学相结合的步骤"。先由陆轸为该研究单位技术骨干介绍国内外实验室概况和发展，以便他们能"述评研究生提供的方案"，参观原有实验室，征询改善要求，召开总工程师、室主任参加的大型座谈会，了解对新建实验室的建议。在这些准备工作基础上，由研究生根据要求设计多个方案。与使用方沟通完善后，设计团队与甲方一起去北京，由研究生向地质部基建局总工程师汇报方案，以锻炼研究生的独立思考能力。研究生的学位论文在理论与实践相结合的工作学习基础上确定。[14] 在导师的指导下，薛求理学位论文的初稿——《科研建筑群的组成结构和规划布置》在《建筑学报》上发表。[15]1985年4月，薛求理与金力两位同学研究生毕业论文答辩，"论文是手抄写在硫酸纸上，再晒成蓝图，装订成几本"。这是"文革"后首届研究生唐玉恩、汪统成、杨臾圭、郑时龄等学长留下的传统。⑩

⑩ 同⑨

同济设计院负责主编的《高层建筑设计》和《实验室建筑设计》在同时期相关领域的研究中起到了填补空白的作用，是当时国内该领域教学和设计的主要参考资料。自图书出版后，吴景祥经常收到"读者来信"或来访，咨询有关高层建筑的设计，陆轸成为国内实验室建筑专家，"许多外地的科研单位和设计院，成群结队地来找他咨询"。[16]181-191

20世纪80年代同济设计院的教授们培养的第一批硕士研究生后来都在建筑设计、研究和城市管理领域卓有建树。如上海民用建筑设计研究院（今现代设计集团）资深总建筑师、全国工程勘察设计大师唐玉恩，深圳市规划和国土资源委员会副总规划师陈一新，以及著有《建筑革命：1980年以来的中国建筑》等有国际影响的中英文著作、现任教于香港城市大学的薛求理博士等。1981—1984年间担任设计院院长、1985—1990年间担任总建筑师的建筑教授王吉螽的研究生王小慧（1986年毕业）则成为一位知名的旅德跨界艺术家。

参考文献

[1] 董鉴泓,钱锋.同济大学建筑与城市规划学院50年大事记[M]//同济大学建筑与城市规划学院.同济大学建筑与城市规划学院五十周年纪念文集.上海:上海科学技术出版社,2002.

[2] 唐玉恩,汪统成,杨另圭,陈一新.学识渊博、平易近人的导师——吴景祥;杨另圭.和吴先生在一起的日子;汪统成.不可忘却的忆念·不可忘却的意念

[3] 吴景祥.高层建筑设计[M].北京:中国建筑工业出版社,1987.

[4] 同济大学建筑与城市规划学院.吴景祥纪念文集.北京:中国建筑工业出版社,2012.

[5] 陈晓东.广厦情深——记我院几位老一辈设计师[M]//丁洁民.累土集:同济大学建筑设计研究院五十周年纪念文集.北京:中国建筑工业出版社,2008.

[6] 李道钦.同济校园的新蕾(四):留学生宿舍[J].新建筑,1984,(2):39-40.

[7] 孙美玉.带框无砂大孔混凝土墙在高层建筑中的应用.建筑施工,1982,(3):6-14.

[8] 吴景祥,沈怀忠,孙美玉,等.带框无砂大孔混凝土墙在高层建筑中的应用[J].建筑学报,1981,(7):60-61.

[9] 路佳.同济大学图书馆扩建工程[J].时代建筑,1990,(1):48/37.

[10] 董建国,钱宇平,路佳,等.同济大学图书馆扩建工程现场测试研究[J].建筑结构,1993,(3):35-40.

[11] 陆轸.实验室建筑设计[M].北京:中国建筑工业出版社,1981.

[12] 丁洁民.累土集:同济大学建筑设计研究院五十周年纪念文集[M].北京:中国建筑工业出版社,2008.

[13] 陆轸.测试中心实验室的环境设计[J].实验室研究与探索,1987,(2):42-46.

[14] 陆轸.培养工程型硕士研究生初探[J].学位与研究生教育,1986,(2):33-35.

[15] 薛求理.科研建筑群的组成结构和规划布置[J].建筑学报,1984,(6):57-64.

[16] 同济大学建筑与城市规划学院.吴景祥纪念文集.北京:中国建筑工业出版社,2012.

南浦大桥与桥梁设计室

随着经济改革和城市建设而不断增加的不仅是建筑项目，还有很多其他类型的工程项目，比如桥梁、地铁、隧道、高架路等。从1985年到1996年，因为上海城市建设中各种大型重点工程研究和设计的需要，同济大学在多个学院或系所下成立了专项设计室。比如为设计南浦大桥而在桥梁系创建的桥梁设计室，为建设地铁1号线新闸路站而在地下建筑与工程系成立的地铁设计室。原同济大学建筑工程分校（1986年改上海城市建设学院，1997年并入同济大学）于1982年成立的设计室也包含桥梁设计。① 1990年10月起，桥梁、道路、勘察、地下工程、环境五个专业室，[1] 资质和技术上归同济大学建筑设计研究院统一管理，但是设计人员主要是各系临时抽调来兼职设计的老师，专职人员不多，不同专项设计室的项目主要围绕各系的专长展开。1996年底，成立上海同济规划建筑设计研究总院后，所有这些设计室通过归并和整合，成为规划总院旗下的专项专业设计分院。2001年3月，原建筑设计院与规划总院合并时，同济大学所有的设计单位成为一个真正的大集体，在唯一资质下进行统一管理，除主营建筑设计的三个综合设计所、一个住宅设计所和一个综合设计分院（浦东分院）外，还成立了市政、桥梁、轨道交通与地下工程、钢结构、岩土和环境六个专业设计分院。

① 2018年5月15日，华霞虹访谈翟东、黄士柏、张哲元、方健，地点：同济设计集团205室。

南浦大桥可行性研究

1980年，在新上任的上海市市长汪道涵主持下，市委、市政府第一次以明确的姿态提出"开发、开放浦东"的世纪话题。浦东开发的必要前提是建设越江大桥，[2] 打通浦江两岸的交通动脉。于是在1982年，上海市建委委托上海市政设计院（下文简称"市政院"）进行第一座越江大桥——南浦大桥的可行性研究。市政院根据当时正在建造的重庆石门大桥的经验，建议南浦大桥采用400米跨度的预应力混凝土斜拉桥方案。

事实上，这并非上海第一次开展连接浦东浦西的大桥的可行性研究。早在"在1958年'大跃进'时代，同济大学在学生毕业设计中就以此为选题进行了可行性探索"。[3]204-206 1977年到1984年间担任同济大学校长的正是著名桥梁专家李国豪。刚被选为上海市科协主席的李国豪建议上海市科委委托同济大学也做一下南浦大桥的可行性研究，并指示他的第一名研究生，刚从德国波鸿鲁尔大学学习回来的桥梁系教授项海帆带领一个小组具体执行。在李国豪的建议下，项海帆团队研究了国际上新提出的一种结合钢主梁和混凝土桥面板组成的结合梁斜拉桥方案的可行性。经过一年多的分析研究后，大桥设计组于1983年4月向市科委递交了《南浦大桥可行性研究报告》，建议南浦大桥采用结合梁斜拉桥方案。[4]

同年，在广州举行的第三届全国桥梁会议上，上海的设计团队汇报了南浦大桥两个方案的研究成果。与会专家一致认为，结合梁桥面斜拉桥的方案较混凝土主梁方案减轻了自重，不仅节省斜拉索和软土地基上桩基础的数量，而且有利于桥面沥青混凝土板的铺装；另一方面钢主梁节段和预制混凝土桥面板起吊重量小，施工速度快，非常适合黄浦江繁忙的航道情况，因此经济指标也更好。[4]

成立桥梁设计室

1985年7月，在完成南浦大桥可行性研究等重要科研工作基础上，桥梁教研室抽调组织部分教师与工程技术人员成立了桥梁设计室，专门承担桥梁设计任务，主任为陆宗林。两年后，同济大学成立桥梁工程系，桥梁设计室隶属桥梁工程系。为保证全面开展设计业务，陆宗林会同同济设计院在国家相关部委的支持下获得桥梁工程甲级设计资质证书，学校还增拨了设计室的人员编制。

◎ 1987年，项海帆在同济大学桥梁馆向江泽民汇报南浦大桥研究（来源：项海帆提供）

桥梁设计室成立之初由陆宗林、林长川、洪国治、袁方、张明龙、徐建英6位桥梁系教师兼职设计，又先后从市政院调入两位教授级高级工程师詹蓓蓓和侯引程。1987—1989年，徐利平、戴利明、励晓峰、魏红一、龚仁明等应届毕业生分配至桥梁设计室，设计人员扩充至15人，办公场所落实在老桥梁馆（今致远楼）一楼原试验大厅。

1989年10月，同济大学成立桥梁工程设计研究所，与桥梁系系所合一，下设桥梁设计室。项海帆兼任所长，郑信光为副所长，陆宗林担任桥梁研究所总工程师兼建筑设计院总工程师，侯引程、詹蓓蓓担任副总工程师。硕士毕业生李映、罗喜恒等人及一些本科毕业生加入设计团队，办公场所搬至老桥梁馆三楼，设计人员扩充至20余人。

给江泽民市长写信

　　结合梁桥面斜拉桥当时在国际上还是新技术，国内从未有过相关设计建造经验，因此同济大学桥梁研究室的可行性研究报告提交上去后过了4年，一直没有后续指令。在此期间，上海市政府已换届，新市长江泽民已上任。

　　1987年初，项海帆访问东京大学时，从日本教授处得知，前一年上海市副市长倪天增率团来访时，已接受了日本提出的免费设计、低息贷款帮助建造上海南浦大桥的建议，并草签了协议。日方也已经组织了由设计、科研、施工单位组成的联合体，正在加紧进行可行性研究。[3]204-206他立即向校长李国豪汇报。当时已担任上海市政协主席的李国豪找到江泽民市长，呼吁自主建设南浦大桥，并希望他抽空来看一下同济大学正在进行的抗风试验。1987年8月17日，江泽民市长来到同济大学桥梁馆，在听取研究成果的汇报后，他问："黄浦江大桥，跨度大，你们有把握？"项海帆回答："上海完全可以自家做。"市长没有直接表态，而是继续追问："自己来做有没有把握？如果做了一半再请日本人来帮忙收场，就更被动了。"[3]204-206

　　项海帆感到并没有说服江市长，连夜给市长写了一封人民来信，进一步表达了自主建设南浦大桥的必要性和可能性，也表达了桥梁系师生希望中国人自己建造南浦大桥的心愿和决心。

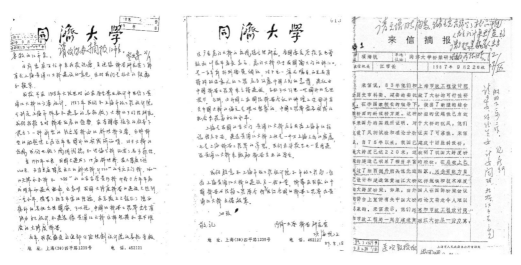

◎ 1987年8月18日，项海帆写给江泽民市长的信及其批复的复印件（来源：项海帆提供）

　　这封落款时间为1987年8月18日信中写道："自1975年以来，我国已建成14座斜拉桥，最大跨度已达220米……这表明我国大跨度桥梁的建设已达到一定水平，积累了相当丰富的经验，在总数上超过了除西德外的其他先进国家。可以说，中国的桥梁工程界完全有能力自己设计和建造像黄浦江大桥这样规模和技术难度的大跨度桥梁。"在强调了自主造桥的技术可能性后，项海帆进一步指出其重要意义，以及同济师生为黄浦江大桥做贡献的强烈意愿，"上海是我国的东大门，黄浦江大桥应当成为上海市的标志，传名于世。建造黄浦江大桥不但是一千万上海人民的夙愿，也是上海桥梁工程界的梦想。我们在学校里也一直用建造黄浦江大桥来激励桥梁专业的学生……我们愿意和上海市政工程设计院和市政工程局一起，为上海黄浦江大桥的建设尽一分力量。"②

　　9月27日，江泽民市长做如下批示，"我看主意应该定了，就以中国人为主设计，集思广益，至多请个别美籍华人当顾问，如林同炎"，请倪天增副市长负责。③项海帆复印了这份"摘报"，在他看来，"南浦大桥的自主设计和建设是一个突破……促进了全国范围内自主建造大桥的形势，提高了中国桥梁的国际地位"。[2]

参与南浦大桥和杨浦大桥设计

　　1988年初，上海市建委决定自主设计建造南浦大桥，采用同济大学提出的结合梁桥面斜拉桥方案，由市政院担任主体设计单位，同济大学承担全桥的科研、咨询项目及浦东引桥的设计，并邀请美国桥梁专家邓文中担任设计审核。[3]205-206此外，同济大学还承担了全桥的建筑设计和西引桥三、五、六标段的施工监理任务。桥梁设计室会同道路设计室教师深化和优化了浦东引桥路线线形设计。桥梁设计室首任室主任陆宗林认为原设计中从主桥上方跨越的匝道，既影响主桥宏伟的气势，又浪费造价。于是提出，把原设计的主桥高度稍稍抬高，匝道改为从主桥下方引出。通往浦东大道的分匝道从原设计的双层叠置式路面改为两条独立的匝道桥，分置于主引桥的两侧，其中南侧下桥匝道下穿主引桥。墩身的厚度按墩的高度变化作阶段性的调整，梁的截面和桥墩支撑位置等均根据实际需要采用相应的设计，所有这些措施不仅使桥梁总体线形更加流畅，视野更加宽广，还节省了造价。④

　　1988年3月，同济大学建筑系教授郑时龄带领年轻教师黄仁、李兴无、谢振宇一起接受了南浦大桥整体建筑设计的任务，他们参考桥

② 1987年8月18日，同济大学桥梁研究室项海帆致江泽民市长信。

③ 1987年9月27日，江泽民市长在"同济大学桥梁研究室"来信摘报上的批复。

④ 陆宗林提供资料。

◎ 最后商定桥塔方案，倪天增（左2）李国豪（左3）（来源：《南浦大桥》，倪天增主编，同济大学出版社，1993）

梁系提供的国外案例，专门研究了"桥梁美学"后开展设计⑤。2个月后，9位建筑结构专家组成的评审委员会对同济大学、市政院、华东院、民用院和船舶九院共五家单位设计的22个桥塔方案进行评审，最终选择了在此前日本工程师提出的"H"形桥塔方案基础上改良的设计方案。[5] 原来的直线型桥塔因为结构主要落在桥面人行道上，破坏了大桥整体造型的流畅性，好像是"断桥"。竖向塔身改成折线形后，800多米长的桥面可以从东西两座塔之间一穿而过，悬浮于江面之上，充分表现斜拉桥的特征。此外，因为占地面积太大，本来是直线下落的两个柱脚后改为内折。建筑师们还和市政院和同济桥梁设计室的桥梁结构工程师一起对主塔的比例进行研究，将塔柱的一个侧面设计成带槽的菱形，通过泛光照明增强塔身的立体感。塔柱的顶面则设计成向上收的斜面，造成直冲云霄的态势。在南浦大桥中首次采纳的设计细节还包括防撞栏杆、灯柱与大桥栏杆的组合设计、钢管扶手、汽车造型的收费口等，这些设计后来都"成了此类大桥的标准配置"。⑥

⑤ 2018年4月2日，华霞虹、刘刊访谈郑时龄，地点：同济大学建筑与城市规划学院C506。

⑥ 同上。

　　1988年12月15日，在浦东原上海港务局混凝土厂旧址上，打桩机打下了南浦大桥建桥的第一根钢管桩。1991年12月1日，上海南浦大桥宣告正式建成通车。虽然因为技术要求很高，南浦大桥采用了进口钢材，但是因为是自主设计和建造，最终总体费用为8.4亿人民币，不足日本概算造价的一半。南浦大桥的成功设计和建造为中国桥梁在20世纪90年代的崛起奠定了基础。

　　1990年，在南浦大桥建设期间，为了加快浦东新区的开发，上海市政府同时开始筹划连接浦东新区的内环线高架通道。原已确定设计的杨浦隧道，因为不便于连接高架路而被改为杨浦大桥。新上任的市长朱镕基亲自主持杨浦大桥的设计决策，担任专家组

◎ 南浦大桥主塔于1990年8月提前封顶，交付桥面安装（来源：《南浦大桥》，倪天增主编，同济大学出版社，1993）

组长的李国豪建议，杨浦大桥采用与南浦大桥同样的结合梁斜拉桥方案。为了如期完成工程，市长当场拍板同意这一方案，并指示以南浦大桥的原班人马，尽快进行设计和施工。[2] 主体单位依旧是上海市政院，同济大学桥梁设计室高工洪国治带领12人设计小组负责了杨浦大桥长1.56千米，宽25.5米的东引桥设计，工程师们奋战8个月，提前完成了施工图。1991年4月29日，在南浦大桥完

工前夕，杨浦大桥开始打桩。为了保证杨浦大桥的抗风能力，杨浦大桥采用倒"Y"形桥塔和斜索面，与南浦大桥形成区别。1993年10月23日上午10时，总长8354米，主跨602米，净高48米，桥下可通5.5万吨巨轮的杨浦大桥顺利建成通车，这是当时世界上跨度最大的斜拉桥。南浦大桥和杨浦大桥"确立了中国桥梁的自主地位"和国际地位，"激发了全国各省自主建设大跨度斜拉桥的信心和热情，掀起了20世纪90年代大桥建设的高潮"。[4]

成立桥梁工程设计院⑦

1993年4月，桥梁工程设计研究所升格为同济大学建筑设计研究院桥梁分院，仍与桥梁系"系院合一"，下设桥梁设计室和综合室，项海帆担任院长，郑信光、洪国治为副院长，詹蓓蓓任总工。1996年，城建学院部分教师如郭文复并入桥梁分院。1998年，中国工程院院士项海帆担任名誉院长。凌建中和徐利平分任院长和副院长，郭文复和徐利平分任总工程师和副总工程师。1999年3月，桥梁工程设计分院人员编制归口转至学校产业系统，划归上海同济规划建筑设计研究总院管理，在业务上由桥梁工程系双重领导。

2001年3月，同济大学建筑设计研究院与上海同济规划建筑设计研究总院合并成立新的同济大学建筑设计研究院后，桥梁分院隶属新的建筑设计院和桥梁工程系双重领导。2002年5月，桥梁分院搬入新桥梁馆8楼办公。2005年1月，桥梁工程系主任陈艾荣兼任桥梁分院院长，曾明根任常务副院长主持工作，梁炜任副院长，徐利平任总工程师，并成立了由郑信光、詹蓓蓓、林长川、石志源、彭国雄等人组成的技术顾问组，由工程院院士范立础担任顾问组组长。分院下设两个设计室和一个经营室，设计人员数量快速增长。2007年1月，桥梁分院院长一职改由桥梁工程系主任葛耀君兼任至2011年底。2011年10月，办公地点搬至原设计院大楼北楼。桥梁分院扩充至三个桥梁设计室，还设有道路室和景观室，设计人员增至110人左右。这一时期，除大桥、城市景观桥梁等技术优势外，还拓展业务，开始承担大规模、复杂交通组织的城市高架立交项目，引进和招聘了道路、交通、排水、电气、技经等专业技术人员。

2012年2月，曾明根任桥梁工程设计院院长，梁炜任副院长。期间聘请桥梁系教授吴冲担任副总工程师，以充实钢桥设计能力，先后引进陆宏伟担任副院长兼副总工、唐国荣和邓青儿分别担任同济设计集团道路和桥梁的副总工及院总工。至此，桥梁院具备了独立承担大型、复杂市政道路、公路、桥梁及地下交通工程设计能

⑦ 桥梁院历史主要参考资料：桥梁工程设计院提供的《桥梁工程设计院的历史沿革》，该文由名誉院长项海帆指导，总工程师徐利平执笔，院长曾明根校审。

力。2015年2月，桥梁院搬入四平路1230号同济设计集团新大楼，下设四个综合设计所、一个配套专业设计室和一个河南办事处。到2018年，设计人员总计超过220人。桥梁院适时开展了道路工程、隧道工程、地下空间、地下管廊等工程业务，逐步形成市政行业专业门类齐全的综合性设计院。

通过南浦大桥和杨浦大桥的联合设计和独立研究，同济桥梁设计在上海赢得了良好的口碑，也为参与后续重大项目打下了基础。1992年，桥梁工程设计研究所和桥梁系教师合作，为全长1.6千米的上海内环线2.5标段设计具有创新意义的脊骨梁结构，并开展相关实验研究。1994—1996年，结合全长4千米，总投资2.8亿元的上海徐浦大桥浦西引桥工程设计，桥梁院开展了预制曲箱梁的专题研究，取得良好经济效益。2001—2002年，桥梁院又承担了主跨550米中承式钢箱拱桥——上海卢浦大桥的设计监理工作。

在国内其他地区，同济大学的桥梁设计也逐渐从合作设计发展到独立承担重大项目的设计和科研。1990年，在项海帆与中交公路规划设计院院长凤懋润和江苏省交通规划设计院副院长周世忠的领导下，桥梁设计所总工陆宗林带队，林长川、李映、贾丽君、罗喜恒等先后参加了江阴长江公路大桥的联合设计。林长川任缆索组长，陆宗林分管缆索、主梁和主塔的设计工作，在技术上起了"主导"作用。为使同济桥梁设计更多参与国家级超大跨径桥梁设计和桥梁系承担国家工程关键技术研究课题开了先河。

20世纪90年代，桥梁分院通过方案竞赛等多种途径赢得多项

◎ 泰州长江公路大桥全景（来源：同济设计集团）

◎ 苏通长江公路大桥夜景（来源：同济设计集团）

重大桥梁工程项目，国内桥梁设计界的地位和影响不断提升。例如，1993—1995年，桥梁院与建筑系教师合作设计了全长4308米、总投资1.15亿元的苏州吴县（1995年撤销）太湖大桥，该桥将简洁、经济和施工便捷的连续梁、预制空心板结构，与富有韵律的花瓶型桥墩，以及长桥富有气势的纵坡结合起来，独具匠心地将桥梁融入太湖山水之中。同时期完成的杭州市钱塘江第三大桥单索面斜拉桥，全长5千米，总投资7亿元人民币。大桥主桥总长1280米。该项目是桥梁院系全体教师员工集思广益的结果。郑信光提交的两连斜拉桥设计在20多个方案中脱颖而出，最终桥型方案综合了其他方案的优点，相关技术和施工研究包括塔柱弹塑性稳定、箱梁空间扭转和剪力滞效应、有机玻璃模型静力试验等。

◎ 太原市桥梁群，摄乐桥、跻汾桥、祥云桥（来源：同济设计集团）

1998—2001年，广西桂林解放桥是一座45米宽的上承式钢筋混凝土五连拱桥，跨径从两端的41米逐渐扩展至中心的72米，组合为41+61+72+61+41米，运用水平系杆索和抗推力基础平衡拱桥推力。该桥建于漓江之上，远眺七星岩，毗邻象鼻山，景观效应大，最初设想的帆型塔斜拉桥因此被否决。最终实施的五连拱桥形方案由多次参与讨论的项海帆提出，舒缓渐变的桥拱与周围山水和谐相融。

2000—2012年，桥梁院代表同济大学建筑设计研究院参与了由中交公路规划设计院牵头、与江苏省交通规划设计院组成的三家设计联合体，完成了主跨达1088米的钢箱梁斜拉桥——苏通长江公路大桥设计，该桥于2008年建成通车；参与了由江苏省交通规划设计院有限公司主持、中铁大桥勘测设计院有限公司组成的三家设计联合体完成了主跨为1080米的三塔两跨钢箱梁悬索桥——泰州长江公路大桥设计，该桥2012年建成通车。2007—2009年，桥梁院主持完成了480米主跨的斜拉桥——椒江二桥、408米主跨悬索桥——赣江公路大桥等重大工程。

在新千年以后，桥梁院原创了如太原祥云桥（2006—2008）、南中环桥、跻汾桥、摄乐桥等一系列造型与结构相统一的标志性城市景观桥和桥梁群。还承担了诸如郑州陇海路高架、太原市中环高架、晋中市城区外环道路快速化改造工程等一系列大型立交工程，以及河南省郑州市常西湖环廊工程等地下管廊工程等一系列大型市政工程设计任务。这些多专业、大型复杂市政工程的顺利完成，标志着桥梁设计院在保持原有技术优势的同时，实现了向桥梁设计特色的综合性市政类设计院的成功转型。随着城市桥梁景观设计要求的增加，其他学科的设计师也参与了桥梁工程的形态设计，比如建筑系教授钱锋、李兴无、汤朔宁，以及创意学院博士任丽莎等。

上海南浦大桥的建设是一次重要契机，在时任同济大学校长的桥梁专家李国豪的呼吁下，上海市领导决定自主设计建设，并取得了成功，中国桥梁界终于跨出了自主建设大桥的重要一步。由于采用了同济大学建议的结合梁斜拉桥方案，桥梁设计室获得了浦东引桥的设计任务和主桥的科研任务，使原来仅有几个人的桥梁设计组逐步成长。南浦和杨浦大桥建成后，同济大学桥梁设计团队又积极参与了几座长江大桥的联合设计，主持了一些大桥和城市桥梁的设计，都得到了好评，并获得各类奖项。经过三十余年的发展，如今同济大学桥梁设计院已拥有220人的规模，也必将继续在新时代的中国桥梁建设中发挥重要作用。

参考文献

[1] 《同济大学百年志》编纂委员会.同济大学百年志(1907—2007)(下卷)[M].上海:
     同济大学出版社,2007:1833-1853.

[2] 陆幸生.大桥是这样自主建造的[J].新民周刊,2007年,(15).

[3] 项海帆.中国桥梁史纲[M].上海:同济大学出版社,2009:204-206.

[4] 项海帆.中国大桥自主建设的成功经验[C]//中国工程院土木水利与建筑工程
     学部.我国大型建筑工程设计发展方向——论述与建议,中国建筑工业出版社,
     2005.

[5] 倪天增.南浦大桥[M].上海:同济大学出版社,1993.

市政工程与道路设计室①

与桥梁工程设计院同属同济设计集团旗下市政工程方向的生产
单元——市政工程设计院的前身是1982年创建的同济大学建筑工
程分校设计室和1985年在同济大学道路与交通工程系（下文简称"道
交系"）成立的道路设计室。② 1996年，原上海城市建设学院（下文
简称"城建学院"）、上海建材学院的相关专业并入道交系，原道路
设计室林金奎加入原城建学院勘察设计所下的市政工程设计团队，
后由上海同济规划建筑设计研究总院统一管理。2001年，新的同
济大学建筑设计研究院成立市政工程分院，2008年，发展为同济
大学建筑设计研究院（集团）有限公司旗下的市政工程设计院。其余
设计师选择回到教学队伍，并在道交系下承接少量设计任务。

道路设计室

1985年，为了配合南浦大桥和杨浦大桥的引桥设计，同济大
学道交系下成立了道路设计室。③道交系3位教师林金奎、张治明和
徐家钰加入设计室兼职设计，同时参加两座大桥设计的还有部分研
究生和开展毕业设计的本科生。道路设计室主要由道路与交通工程
和桥梁专业的工程师组成，经常与桥梁设计室合作设计。在完成南
浦大桥和杨浦大桥的设计后，也在上海及周边城市单独承接道路工程。
跟其他专业设计室一样，道路设计室的人事关系属于道交系，设计
资质则由同济大学建筑设计研究院统一管理。从1987年7月起，建
设部为同济设计院颁发了工程勘察设计资质，建筑工程设计为综合
甲级，含城市桥梁等市政工程设计资质。1990年，道路设计室与桥梁、
勘察、地下工程和环境设计室一同成为同济大学建筑设计研究院的
5个专业室。1996年，在曾长期合作的原桥梁设计室副院长洪国治
的邀请和建议下，林金奎加入上海同济规划建筑设计研究总院市政
分院担任道路技术骨干。④

同济大学建筑工程分校设计室

在同济大学成立桥梁设计室和道路设计室的三年以前，原同济
大学建筑工程分校也创建了一个同时承接建筑和市政工程业务的设
计室。当时担任同济大学建筑工程分校的校长金成棣1951年毕业
于浙江大学土木系，是一位桥梁结构工程师。1982年，他接手了
浙江湖州骆驼桥项目并以此作为毕业设计课题指导学生。为了配合
完成这项实际工程——一座在软土地基上建造的跨径25米的钢筋混

① 本节资料素材由市政
工程设计院提供。

② 市政工程设计院历史
沿革由总工张哲元整理
提供，由副院长翟东、总
工黄士柏、主任方健补充
修正。

③ 2018年5月25日，华
霞虹电话访谈林金奎。

④ 同上。

凝土拱桥，城建系第一届学生黄士柏当年毕业后留校，边教学边在设计室参与实践。1985年，同济大学建筑工程分校更名为上海城市建设学院，设计室相应改为上海城市建设学院勘察设计所，并很快取得了建筑和市政两个方向的设计资质，其中建筑方向由苏旭霖负责，主管市政的是副所长唐文兰。1983—1988年，设计所又从应届毕业生中陆续招收了钱锡跃、余敏方、邵军、黄明章、张哲元、朱强、管建蓉、方健和赵丽军9位市政工程设计师，从上海隧道公司引进了1983届毕业生陈鸿鸣。1988年开始，陈鸿鸣担任市政设计主管，黄士柏任技术总工。1992年起又从城建学院建工系调来教授戴仁杰，从城建学院检测中心调来翟东，从同济大学和城建学院招收了周海容等应届毕业生。1994年，设计所从原城建学院红楼搬迁至新落成的图书馆六楼办公。

从1982年成立之初到1994年间，同济大学建筑工程分校设计室和后来的上海城建学院设计所都隶属学校，设计人员均为学校事业编制，部分设计人员兼有教学任务。设计所是教学对外服务的窗口。跟同济大学建筑设计院在1958年成立时一样，主要作为理论与实际相联系的纽带，是教师的实践基地和学生的实习基地。

1996年以前，原上海城建学院设计所的市政工程主要是上海地区的路桥。比如，1991年参与同济大学桥梁设计室负责的杨浦大桥浦东引桥设计时，主要承担了两个分引桥（上下匝道）的设计，并较早使用CAD软件绘制图纸。1992年设计的内环线2.10标段（玉田路至密云路段）采用了低高度箱梁的设计。该所承接的第一个大型立交枢纽工程为上海外环线杨高路立交。

1996年上海城建学院并入同济大学时，城建学院勘察设计所也并入上海同济规划建筑设计研究总院，并成立市政工程研究分院，陈鸿鸣任院长，其中设计人员20余人。1997年市政工程研究分院与赵立成负责的浦东分院合并后规模继续扩张，到新千年后达到50人。

市政工程设计院

2001年3月，同济大学建筑设计研究院与上海同济规划建筑设计研究总院合并时，市政工程设计分院仍由陈鸿鸣任院长，从桥梁工程设计院调来洪国治担任总工，期间还从学校检测中心调来倪立群，从外院先后引进唐德文、赵召胜等。因人数不断扩展，2003年开始在外租赁办公空间，直至2011年4月一起搬迁至公交一场改造的新办公楼。2015年同济设计集团市政工程设计院（下文简称"同济市政院")员工约 160 人，到 2018 年员工规模已经接近 200 人。2017 年 6 月起曾明根兼任市政工程设计院院长。

同济市政院的技术亮点是跨运河及高速公路转体桥系列。为了尽量减少施工对桥下河道通航和高速公路通车的影响时间，转体桥通常采用上承式连续梁拱组合桥梁，下部结构结合转体施工要求布置钢筋混凝土桩和主墩，在河道或高速公路两侧布置满堂支架现浇桥面，转体后现浇中间的合拢段，这样对交通的影响可以缩减至一周内。最早完成的跨越京杭大运河的转体桥包括 1996 年建成的江苏吴江松陵镇的主跨 75 米的云梨桥、1997 年竣工的主跨 85 米的坛丘桥、1999 年竣工的跨径 88 米的友联桥、吴江震泽跨越杭申线的塘桥等。1996—2001 年间在苏南地区配合京杭大运河整治工程完成的系列梁拱结合组合桥梁工程获 1998 年度教育部市政工程优秀设计一等奖。

© 1996年，江苏吴江松陵镇云梨桥施工现场转体过程（来源：金成棣提供）

同济市政院在上海地区完成的第一座转体桥是砖莘公路沪杭高速公路跨线桥。该桥是连接上海佘山国家旅游度假区和闵行区政府所在地莘庄的重要桥梁，主桥宽 19 米，为三跨中承式拱梁组合结构，长 131 米，跨径 28+75+28 米，总长 395 米。为避免施工影响高速公路正常使用，主桥施工采用中心转体施工，两个半桥浇筑完成，将 2400 余吨重的半桥用千斤顶顶推按顺时针旋转到位。该项目施工周期约 1 年，其中落架和转体时间为 3 天，工程于 2001 年 4 月竣工。[1] 该项目获 2005 年度上海市优秀工程设计三等奖。

从最初的道路、桥梁设计开始，同济市政院的业务范围不断发展，现今已涵盖桥梁、公路与城市道路、隧道与地下空间、环境工程、"海绵城市"、景观工程等多领域的工程规划、设计与咨询业务，项目遍布全国 24 个省市。2011 年后，年产值均超过 1 亿，人均产值达到 80 万元。道路工程是同济市政院最主要的业务板块，代表性项目包括曾荣获全国优秀工程勘察设计行业奖市政工程二等奖和上海市优秀工程设计一等奖的上海—西安国家高速公路崇启通道工程上海段（31 千米，2008—2012 年，投资 40 亿元）、获教育部优秀勘察设计一等奖的上海 A5（嘉金）高速公路（65 千米，2004 年，投资 50 亿元）、获教育部市政建设优秀勘察设计二等奖、上海市优秀勘察设计一等奖的中环线浦东（上中—申江路）立交工程（2008—2009年，10.5万平方米）和鄂尔多斯市东康快速路改扩建工程（25.5公里，2011年，投资26.5亿元）等。

在传统的桥梁工程业务方面，同济市政院的业绩包括荣获全国优秀工程勘察设计行业优秀市政公用工程道路桥隧二等奖和上海市优秀工程设计一等奖的双塔双索面斜拉桥辰塔公路跨黄浦江大桥，2015年建成的这座主跨296米的大桥是同济设计院第一座全部自主完成的跨黄浦江大桥。其他还有荣获教育部市政建设优秀勘察设计二等奖的

◎ 2015年,辰塔公路跨黄浦江大桥(来源: 同济设计集团市政工程设计院)

江苏吴江盛泽舜湖西路跨京杭大运河大桥（独塔双索面混凝土斜拉桥，跨径90+123米）、荣获上海市优秀勘察设计二等奖的常州青洋大桥（下承式脊背梁拱组合结构，跨径50+120+50米）等。

优秀的隧道与地下工程包括上海市广中路下穿中山北一路和西江湾路地道工程（2011）、杭州的彩虹大道工程（2009）等。其中广中路工程沿线重要管线众多,离内环线高架承台和轻轨高架承台仅1.5米和3米,离居民楼最近仅2.5米。

优秀的市政配套设施专项规划包括浦东新区行政中心（1999）、浦东新区金桥张江西地区（2000）、松原市无名泄支河道综合整治工程设计（海绵城市试点，2016）、25.6平方公里海东市海绵城市专项规划及实施方案（2017）、咸阳市排水（雨水）防涝综合规划（2014）、渭南市主城区排水（雨水）防涝综合规划（2015）、354平方公里驻马店市城乡一体化示范区综合交通体系规划（2015）、61.7平方公里保山中心城市综合管廊专项规划（2015）、140平方公里菏泽市城市地下综合管廊建设规划（2016）、32.3平方公里临空经济区市政专项规划（2017）、84.6平方公里的徐州市铜山区市政配套规划（2010）等。还有为上海市地震援建与建筑院合作的都江堰市重建"壹街区"市政配套工程（2010）。

近年来，市政工程院合作完成了多项上海市科研课题，包括上海市高等级道路工程技术经济指标体系专题研究（王国富负责）、城市居住社区海绵城市建设潜力评价及碳减排效应研究(郑涛负责)等，以及外委项目盛泽京杭运河大桥外露式组合索塔锚固结构研究（徐海军负责）等。⑤

⑤ 同①

◎ 崇明至启东长江公路通道工程(上海段)（来源:同济设计集团）

参考文献

[1]　金成棣,薛二乐,金淮尹.桥梁结构轻型化与艺术造型[M].北京:人民交通出版社,2001:62-83.

地铁1号线新闸路站与地铁设计室

早在20世纪50年代，同济设计院就开始参与上海地铁的研究和规划。当时的设计院院长吴景祥带领同济设计院参与了多种交通项目的研究，包括地铁、船舶、飞机等。根据刘佐鸿的回忆，他在设计院实习期间，还被安排跟年轻教师一起为上海当时拟建设的地铁收集国外地铁站点的相关设计资料。事实上，1956年，苏联城市规划专家穆欣和上海市政府负责市政交通的李干成就秘密讨论了地铁的规划，并用铅笔画出了横贯东西和纵穿南北的两条地铁线。[①]虽然在1963、1964和70年代末，上海曾经秘密尝试过多次地铁隧道试验，[②]但直到1990年1月，国务院才同意正式开工建设贯通南北的上海地铁1号线工程。

◎ 1958年，在大草棚中举办的大跃进科技展览会上同济大学附设土建设计院展示越江隧道设计
（来源：赵秀恒提供）

成立地铁设计室

上海地铁1号线1期规划建设13个车站，南起闵行区的锦江乐园，北至闸北区（今静安区）的上海铁路新客站，包括11座地下车站和2座地面车站，总长度为16.1公里。该线路纵贯整个上海市区，房屋动迁、管线搬迁等前期准备工作相当复杂。1986年，地铁工程建设指挥部统一部署对1号线的各地铁站点举行建筑结构设计的公开招标，最终中标的大多是专门从事城建、铁路、地下等工程的设计单位，如上海铁路勘察设计院、上海隧道设计院、上海地下建筑设计院、铁道部第二设计院、北京城建设计院等。同济设计院则是其中为数不多的例外。当时，由担任新组建的建筑与城市规划学院副院长的戴复东和地下系主任侯学渊共同带领的团队中标了新闸路站的方案设计。该方案"首创了地铁车站地下和地上建筑的一体化设计，在地铁车站结构的上部建造了5至8层的大楼和地铁控制中心，建筑长度超过150米，并骑跨在黄河路上"。[③]

除了跟一般民用建筑工程相同的建筑、结构、风、水、电等工种以外，地铁设计还涉及交通、动力、机械、自动控制等多个学科。地铁1号线新闸路站方案获批后就要进入深化和施工图设计，必须在校内组建多专业的设计团队。在同济设计院的支持下，该项目作为设计院的院外工程，由地下系的李桂花和建筑系的来增祥负责组建地铁设计室。设计人员从各系相关专业抽调来兼职生产，主要包

① 杨洋，《揭秘上海地铁建设史上七个不为人知的故事》，东方网 http://sh.eastday.com/m/20130528/u1a7420350.html。

② 同上。

③ 据庄荣回忆。

括地下系的张德兴和周生华，建筑系的童勤华和庄荣，机械系的陈瑞钰和吴喜平，电气系的俞丽华和环境系的高乃云、彭海清等。④因为地铁站的主体空间是站厅站台的内部空间，因此建筑系的三位教师主要是室内方向的。

④ 同②

据建筑系教授庄荣回忆，地铁设计室人员确定后，"工作场所、设备等都得自己奔走筹措，从设备科调拨绘图桌凳，租借图板、绘图工具，缺少的就奔福州路购买"，"由参与工程的教师自发出钱"。因为都是从各系抽调来兼职工作的，地铁设计室一开始并没有固定的工作场所。仅新闸路站设计期间，就更换过四次办公地点，最终在同济新村靠近四平路大门的一幢两层集体宿舍楼——合作楼底楼的一端稳定下来，书写了"地铁设计室"的铭牌。⑤

⑤ 同上。

当时的工作环境非常艰苦，设计图纸都是手工绘制。童勤华生动地描述了当时的绘图场景："我们用的还是当时最细的0.13毫米针管笔画图，用模板写每一个英文字，还弄来废弃的针筒往针管笔里灌墨水，所以那双手永远都是黑色的。"庄荣补充，为了保证图纸的质量，"最早的图纸还只能用电风扇吹干"。[1]

第一次设计地铁车站

地铁1号线新闸路站设计对于建筑系的三位教师而言，是第一次面对地铁车站的实际工程。他们发现其中的学问远超过一般的室内设计工程。深化设计过程中，很多难题接踵而来，例如，包括车辆、接触网、限界、风、水、电、通信、信号、FAS、BAS、降变在内的20多个工种要配合，并且所有专业工种的要求在设计中都必须满足。同时，在相当有限的地下空间中，不但要布置众多的设备用房和管理用房，还要留出通畅的公共空间。所有的管线综合图都要表现在一张图上，工种之间的矛盾是常态，建筑师最重要的任务是协调各专业。例如，下层车辆运行要散热，热量要通过排热风道引入环境控制室，通过机械方式来排出。供应站厅和站台的新风、冷风的风道走向路径也都有严格的控制，因为净高限制等原因，有些房间不允许走风道。这就需要建筑师对其他工种相当熟悉，并密切配合。因为涉及大量人流的交通和安全，地铁车站设计要求科学严密，不同阶段都有审图要求，来不得半点马虎。设计师们只能边干边学。[1]

与同时期建成的地铁1号线其他车站相比，新闸路站虽面积不大，但因为橙色主色调的运用而避免了地下空间的沉闷压抑，让人印象深刻。站厅内除了两侧墙体水平向的橙色面砖色带外，所有的混凝土圆柱都覆以规格为6厘米×24厘米竖向粘贴的橙色长面砖，在整体的灰色调中显得格外亮眼。柱身设计中还考虑了材质的变化，与地面相接处是和地坪材料一致的黑色花岗石，靠近天花板位置则设置了一圈拉丝不锈钢的装饰带，与地面的磨光花岗石和金属吊顶形成呼应。在灯光的反射下进一步活跃了地下空间的气氛。

因为种种原因，地铁1号线的建设颇费周折。新闸路站从设计到建成，"历经几度春秋冬夏，前后共有十几人参与"，其中还经历了"三位设计师先后去世"。[1]

新闸路车站是1990年5月初正式开工的。车站地处新闸路的南侧，西临新昌路，东跨黄河路。"作为国内第一座带上部结构的地铁车站"，新闸路站的结构设计主要采用"地下连续墙承重的双层三跨箱形结构，墙、桩、箱构成上部高层结构的复合基础，

◎ 上海地铁1号线新闸路站室内（来源：《累土集——同济大学建筑设计研究院五十周年纪念文集》，丁洁民主编，中国建筑工业出版社，2008）

地下连续墙在地下结构施工阶段作为基坑围护结构，在使用阶段则与桩、箱组成复合基础共同承担上部高层结构的垂直荷载"。[2]

新闸路站在建设中遇到土质差、车站结构特殊、埋深大等困难，所采用的墙—桩—箱复合结构当时在工程界还存在较多尚在研究和未解决的问题。为此，同济大学工程建设监理公司组织了对"复合基础的受力和变形性状"的科研测试。1993年10月末开始测试"基底压力、底板钢筋应力及荷载分担量"。1994年5月，地下结构封顶，上部结构开始施工前测试"结构沉降和土体分层沉降"，直到1995年4月结束，历时近一年半。[2]

新闸路站上部建造的是地铁控制中心大楼，整条地铁1号线的运行指令由此发出。其中的中央控制室担当着列车自动监控、自动保护和自动运行的重任，还负有指挥有线、无线、闭路电视及车厢广播等各种通信的职能。[3]

从1987年同济大学设计中标，历时近8年，直到1995年4月，地铁1号线新闸路车站终于建成，并开通运行，新闸路控制中心，包括地铁车站上方的新闸路商务楼也都如期完工。[1]

成立轨道交通与地下工程分院

地铁1号线新闸路站设计的成功为同济设计院的地铁设计奠定了基础。因为得到了业主方的信任，地铁设计室的人马此后又相继参与了2号线南京西路站和3号线虹桥路站的设计。因为3号线的全线车站均为地面站，地铁设计室的设计人员有所调整，建筑设计

还是原班人马，结构改由土木系教师熊本松承接，设备专业则由同济设计院本部承接。2号线和3号线相继于2000年6月和12月通车试运行。⑥

⑥ 同③

随着上海地铁建设形势的发展，作为同济大学建筑设计院院外设计团队的地铁设计室原来像"野战排一样"的组合形式"已远远满足不了大规模轨道交通建设任务的需求"[1]。加之教育部整顿高校设计资质，同济大学因为合并而成立上海同济规划建筑设计研究总院，后来总院与建筑院合并形成新的同济大学建筑设计研究院等背景，2001年3月，轨道交通与地下工程分院正式成立。该院的基础就是原上海同济规划建筑设计研究总院、新同建设计所和同济大学建筑设计研究院地铁设计室。结合同济大学地下建筑与工程系（下文简称"地下系"）的科研力量，原地下系软土地下结构研究室副主任贾坚受命，全职担任轨道分院院长。同济设计院从此开启了轨道交通设计的新时代。

轨道交通与地下工程分院在新千年后又相继中标承接了上海地铁4号线至18号线中12条线路的近30座地铁车站的设计。⑦尽管"过去8年建造一条轨道交通线路，现在是5年建造一条轨道交通线路，而且多条并行"，但城市的"地下空间尚未完全充分利用"。因此，同济轨道分院设计的7号线静安寺站，在投标方案中就考虑了将地上与地下商业空间综合开发利用的理念。⑧ [1] 这与90年代中后期，建筑系教授卢济威指导的同济大学城市设计研究室所完成的"静安寺地区城市设计"中提出的理念一脉相承。即"采取以商业休闲功能为主的地铁站综合开发模式"，同时"以地铁站开发为契机，建立静安寺地区换乘体系，处理好地铁站、公共汽车站、公共停车库、

⑦ 2018年3月14日，华霞虹、王鑫访谈贾坚，地点：同济设计集团503会议室。

⑧ 庄荣说法。

◎ 敦煌机场（来源：同济设计集团轨道交通建筑设计院）

公共自行车库的关系"，"建立立体化的交通网络"[4]。静安寺地区开发设计历时近10年，经过三轮城市设计，两条地铁线可交叉换乘的静安寺地铁站基本实现了地上地下一体化商业、休闲空间与交通空间的整合设计，有序的人车分流体系，高效的地铁换乘体系以及立体化的生态城市绿地的构想。[5]

随着事业的发展，本着开拓和创新的理念，轨道交通与地下工程分院发展更名为同济大学建筑设计研究院（集团）有限公司下属的轨道交通建筑设计院（下文简称"轨道院"）。规模从2001年的10余人发展至2018年的136人，设计队伍更加专业化、职业化，设计领域也从轨道交通与地下工程向高铁站房、机场航站楼、车辆段上盖开发等方向进行多元化的拓展。

从地铁站到高铁枢纽站

新千年后，轨道院的业务从地铁站向高铁站延伸，先期主要通过与铁道部设计院等联合投标，积累相关经验，随后又独立投标并中标设计。轨道院最早参与的是虹桥交通枢纽工程的投标，当时获得了第二名。后来与铁道部第四勘察设计院合作投标并中标了第一个高铁站项目福州南站；接着与铁道部第三勘察设计院联合投标合作承接了东部沿海高铁

◎ M8线西藏南路车站与已建内环高架桥图示（来源：同济设计集团轨道交通建筑设计院）

通道上的一个重要枢纽宁波站以及哈大线上的重要枢纽大连站；再后又与铁道部第二勘察设计院合作承接了西南地区最大的高铁枢纽重庆西站。在参与这些项目积累经验的过程中，又独立投标，承接了西北地区最大的高铁枢纽兰州西站以及中部地区最大的高铁枢纽郑州南站，站房建筑面积分别为10万平方米（13台26线）和15万平方米（16台32线）。

地铁站和高铁站两种轨道交通建筑类型最大的区别是后者常常是城市地标性建筑，除了各种功能流线的组织外，还对建筑的造型提出了很高的要求。集团领导以高瞻远瞩的目光，集合集团的力量和资源，投入到高铁建设投标的热潮中，并保持了很强的竞争力，其中，与多位建筑师合作是同济轨道院在高铁站中投标获胜的重要原因之一。作为集团副总建筑师周建峰2004年底参与"150位中国

建筑师去法国"项目，他在法铁学习的主要内容之一就是铁路客站设计，曾查阅了大量设计图纸，并实地参观很多铁路客站。2005年9月，在院长丁洁民的安排下，周建峰协助轨道院与韩国三安公司合作参加虹桥交通枢纽站投标。在2006年参与了福州南站的投标，与轨道院项目建筑师合作提出"从福建传统屋顶抽象出两片巨大的坡屋顶"作为高铁门户的造型。为最终赢得项目提供了重要的建设性意见。此外，周建峰还与集团魏崴、徐风等资深建筑师一起代表同济轨道院与铁四院合作投标赢得了广珠城际铁路三站(顺德、中山、珠海)的设计竞标。

在访谈中，轨道院院长贾坚对于每一个项目的技术创新都如数家珍。例如，为了避免高铁站雨棚吊顶的内饰板脱落而刮碰到高铁接触网，进而影响高铁运营，轨道院在高铁站的设计中一直在思考如何实现无内装吊顶的雨棚系统。兰州西站是全国首个采用无内装吊顶雨棚的大型高铁站房，轻巧的钢梁和金属屋面板形成优美的韵律和光影，既简洁美观，又便于检修维护，更重要的是避免了吊顶板及构件脱落影响高铁运行的风险，大大提升了高铁运行的安全性。此

◎ 重庆西站——"重庆之眼"(来源：同济设计集团轨道交通建筑设计院)

后，在重庆西站的设计中又创新性地采用了大规模(120米×260米)预应力清水混凝土无柱雨棚。清水混凝土雨棚的使用，既充分利用和体现了现浇混凝土构件的自然色彩和效果，同时也减少了后期运营期车站结构的维护检修成本和难度，与常规钢结构雨棚相比，具有运维成本小、耐久性好、不易锈蚀、不易漏水等优点，做到既美观环保，又经久耐用。⑨

⑨ 同⑦

施工期间铁路不断线的高铁宁波站

2018年荣获第15届"詹天佑奖"的高铁宁波站位于宁波市海曙区西南老城范围内的既有站场上，历史悠久的天一阁和风景优美的月湖公园位于其北侧。规划拟在既有宁波站点基础上改扩建为华东地区铁路网的重要枢纽,[6]同时引入宁波地铁2号线、4号线的换乘站，涵盖南北城市地下广场和南侧永达路下立交等公共市政设施，形成集国铁、地铁、公交、出租等于一体的大型综合交通枢纽，实现交通"零换乘"。

宁波高铁站由建筑系副教授戚广平、魏崴和轨道分院的王凯夫、刘传平、张志彬、蔡珊瑜、张东见、许云飞等各专业设计师合作设计。总体布局以站厅为中心，南北两个方向的轴线形成十字交叉，并自然分割南北广场和东西站台四个区域。纵向主轴线穿越主站房连接南北广场，横向辅轴线沿铁路东西向延伸构成防护绿带。北侧广场是预测的主要集散广场，占整体疏散量的65%，但由于其现有站前广场空间局促，所以尽可能地利用地下空间。建筑内部交通采用"上进下出"的组织模式。建筑造型寓意"宁波甬浪"，视觉中心是中央"水滴"，作为进站大厅的采光中庭。主体屋面采用常规的钢架结构，属于多跨钢结构体系。根据旅客从候车厅进入站台的功能要求，结合整体造型在东、西两侧设计有25米的挑檐，由三角形斜撑支撑，受力合理，造型优美。进站大厅中央水滴形的采光中庭与建筑顶部和两侧雨棚一起构成了建筑流畅舒展的弧线形态。站台采用无站台柱的设计，雨棚采用张弦梁结构，上覆银灰色金属饰面。[6]

◎ 上图 宁波火车站外观；下图 2015年，"施工期间铁路不断线"的宁波高铁站临时铁路栈桥(来源:同济设计集团轨道交通建筑设计院提供)

除了重视整体规划和造型富有特色以外，宁波高铁站设计另一个技术突破和创新是"在保证原既有正线正常运行的情况下，实现了软土深基坑栈桥上运行铁路列车的安全稳定控制"。[7] 由于宁波站为既有站房的改扩建工程，且又是位于东部沿海高铁通道大动脉上的枢纽站，每天有50多对高铁通行，因此铁路部门要求在保障既有线路正常运行的基础上，项目在两年内完成永久正线铺轨，工期十分紧张。此类工程的通常做法是分成南北或者东西两个基坑先后分期施工，在开挖其中一个基坑时，将线路迁改至另一侧基坑区域运行。但采用这样的常规施工方式，宁波站将无法如期完工。

为解决这一难题，院长贾坚带领设计团队反复研究，多方案比选，最后创新性地采取了主体基坑一次性整体开挖的方案。具体而言，在长265米，宽123米，最深达24米的主体基坑开挖前，先将铁路既有正线临时搬迁，在正线原有位置施工横跨主体基坑的临时铁路栈桥；栈桥施工完毕后，将正线复位，即正线通过临时铁路栈桥跨过主体基坑，再整体一次性开挖主体基坑；基坑开挖过程中，栈桥临空承托列车运行，栈桥范围内的土方开挖、支撑及底板施工严格遵循"通车不动土，动土不通车"的原则，主要利用每天凌晨2点至4点的高铁停运窗口期开展快速信息化的施工。最终，通过参建各方的共同努力和通力合作，在保证既有铁路正线安全运营的同时，将主体基坑开挖工期缩短了1年，创造了"施工期间铁路不断线"的工程创举，也确保了高铁宁波站的顺利按时完工。

除了高铁站，同济轨道院近年来开始逐步涉足机场航站楼领域，通过与民航上海新时代院、中国民航规划设计总院、民航广州新时代院等民航系统设计院的合作，陆续中标了上海龙华通用机场航站楼、新疆和田机场航站楼、普陀山机场航站楼、敦煌机场航站楼等项目。其中和田机场和普陀山机场航站楼由同济设计方案，后续的施工图由民航专业设计院深化完成。2016年，轨道院中标敦煌机场航站楼设计，从设计到施工完成仅用半年时间，虽然时间紧任务重，但通过设计与现场施工的紧密高效配合，最终按时保质完成了任务，于2016年9月投入使用。敦煌机场航站楼建筑充分体现了当地的地域和文化特色，建成使用后便迎来了首届"丝绸之路（敦煌）国际文化博览会"，得到国内外嘉宾的一致好评。2017年，轨道院与其他单位组成联合体在兰州中川国际机场T3航站楼国际方案征集中以第一名中标。最近又中标了湘西机场设计。

同济设计集团轨道交通建筑设计院最近10余年的迅速发展不仅得益于国家建设高速发展带来的项目机遇，也得益于同济大学多学科综合优势的坚实基础，以及同济设计院60年来建立起来的品牌优势。同时，轨道院非常重视"产学研"一体化发展，结合工程项目联合学校院系和校外单位积极开展创新科研，近年来共获得省部级科技进步奖10余项，被授权发明专利10余项，还参编了多本规范和专著，并培养了十多名硕士以及博士与博士后1名。[10]   ⑩ 同 ⑦

参考文献

[1] 华开颜.二十年风雨轨道情——同济大学建筑设计研究院轨道交通分院小记
[M]//丁洁民.累土集:同济大学设计研究院五十周年纪念文集.北京:中国建筑工
业出版社,2008.

[2] 季明,李桂花,王卫东.上海地铁一号线新闸路地铁车站沉降实测研究[J].同济大
学学报,1999,27(3):301-304.

[3] 董强,任中.地下巨龙欲奔腾[J].上海人大月刊,1992,(10):8-9.

[4] 卢济威,林缨,张力.生态·文化·商业——上海静安寺地区城市设计[J].建筑学报,
1996,(10):20-25

[5] 王敏洁.地铁站综合开发与城市设计研究[D].上海:同济大学,2006:71-76.

[6] 王凯夫.宁波站综合交通枢纽[J].城市建筑,2015,(13):40-47.

[7] 贾坚,刘传平,张羽.在软土深基坑栈桥上运行铁路列车的安全稳定控制技术[J].
岩土工程学报,2012,34 (S1):324-329.

1993
—
2000

股份制
设计院重组

成为同济科技实业股份公司全资子公司

　　1983年，实施经济承包责任制并改革个人收入分配方案以后，同济设计院的生产力逐年提升。到1991年，年产值已经达到296万元，是1983年的7.79倍，完成的建筑施工图面积为2.61倍，但投资总额和人均收入却增长了近10倍。[1] 同济设计院从此成为全国高校设计院里规模最大、产值最高的一家，[2] 从一所主要为高校基建服务的设计院已经转变成一家与市场充分接轨的独立经营的校办企业。而在1993年9月24日，上海证券管理办公室100号文件宣布，上海同济科技实业股份公司获准上市。[3] 作为其全资子公司的同济大学建筑设计研究院则被完完全全地投入了市场，其编制和属性都发生了彻底的改变。从法律意义上来说，"同济大学建筑设计研究院"实质上已不再只属于同济大学了。当然由于同济大学是同济科技实业股份公司控股74%的大股东，同济大学依旧控制着同济科技实业股份公司，也控制着同济设计院。[1]

同济科技实业股份有限公司

　　1990年4月18日，中共中央、国务院宣布正式开发和开放上海浦东。1992年春，邓小平南方谈话正式提出实施社会主义市场经济。"市场化"是20世纪90年代中国社会最主要的关键词之一，对于高校也不例外。为了扩大自主创收，从机构到个人都纷纷"下海"，走进市场。随着清华大学、北京大学、复旦大学、上海交通大学等高校的科技公司的上市，"有没有上市公司成为一所高校有没有科技产业实力的标志"。[4] 正是在这样的背景下，从1993年初开始，同济大学积极推进同济科技实业总公司的上市。

　　1993年2月11日，同济大学校务会议和党委常委扩大会议决定筹建成立同济大学科技实业总公司，并聘任副校长顾国维兼任总经理，副总经理为林学言和乔建新[5]。提出这一设想是基于1992年全校主要产业单位上缴利润达1289.4万元，比1991年增长128%；上缴学校基金为598.2万元，比上一年增长120%。此外，全校设计院的院外部设计上缴利润531万元，上缴学校基金165万元。全校科技产业规模有了较大发展，原有的公司企业进一步扩大经营范围与合作伙伴，又相继成立了新的经营部、专业设计室，还有12个独资与合资企业。然而，全校的产业管理还是存在分散化、个体化等问题，因此，成立科技实业总公司的目的是深化产业改革，理顺校产管理体制，发挥同济学科特色。一方面是对所有公司企业实

① 姚大铠记录同济设计院从1983年到1991年产值、设计图纸、建筑面积、投资额、总支出和人均收入的笔记。

② 姚大铠、周伟民、范舍金访谈。

③ 上海市人民政府教育卫生办公室1993年9月24日，《关于同意同济科技实业总公司改组为股份有限公司向社会公开发行股票的通知》，沪教卫（93）第224号，同济大学档案馆藏，档案号：2-1993-X2-4。

④ 2018年2月9日下午，华霞虹访谈顾国维，地点：同济设计集团503会议室。

⑤（93）同干字第001号文件，1993年2月11日，高廷耀签署《关于机构设置及干部聘任的通知》，同济大学档案馆资料，档案号：2-1993-DW-8。

施经济承包责任制，提高上缴学校基金指标；另一方面就是要积极筹建"同济大学科技实业总公司"，以加强对全校科技产业的统一领导和管理。按照计划，总公司的组成分为三个层次，一是年上缴学校基金超过 20 万的企业单位，这些是主体，属于紧密型单位；二是院系所办的公司、企业，属于半紧密型；第三类是同济参股的企业，包括中外合资企业，这一类属于松散型。⑥

考虑到同济大学的学科特色是土木建筑工程，因此无论从上缴利润还是学科特色角度来讲，设计类公司都被当作同济科技实业公司第一类紧密型单位。同济大学建筑设计研究院、建设开发部、科技开发公司、监理公司、室内设计公司等 11 家校办企业最终组建为上海同济大学科技实业总公司。其中同济建设开发部是一级资质工程承包企业，同济大学建筑设计研究院是具有建设部颁发的建筑设计综合甲级资质的企业，而上海同济室内设计工程公司则是一级建筑装饰工程设计企业。

1993 年 4 月 17 日，总公司领取了上海工商行政管理局颁发的企业法人执照，注册地为浦东新区，生产经营范围包括土建、市政、机电、计算机、信息、医疗器械、生物、药物、环保、仪器仪表等专业领域。5 月，上海外经贸批准总公司可以开展自营进出口业务。同时，总公司开始委托上海万国证券公司帮助指导申报股份制。

根据当时的政策，在"参与浦东开发，有出口创汇能力，参与旧城区改造，发展高新技术"四个条件中，具备任何一条都可以有权申请改制，而同济科技实业同时具备这四个条件，同济股票在二级市场上必然会被投资者看好。因此通过初审、复审，⑦9 月 24 日，同济科技的股份制申请获得批准。证券管理办公室同意同济发行股票 5008.57 万元，每股面值 1 元，其中社会个人股 1300 万元，发行价格定为 6 元，⑧同济大学控股 74%。

同济科技与复旦复华、交大南洋并列成为上海高校产业中三家股份制企业。⑨作为同济科技实业旗下的全资子公司，设计院的管理机制从转企的事业单位管理转为市场机制，成为一个自负盈亏的企业。这也是高校附属设计院中最早以市场机制管理的设计院。通过上市，同济科技将募集到大量的社会资金。按照学校计划，这些资金可用于创办土建工程 CAD 开发服务中心，实现土建工程设计现代化，开发生产新型材料、环保产品、生物制品、机电制品，在浦东地区营建高科技工业园区，以同济大学为依托，建设"同济建筑商城"。⑩然而，对于主要依靠人力资源而非资本开展业务的设计院来说，这意味着股民可以对上市公司的业绩提出要求。

⑥《深化产业改革，发展科技产业》，同济大学党委办公室编，《同济简报》（第一期）1993 年 2 月 17 日。

⑦《同济大学党委 1993 年工作简报》，第十一期《我校科技事业总公司申报股份制获得批准》，同济大学档案馆馆藏，档案号：2-1993-DW-14.0010。

⑧ 同 ③

⑨ 同 ⑦

⑩ 同上。

设计人员的编制

在同济大学决定将设计院放入同济科技实业公司以促成其上市时，虽然从管理者到员工从感情上都并不情愿，但作为学校的下属机构，设计院只能服从上级安排。[⑪] 这样一来，同济设计院从一个实施企业化管理的事业单位变成了一个真正需要由市场主导的企业。一不再隶属于学校；二需要服从上市公司的考核要求，经营压力陡增，三是员工的编制也发生了彻底改变。当然，进入股份公司无疑也加速了设计院的"企业化和现代化管理进程"。[⑫]

在"文革"以前，设计院的设计人员是流动的，没有专门编制，除院、室领导是专职的以外，其他都是兼职的，因此其编制是双重的，主要是教职人员，兼作设计人员。1974年以后，有一部分人作为设计室的固定编制人员，虽然大部分人员都可以在设计室和教研室之间流动，但基本不再互相兼职。1969—1979年，设计人员大致都为20~30人。1979年以后，设计院有了独立的编制，规模达到80人左右。到1992年，同济设计院员工人数为132人（不含专业室和分院）。1993年，设计院成为同济科技实业股份有限公司全资子公司后，设计院员工分为两种编制，凡在1994年之前进入设计院的人员保留同济大学的产业编制，由学校人事部门管理，而1994年元旦以后进院的人员则属于企业编制，与学校没有人事关系。企业化以后，设计院不再受到原来学校人事编制的限制（按照教育部指示，设计院规模为150人），可以扩大规模，这为后来的做大做强奠定了基础。[⑬]

1987年7月，在建设部颁发给同济设计院工程勘察设计资质，即建筑工程设计综合甲级资质，含市政工程（桥梁设计专业），以及工程勘察乙级，并实行收费制。这之后，同济设计院事实上是同济大学设计资质的管理单位。因此，如果需要使用该设计资质，所有单位和个人设计均需由设计院审核和盖章。也正因为如此，1991年，设计院成立了院外部，还设立了专门负责院外部的副院长，如谈得宏和周伟民，以组织管理设计院以外各系所设计的合同。1985—1990年，因为上海城市建设工程的需要，在桥梁、道交、地下等系下分别成立了桥梁、道路和地铁设计室，承接相关工程的研究和设计。"除了岩土学院，各专业设计室和其他专业教师承接业务的合同文件都需要经过设计院院外部的审核"，还需要从设计院盖章出图。关于院外设计的设计费分配，设计院会按照当时同济大学财务处的管理办法，按比例拨给学校财务，再转拨给教师所在的院系及项目组。设计院留下12%作为上级的税额和管理费用。[⑭] 设计

⑪ 姚大锰、周伟民、范舍金访谈。

⑫ 周伟民、范舍金访谈。

⑬ 同上。

⑭ 同上。

隶属关系的改变也意味着，设计院要对学校各院系的设计力量进行控制和管理难度更大了。因为那些个人或大小设计室一般都属于各系所，也属于学校，而与同济科技实业股份有限公司无关；作为股份公司的子公司，设计院更难实施对这些设计力量的管理。20世纪80年代开始到1996年，为了经济创收而在同济大学旗下创立的大小公司多达120多家，因为资质管理混乱，设计质量良莠不齐，建设部和教育部后来将同济大学作为"资质整顿"的重点单位。[15]

将同济大学建筑设计研究院纳入股份公司虽然有利于提高科技公司的竞争力，加快上市，但是对于学校的优质设计资质却存在着"被捆绑送给股民的风险"[16]。因此，在2001年3月，通过将同济大学建筑设计研究院与上海同济规划建筑设计研究总院合并后进行资产重组，同济大学又将设计院从股份公司的全资子公司置换成为同济大学占70%股份，股份公司占30%的企业，设计院得以重新成为同济大学的主要产业。

⑮ 2018年3月14日,华霞虹、王鑫访谈李永盛,地点:同济设计集团503会议室。

⑯ 同上。

参考文献

[1]　顾国维.总院的历程[M]//丁洁民.累土集:同济大学建筑设计研究院五十周年纪念文集.北京:中国建筑工业出版社,2008.

杭州市政府大楼

于 1993 年劳动节开工的杭州市政府大楼是同济设计院有史以来建成的第一栋高层政府办公楼。行政中心的经典形象是坐北朝南,左右对称,强调中轴线。杭州市政府大楼却因地制宜地采用不对称布局,主体建筑为一栋造型独特的百米高层,建造期间和建成后引起了毁誉截然不同的评论,成为 20 世纪 90 年代末中国建筑界一大热点事件。

◎ 1997 年,从莫干山路看杭州市政府大楼(来源:陆凤翔提供)

1992 年初,邓小平视察武汉、深圳、珠海、上海等地,发表重要讲话,中国社会主义市场经济开始建立。同济大学受此影响,结合建设"211工程"的奋斗目标,在积极探索高层次人才培养、高水平科学研究的同时,也在积极探索如何深化改革管理体制和运行机制,以实现高科技成果转化,尤其是在具有领先优势的土木建筑领域。1993 年 4 月,同济大学在科技大会上提出"转变观念,转换机制,适应社会主义市场经济需要",积极推动教师和科技人员投入经济建设的主战场。同月,学校将校办企业和设计院合并,成立上海同济科技实业总公司,并于 9 月改制上市。另一方面,学校还积极承接了上海南浦大桥、杨浦大桥、内环线高架桥、东方明珠电视塔等一系列重大建设工程的科研任务,为上海市重点工程建设做出贡献。[1] 杭州市政府大楼就是在这样的背景下设计院承接的一个很有影响也很有争议的项目。

无心插柳

有趣的是,杭州市政府项目并非通过竞标或校友关系等常见的途径拿到的,而是源于另一个不幸流产的市政府大楼项目的效果图。在大楼建成 20 年后的访谈中,主创建筑师夫妇陆凤翔和王爱珠两位老师揭开了这一秘密。①

1993 年三四月间,陆凤翔因病在家休息,校领导上门来邀请他承担杭州市政府大楼的设计,并且再三强调,当时学校已经在杭州有不少签约项目,比如钱江大桥、滨江规划等,希望陆凤翔"顺便帮忙把市政府大楼也设计了"。这次专程拜访事出有因。前几天杭州市市长同秘书长到同济大学和设计院来考察,在设计院二室的

① 陆凤翔、王爱珠访谈(一)。

办公室里看到陆凤翔设计的镇江市政府大楼的手绘效果图大照片，就说"我们就要这个"。镇江市政府大楼是陆凤翔1988年参加竞赛获第一名的项目，当时有南京、上海等六个城市共七家设计单位参加竞标，方案由来自上海民用院、南京工学院、江苏省建委和镇江当地市政管理部门等有关方面专家评审打分。[②] 但是后来镇江市政府因为没有资金，决定缓建，只能把同济设计院做好的模型放在政府办公楼门厅里过过眼瘾。没想到六年前在镇江高票中标的竞赛无心插柳地赢得了杭州市政府大楼工程。虽然因病身体依旧乏力，陆凤翔"心肠一软"，就答应了。旁边王爱珠则揭穿："这不是心肠软，他是碰到设计就想做。"很快，陆凤翔组建了设计团队，并把名单发给杭州市政府，开始投入设计中。

② 陆凤翔提供，镇江市市级机关行政事务管理局1995年1月24日提供的"上海同济大学陆凤翔先生1988年镇江市人民政府行政办公大楼设计竞赛中荣获第一名（该工程后因故缓建）"的盖章证明。

因地制宜 大胆创新

设计的挑战首先来自工程所选择的基地。这是位于杭州环城北路和莫干山路转角的一块倒梯形的基地，北面是密渡桥路，现存不少商业设施。基地面积大约1.77万平方米，需要建设6.7万平方米的建筑面积，容积率达到2.9，因此办公大楼只能向高空发展。"高空景观如何与周围环境有机结合也直接影响杭州城市市容，主楼118米高的大楼，其外观的塑造是值得研究的新课题。"[2] 更富挑战的是，基地西南角为城市外围交通干道环城北路和莫干山路的十字交叉路口。杭州"市郊来往车辆多，交通经常堵塞，最长堵车长度竟达200~300米"。[2] 在这样一个地段，如何解决好市政府大楼1000名左右办公人员和大量外来办事人员的进出车辆，同时改善周边交通也很关键。

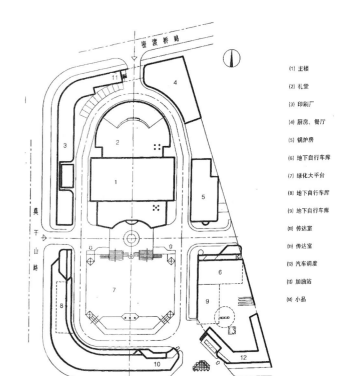

（1）主楼
（2）礼堂
（3）印刷厂
（4）厨房、餐厅
（5）锅炉房
（6）地下自行车库
（7）绿化大平台
（8）地下自行车库
（9）地下自行车库
（10）传达室
（11）传达室
（12）汽车调度
（13）加油站
（14）小品

◎杭州市政府总平面图（来源：陆凤翔提供）

杭州市政府大楼的大胆创新主要表现在5个方面：不对称的总体布局、人车分流的立体交通、特征鲜明的高层造型、向主楼倾斜的主广场以及在政府办公区保留的沿街商业。

总体布局的不对称被"刮目相看"，无论是肯定的观点认为因地制宜，还是否定的观点认为"歪门邪道"，都源于大家头脑中对政府大楼的传统印象——强调中轴线，左右对称。事实上，杭州市政府大楼的建筑布局主体是对称的，只是裙房和入口顺应基地做了灵活处理。在设计之初，陆凤翔画草图做了三个方案比较总体布局，最后选择端正对称的主楼，坐北朝南，而不是朝向东南街角呈弧形。因为这种格局最贴近中国的传统建筑，也利于南北通风。但是因为基地的面宽不够，如果按照惯例将主入口开设在南北中轴线上，离城市干道交叉口不足百米，规范会通不过。于是建筑师选择在离环城北路和莫干山路交叉口200米的西南两个位置分别开设车行出入口，并在基地内设置一个双车道的交通环线。之所以说"不对称"，是从城市入口直达大楼的角度来看的。为了减少大院内的

◎ 杭州市政府大楼南向景观（来源：陆凤翔提供）

大量停车和车流混杂，建筑师在大楼南侧设计了两层地下车库，分别停放自行车和汽车。职工上下班及外来联系工作人员首先进入地下停车库，再由楼梯上到主楼前的大平台，从大平台进入主楼大厅。这种人车分流的总体布局避免了对城市交叉口的交通压力，又营造了大院内的安静环境，因此很快获得了业主和杭州市交通局的批准。

　　从1997年拍摄的一张沿莫干山路的全景照片看，杭州市政府大楼的体量和高度在周边地块中堪称鹤立鸡群，因此可以从城市很多角度观看主楼的造型。当时杭州也已经兴建了不少高层，不过大多是"削平顶"[3]。市政府大楼如此高大的形体如果还是平板一块，与西湖优美的环境将很难融合。因此两位设计师采用了多种措施来化解体量，丰富造型。主楼底层未建任何裙房，高楼修长的比例得以保持。大楼整体外墙采用具有江南风格的喷瓷涂料粉墙和灰色窗。顶部形体一分为二，中间用三角形的玻璃幕墙架构连接。三角形玻璃顶直上云霄，东西山墙凹凸有致，富有变化。在高大的白色墙面与三角形玻璃顶的结合处，改用银灰色铝板构筑跌落式外墙，中间留出南北通透的大门洞。开洞的灵感来自王爱珠到新加坡参加研讨会时的发现，"新加坡高层里特别多中间开洞的，让鸟可以飞过去"[4]。通过各种形体分割，同时采用不同的材质、色彩，由此产生光影变化，杭州市政府大楼形成了逐级渐变、直上云霄的视觉效果。不但

[3] 同①

[4] 同上。

形体变得轻盈挺拔，而且与起伏的杭州山水环境和谐相容。建成后，很多杭州市民会跑到楼顶来观景、照相留念，因为"站在屋顶的瞭望台可以眺望西湖的景色"。并且"远处的保俶塔恰好反映在玻璃幕墙上"，形成了独特的景观。⑤

大楼前广场的设计也存在困难。主要前广场进深太小，与大楼楼高不成比例。于是陆凤翔在两层的地下车库上构建了"一个架空斜坡大平台，临空飞向沿街的上空，与基地的大平台连成一片"。这样做有四个好处：加大了广场进深，遮挡了南向交通干道对办公人员的噪声和视觉干扰；斜坡大平台上面设计成阶梯式，可供群众活动和种植绿化；架空空间下面设柱廊，并可种植绿化；设置喷水池，与城市街道形成视觉联系。

最后，在跟业主一起考察密渡桥路时，设计师发现这条路上有很多商业设施。因此大胆提出保持商业的延续性。结果杭州市政府的甲方相当开明，支持了这一通常会遭到质疑的"在市政府楼下开店"的设想，当然也因此获得了可观的商业回报。

杭州市政府大楼的设计为同济设计院后续赢取各地行政中心的投标打下了良好的基础。在新千年以后，随着新城规划建设热，国内大小城市都开始兴建行政中心，以带动新区的快速发展。依靠规划和建筑的竞标，2000—2006年，同济设计院为全国的二、三线城市及其新区设计建造了十多个行政中心项目，比如浙江的温州、嘉兴、金华，江苏的无锡、泰州、淮安，广东的东莞，云南的临沧等，以及同样在杭州兴建的新一代行政中心——杭州市民中心（2003—2006）。

冰火两重天的评论

杭州市政府大楼在建造过程中就受到了广泛的关注，大楼的造型、设计、功能、建造思路和速度都得到了广泛的肯定。比如根据1996年6月和8月《杭州日报》的报道，当时的建设部长侯捷和副部长叶如棠（也是中国建筑学会的名誉会长）曾在杭州市领导陪同下视察了该项目工地。叶如棠部长充分肯定了"杭州作为国家旅游和沿海开放城市，建设这样一座现代化办公楼以适应党政机关办公现代化和树立一个城市和政府形象的必要性。"[3] 侯捷部长"登上大楼最高点俯视杭州山水和城市景观"，评价说"这座大楼造得非常好，其建筑造型很有特色，很美，大楼内部设施齐全，是一座适合现代化需要的办公大楼"。[4] 建设单位对项目也对设计非常满意，认为"大楼根据特殊交通现状的不利因素，经设计策划，达到人行方便，车

中篇 1978—2000 高校产业改革的试验田   226

流畅通。南广场架空，构想达到了市府绿化与城市景观结合，改变了传统的封闭式形象，塑造了开放式与群众相结合的新形象。大楼建筑造型风格独特，打破了杭州高层建筑的传统格调，美观大方，秀丽挺拔，成为杭州城的一个新景点"。⑥

© 《杭州日报》报道文章《侯捷视察市政府大楼高度评价这座现代化建筑》版面（来源：陆凤翔提供）

建筑的创新从来都不是一帆风顺的，也并不一定都能获得赏识。杭州市政府大楼的公共评价呈现两极分化的状况，一方面赞叹设计师"独具匠心谱新章"，另一方面却是街头巷尾的调侃非议。在采访中，两位老师很自然地谈到当年杭州市民茶余饭后对市政府大楼所提的"十六字罪状"。陆凤翔说："因为做过这个工程，我们的'名气'很响了。我跟王老师两个人到了杭州，乘车，司机都说，杭州市政府大楼是'两面三刀，削尖脑袋，歪门邪道'。我说还可再加一条罪状！前沿广场似波浪冲到马路高空，不是'兴风作浪'吗？"王爱珠继续补充，"（当时评论）还有一个'挖空心思'。一共16个字。因为大楼中间开了一个洞。"⑦虽然如今可以笑谈，但是陆凤翔也坦承："我心里非常难过，我们下了功夫，人家却这样讲我们。"1997年，杭州市政府大楼荣获了浙江省"钱江杯"优质工程等多个奖项，这些荣誉和大部分群众的肯定让处于风口浪尖的建筑师颇感欣慰。

因为建筑形式创新而收获褒贬不一的评价，杭州市政府大楼并非这一时期唯一的案例。1988年底，在上海南京东路201号建成的华东电力大楼，独特的高层造型既收获过慷慨的赞美，认为"它打破了'盒子'建筑的'陈规陋习'，并援引布鲁诺·赛维的建筑语言和格式塔心理学的'视觉原理'赞颂其形态构成，及其对城市外部空间的积极作用"，[5] 而指责的声音则将它说成"外滩的怪物"[6] "一只趴在南京东路上的电老虎"[7]。

杭州市政府大楼设计建造的20世纪90年代中期也是境外建筑师开始设计上海地标性建筑的年代，开始兴建超高层建筑。比如1994年介绍杭州市政府大楼设计的同期《时代建筑》，封面刊登的是金茂大厦的模型，封底则是上海大剧院，两个项目的设计介绍也刊载其中。封二还刊登了上海设计院提供的一幢高层大楼的方案，而中间彩色插页则全部是KPF经典高层设计作品的介绍。另一方面，在中华人民共和国成立50周年之际，围绕着评选经典建筑，专业领域和大众媒体中都开始出现对地标性建筑的评论。城市建筑的内

⑥ 陆凤翔提供，1995年10月6日竣工验收时"建设单位评价意见"。

⑦ 同①

部可能是属于业主和使用者自己的，但其外部和形象则始终是城市
公共生活和文化的一部分。城市建筑的形象天生是一个公共话题。

参考文献

[1] 皋古平.同济大学100年[M].上海:同济大学出版社,2007:144-152.

[2] 陆凤翔.杭州市政府大楼设计构思[J].时代建筑1994,(3):5-8.

[3] 佚名.设计新颖、设施超前、功能齐全:建设部领导对市府新大楼给予较高评价
     [N].杭州日报,1996-06-04(1).

[4] 佚名.侯捷视察市府新大楼,高度评价这座现代化建筑[N].杭州日报,1996-08-
     22 (1).

[5] 王宁光.体型,你腾飞吧![J].时代建筑,1990,(1):16-17.

[6] 罗新扬.对华东电业调度大楼的再思[J].时代建筑,1989,(1):7.

[7] 赵巍岩.关于上海商城和华东电管大楼的200份问卷调查[J].新建筑,1992,(4):
     13-14.

学电脑 甩图板

　　用工程图纸作为设计交流语言是建筑师职业化、现代化的起点，而对电脑制图软件的开发和普及则使设计的生产力得到了空前的释放。

　　1978年，同济设计院恢复初期，因为居无定所，只能利用学校的计算机设备，1983年搬入新大楼时就专设了电算室。当时需要用到电脑的主要是计算工作量最大的结构工种，因此最早负责电算室的吕海川、费丽华，以及1991年起开始接管的朱德跃和汤逸青都是结构工程师。

　　最初电算室只有两三台计算机，因为需要动用计算机来做复杂计算的工作并不多，选用的是主机和屏幕一体化的小型苹果机"AppleII"。当时华东院等大院已经拥有上百万元一台的小型计算机，同济设计院几万元一台的计算机无法与之同日而语。不过，电算室的负责人吕海川颇有超前意识。他把院里对计算机感兴趣的一些人聚集起来，当然全部是结构工程师，完全依靠设计院自身的力量，用 BASIC 语言开发软件，编写程序卖给其他设计院。比如通过输入跨度、荷载等一系列参数自动输出梁的计算结果。[1]

① 朱德跃访谈。

　　到了20世纪90年代，国内建筑行业开始出现了"学电脑，甩图板"的大趋向。1992年3月27日，建设部发布《关于推广应用计算机辅助设计（CAD）技术，大力提高我国工程设计水平的通知》，对工程设计单位普及和发展 CAD 技术提出了要求。[2]有的设计单位为了鼓励大家"甩图板"，甚至会给用计算机出的图加补贴。同济设计院真正计算机化的起点是1990年底。10月至12月，国家教委在广州的华南理工学院举办了第一届也是唯一的一届 Auto-CAD 培训班，主要针对的是直属教委的"老八院"。当时负责机房的费丽华带着两位结构工程师——设计一室的朱德跃和设计二室的朱建忠，设计三室的一位电气工程师蔡英琪，还有刚分配进院的建筑师蔡琳，一行5人前往广州学了3个月 CAD。培训结束后，同济小分队还购买了第一批设备——两台电脑和一台针式打印机带回上海，放在设计院大楼三楼朝北的电算室里，作为公共设备，不过其他人都不会用。

② 建设部文件：建设[1992]63号文件。

　　从广州回来，朱德跃回到设计一室呆了半年左右，1991年就被调出来负责电算室。当时同济院还是手绘、电脑一视同仁，并无特别奖励，不过，1992年6月，在上海 SMC 微电子有限公司四层综合大楼的项目中，当其他同事还选择手工出图时，朱德跃率先绘制了第一张 CAD 结构施工图。[3]1993年8月，周建峰、张鸿武、吕维峰画出富都花园三栋高层住宅的全套 CAD 施工图，并开始制

③ 同①

定同济设计院的计算机制图标准。④

① 周建峰访谈。

1992—1994年，同济设计院开始分批购买电脑，用了两三年时间，实现了人手一台电脑。刚开始配置的"486"，差不多配齐的时候，又开始有了"586"和奔腾。90年代的电脑价值不斐，大概需要2万多元，甚至3万元一台，20英寸的大屏幕要1万元。为了促进全面计算机化，设计院为大家配的都是大屏幕。在访谈时，朱德跃笑言："我们院派头还是很大的。"

1994年底开始，为了让设计院尽快普及使用电脑画图，朱德跃在机房开设培训班，教授 Auto-CAD 的基本操作。第一期参加的20多人主要是三个综合设计室的一线设计师。设计师们对新技术非常渴望，当有外国同行来院交流的时候，小小的机房里挤满了盯着电脑屏幕看设计师操作的学员。其中既有已经积累了几年工作

◎ 1994年底，国外同行来院展示交流最新计算机辅助设计软件（来源：朱德跃提供）前排从左到右：刘毓劼、蔡琳、外国专家、任皓、王建强；后排从左到右：陈继良、曾群、甘斌、张丽萍、吴杰、黄安、孟庆玲、马慧超、任力之、周谨、赵颖、范亚树、朱圣好、费丽华

经验的建筑师、结构师，如任力之、王建强、万月荣、王玉妹、曾群、陈继良等，也能看到刚毕业分配进院的任皓、张丽萍、吴杰、甘斌等年轻面孔。甚至担任技术负责人的资深建筑师，如吴庐生、关天瑞等也认真参与了机房的计算机软件培训。⑤

⑤ 同 ①

绘图方式的改变影响的不只是一线设计师和计算机房管理人员，也包括设计成果（图档）的管理方式。1979年底通过招工进入设计院的周雅瑾见证了这一部门30年的变迁。1988年，刚从设计三室

调到图档资料室工作时，不过30平方米的资料室里还有缝纫机，那是用来"踩图边"的。手绘图的硫酸纸比较薄，图边容易折角和破损，必须用线锁边。手绘图纸出图速度慢，修改困难，因此每个项目的图纸数量有限。晒制蓝图主要采用氨水，靠近晒图室就能闻到有点刺鼻的气味。项目的登记也全靠手工。等到20世纪90年代中期以后，设计院逐渐淘汰手工图纸，全面采用计算机打印出图，每个工程的图纸量迅速增加。用于打印的硫酸纸比较厚，"踩图边"的工作首先被淘汰了。为了便于管理和查询，项目有了工程编号，无论登记打图还是存档也开始使用计算机操作和管理了。⑥

◎ 组织学习设计软件应用（来源：朱德跃提供）正面从左到右：费丽华、李瑞冬、吴庐生、王玉妹，背面从左到右：汤逸青、关天瑞、孟庆玲

制图工具和技术的不断演进不仅提高了设计的效率，也影响了图幅的大小。在需要趴在图板上手工制图的时代，无论是最初用铅笔，还是后来用鸭嘴笔和针管笔，为了避免大量返工，设计的图幅基本上限定在2号图纸，很少用1号大小的。比如1980年进院的薛求理在访谈中回忆：1982年设计院的定量工作要求是平均每周出一张2号图纸。手画的图纸画坏一点就要刮掉，刮的多的地方后面就补一块，蓝图晒出来会有个疤痕。当时跟着史祝堂画上海戏剧学院实验剧场工程中最复杂的舞台底层图纸，最后要出图时，纸面上已经千疮百孔了。尽管如此，史祝堂还是说不要重画了。⑦ 的确，手绘时期重画图绝对是种考验。因此姚大镒在对"五七公社设计组"历史的记载中也提到，1970年在安徽贵池毛竹坑建设"小三线"——上海胜利机械厂时，因为指挥的工人经常要修改，图纸总是要一遍遍重画，苦不堪言。[1] 在访谈中，今同济设计集团副总建筑师周建峰也提到，1986—1987年，因为要用0号图纸绘制漳州体训基地体育馆和训练馆，"改来改去，图纸刮得不像样了，就得重画，最后重画了好几遍"。⑧ 而到了电脑绘图和出图时代，1号图纸成为主要平立剖设计图纸的标准图幅，2号图纸主要用于施工中翻阅更频繁的详图，对于一些超大超长的特殊项目，采用0号加长大小的图幅也并不罕见。因为复制不过是几秒钟的程序，出修改版本也不用那么小心谨慎了。

受到丁字尺和三角板的限制，手绘时期的建筑形式几乎都是横平竖直的，工业建筑如此，大型公共建筑也如此。个别采用曲线造型的，比如同济大学大礼堂，吴定玮当时在开展初步设计和绘制室内外透

⑥ 2018年1月26日下午，华霞虹、王鑫、李玮玉、梁金访谈周雅瑾，地点：同济设计集团503会议室。

⑦ 薛求理访谈。

⑧ 同④

视图，使用画法几何求取了室内联方网架的透视，被认为"画法几何的知识学到家了"。⑨ 1990年，戴复东、吴庐生、蒋志贤、关天瑞合作设计的福州元洪大厦是一幢圆形平面的高层建筑，设计师需要用圆规制图，苦不堪言。甩图板，学电脑，同时被甩掉的还有方盒子的建筑形式。Auto-CAD 强大的功能为各种曲线的营造铺平了道路。比如在城市笔记人(刘东洋)发表在《建筑师》杂志上的论文《迟到的回望》中，当时在同济设计院工作的年轻建筑师庄慎，提到中德学院在平面、立面和剖面上所用的大量曲线，是在草图和模型基础上，最后在"在画 CAD 图时一点点精确化的"。[2]

⑨ 吴定玮访谈。

对于更为复杂的三维建筑空间，主要以二维图纸呈现的 Auto-CAD 也有其局限性。因此到了新千年以后，尤其是面对像上海中心这样的复杂项目时，BIM 系统绘图成为必需。同济设计集团现任电气总工程师夏林在接受访谈时介绍说，上海中心的施工图最开始并没有考虑全部用 BIM 出图，毕竟全三维建模工作量要大很多。但是后来因为超高层建筑设备设施实在太多了，空间有限，必须尽力挖掘。后来通过 BIM 建模，发现在二维图纸中无法反映出来的区域，主要是结构梁板之间的三角区还存在可用于设备穿管道的空间。制图方式的革新确实改进了设计的效能。不过，夏林也坦言，对于在建筑设计流程中处于下游的设备工种而言，制图技术越方便，可能工作量反而会越大。因为建筑、结构修改图纸方便了。然而上游工种一改动，下游工种就必须跟着改。如果交接不及时，还可能存在各工种图纸版本不一致的质量问题。⑩

⑩ 2018年2月9日，华霞虹、王鑫访谈夏林，地点：同济设计集团503会议室。

参考文献

[1]　姚大锴."五七公社设计组"始末[M]//丁洁民.累土集：同济大学设计研究院五十周年纪念文集.北京：中国建筑工业出版社，2008.
[2]　城市笔记人.城市笔记17,迟到的回望[J].建筑师，2014，(2)：104-119+201.

静安寺广场和南京路步行街

　　20世纪90年代，上海的城市建设主要分成三个阶段。1990—1992年，确立浦东开发开放后，城市建设进入新的起步阶段，重点开展道路和交通建设。以此为契机，同济大学成立了由设计院统一管理资质的桥梁、道路、勘察、地下工程、环境5个专业设计室，并参与设计了南浦大桥、杨浦大桥、地铁一号线新闸路站、内环线高架等基础设施工程。1992—1997年间，在"一个龙头、三个中心"的战略方针指导下，"还历史欠账"式的城市建设以住宅建设为核心。同济设计院这一阶段与建筑系教师合作赢得了浦东多个高层建筑的投标，比如嘉兴大厦（许芸生、吴长福负责，1993）、三环大厦（吴庐生负责，1993）、中国高科大厦（任力之负责，1993）、惠扬大厦（张鸿武负责，1993）、安邦大厦（宋宝曙负责，1993）、申花大厦（王建强、张洛先负责，1993）、工商银行上海分行外高桥计算中心（马慧超负责，1994）、中海大厦（张鸿武负责，1995）等，还完成了阳明新城（黄安负责，1993）、东晖花苑（吴庐生负责，1993）、海天花园等十多个有影响的住宅区规划和设计。1997年底，上海进入了"城市建设和城市管理并举""一年一个样，三年大变样"的新阶段。[1]从20世纪90年代中期开始，同济建筑系和同济设计院先后负责和参与了多个重要城市区域和商业步行街的城市设计和历史街区的保护与更新研究和实践。比如静安寺地区城市设计、南京路步行街设计、多伦路历史文化街区更新等。

静安寺地区城市设计

　　静安寺地区规划设计面积为36公顷，南起延安西路，北至北京西路，东起常德路东侧，西至乌鲁木齐路，以核心区具有1700多年历史的静安寺闻名，区域内包含上海市少年宫（原嘉道理爵士住宅）、百乐门舞厅等优秀历史建筑，还有大树参天的静安公园，地块中间是南京路。当时规划的地铁2号线、6号线分别由东西和南北两个方向穿过静安寺地区的中心，延安路高架在华山路设置上下口，周边包括上海商城、锦沧文华、希尔顿、贵都等多个星级宾馆，加之上海展览中心的商业支撑，这些都是这一地区开发的有利条件。[2]

　　静安寺地区城市设计源于1988年编制的《静安区城市更新规划设计》、1993年底完成的《南京西路（成都路—镇宁路）沿线改造计划》和《静安区控制性详细规划》。但是这些规划"较少考虑城市设计方面的控制要求"，对已经批租并确认初步规划项目的地块间的建设协调和整体意向性引导、对未开发地块的控制性引导、对土地的高效利用、交通与城市系统协调等问题都未给出满意的答卷。[3]15

静安区规划局的管理者迫切需要一个"可直接用来指导开发并实际可行的城市设计"。1995年4月，在市规划局耿毓修总规划师的推荐下，静安区政府找到曾参加过陆家嘴城市设计竞赛的同济大学建筑系教授卢济威，迅速达成合作协议。卢济威带领两名研究生林缨和张力开始了为期一年多的上海市静安寺地区城市设计。[3]15

静安寺地区的城市设计属于城市更新项目，必须充分考虑现状。对卢济威团队而言，如何整合城市的多种尺度与功能，包括地铁交通、商业、文化、绿化和市民活动等是设计成败的关键。为此，设计团队提出三个关键词：生态、文化和商业作为该地区的标志性特征。[2]

首先，静安寺地区最具特色的城市资源是静安寺和静安公园。为了同时满足香火旺盛的静安寺和城市商业发展的需求，规划建议抬高一层重建静安寺，下层为商业，二层高台上建寺，地下设置宗教文化博物馆等设施。同时恢复古寺原有八景中的三景：芦子渡、涌泉和讲经台寺塔，寺塔拟建于西北侧，成为华山路方向的对景。静安公园改为开放型城市绿地，拆除西北角沿街建筑，堆土成丘，既与寺庙成为对景，又改善高架路的景观，下面可建大型社会停车库，

◎ 1997年,静安寺地区城市设计电脑渲染图(来源:卢济威提供)

上植大树。公园内轴线方向保留两行参天百年悬铃木并向延安路延伸，静安寺东西两侧亦种植大型树木，以形成"深山藏古寺"意境。总体而言，城市更新充分利用静安寺与静安公园的地区特色，以园林、古寺为核心，将园、寺作为统一的城市公共空间整体来考虑。除了"园包寺"手法外，还在园和寺之间建立轴线，通过下沉空间穿过南京路连成一体。

其次，1995年静安区辟通武宁南路后，华山路与南京路交叉口的交通压力明显增大。考虑到南京路视觉连续性及静安寺核心地下空间整体性，设计决定采用华山路下穿的立交方式，此举力求建立地下、地面、地上二层三个层次的步行系统，同时由于华山路下穿，还增加了寺庙西侧的绿地面积。虽然最终因为种种原因华山路下沉这一方案并未实现，但这样的立体化交通设计在评审中受到了一致好评。[3]21

再次，静安寺地区有两条地铁在静安公园、南京路交叉通过，其中地铁2号线从1996年开始建设施工。"地铁站是人流集散的枢纽，也是静安寺繁荣的良机。"[2] 因此组织好地铁站与公共汽车站、社会停车库的良好换乘体系是该地区城市设计的重要内容。

最后，南京路以外滩和静安寺互为起止端。静安寺要与外滩相媲美，需要在空间形象上形成强烈的标志性。静安寺地区的空间特征就是，园林和古寺作为核心，100米高层圈围合，在华山路南京路交叉口设置180米的高层地标。

曲折历程中的多方博弈

1997年底至1998年初，是静安寺地区城市设计最后调整定稿阶段，此时，项目却遭遇了一系列"变化"。一是商业开发量需求增大，二是因交通道路没有操作空间而使华山路下穿设计落空，三是1995年的四个下沉广场最终只有静安寺广场得到保留，四是静安寺建筑设计单位易主，本由同济大学建筑设计研究院负责的静安寺寺庙设计，由于地块面积压缩与其中一方业主对人行道空间加大的坚决反对，最终于1998年改为由华东设计院进行寺庙建筑的方案调整和施工图设计。

静安寺地区城市设计的实施经历了数十年多方博弈的曲折过程。除了久光百货与静安寺所在的地块在建设过程中因一角地块被机场大楼占据缩小了步行街和中庭空间外，值得一提的还有静安寺门前"5米之争"的故事。考虑到静安寺门前需要小型广场缓冲节日人流，卢济威和同事路秉杰两位教授提出将钟鼓楼搬到山门前并底层架空，既保证静安寺形制的完整，架空部分也能形成静安寺与南京西路之间过渡空间。但是静安寺方丈坚持山门紧贴建筑用地红线，只能退后5米，双方僵持不下。经过四年的拉锯战，纷争于2003年尘埃落定，静安寺门前只保留正常的人行道宽度。[3]49-54

静安寺广场建筑设计

在静安寺城市设计实施遭遇变故的情况下，作为1999年中华人民共和国建国50周年大庆的重点工程之一——静安寺广场设计成为一个新的项目，由规划局重新组织招投标。值得庆幸的是，主持静安寺地区城市设计的卢济威带领设计团队教师刘滨谊、俞泳等提出的不对称布局、多功能整合的方案得到采纳。不过，静安寺地铁办最初对方案也心存疑虑。因为广场占地8214.6平方米，其中包含8215平方米的商业区，广场实际面积仅2800平方米。但卢济威的方案没有把地块直接划给地铁办来按面积分配商业和广场，而是打破了不同类型用地的边界，在红线范围内，把商业下压，与下沉广场相连，上面做公园，把公园的要素渗透到下沉广场，形成了土地的复合利用。地铁公司不理解的是"我花钱买下来的地，怎么能给公园服务呢？"① 虽然这样的设计跟当时按照功能划分用地的常规做法很不一样，但因为最终公园面积扩大了2000多平方米，商业和广场面积并未压缩，建筑造型统一，各种要素互相渗透，反而对彼此都有益处。当然也由于整个项目由静安区政府统筹，设计师最终说服了静安寺地铁办。静安寺广场"生态、高效、立体的公共空间"[4]

① 卢济威、顾如珍访谈。

◎ 1999年，新落成的静安寺广场鸟瞰（来源：卢济威提供）

◎ 1999年，静安寺广场商业用房围合半圆形看台与圆形舞台（来源：卢济威提供）
◎ 静安寺广场建筑、结构、设备与景观的一体化设计（来源：卢济威提供）

后续使用一直颇受市民好评，也成为上海市旅游观光景点之一。

方案通过后，卢济威的夫人——同济设计院副总建筑师顾如珍负责了具体的建筑工程，与卢济威主持的城市设计研究工作室的孙光临、张斌两位年轻教师，以及设计院的其他建筑师和工程师一同完成了广场的方案深化和施工图设计。② ② 同①

如何使广场成为多功能高效化的空间？当时中国正处于大建设调整期，在追求气派的风气下，中轴线、对称成为潮流。静安寺下沉广场没有盲从，而是根据商业、交通、文化、观光等多种功能结合和市民共享的需要，将广场整体布置成不对称形，沿着南京路和地铁出入口的位置采用平直方正的形态，以组织高效的楼梯和自动扶梯，便于地铁站人流疏散，还设置了导向灯引导夜间人流。而与广场南侧的地下商场和公园景观相连接的西南两侧，则布置了半圆形的露天看台和舞台，可供市民自娱自乐，节庆时则可转化为表演台。建成后的使用反馈十分正面，媒体认为这是上海最好的文化广场之一。[4]

为了减少埋深，商业用房设计成两层，下层底板与下沉广场标高拉平，9米高的商场顶板高出地面2米，在上面再覆土2~3米，足够种植株径30厘米的大型乔木，并在公园里形成具有5米高差的山林地貌。为了使下沉广场与公园形成连续的景观而不是突兀的凹坑，在广场东侧结合台阶设计了跌落式花坛，种植杜鹃花。实现了"绿色生态化""多功能高效化"和"地上地下一体化"的规划目标。[4]

在景观细部的设计方面，顾如珍亲自负责推敲包括高差、细部材料在内的各种细节，并与其他工种的设计师紧密合作，以实现建筑、结构、设备和景观的一体化设计。首先是下沉部分的排水问题。最初，顾如珍按照五十年一遇的洪水考虑排水量，但最终按照百年一遇洪水来设计。③ 最后的设计中，在吴桢东和范舍金两位给排水工程师的共同参与下，广场下设水池，周围布置排水沟，设专门的水泵负责抽水排水。在后续的使用过程中，地铁站的运营从未出现排水不畅的问题。同时地铁站的风井、热泵等工程设施也是设计的一部分。地铁站的排风口与景观统一设计，均采用与露天舞台一样的半圆形母题，形成两个不同标高的喷水池。进风口设置在喷水池南侧外墙下方，空调热泵放置在无障碍电梯下方。地铁站厅采用热压自然通风原理，在两侧墙上设进风口，通风亭顶部设排风口。所有的设备设施均隐藏在建筑和景观的结构体里，不暴露在外，甚至11万伏的变电站也被压在下面。④

③ 同⑦

④ 同上。

最后是绿化和座椅问题。为了广场绿化的整体性，广场内部也需植被。为了保证足够的覆土层，也不降低商业用房的层高，地铁方的院士刘建航参与了设计，最终采用不常用的特别宽扁的大梁结构实现了节约层高的目的。⑤ 而在广场布置座椅的问题上，设计团队坚持结合建筑造型，利用高差提供休憩场所，不安排专门的座椅，使广场造型和功能更加完整契合。静安寺下沉广场于1998年3月31日奠基启动，建设一年半后，于1999年9月15日竣工。[3]39

⑤ 同①

静安寺地区城市设计和静安寺广场由上海本地设计师负责，采用了诸多先进的城市设计手段和管理思想，如全面整合城市各项要素、容积率转移、公私联合的开发建议、争取园寺结合、地下空间大面积开发并与地上连通的模式等。[3]49-54 作为中国最早的城市设计实际范例之一，静安寺城市设计与其下沉广场的后续方案，对中国的城市设计实践具有很高的参考价值。在这个项目中，同济设计院与同济建筑系紧密结合，利用优势将城市设计同时作为研究课题，与社会学、生态学、文化学等多学科整合，⑥进行了开创性的尝试。

⑥ 同①

从裁判员到运动员参与南京路步行街设计

这一阶段，同济建筑系和同济设计院设计实施的另一个具有重大影响的城市设计项目是被称为"中华第一街"的南京路步行街。在1986年上海总体规划的基础上，结合1992年浦东新区总体规划设计，1994年，上海市总体规划确立了30平方公里的中心商业区和"四街一城"的总体发展模式。静安、黄浦、卢湾、南市组成上海市中心商业区，南京路是"四街"中最重要的组成部分。静安寺广场是从前期城市设计开始，而南京路步行街是一次"从裁判员变为运动员"⑦的特殊经历。

⑦ 郑时龄访谈。

1995年7月15日，南京路开始试行周末为步行街，为全时段步行街的设想先行试水，这一举措受到市民一致称赞。其背景是90年代中后期中国大城市的商业步行街区规划建设热潮，比如1997年哈尔滨建成了中央大街步行街，1999年北京建成了王府井商业街步行街，上海当然也不例外。这一时期的步行街区包括：1995年改造后的豫园商城地区是该地区的商业核心，1996年卢湾区雁荡路建成了上海第一条步行街，1997年开始规划、1999年完成第一期的多伦路文化名人街，还有2000年建成的吴江路步行街等。[5]

1865年由上海工部局命名的南京东路见证了"中国近代历史的变迁"，也是上海当时最繁华的商业街。但在改革开放以后，每天超过一百万客流量的南京东路"购物环境日趋拥挤恶化，人车混流使环境品质问题更为突出。改造前，南京东路机动车的时速不超过5公里。"[5] 为此，1992—1994年，南京东路经过一轮初级改造。1995年改为周末步行街的举措也"收到了一定的效果"。为了进一步"把南京东路建成具有国际水平的步行商业街"，黄浦区政府首先解决了交通问题。1997年政府斥资完成了九江路—河南路—西藏路的拓宽工程；1998年拓宽辟通了天津路—四川路—浙江路，地铁2号线也破土动工，南京东路设西藏路、河南路两个地铁出入口，步行街正位于地铁河南路站和西藏路（人民公园）站的区间段上。这些都为南京路步行街的实施创造了先决条件。[6]

1998年8月20日，上海市政府决定建设南京路步行街，由黄浦区人民政府负责实施。南京路步行街一期工程东起河南中路，西至西藏中路，长1052米。为了体现上海作为国际大都市的风范，南京路步行街的建设方案进行了国际咨询。三家境外公司参加：法国夏邦杰建筑师联合事务所与拉德芳斯发展公司合作提供了一个方案，另一个方案由日本RIA株式会社提出。10月10日召开"南京路步行街的建设专家咨询会"，当时为同济大学副校长的郑时龄担任评审专家组组长，[8] 其他专家还包括耿毓修、李德华、卢济威、洪碧荣、蔡镇钰、陈友华等上海本土资深的教授、建筑师和规划师。[7] 与会专家认为法国设计师以"金色地带"（Golden Line）为线性骨架构成步行街主题的方案"提供了良好的环境品质，是较为可行的方案"。而日本方案在"广场设计、地铁出风口的景观处理和造景上匠心独具，值得借鉴"。同时，"专家们建议下一阶段工作需要中外建筑师协同合作，以法国方案的'金带'构思为基础，结合实际情况进一步深化和细化"。[8]

⑧ 同⑦

距离1999年10月1日为中华人民共和国成立50周年献礼剩下不到一年时间了，南京路步行街的建设时间紧、任务重。于是黄浦区政府委托评审专家组长郑时龄带领同济大学建筑设计研究院和黄浦区城市规划管理局的设计师负责深化和施工图设计，黄浦区建设发展有限公司承担施工建设。

步行街的"金带"与"金坪"

郑时龄负责的同济大学建筑设计研究院南京路步行街项目设计团队，包括同济大学规划系教师王伟强和建筑系教师陈易，以及当时在读的硕士研究生和设计院的多位年轻设计师，包括齐慧峰、刘志尧、陆晓锟、庄慎等都参与了工作，[8] 艺术设计专业教授殷正声则负责了部分街道家具设计。⑨

⑨ 同上。

同济设计院的设计团队为南京路步行街的城市设计确定了五个设计原则：象征性、简洁性、标志性、商业性和以人为本。南京路定位是商业步行街，"增进商业活动的效率与效益"是其"最重要的立足点之一"，要"为商业活动提供丰富的活动空间"，"力求以简洁明快的设计组织人流与丰富的商业空间，整治广告，以少胜多"，"既要延续商业街的历史文脉，又要以现代设计理念和手段创造出具有鲜明时代特征的城市文化和商业环境"，"突出体现南京东路的形象特质，增强场所感与领域感，并在重要节点突出可识别性"，使南京路步行街成为"步行者的'天堂'，不论是旅游还是休闲购物，都以人的尺度、需求和活动为最根本的出发点，避免受到交通干扰"。[5] 具体实施主要从点、线、面三个层面进行操作："金带"是贯穿始终

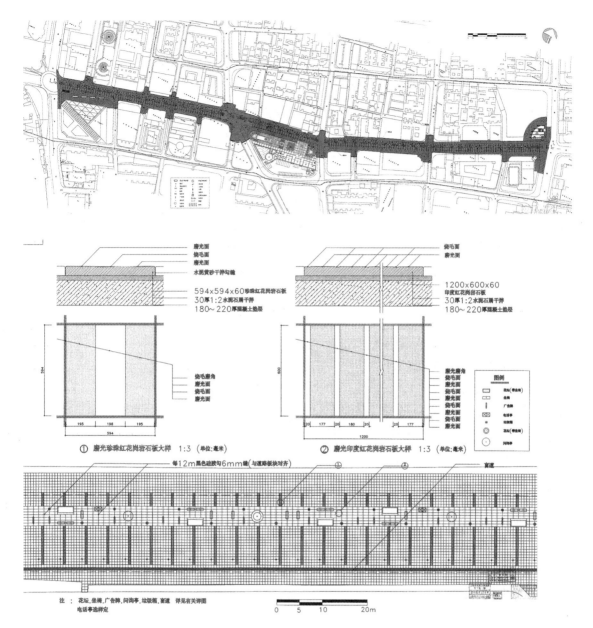

◎ 南京步行街总平面图及标准段平面（来源：同济设计集团）

的步行"线"，并根据功能需求布置节点，设置广场。

　　与一般采用不同材质的铺装突出步行街形象不同，法国设计师的"金带"方案之所以得到专家组的一致好评，不仅是因为概念鲜明，更是因为"金带"具有分隔动静空间和集中布置服务、照明和休息设施的功能。

　　南京东路横断面采用一块板设计，取消上、下街沿。宽度按照两边建筑距离确定，最宽30米，最窄18米。[6] 道路中心线偏北1.3米处设置的4.2米宽的"金带"，自然将步行街分成动静两区。凡在"金带"以外的范围均属于流动性区域，尽可能中性化处理，排除一切可能形成的障碍，保证开敞流动的空间，便于两个方向人流自由穿梭。"金带"上是静态休息区域，为行人提供服务设施，设置环境小品，包括问讯处、电话亭、售报、售货亭、花坛、废物箱、路灯、座椅及广告牌等，观光者可以驻足休憩。"金带"南侧也是供观光和礼宾用的车道。[8]

南京东路的地面采用三种硬质铺装。"金带"铺设4厘米厚的磨光印度红花岗岩石板，色彩强烈，可见性强，表面光亮，夜晚可折射两边灯光。步行流动区铺设暖灰色火烧面花岗岩，仅用3厘米宽缝的方式留出雨水排水沟。南京东路与南北向需通行机动车的道路交叉口则铺设花岗岩，形成"石块路面"，标高与步行街取平，设置花岗石球形路障与地灯，提示过往车辆减速避让行人。绿化设计同样与"金带"紧密结合，种植规整几何形的常绿灌木与四季花卉，休息座椅又与花坛结合，进一步营造人与自然和谐相处的氛围。[8]步行街上的铸铁窨井盖创造性地表现了城市历史变迁的图景，既精美又融入了文化内涵，后来常有设计效仿。

根据标志性原则，步行街设置了一些节点空间，包括河南中路、福建中路等重要路口和宝大祥及万象商都门口共种植7棵大型香樟树，分散在"金带"之外，提示步行空间，与各地段建筑物一起构成鲜明的场所标志形象。为了满足活动和人流聚散的需要，南京路上设计了三个作为"面"的节点空间，包括步行街的东西两端，河南中路和西藏南路入口广场，以及步行街中部的"世纪广场"。河南路广场作为步行街的起点，力求以简练的雕塑、铺装等形成"金带"形象鲜明的"收头"，并且结合地铁通风井、残疾人电梯、城站出入口设计了一个占地约600平方米的花坛，使其与广场形象成为一个整体。[8]浙江中路140号地块位于步行街中部，是步行街上唯一一处大型城市生活广场，既用于游客休憩观景，也是南京东路的绿肺。广场中央设有"金坪"，地面采用与"金带"同样的材质，以形成呼应。

◎ 南京路步行街窨井盖详图（来源：同济设计集团）

"金坪"上还设有金色舞台，可供表演，极大地活跃了广场的气氛。此外，"世纪广场"还设有大面积草坪、大型的乔木，包括分散栽植的数十棵白玉兰、广玉兰、大桂花和香樟，还有旱喷泉、宝鼎、青铜雕塑等，空间丰富，活动多样。

南京路步行街工程工期很紧张，同济建筑系和同济设计院从接手项目到建成不到一年时间。当时还有地铁1号线、2号线在建设，整个南京路都在改造过程中。"这就要求设计师经常跑工地进行实地考察，设计图纸也必须更加细致，很多研究生也参与了设计，得到了锻炼"。⑩ 在各专业的协同配合下，1999年9月20日，也是1999年国庆前夕，南京路步行街一期工程顺利竣工。

⑩ 同⑦

上海申通广场

1999—2018年，上海的城市空间已经多次更新换代，但静安寺广场和南京路步行街最初的设计理念和建成效果在今天看来依旧不过时。项目建成后两个设计团队都在《建筑学报》《时代建筑》等多个专业期刊中发表成果，使其成为上海城市设计和公共空间营造的经典案例，项目实践与学术研究"产学研"紧密结合正是高校设计院的优势，也是创造更好的城市和建筑空间的必要条件。

20世纪90年代，本土大型设计院中的建筑师的原创设计在重要城市空间和建筑项目中发挥了积极的作用，冲着"同济建筑"的品牌直接委托项目的依旧并不罕见。不过因为当时的管理较为松散，也经常发生需要紧急救火的情况。

© 2000年，申通广场（来源：同济设计集团）

比如曾于2001年荣获上海市优秀勘察设计二等奖的申通广场（现名申通信息广场）的设计过程就曾经过一番周折。申通广场为建于上海交通大学靠近淮海路的一处高层综合体，包括裙房的沿街商业和塔楼的办公空间。上海交通大学作为业主非常信任同济大学，但是对最初同济团队提供的方案不太满意。于是建筑系由时任副系主任赵秀恒带着吴长福、钱锋、谢振宇、孙光临等教师在1994年暑期两个月内重新设计方案，"几个人都是光着膀子在电脑前画图，方案顺利通过了"。[9] 这一设计用群簇的三栋高层，中间设垂直交通的方式，不仅保证高层南向能鸟瞰校园景观，而且核心筒可以直接对外通风采光。连续的裙房设计既保持了淮海西路街道界面的连续性，还考虑了立体交通将进入办公楼和商业的两股人流自然分开。建筑系完成方案设计后，由设计院张洛先负责的设计团队完成深化设计和施工图，直至建成。⑪

⑪ 吴长福访谈。

进入新千年以后，由于建筑设计市场原来越开放，上海越来越多的城市区域和地标性建筑通过国际招投标确定设计者，因为种种原因，本土设计院在工程总量不断增加的同时，在重大工程上的原创作用却变得越来越薄弱，甚至慢慢沦为境外事务所的地方配合设计院，这一状况值得反思并通过全社会力量来逐步改善。

参考文献

[1] 张永斌.二十世纪九十年代上海城市建设发展历程[J].上海党史与党建,2004,(4):26-31.

[2] 卢济威,林缨,张力.生态·文化·商业——上海静安寺地区城市设计[J].建筑学报,1996,(10):20-25.

[3] 黄芳.上海静安寺地区城市设计实施与评价[M].南京:东南大学出版社,2013.

[4] 卢济威,顾如珍,孙光临,等.城市中心的生态、高效、立体公共空间——上海静安寺广场[J].时代建筑,2000,(3):58-61.

[5] 郑时龄,王伟强,陈易.创建充满城市精神的步行街[J].建筑学报,2001,(6):35-39.

[6] 周溆临,严伟,刘艳,等.上海市南京路步行街设计[J].新建筑,2001,(3):1-5.

[7] 杨倩.创造丰富、和谐、生态的全天候步行商业街——论南京路步行商业街建设[J].上海城市规划,1999,(2):31-34.

[8] 郑时龄,王伟强."以人为本"的设计——上海南京东路步行街城市设计的探索[J].时代建筑,1999,(2):46-49.

[9] 赵秀恒.我和设计院的缘分[M]//丁洁民.累土集:同济大学设计研究院五十周年纪念文集.北京:中国建筑工业出版社,2008.

成立专业室

同济设计院成立至今60年的历史里，其基本生产单元主要采用多工种综合的组织方式。其中1958年至1981年间，主要由建筑和结构组成土建综合设计室，水、电、暖工种单独组成设备或技术设计室；从1984年完成民主选举和双向选择后，则采用建筑、结构、设备全部工种汇聚的综合设计室模式，平行设置三个综合设计室，由各室主任统一管理。即使是桥梁、道路、勘察、地下和环境五个专业设计室也是多工种综合的。唯一的例外是，1997年2月至2001年3月之间，三个综合设计室改为建筑、结构、设备三个专业室，所有项目均需各室合作完成。

从综合室到专业室

建筑工程需要多工种合作设计，设计机构的基本生产单元较为常见的有两种不同的组织模式——多专业综合室（或所／院）或单专业室（或所／院）互相配合。因为两种组织机制各有优势，因此设计单位根据自己的需求进行选择。同济设计院最初长期采用综合室的模式，是因为一方面整体规模不大，每个设计单元可以控制在30人以内，另一方面项目规模都较小，项目总数不大，类型和技术也比较简单。因为彼此熟悉，室主任调配工作只要根据设计人员的时间周期和工作能力来安排即可，不同设计人员开展合作较为便捷，产值也比较容易划分。

然而，随着市场化的发展，市场不断扩大，尤其是同济设计院加入股份公司以后，企业的年度考核指标不断增加。一方面需要同时开展多个项目的招投标，另一方面要面对更大更复杂的工程，建筑前期的工作量大大增加，有的项目需要组织二三十人才能应对，一个综合室所有人都扑上去做一个项目可能还不够。而一旦一个大项目因为任何原因付之东流，对某个设计室的产值和利润就会造成很大的压力。[①] 如果改为跨室合作的话，工作量调配和产值计算等各方面的执行难度将陡增，对院部的经营和管理压力也会加大。

正是因为市场改变带来的生产组织的矛盾，1997年2月，同济设计院决定将原来三个综合设计室改为建筑、结构、设备三个专业室，每个室设计人员维持在30人左右，但项目需要彼此合作完成，经营则由院里统筹安排。从综合室变为专业室的技术便利条件是，同济设计院这一时期基本已经实现了全电脑化制图，也在院内建立了局域网。

① 宋宝曙、孙品华访谈。

凭借综合室改专业室的契机，同济设计院也基本完成了生产单元管理层的迭代。除院长高晖鸣、总工程师姚大锡、副总建筑师顾如珍、副总工程师蒋志贤和路佳系"文革"前毕业的大学生外，6位专业室主任全部为"文革"后毕业的大学生，且绝大部分为恢复高考后进入大学接受高等教育，在1982年以后参加工作的。其中建筑室正副主任王建强和周建峰均毕业于同济大学建筑系，分别于1982年和1985年进入设计院。结构室主任孙品华1976年毕业于同济大学建工系，1988年开始担任综合一室副主任。结构室副主任陆秀丽是1987年研究生毕业入职、长期担任团支部书记的年轻工程师。设备室的正副主任分别为暖通工程师王健和电气工程师夏林。王健于1978年考入同济大学机械系暖通专业，1982年毕业后分配至南京建筑工程学院任教10余年，并曾在联邦德国慕尼黑高等工业学校做访问学者，后于1993年5月调动至同济设计院工作。夏林1986年由同济大学电气专业毕业后进入设计院。

在20世纪90年代中期以前，同济设计院进人控制得比较紧，平均每年全院进人不超过5个，并且招收的几乎全是本科毕业生。这一方面是因为学校编制进人指标的限制，另一方面也是因为，虽然浦东已于1990年实施开发和开放，但在1985—1995年间，整个上海的城市设施远远无法满足因人口密集造成的负荷，交通、住房和环境均拥挤不堪，对人才的吸引力也比不上南方沿海地区，与新千年后的上海更无法同日而语。这一历史时期，拥有诸多经济特区的珠江三角洲才是中国房地产市场，也是建筑设计火热的前沿，建筑院校的毕业生纷纷前往广州、深圳、海南等地开启事业。

正是在这样的大背景下，加之"文革"断层和高校编制限制，同济设计院的一线设计团队长期呈现哑铃型结构，两头分别是55岁以上和30岁以下的设计师。即使在日益增加的投标项目中，当时通常由资深建筑师和工程师担任项目负责人，带领年轻设计师竞标项目。1993年，同济设计院曾经有过一次进人高峰，从本校建筑系招收了曾群、马慧超两位硕士和张镇、吴杰、李晓东3位本科毕业生，还招收了从东南大学本科毕业的张丽萍，从浙江大学本科毕业的任皓共7位新人。随后3年，又陆续录用了本校建筑系本科毕业的赵颖、甘斌、华霞虹、周峻等，其中李晓东、华霞虹为保送硕士研究生保留学籍先入职，工作两年后在职完成硕士学位。1997年2月建筑专业室成立后，又一次性招收了3名同济硕士毕业生柳亦春、庄慎和刘家仁，其后4年又陆续录用了硕士毕业生陈屹峰、黄骅、胡茸、文小琴等年轻建筑师，建筑专业室的规模显著扩大。结构专业于1996年招收了同样属于本科毕业先入职后攻读硕士学位的肖小凌，1997年2月成立的结构专业室在4年间先后录用了硕士毕业的金炜、易发安、虞终军、阮永辉和南俊。因为当时的建筑招投标工作投入较多的是前期，以建筑师为主，因此这一时期同济设计院机电专业原有工程师基本充足。除了1993年进院的王健、顾勇，1994年进入的同济设计院历史上第一个博士，给排水工程师刘瑾以外，在4年专业室期间仅新聘了一位设备工程师。大量高学历新鲜血液的注入，以及更高效的设计组织方式，使同济设计院在逐渐兴起的上海及周边地区的设计市场中成为一支方案竞标的生力军，施工图效率也快速提高，营业规模逐年提升。

2001年3月新的同济大学建筑设计研究院成立，总院设计人员加入以后，专业室解散，重新组织，改为三个综合设计所和一个住宅设计所。虽然专业室的组织形式只存在短短4年，但对20世纪90年代末在建筑行业全面市场化，设计项目以招投标为主，项目规模不断扩大的背景下，一个只有一百多人的中型设计院的发展而言，既是必要的，也是有效的。从设计院的后期成长来看，4年的专业室组织为设计院的技术规范化、专业化和管理队伍年轻化奠定了坚实的基础。

投标与原创设计

从20世纪80年代中期开始，随着勘察设计单位试行技术经济责任制，中国的建筑设计行业开始市场化，除了实施建筑工程勘察设计合同和收费制以外，设计单位的业务逐渐需要通过参与工程招投标来获得，而非依靠委托和分配。此后，依靠设计院建筑师和建筑城规学院教师的创作能力，在相当长的一段时间里，同济设计院都被贴着"方案能力强，施工图技术不足"的标签。

同济设计院第一个通过正式招投标获得的项目是位于吴中路的上海天马大酒店。1985年开始设计的这一项目是当时院里最大的项目，由时任综合一室主任的建筑师吴庐生担任工程负责人，并与时任建筑系主任的丈夫戴复东两人共同担任主创设计师。据合作设计的建筑师宋宝曙和结构工程师孙品华回忆，因为是较早试点的投标项目，华东院、民用院、西南院和同济设计院等都参与了竞标。从当时的技术实力来看，华东院强于同济院。但是因为听取投标任务时，其他单位安排生产科去开会，而同济院派出综合一室的宋宝曙参会。业主当时要求，为避免延长工期，酒店不要打桩。最终正是凭借准确理解业主意图，同济设计院提供了不打桩的设计方案，战胜了其他所有的对手。② 不过在20世纪90年代中期以前，设计单位的项目大多依旧以单位委托为主。直到1995年4月26日，建设部发布了《关于印发（城市建筑方案设计竞选管理试行办法）的通知》，勘察设计行业才进入一个全面市场化的历史时期，设计单位加快引进的新生力量在招投标中发挥了显著的作用，进一步激发了同济设计院的原创实力。

② 同①

　　1997—2000年，同济设计院院内每年签约的设计项目分别为34、35、46和49个，其中半数以上的项目为竞标获胜。项目的类型主要是住宅和小型公共建筑，尤其是文教类建筑。部分建筑系教授如郑时龄、王伯伟、吴长福等也将负责的项目签为院内工程以实现更好的技术配合。院内建筑师中方案中标率较高，在4年间主持过两个以上工程的年轻建筑师包括任力之、曾群、马慧超、柳亦春、陈继良、韩冬、蔡琳、王文胜、江立敏、庄慎、陈剑秋等。这些设计师之后均成长为设计院内或独立事务所的主创建筑师，也是同济中生代建筑师的代表。相对于当时规模更大、人事组织结构更为明确的大型地方设计院和当时也参与民用建筑市场竞争的各部委设计院，同济设计院当时的机制较为宽松，组织架构较为扁平，因此为年轻人才提供了更早和更多独立负责项目的锻炼机会。通常在教授或资深设计师指导下完整设计完成一两个项目，并见证其施工建成以后，只要有能力投标获胜，就会直接委以工种负责人甚至工程负责人的工作和职位，自行协调各工种和跑工地。当然主要原因也是项目规模不大，类型较为简单，重重审核的制度也尚未完善，因此技术难度不大。还有一个有利条件就是当时设计院各工种资深设计师不仅对工程原理烂熟于心，而且非常乐于指点晚辈。同济中生代建筑师因此获得可贵的孵化机会。

◎ 1998年8月30日，郑时龄带领3名研究生参加上海复兴高级中学竣工暨开学典礼合影，从左到右，李晓东、庄慎、郑时龄、华霞虹（来源：华霞虹提供）

　　这是一个主要依靠本土设计师原创竞争的时期，虽然创作的过程并不忌讳从尚不充沛的国内外出版物中寻找各种形式和细部做法参考。因为成立了建筑专业室，设计院可以同时开展多项工程的招投标。同济设计院当时参与的项目大多为5000~20 000平方米的小型公共建筑，50 000平方米以上的均属较大工程。因为项目规模有限，且功能也不复杂，通常由一位资深建筑师指导带领1~3位年轻设计师完成投标任务。投标成果要求一般就是一个A3文本，包含主要的平立剖面图和说明，以及1~3张A1效果图和1个1∶100的模型。通常情况下，投标过程最多经过两轮就能确定设计单位，投标周期最多两三个月。也正是在这一时期，同济大学周边逐渐成立了一批制作电脑效果图、建筑模型以及图文制作的公司，形成了完整的产业链。其中包括由同济建筑系1993届毕业生李晖于2003年创建，并在2017年10月成功上市的上海风语筑展示股份有限公司。

在同济设计院以专业院方式组织生产的4年期间，通过原创投标方式赢取任务，并在设计建成后获得建设部优秀设计奖的包括宁寿大厦（中国人寿大厦）（任力之、周峻）、上海淞沪抗战纪念馆（周建峰、庄慎）、春申城四季苑（柳亦春）、静安寺广场综合体（卢济威、顾如珍）、同济大学中德学院（庄慎、胡茸）、钓鱼台国宾馆芳菲苑（丁洁民、曾群）等。此外，获得教育部和上海市优秀设计奖的工程包括北京冠城园规划、绿茵苑等住宅项目和格致中学教学楼及礼堂、朱屺瞻艺术馆、福州元洪大厦、中国高科大厦、工商银行上海市分行电子计算中心、苏州大学体育馆、卢湾体育馆、华东师范大学体育馆、上海复兴高级中学、同济大学商学院、上海第三福利院、新天地广场北部地块、静安寺广场综合体、申通广场、闵行区社会福利中心等公共建筑项目。

◎ 2000年,上海淞沪抗战纪念馆西向景观（来源:同济设计集团）

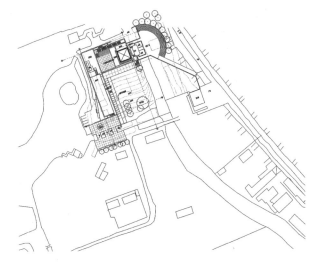

◎ 2000年,上海淞沪抗战纪念馆总平面图（来源:同济设计集团）

北京冠城园

　　如果没有成立专业室，同济设计院是无法想象能历时6至7年，通过大量的驻现场工作来完成北京冠城园这个占地33万平方米，总建筑面积达50万平方米的大型住宅工程的，更不要说在完成这一项目的同时还需承接其他众多的设计任务。冠城园的开发商是北京冠海房地产有限公司，项目启动于1995年，2002年建成。该项目的规划由建筑系教授余敏飞等完成，并获得了1997年度上海市优秀设计规划专业三等奖。香港冠城集团的创始人香港企业家韩国龙与同济大学关系良好。1995年，为发展中国土木建筑高等教育事业，韩国龙曾向同济大学捐款100万元，设立"韩国龙土木建筑奖学金"。正是因为这层关系，加上是由建筑系完成的规划，冠城园的建筑设计直接委托给了同济设计院，由当时还属于综合一室的建筑师刘毓劼主持完成了南北园的规划和初步建筑方案设计。

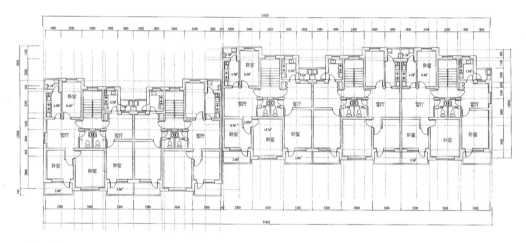

◎ 北京冠城园回民回迁楼5#单元标准层平面（来源：同济设计集团）

　　"冠城园"是冠海公司在北京开发的第一个项目，这个包含数栋100米以上超高层住宅和办公楼的综合项目也是北京市马甸旧房改造工程，这里还是北京著名的回民聚居区。冠城园并非单纯的商品房开发项目，而是北京首批37个危改项目之一，需要建设安置用房10万平方米，完成3000户居民的回迁，建成包含商业、办公和住宅的混合社区。

　　同济设计院冠城园项目由时任建筑专业室主任王建强和副院长顾敏琛总牵头，王建强、韩冬、赵颖分别担任各区住宅楼、回民回迁楼和冠平大厦、冠城商厦等项目的工程负责人。因为该项目需要做成精装修房销售，工程大，内容复杂，工期紧张，为了配合现场施工，同济设计院在成立专业室后，曾派驻数十位设计师赴北京开展现场设计。比如，4位年轻的女设计师，蔡琳、张丽萍、赵颖和结构工程师朱圣好同住在一间有两个高低铺的宿舍里，在现场边设计边进行施工管理和协调，虽然条件艰苦，但快速有效地积累了实践和工程管理的经验。③ 在回到上海后，这些设计师都成为独当一面的工程负责人。其中赵颖于2001年3月成为住宅设计所的副所长，当时她尚不满30岁，进入设计院工作将近7年。

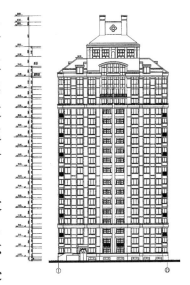

◎ 北京冠城园北园22#25#号楼南立面
（来源：同济设计集团）

③ 2018年3月13日，华霞虹、王鑫访谈赵颖，地点：同济设计集团503会议室。

为了保障冠城园的现场设计，同济设计院设立了北京办事处，除了将本部设计师调去现场外，还聘用了一些北京当地有经验的工程师，其中不少是同济的校友，来协助施工配合。北京办事处和这些工程师为其后的几个重大北京工程在施工阶段的现场协调带来了很大的便利。比如2000年由时任建筑系主任赵秀恒带领研究生汤朔宁、袁烽等中标的清华大学大石桥学生公寓（包括宿舍区和食堂）、周建峰、张镇、张鸿武等负责的中国电信通信指挥中心金融大厦等，中国电信同冠城园一样均包含精装修的室内设计项目。

钓鱼台国宾馆芳菲苑

同济设计院早期的项目大多为普通的公共建筑，主要以文教、办公建筑和住宅为主，1999年开始经过数轮投标设计的钓鱼台国宾馆芳菲苑是同济设计院这一时期完成的最重要的项目。

北京钓鱼台原为帝王行宫，1959年改造为接待来访的各国元首和知名人士的国宾馆。芳菲苑（又称17号楼）占据着钓鱼台的心脏位置，南临大草坪，北傍中心湖面，为钓鱼台内最为开阔之处。到20世纪90年代末期，原芳菲苑已经若干次改扩建，功能不堪重负，重建势在必行。然而，作为国事活动的重要场地，芳菲苑不仅功能复杂，而且需要承载新时代国家形象的象征意义。

钓鱼台国宾馆芳菲苑项目曾经历多轮方案比选。第一轮在同济大学、清华大学和建设部设计院等单位之间展开，同济大学由建筑系和设计院分别组织团队提交了两个方案，其中建筑系团队由赵秀恒和吴长福负责，设计院团队包括柳亦春、曾群、庄慎等建筑师。在同济团队中标后，确定由设计院负责项目深化。④ 因此设计院又在建筑专业室内部组织多位建筑师开展了内部方案比选，最终确定由1992年同济建筑系硕士毕业，师从时任建筑系主任卢济威的青

④ 2018年7月2日，华霞虹对吴长福补充访谈，地点：同济设计集团509室。

年设计师曾群担任主创建筑师,并与院长丁洁民共同作为工程负责人。

新建的芳菲苑总建筑面积22 577平方米,地上2层,局部4层,地下1层,建筑总高度为21.30米。为了彰显处于21世纪之初中国与世界的交流和对话,设计理念确定为"创造具有大国风范之雍容气质的开明建筑"。设计采用两条相互垂直的轴线加内院的结构来组织各种功能,并充分利用借景组织室内外空间。特殊的功能包括1000人同时用餐的大宴会厅(36米×32米的无柱空间)、容纳500

◎ 钓鱼台国宾馆芳菲苑主入口(来源:同济设计集团)

名观众,可用作小型歌舞剧演出的高规格多功能厅、各种规模的接待厅、会客厅、谈判厅、餐厅包房和超豪华套房。十字轴线的布局使各区域相互独立又能保持顺畅的联系和便捷的服务。主入口设置在东面,南向布置大宴会厅,北向沿湖设置多功能会堂,从入口进入四季厅后视线可以直抵湖面以及对岸的18号楼(总统楼)景观。客房区域则布置在西南翼的二至四层。

为了体现开明大气的大国风范,建筑形式采用了气魄宏伟、简洁明快的唐代建筑形制,建筑物上没有纯粹的装饰构件,最重要部位的大宴会厅屋顶采用平顶外加三面坡的大屋顶式造型,屋顶舒展平达,结构采用钢桁架,南面外挑达8米多,极富唐风神韵。建筑内外均采用现代材料,包括冷灰色的德国铝板屋顶系统和大玻璃幕墙,色彩淡雅。造型古典的入口设计旨在唤起人们对老芳菲苑传统中式门楼的回忆。[1]

因为工期紧张，并且需要与业主不断沟通，设计院还派曾群、王健、孙晔、吴学雄等多位设计师驻北京开展了一个多月的现场设计。经过紧张的设计和建设，钓鱼台国宾馆于2002年5月建成，并于2003年荣获教育部优秀建筑设计一等奖；次年又荣获第三届中国建筑学会创作奖优秀奖；2009年，与方塔园、同济医院、同济大学文远楼保护性改建、南通市体育会展中心、同济大学逸夫楼、浙江大学紫金港校区中心岛建筑群、中国残疾人体育艺术培训基地（诺宝中心）、井冈山革命博物馆新馆8个建筑项目和江阴长江公路大桥、苏通长江公路大桥2个市政项目共同荣获中国建筑学会"建国60周年建筑创作大奖"，全国仅300多项项目获此殊荣。

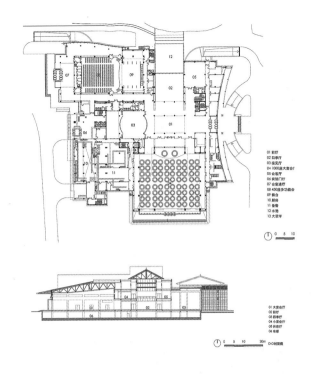

◎ 钓鱼台国宾馆芳菲苑一层平面与剖面图（来源：同济设计集团）

技术专业化

4年专业室的经历除了有利于集中力量参与更多更大的招投标，扩大经营以外，对于各专业的技术发展也起到了前所未有的促进作用。因为同济设计院在1997年前设计人员数量一直在150人以下，每个综合室主要人员为建筑结构设计师，并设水电暖三个设备工种，各室各工种常常只有2~5人。人员少的优点是关系紧密。在访谈中，归谈纯、夏林和刘毅三位在1985年和1986年进入设计院的总工程师都谈到刚参加工作时难得的师徒关系。比如原设计一室的暖通专业只有老师王彩霞"一对一""手把手"地带着徒弟刘毅，这对刚毕业的学生快速成长，积累工程经验大有好处。⑤人员少的缺点是不同室之间技术交流困难，技术简单的小型文教类建筑还能应对，项目变大变复杂就无法操作了。

成立专业室后，因为同一专业的人在一起工作，既有竞争也有合作的氛围促进了技术的专业化。在今天担任同济设计集团副总工程师的电气设计师夏林看来，短暂的专业院时期对设计院的技术提升起到了关键的作用。首先是逐渐统一了各种标准，从对项目的理解，到工作方式，比如各工种提资的标准，具体做法、技术规范、设计

⑤ 2018年3月13日，华霞虹、王鑫访谈刘毅、归谈纯，地点：同济设计集团503会议室。

说明乃至绘图习惯，均逐渐改变了以前各执己见的做法。其次，通过向更多的资深专家和较好的设计成果（包括院内和院外的施工图纸）咨询学习，年轻工程师快速积累了设计经验，提高了技术水平。再次，通过集中，设备工种各专业之间可以通过更便捷的沟通和共同商讨规则来加强协同设计。最后，对于大型的项目，也便于分割后由多人共同完成设计，以提高效率，加快工程设计进度。⑥

⑥ 夏林访谈。

管理年轻化

4年专业室对其后发展产生的最大影响除了扩大生产和提升技术外，还有管理团队的年轻化。这支全部从设计一线提拔上来的业务骨干队伍成为设计院此后20年发展的中坚力量。事实上，同济设计院设计室管理人员的年轻化是从1990年左右开始的。此前，设计院的院长、总建筑师、总工程师和3个设计室的正副室主任几乎全部由"文革"前毕业的大学生担任，从1988年起，尤其是1990年9月至1997年2月间，同济设计院的中高层管理者中，既有像黄鼎业、张继衡、姚大镒、高晖鸣、许木钦、宋宝曙、李蔼华这样在1966年前毕业的大学生，也有一些在"文革"结束后，尤其是恢复高考后入学的中青年设计师。比如当时担任室主任的范舍金、孙品华、金文斌，以及从建筑系调任的副院长乐星，从结构系调任的院长助理兼生产经营室主任董浩风在首次担任管理职务时均未满40岁。

1996年7月开始，院长高晖鸣负责的院务委员会决定提拔原综合一室建筑师张洛先为副院长，结构工程师顾敏琛为院长助理，建筑系副教授吴长福为副总建筑师。1997年2月从综合室转为专业室也意味着生产单元管理层的更新换代。建筑室正副主任王建强和周建峰，结构室正副主任孙品华和陆秀丽，设备室正副主任王健和夏林，除孙品华毕业于1976年外，其余5人均为"文革"后进入大学的青年设计师。中层骨干的平均年龄降低到40岁以下，其中顾敏琛、周建峰、陆秀丽、夏林均不足35岁。1998年，院长高晖鸣到退休年龄卸任后，吴启迪任命时年仅41岁的丁洁民为同济大学建筑设计研究院院长。此后20年，同济设计院这支技术型的管理队伍保持了长期稳定。这不仅有利于团队统一意见，保持协作，也有利于加强执行力。这正是同济设计院在20年内把握机遇迅速做大做强的根本。

2001年3月，从专业室改为综合所是又一次扩大管理团队，将干部队伍年轻化的机遇。设计一所所长曾群，副所长陈继良，二所所长任力之，副所长陈剑秋，三所为原城建设计院设计室组成，所长为王文胜，副所长江立敏，住宅所由时任副院长顾敏琛领衔，赵颖具体负责。绝大部分所级领导年龄均在35岁以下，且有多人已取得硕士学位。除了设计所的正副所长，院务委员会还任命了各专业的主任和副主任工程师，形成技术主管。至此，同济设计院已经从企业化的事业单位的传统组织方式转变为一个层级较为分明的现代化企业组织架构。前者因为生产和人员规模较小，工作组织主要依靠人事管理就能有效开展，而后者则因企业规模的扩大，产能要求的增加，需要依赖更为明确的管理机制。

通过两院合并，设计院规模扩大以后，每个所拥有了比1997年前的综合设计室翻倍的规模，达到50~60人的团队。综合所是独立的综合性生产单元，原来由院自上而下分配任务的模式改变为每个所独立面对市场开展经营的模式。在快速城市化背景下，这种新的模式增加了市场的接触面，利于扩大经营。既利于发挥建筑工种的领头作用，因为在项目需要通过招投标获取的背景下，建筑师的前期投入对获取项目至关重要，这是建筑设计院不可忽视的特点。此外，形成综合所也便于在各工种之间形成稳定的合作关系。每个所下各工种均需设立负责人，在技术已经提升的情况下，分散创造了更多技术管理岗位，更容易"留住优秀人才"，也适合通过"单元复制"⑦ ⑦ 同⑥
迅速扩大整个设计院的规模。

在迄今18年的高速发展中，同济设计院基本保持了这一扁平化的组织结构。在董事会监事会之下，由院务委员会(总裁/副总裁)直接领导所有职能部门、直属部门和机构。而各部门和机构之间保持平行关系。从2001年到2018年，同济设计院旗下的直属部门从11个增长到21个，参股和控股的子公司从5个增加到9个。期间根据生产经营等状况，几经归并重组，每个单元的规模也几乎扩大至原来的4倍，达到200人左右，即很多生产大院的规模已经相当于新千年前整个同济大学建筑设计研究院的规模。

参考文献

[1]　曾群.历史意义与当下精神:钓鱼台国宾馆芳菲苑设计[J].建筑学报2003,(2):
　　　34-39.

并校与设计院重组

  1958年后陆续成立的中国高校设计院前30年与后30年的属性存在明显的差异，尤其在"某某大学"这一冠名对设计院的意义和价值这两点上。这种变化既是经济模式从计划经济转向全面市场经济的产物，也与不同体制下高校参与社会服务的性质和目的有关。高校设计院的前30年是计划经济主导社会生产的阶段，"高校"两字意味着设计主体和设计主题。一方面，是高校内的师生参与社会生产和技术服务；另一方面，工作内容主要是文教系统内，尤其是高校的基建任务，以及社会重大项目的科技攻关。高校设计院的后30年，在市场经济主导的阶段，"高校"两字对设计院更意味着品牌价值和社会资源。对大学而言，包括设计院在内的高校产业既是高校师生科研转化和社会服务的窗口，也是引擎，促进引入社会资本，扩大经济收入，加大教学软硬件投入，加强高校在国内国际各类评估系统中的竞争力。高等教育市场化和产学研竞争全球化是发生这种转变的根本原因。

  从1998年到2018年，这20年时间里，同济设计院企业规模增长20倍，设计咨询收入增长100倍，实现了从一个中小型的教育部直属高校附属设计院到一个特大型综合设计集团的巨大转变。这种转变离不开高校合并、国内建筑市场和行业的规范化，以及从业资质整顿的大环境变迁。其中，从1996年到2001年是复杂而关键的转型期。在这短暂的5年时间里，同济大学同时并存两个建设部甲级资质的综合建筑设计院。新成立的上海同济规划建筑设计研究总院经历了从筹建到注销的全过程，而已走过40多年风雨的同济大学建筑设计研究院也在经历着经营和管理机制的市场化转型。两者的并存和差异显示了高校设计院在快速发展中始终需要面对的挑战，在不断"做大"的市场化进程中如何依靠高校的科研和人才优势来持续"做强"，同时与院系的教学科研和学科建设互相促进。

院外部

  对于高校设计院而言，教师以何种方式参与设计和生产实践是一个核心问题，也反映出了高校人员编制和建筑行业管理制度的变迁。1958—1978年间，高校设计院是高校师生"产学研三结合"的基地，教师和设计师是双重编制的，教学、科研、生产的一体化是最大目标。从1979年到1987年国家颁布设计单位资质管理规定以前，设计院是高校的分支机构，也是事业单位。虽然设计院的工作人员均为专职而非兼职，但是依旧享有教师身份。另一方面，因为高校教师作为有所属单位有专业能力的设计师也可以直接参与实践，并不必须经过设计院管理，设计院自主获取的项目也不需要经过建筑系或结构系的批准。换言之，各教学单元与设计院是高校下面各自相对独立的平行机构，因为报建和审批程序也相对简单，建设单位找的是匹配的设计单位和个人。当然，这跟私人事务所又有本质不同，个人只是具体的执行者，在程序上，都是公对公的状态。

设计单位必须具有建设部和地方认可的资质，必须签订正式合同是一个重要的转折点。查找同济大学在20世纪80年代完成的项目的档案时，会发现存在三种类型，一类是设计院内部的项目，由设计院统一管理；一类是建筑系或其他系与设计院合作项目，各系教师之所以把项目拉到设计院，常常有私人关系，比如夫妻双方有一人在教学岗位，一人在设计院，最典型的夫妇合作设计比如戴复东和吴庐生，卢济威和顾如珍；最后一类是建筑系老师与其他系老师直接合作的项目，常常并不通过设计院途径。两个典型的例子就是冯纪忠主持设计的方塔园、葛如亮与龙永龄合作设计的习习山庄并未经过设计院审核就直接出图了。根据曾参与方塔园设计的冯纪忠的研究生张遴伟回忆，当时方塔园的工种配合并未通过同济设计院，结构由建筑工程班毕业后分配到系里的青年教师应如涌设计，因为建筑工程班主要学习结构设计。设计完北大门后该教师去加拿大留学了，所以东大门是张遴伟参照北大门的断面绘制了钢结构图，没有做计算，焊缝长度等都是参考北大门的。只是因为北大门建造后由于屋顶太重，挂瓦时造成晃动，所以在东大门施工时在钢管内灌入了混凝土以增加稳定性。水电也没有找设计院，绿化则是园林局一位柳姓女工程师完成的。至于何陋轩，则由徐汇区一家由知青组织的做脚手架的竹木公司直接建造的。[1] 从当时留存的蓝图来看，图签主要是同济大学的，塔院广场的部分详图用了"松江县规划建筑设计室"的图签，而何陋轩的部分图纸甚至只是没有签名的白图。[1]

不过进入20世纪90年代以后，情况又有所变化。在访谈中，从1994年开始从土木学院副院长转为设计院副院长，负责院外部管理的周伟民介绍道："根据建设部和教育部的文件，1991年开始，教师承接工程设计项目，由设计院进行合同管理。"因此，同济设计院和各系所各自成立了"院外部"，"各专业设计室和其他专业教师承接业务的合同文件都需要经过设计院院外部的审核"。同济设计院院内外工程的合同采用不同编号，各系所的编号也有区别，最后结算时，由于院外部设计成本主要由教师自己承担，因此项目的提

① 华霞虹对张遴伟短信访谈。

成略高于院内工程，主要由设计团队、学校和系里分成，设计院也收取一部分管理费，包括税收。盈余部分由工程负责人按工作量确定参与人的收入，再分给各工种设计师与相关的专家。[2] 1996年，因为教育部资质管理的要求，同济大学设计院院外部的管理又发生了改变。而高校合并成为设计资质整顿的助推器。

② 周伟民访谈。

高校合并

在全国90多所高校合并的背景下，国家教委和上海市政府决定"共同建筑同济大学"，根据上海市政府的建议，1996年7月20日，国家教委和上海市政府签订备忘录，确定"将上海城市建设学院和上海建筑材料工业学院并入同济大学"。6天后，并校正式启动。就在同一天，国家教委宣布，同济大学被列为全国"211工程"首批启动学校。两校并入后，同济大学的学科专业进行归类合并，组建了土木工程学院、材料科学与工程学院和商学院，教职工增加到近6000人，学生超过2万人，规模达到（当时）历史最高。为了充分利用上海经济和国家加速发展的有利时机，同济大学调整了战略，在上海市招生规模扩大到50%，对科技产业进行集中和重组，加大了全面参与上海城市建设和经济发展的力度。[2]

并校除了扩充教学规模，调整办学方针，还为同济大学带来了两个勘察设计资质，原城建学院设计院的甲级设计资质和原建材学院设计院的乙级设计资质。

资质整顿

随着城市化发展的加速，设计单位的经济改革进一步深化。根据像建设部《关于勘察设计单位实施工资总额同经济效益挂钩有关问题的通知》(1997)这类的文件，各大设计单位的产值逐年攀升，高校设计院也不例外，而高校教师参与实践的积极性也越来越高。不过，在市场经济的初期，各种制度和规范都很不完善，因此高校设计机构的管理也相对松散。通常，除了学校专门的建筑设计院以外，还可能存在多家设计机构，老师个人或合作承接项目的情况非常普遍，产生不少乱相。1996年，建设部和国家教委均出台了多个文件，以期改进高校设计实践的管理。比如建设部(96)建设资字号第31号文件指出："高校设计单位的内部管理上问题比较突出，主要是人员混岗严重，即设计人员与教学人员混岗，教师兼职搞设计较为普遍；不少高校设计单位机构设立的批准权限程序不清，随意性大，致使一校拥有多个设计单位，其中不少是低级别的，缺乏统一的管理和要求；由于管理不善，不仅影响教学质量，也给设计市场带来了混乱，影响了高校的声誉。加强高校设计单位的管理，既是高校自身建设的需要，也是当前规范勘察设计市场的重要方面。"教育部则要求高校设计院开展以治理"三乱"（乱压价，乱挂靠，乱设计）为重点的资质检查，并结合高校设计院"产学研三结合"的特点，出台《关于委属勘察设计单位聘用本校教学科研生产技术人员参加勘察设计实践的管理办法》，以进一步理顺学校勘察、设计与教学、科研与生产单位之间的关系。

在这一时期全国高校设计机构的资质整治中，同济大学因为土建类专业学科规模大，并入两校亦为土建类院校，在"资质管理混乱"方面问题尤为突出。1996年夏，建设部主管司长到同济大学调查，上任未满一年的同济大学校长吴启迪承诺，在一年半到两年时间内完成彻底整改，以免被"吊销执照"。③ 同济大学受到教育部和建设部的特别"关注"的原因主要有两条，一是当时同济大学旗下大小设计单位多达128家，需要在短时间内完成归并和整治，任务艰巨；④ 二是同济大学下属的某些设计单位负责的工程出现了比较严重的质量问题，被投诉到建设管理部门。⑤ 同济大学建筑设计研究院虽然对校内各种设计单位并没有直接的管理权，但是因为拥有同济大学当时唯一的建筑勘察设计类甲级资质，校内设计人员需要"资质挂靠"，但却并不受设计院的控制，然而出了问题建设部主要是追查管理资质的单位。

③ 李永盛访谈。

④ 同上。

⑤ 顾国维访谈。

成立上海同济规划建筑设计研究总院

因为同济大学建筑设计研究院已经成为同济科技股份公司的全资子公司，虽有同济大学之名，却并不由同济大学直接管理，为此学校领导决定利用原城建学院设计院的甲级资质，归并原建材学院设计院后成立同济大学下属的总设计院，便于将全校经关停整治后剩下的设计单位集中到一个部门之下。在1996年夏，建设部到同济大学开会整顿时，同济大学提出了建立"设计总院"的概念，以"统筹同济的设计队伍，得到了建设部的首肯"。[3] 为尽快推动工作，学校设立了以吴启迪校长为首的设计工作管理委员会，主管该项工作的是副校长顾国维，还有从原研究生院副院长位置调来的李永盛和原环境学院总支书记陈静芳等担任委员。按照草拟的将设计总院实体化的计划，建立总院的目的，一是落实上级主管部门要求的整顿，二是深化并校后校内机构改革，通过社会服务渠道积极消化吸收由此增加的工作人员，既能减轻学校工资负担，又能发挥土建学科优势实现创收，支持教学，促进科研成果转化，为教学提供实践基地等。所以设计总院针对的重点是同济大学建筑设计研究院原院外设计的"混岗"现象，要求设计人员专职固定，"只有将人事关系正式转入设计院产业编制的人员才能在设计院任职"。"由学校分流到设计院的教师或科研人员应保持相对稳定，但根据有关院系的教学需求，允许该部分教师返回教学岗位"，开展"定期轮聘制度，形成教学—科研—工程应用有机联系的机制。"[3]

因为"工商注册要求注明地名"，同时按照教育部规定，"同济大学"之名仅可用于一家设计机构，所以新的设计院就命名为"上海同济规划设计研究总院"。1996年10月14日，吴启迪签发文件同意成立总院。⑥ 8天后，聘任顾国维兼任总院院长，李永盛担任总院常务副院长，陈静芳担任副院长 ⑦（后兼任总支书记）。12月18日，根据国家教委计划建设司的批复，新设计院的名称增加"建筑"两字，改为"上海同济规划建筑设计研究总院"。12月25日，确定总院下设建筑设计研究二院、市政工程设计研究院、环境工程设计研究院和岩土勘察设计研究院四个部门。建筑二院系由原城建学院设计院和建材学院设计院合并而成，原来由建筑设计院分管的部分专业院归并后也由总院管理。

1997年2月在学校设计工作管理委员会的领导下，起草了"上海同济规划建筑设计研究总院"的章程，确定了建院宗旨、领导体制与组织机构、财务管理、技术质量管理和行政岗位责任制等7章内容。5月6日，国家建设部勘察设计资格审定委员会正式给规划总院颁发建筑、市政、岩土勘察三张资格证书。国家环保总局颁发了水专项和固废专项的资格证书。[3]1997年5月17日，在同济大学90周年校庆期间，举行了"上海同济规划建筑设计研究总院"的揭牌仪式。

1997年6月27日，按照"一校一证"的规定，建设部保留了同济大学建筑设计研究院的建筑设计甲级资质，收回其他专业资质。同济大学将原城建学院、建材学院的建筑设计资质及三校其他专业所有资质都归并到"上海同济规划建筑设计研究总院"名下，任命副校长顾国维兼任院长，李永盛为常务副院长，高晖鸣、丁洁民、陈静芳为副院长，陈静芳兼任总支书记。⑧次年9月，同济大学建筑设计研究院院长高晖鸣因年龄退休，校长吴启迪任命丁洁民为新院长。根据发展的需要，设计总院又在原院系的专项设计室基础上成立了规划院、塔桅所、新同建所（由地下系原同建所与地铁设计室合并而成，是轨道交通建筑设计院的前身一个阶段）、高新技术研究所、桥梁院、

⑥（96）同人字第254号文件，吴启迪校长签署《关于成立同济大学规划与设计研究总院的通知》，同济大学档案馆资料，档案号：2-1996-X12-8。

⑦（96）同干字第026号文件，吴启迪校长签署《关于〈同济大学规划与设计研究总院〉干部聘任的通知》，同济大学档案馆资料，档案号：2-1996-DQ13-4。

⑧（97）同干字第017号文件，1997年9月1日吴启迪校长签署《关于干部聘任的通知》，同济大学档案馆资料，档案号：2-1997-DQ3-7。

◎ 1997年5月17日，"上海同济规划建筑设计研究总院"的揭牌仪式（来源：顾国维提供）从右到左：李永盛、倪亚明、陈小龙、黄健之、顾国维、谭庆琏、周箴、陈静芳、王建云

工程中心等机构。

上海同济规划设计总院从1996年10月开始筹建，到2001年3月因为两院合并成立新的同济大学建筑设计研究院而注销，只有不足5年，实际运营仅短短4年，却把同济设计带到了一个全面市场化的新阶段。一方面，学校的所有设计资质全部集中在一个旗号下，实现了经营、质量管理和财务管理三统一，加强了集团的管控。另一方面，在新的市场形势和经营策略下，设计院进入一个规模成倍扩大，产值高速增长的历史时期。

注册建筑师制度下的教师定聘

在资质整顿时，高校设计机构管理最突出的是"设计人员与教学人员混岗"。随着行业的不断规范化，设计院与建筑学院的关系还遇到一个新的问题，一方面是职业化的要求，设计项目必须有注册建筑师签字盖章。原来不需要注册建筑师时，某种程度上，谁都可以做设计，没有什么门槛。中国注册建筑师制度于1996年10月1日正式施行，执业制度规范化后，高校的建筑师注册名额有一定的限制，只有经过统一注册的建筑师和教师才有资格开展设计，需要由建筑系来统筹选择。为了尽快实施注册建筑师制度，国家规定了三类获得注册建筑师资格的方式：第一类是资深设计师，通过审核制获得注册资格；第二类是1990年前毕业参加工作的设计师，通过4门考试即可获得注册资格，第三类，1990年以后入职的年轻设计师则需要在5年内通过9门考试后才能获得注册资格。

这一时期，建筑系副系主任赵秀恒负责系里教师的设计实践管理，即设计院院外部建筑系这边生产任务的管理，同时也负责制定标准来考核哪些人员作为同济建筑系的第一批注册建筑师。具体的程序是"让每位老师填表，介绍近年的设计工程实践，再邀请几位资深的教授进行审核，确定哪些教师有一定的设计经验，可以承担设计任务"。在赵秀恒保存至今的两份图表中，他不仅通过与多位老师咨询沟通，梳理了从1958年到1995年间设计院和建筑系的关系，以及教师参与实践的组织归属，并且列出了第一批向教育部提交的名单。从中可以发现，当时列出了两份名单，第一份显示同济大学建筑设计研究院拟从建筑系定期聘用21位教师，按照过往的设计经验和业绩，几乎全部是当时资深的教授，分别为谭垣、冯纪忠、陈从周、傅信祁、吴一清、李德华、郑友扬、刘利生、陈金寿、吴光祖、杨公侠、王季卿、陈申源、钟金梁、吕典雅、陈锡山、陈宗晖、童勤华、翁致祥、王绍周、詹可生，大部分为20世纪30年代出生，1955年以前毕业的。后由于建工部规定，定聘的注册建筑师年龄不能超过60岁，故调整为第一批定聘17人，分别为戴复东、陈宗晖、郑时龄、卢济威、刘云、赵秀恒、朱谋隆、莫天伟、来增祥、刘仲、路秉杰、余敏飞、王伯伟、韩建新、陈久昆（园林）、张振山和司马铨。第二批定聘11人，分别为王爱珠、龙永龄、赵莲生、胡庆庆、王曾纬、刘盛璜、沈福熙、庄荣、张遴伟、贾瑞云和罗小未。1995年这批定聘的建筑系教师兼任设计师的年龄层基本在45~60岁之间。[9] 除因文革而直到1978年28岁时才进入大学的王伯伟以外，其余均为文革以前大学毕业，他们也成为90年代后期到新千年初期设计院最主要的院外项目负责人。

⑨ 赵秀恒访谈，并提供资料。

在注册建筑师制度全面实施以后，教育部又出台了教师定聘的规定，每两年聘一次，由个人申报，所在院系推荐，设计院批准并上报教育部核准。延续最初的合作，以及从1991年开始的院外部合作，同济建筑系注册建筑师的定聘全部归口在同济大学建筑设计院研究院，规划总院的创建并未对此造成影响。直到2005年在建筑与城市规划学院成立了都市建筑设计分院，聘用了专职行政人员，教师的定聘和注册资格培训等工作才由都市院自行负责。

从成立开始，高校设计院长时间由教育部直接管理，这种隶属关系在新千年前后也发生了改变。在2000年前后，原来管理高校设计院的教育部勘察设计司（后）技术处这一部门解散，高校设计院划归直属高校基建处管理。2004年，同时担任华南理工大学建筑学院和设计院院长的中国工程院院士何镜堂提议，在中国勘察设计协会下面设立二级协会——高等院校勘察设计分会，以管理全国76家高校设计院，该协会主要负责的工作包括以下五方面：执业资格证书的换证、教师定聘、优秀设计的评审、高校重大基建项目可研评估以及专业培训和学术交流。每年高等院校勘察设计分会都会举行全体委员会议、常务理事会，对于经营、质量、行政、财务、职能部门系统等开展培训和学术会议。比如"U7+design中青年建筑师设计论坛"就是高校勘察设计分会建筑专业委员会于2017年开始负责主办的。⑩参与协办的是现今在国内设计市场起到代表作用的七家高校设计院，分别是清华大学建筑设计研究院、天津大学建筑设计规划研究总院、东南大学建筑设计研究院有限公司、同济大学建筑设计研究院（集团）有限公司、浙江大学建筑设计研究院有限公司、华南理工大学建筑设计研究院和哈尔滨工业大学建筑设计研究院。

⑩ 王健访谈。

参考文献

[1] OCAT上海馆.久违的现代:冯纪忠[M]//王大闳建筑文献集.上海:同济大学出版社,2017:29-111.

[2] 1996年7月20日,国家教委和上海市政府《关于上海城市建设学院上海建筑材料工业学院并入同济大学的备忘录》[M]//皋古中.同济大学100年.上海:同济大学出版社,2007:154

[3] 顾国维.总院的历程[M]//丁洁民.累土集:同济大学建筑设计研究院五十周年纪念文集.北京:中国建筑工业出版社,2008.

2001
—
2018

下篇

快速城市化语境中的
产学研协同

2001—2010
集团化　大事件

成立新的同济大学建筑设计研究院

行政中心与大学城

成立都市院

汶川地震援建

2010 上海世博会

2011—2018
新空间　新发展

从巴士一场到上海国际设计一场

网络化　信息化　平台化

海外建筑项目

632 米的上海中心大厦

经营管理与市场拓展

质量控制与评奖创优

大院里的建筑师工作室

技术发展与品牌运营

2001
——
2010

集团化
大事件

成立新的同济大学建筑设计研究院

  2001年3月15日，时任同济大学校长吴启迪签发文件，同意"同济大学建筑设计研究院与上海同济规划建筑设计研究总院合并，成立新的同济大学建筑设计研究院"。[①] 同时成立同济大学建筑设计研究院第一届董事会，任命同济大学副校长倪亚明为董事长，同济科技股份公司董事长金海龙为副董事长，董事分别为顾国维、刘小兵、丁洁民、王伯伟、李永盛、钱刚和王建云，监事会由朱美星和周伟民负责。由此，同济大学建筑设计研究院重新成为同济大学的产业，同济大学旗下的几乎全部设计机构和设计资质也第一次实现了统一管理。

① 同人[2001]019号文件《关于机构合并的通知》，同济大学档案馆馆藏，档案号：2-2001-XZ12-3.0013。

品牌选择和股权转换

  不应淡忘的是，这份简短的合并文件背后蕴含了众多同济人的智慧和努力，因为无论是机构名号的选择、资质的清理，还是股权的重新分配都充满了挑战，这是一项关乎学校产业发展、社会声誉和品牌价值的重要决策。由于前身为1958年3月创建的同济大学附设土建设计院，1979年经教育部批准正式成立的同济大学建筑设计研究院，在1993年9月已经成为同济科技股份公司的全资子公司，

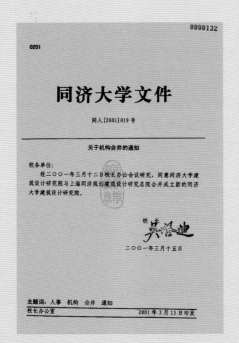
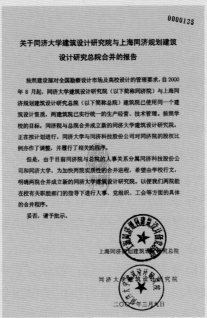

◎ 同人[2001]019号文件《关于机构合并的通知》（来源：同济大学档案馆）

如果将学校设计机构的资质清理后全部归并入该设计院名下，等于把学校资产都托付给上市公司。所以学校最初的设想是把清理整顿好的所有设计机构，包括老的设计院全部合并到1997年成立的上海同济规划建筑设计研究总院名下。但是这样一来，等于用一个新的机构吃掉了带有"同济大学"名号的老牌子，既不合理也不合情。

1997年夏，在一次座谈会上，时任同济大学建筑设计研究院院长高晖鸣和数十位资深设计师和院系教授向学校领导呼吁：有着40多年历史的"同济大学建筑设计研究院过去在教学科研以及设计作品等方面的贡献非同小可，这块品牌的含金量远远高于新成立不久的上海同济规划建筑设计研究总院。要再造这样一个同济大学设计院是不可能的。因此建议保留同济大学建筑设计研究院的品牌，并用这一老品牌来统领学校所有的设计机构"。② 另一方面，从1979年教育部批准成立第一批五所高校设计院以来，大大小小的以高校命名的设计院已经成为国内勘察设计行业非常重要的力量，其技术实力拥有显著的社会影响力。同济大学建筑设计研究院是全国高校设计院中的领军者之一，保留"同济大学建筑设计研究院"的名号对教育部旗下的其他高校设计院也具有重要的示范意义。因此同济大学这一时期的改革举措备受其他院校和教育部的关注。③ 学校最终英明地采纳了老教授们的中肯建议，同济大学建筑设计研究院得以续写历史。

要让同济大学建筑设计研究院重新成为同济大学的产业或校办企业，还需要从同济科技股份公司进行股权转换。好在原同济大学建筑设计研究院的资产和规模都不算大，通过资金置换，将并校以后学校的其他资产和公司填进上市的同济科技股份公司，同济大学顺利地将建筑设计院70%的资产撤回了学校，与规划总院合并后重新进行了资产评估。这样一来，新的同济大学建筑设计研究院是同济大学与同济科技股份有限公司合作管理的企业。其中，同济大学持股70%，股份公司持股30%，加上同济大学对同济科技股份公司的控股，学校事实上是设计院最大的股东。④ 新的设计院实行董事会领导下的法人治理机制，加强了院务会的决策功能。设计院总裁由同济大学和股份公司联合组成的董事会任免。

为了避免再次出现多资质的乱象，校长吴启迪与规划总院的院长顾国维、常务副院长李永盛商量后决定关停规划总院，全校集中经营好"同济大学建筑设计研究院"这一老品牌。⑤ 2001年6月，同济大学在建设部和教育部注销了规划总院的甲级建筑设计资质。实际经营了4年的"上海同济规划建筑设计研究总院"完成了同济大学

② 李永盛访谈。

③ 华霞虹电话访谈高晖鸣。

④ 顾国维访谈，李永盛访谈，王健访谈。

⑤ 同②

勘察设计资质的清理、整顿与合并，达到带动市场化和企业化的目标后，彻底退出了历史舞台。不过其后成立的部分分公司依旧采用了"上海同济某某公司"的名号格式。新的同济大学建筑设计研究院已经不再是原来"虽然口碑不错，但规模有限"的高校产业，而是追随规划总院时期的改革步伐，逐渐做大做强，成为十余年始终超越市场快速增长的现代化大型设计集团。

　　事实上，根据建设部和教育部"一校一证"的管理要求，从2000年8月起，同济大学建筑设计研究院与规划总院旗下的建筑院"已使用同一建筑设计资质，两个建筑院已实行统一的生产经营，技术管理"。⑥ 1998年起，随着原院长高晖鸣正式退休，学校委任丁洁民同时担任两个建筑院的院长。

　　建筑院和规划总院的正式合并也使原来分别属于股份公司和同济大学管理的人事关系得到统一管理。"新的同济大学建筑设计研究院"员工的人事关系有两大类，但其中成分复杂。一类为高校事业编制，包括1994年1月1日以前进入同济大学建筑设计研究院的员工和在1996年并入上海同济规划建筑设计研究总院以前原上海城建学院设计院和原上海建材学院设计院的员工，以及2000年并入同济大学的原上海铁道大学设计院员工。另一类是企业编制，包括1994年1月1日后进入同济大学建筑设计研究院的员工，他们的人事关系原属于同济科技实业股份有限公司下属同济大学建筑设计研究院有限公司的企业编制，及新千年后转回同济大学产业办的企业编制。2001年3月后进入设计院的员工，除少数与二级法人单位签署协议外，其余均属于同济大学建筑设计研究院有限公司（2008年后为同济大学建筑设计研究院（集团）有限公司）的企业编制。⑦

管理迭代

　　新成立的同济大学建筑设计研究院影响更深远的是管理层的迭代。在1998年以前，同济设计院的主要管理者和技术总师绝大部分出生于20世纪20至40年代，在"文革"前完成高等教育。进入新千年以后，出生于20世纪50年代末和60年代初，在1977年恢复高考后接受高等教育的青壮年骨干成为设计院和建筑学院的最高领导者，而生产一线的管理人员，包括各所正副所长和主任建筑师则主要由20世纪60年代中期至70年代初出生，于1985年至1995年间获得本科和硕士学位的设计骨干担纲。"文革"造成同济设计院人才近20年的年龄断层，在新千年前后的设计院重组中以管理迭代的方式得以弥合。

⑥ 2001年3月9日上海同济规划建筑设计研究总院和同济大学建筑设计研究院联合发起的《关于同济大学建筑设计研究院与上海同济规划建筑设计研究总院合并的报告》，同济大学档案馆馆藏，档案号：2-2001-XZ12-3.0013。

⑦ 金炜访谈。

新的同济大学建筑设计研究院的组织架构为董事会领导下的院长负责制。早在合并之前半年，即2000年7月，设计院领导层已重新组织，院长为丁洁民，副院长为周伟民、顾敏琛、王健（原设备室主任）、王明忠。因为此时院领导均为结构和设备工种，为保证建筑设计院的建筑龙头作用，调任当时担任建筑系副系主任的教授吴长福兼任副院长。2004年6月，设计二所所长，后担任总建筑师的任力之升任为副院长。2006年12月，升任轨道院院长贾坚和市政院院长陈鸿鸣为副院长。次年11月，任命一所所长曾群和三所所长王文胜为院长助理，2010年3月，这两位院长助理又升任为副院长。

2008年50周年院庆，此时同济大学建筑设计研究院（集团）有限公司的中高层核心管理团队几乎全部是技术和管理双肩挑。因为身处高校，在前辈的管理者和技术引领者们毫无保留的指导和引领下，他们在设计、教学一线经过多年实践，逐渐成长成熟起来。更可贵的是，之后近20年时间里，核心管理团队人员基本保持稳定。用担任同济设计院一把手19年的院长丁洁民的话来说："不折腾，团结和谐，是同济设计集团发展的核心。"⑧ 政策的持续性和管理的稳定性符合经济发展的普遍规律。更幸运的是，同济设计院的管理迭代和经营改革赶上了国家经济、建筑行业以及上海城市最快发展的难得机遇，可谓天时、地利加人和的良机。

⑧ 2018年1月26号，华霞虹访谈丁洁民，地点：同济设计集团510会议室。

◎ 2003年，在"一·二九"礼堂参加45周年院庆的历任院长（来源：同济设计集团）
从右到左：冯纪忠、王吉螽、黄鼎业、刘佐鸿、姚大镒、高晖鸣、唐云祥、顾国维

做大做强

　　新的同济大学建筑设计研究院成立正当其时，众多因素构成其后18年"做大做强"的天时地利。2001年7月13日，北京获得2008年第29届奥运会举办权；2002年12月3日，上海获得2010年世博会举办权。新的同济设计院恰好赶上中国在十年内举办两个国际盛事，城市化进入高速发展期。2001年，中国的城市化率为37.66%；2011年，中国城市化率达到51.27%，首次超过50%。同样不容小觑的是国内建筑行业经济模式的变迁。一方面是私有经济在勘察设计行业比例的增加。1999年，全国有工程勘察设计咨询单位12 572家，其中国有设计咨询单位占总数的82.4%；2001年全国工程勘察设计企业年报数据统计，勘察设计咨询企业总数降为11 338家，其中国有经济企业占71.2%。[1] 与之相对应的是，非国有经济比例在新千年前后已从17.6%增长到28.8%。在"国退民进"的大趋势下，管理层收购（MBO）成为国资退出后中小设计院改制成民营企业，即通过"产权改革"，转变为"建筑设计有限公司"。[2] 2001—2003年，上海市按建设部标准批准通过的设计事务所已有49家，[3] 另有数量众多的设计咨询公司，虽未获得资质，但设计成绩也已有目共睹。此外，民营经济参与国有设计院股份改制后成立的有限公司同样为数众多。[1] 另一方面，2001年中国加入WTO后，同年12月1日，《外商投资建设工程设计企业管理规定》正式实施，境外设计力量涌入，中国成为全球最大的设计市场，尤其是高端设计市场越来越多地为境外设计公司所占据。在各类地标性项目的设计中，国营大型设计企业从90年代的原创设计者转变为境外设计公司的本地技术合作者。比如，根据上海浦东新区陆家嘴开发公司1990—2015年的项目开发统计数据，在陆家嘴建成的200个建筑项目中，98项由境外事务所设计，其设计规模则是本土建筑师完成的1倍多。在1998年这个拐点上，境外事务所完成的设计面积首次超过本土设计院，并呈扶摇直上之势。[4] 政策要求境外事务所在中国赢得的建筑工程必须由拥有相应资质的本土设计机构完成施工图。拿到重大工程的境外设计力量通常选择与技术力量齐备完善，更有能力与当地政府管理部门和施工企业协调的原国有设计院合作。因此虽然在原创设计方面遭遇跨国设计集团的竞争，然而在城市化高速发展的背景下，新的同济设计院此后十余年在规模和产值上呈现突飞猛进之势，企业管理迅速转变并不断完善。

　　2001年初，同济大学建筑设计研究院员工在1979年规划的150人编制基础上略有增长，总数不足200人。2001年3月与上海同济规划设计研究建筑总院合并后，企业规模几乎翻了一倍，在编人员达到349人(不含各控股或参股公司自聘人员，以下均同)。此后，设计院每年以近百人的规模增长，到2006年底，员工达到954人，几乎比5年前翻了两番。其中，属于学校产业编制的有223人，属于设计院企业编制人员达731人。此外还有各控股或参股公司自聘的员工约370人。⑨

新的同济大学建筑设计研究院重组1997年成立的专业室，与原规划总院下建筑设计二院的设计力量合并为三个综合设计所和一个住宅设计所。其中一所、二所由原建筑设计院人员组成，每个所约60人，分别任命建筑师曾群和任力之为所长，三所则由原城建学院设计所的建筑师王文胜负责，以校园类建筑作为主要特色。因为房地产开发项目的不断增加，设计院成立了由当时的副院长顾敏琛主管的住宅所，初期虽仅十余人，但2001年住宅所的1号工程持续跟进，至2018年仍在继续。⑩ 2011年以后，综合所改成综合院，规模继续扩大。至关重要的是，从2001年至今，同济设计院的管理队伍基本保持了极高的稳定度，当年从一线设计师中提拔的30~40岁的"种子选手"⑪——一批来自各专业的年轻管理人员在近20年的快速发展中不断积累经验，不断成长和成熟。如果说良好的建筑市场是设计院快速发展的外因的话，稳定的管理人员和明确的管理制度，比如财务、经营、技术质量管理的三统一，非直接生产性人员比例始终控制在10%以下，避免出现机构臃肿的弊端等则是机构良性发展的内因。

新的同济大学建筑设计研究院另一个改变是不再局限于传统的建筑类实践。虽然保留了"建筑设计研究院"的名号，但事实上是一个拥有建筑、公路、桥梁、市政、工程勘察、环境、文物保护和工程咨询等多种类型业务范围的"设计综合体"。2001年归到新的设计院旗下的还有1996年底后已陆续并入规划总院的市政、桥梁、轨道交通与地下工程、钢结构、岩土和环境6个专业设计分院和5个子公司，包括受托管理的同济大学建筑科技工程公司（该公司2005年10月更名为上海同济建设管理科技工程公司）、与香港茂盛公司合资成立的上海同济摩森工程管理咨询有限公司、由原铁道大学设计院改制而成的开元建筑设计有限公司、新投资成立的同远建筑工程咨询有限公司等。此外，还成立了一个综合分院——浦东分院。2003年5月，成立上海同悦工程咨询有限公司。同年9月，住宅所改名都市设计分院（2004年底改为综合设计四所）。10月投资参股上海商业建筑设计研究院有限公司。2005年4月，设计院在建

⑨《同济大学志》(建筑设计院篇)。

⑩ 赵颖访谈。

⑪ 陈继良访谈。

筑与城市规划学院合作成立了都市建筑设计分院。7月，钢结构分院更名为土木建筑分院。9月，浦东分院更名为都城分院。2006年10月又成立交通规划所。截至2006年12月，同济大学建筑设计院下设6个职能室、4个综合设计所、9个专业分院（所）和13个控股或参股公司。

　　经过两次扩建，四平路校区内的设计院大楼面积已从1983年的2000平方米扩大到2001年的7600平方米，但是仍不能容纳所有直属设计院所的员工。在一起集中办公的主要是直属的四个所和行政管理部门，其他部门则依旧分租各处。直到2011年4月后陆续搬迁到四平路1230号的新设计大楼，设计院主要团队才第一次真正在同一屋顶下工作。2011年同济设计院在编员工达到1760人，比5年前又翻了近一番，旗下设有职能部门5个，直属部门2个，直属机构22个，控股参股公司10个。⑫

⑫《2011年同济大学年鉴》设计院数据。

　　得益于多专业分院的优势，到2005年，新的同济大学建筑设计研究院已拥有7个甲级设计资质和3个乙级设计资质。包括中华人民共和国建设部颁发的建筑行业建筑工程甲级、公路行业（特大桥梁）甲级、市政公用行业（道路、桥隧、环境卫生、给水）甲级、公路行业(公路)乙级、市政公用行业(排水、燃气、热力、风景园林)乙级、工程勘察专业岩土工程甲级、建筑智能化系统工程设计甲级、环境污染防治专项工程设计（废水、废气、噪声甲级、固废乙级）、文物保护工程勘察设计甲级等资格证书及中华人民共和国国家发展计划委员会颁布的工程咨询资格证书。此后，同济设计院已经成为国内设计门类最全、设计资质最多的特大型著名设计咨询企业之一。

　　同济设计院档案信息中心的图纸存档显示，2000年，同济设计院签订了57个项目；到了2001年，合同项目跃增到99个，第二年略有回落；到2003年，工程项目达到了151个。这一时期设计院的营业额也以50%的速度递增。其中2001—2006年，年产值从2.0亿增长到8.4亿。除了院本部综合设计所和其他建筑类设计机构的高速发展外，各专业分院同步发展，市政、桥梁等非建筑类项目的设计费收入超过了全院设计费总收入的20%。同济设计院在短时间内做大做强的成就也获得了国内外行业评价机构的瞩目。2002年，在上海市勘察设计单位综合考评中名列第三位。2002年至2004年连续三年进入全国勘察设计企业100强。2004年根据《美国工程新闻纪录》（周刊）ENR报告，设计院名列承包商、工程设计企业双60强的第9位、全国民用建筑设计企业的第三位。[5]

　　同济设计院的市场范围在新千年前相对比较分散，新千年以后有意集中到国内基本建设量比较大的四个地区：长三角、珠三角、京津冀和东北地区。最初采用"农村包围城市"的策略，主要在这些地区的二三线城市开展工程设计。2002年底，上海获得2010年世博会举办权。这预示着上海及其周边地域将迎来一个建设高峰，同济设计院管理层确定了"打回上海"的战略构想。经过两年的运作，长三角地区的合同额逐年上升。其中，2002年长三角地区项目占合同额的58.9%，2003年占63.4%，2004年占66%。苏南地区是中国经济强县集中的区域，所以2003年，同济设计院在无锡投资成立江苏泛亚联合建筑设计有限公司。为配合北京、杭州、东莞、温州、合肥等地区大量在建项目的施工和市场开拓，设计院先后在这些项目特别集中的地区设置了办事机构。除了这些经济发达的沿海地区，为配合国家西部开发战略和扶持"老、少、边"地区等政策，同济设计院又相继在西安、南昌设置了分院，还积极参与西藏建设，设计和总承包管理2004年上海市援藏重点项目"日喀则市宗山复原工程"（桑珠兹宗堡）。

从设计类型来看，同济设计院的工程覆盖公共建筑、旅游建筑、教育建筑、医疗卫生建筑、住宅建筑、工业建筑、地下空间等所有建筑门类，以及道路、桥梁、轨道交通、环境、岩土地质等市政工程。2002—2004年的建筑类项目中，总体发展趋势是公共建筑比例不断增加，从49%增长到52%，住宅建筑从25%下降到20%，教育类建筑则基本持平在26%至28%之间，表明设计院逐步实现了走向中高端市场的战略转变。

从2001年到2006年底之间，同济设计院在高级别的宾馆、作为城市地标的大型观演类、体育和展示类公共建筑以及行政办公项目设计中表现抢眼。完成的重要项目包括：观演类建筑，如温州大剧院、东莞大剧院、星海音乐学院音乐厅等；高等级旅游宾馆类建筑，如钓鱼台国宾馆芳菲苑、上海哈瓦那大酒店等；大型体育场馆，如北京大学体育馆（奥运会乒乓球比赛馆）、南通体育场、秦皇岛体育中心、上海闵行体育馆、复旦大学体育馆、南京江宁体育馆等；展览类建筑，如东莞会展中心、上海汽车会展中心、中国财政博物馆、井冈山革命历史博物馆、景德镇陶瓷博物院、上海汽车博物馆等；行政办公类，如杭州市民中心、安徽省政府服务中心大厦、浙江省公安厅、嘉兴报业中心、上海卢湾区公安局、温州市政府、东莞市政府等。同时，在高校设计院的传统优势领域——教育类建筑中主要完成了同济大学汽车学院、教学科研综合楼、建筑城规学院C楼、中法中心、中德学院以及安徽大学新校区、南通大学、泉州师院、中央音乐学院教学楼等项目，还设计了中国银联二期、交通银行数据中心、联合利华（中国）有限公司上海总部等现代信息技术密集型建筑和杭州圣奥大厦、东莞广电大厦、上海葛洲坝大厦、深圳免税大厦等超高层建筑。

　　除建筑类项目外，各专业分院参与了大批上海和周边地区的市政工程。如2001—2002年，桥梁分院承担了上海卢浦大桥的设计监理工作，这是上海市率先尝试的一种设计咨询模式。在2002年2月到2004年7月间，由北京中交公路规划设计院牵头，与江苏公路规划设计院三家合作完成了当时世界上最大跨度的斜拉桥，主跨达1088米的苏通长江公路大桥的设计；2006—2008年，联合设计了泰州长江公路大桥，2007—2009年，独立完成了480米主跨的斜拉桥椒江二桥和408米主跨的悬索桥赣江公路大桥等项目。市政院完成上海A5高速公路、A30高速公路、上海外环线杨高路立交、吴江市苏同黎一级公路等，轨道分院参与设计了上海9条轨道交通线和苏州地铁一号线的地铁及轻轨车站。

　　除了新建项目，随着上海城市更新的发展，同济设计院还与境外设计事务所联合参与了上海外滩3号楼、18号楼、上海新天地等历史建筑改造更新项目，独立完成了上海江湾体育场馆综合改造设

◎ 外滩3号项目东中庭改造前后（来源：同济设计集团）

◎ 上图　外滩18号项目酒吧和大厅室内（来源：同济设计集团）
◎ 中图　外滩9号项目夜景（来源：同济设计集团）
◎ 下图　外滩15号项目外观（来源：同济设计集团）

计等项目，并因此成为当时上海唯一具有文物保护工程勘察设计甲级资质的设计单位。

保质创优

在 20 世纪 80、90 年代，由于企业规模有限，同济设计院在市场上享有"方案设计有创意"的美誉，但也常常因为"做施工图不行"的成见而失去不少参与重大项目的机会。因此，成立新的同济大学建筑设计研究院以后，设计院管理模式更趋向于现代化大型设计企业，除了向外拓展市场，提高产值以外，对内则加强了技术质量的管理和人才的培养。当然，这也是国内设计市场日益规范化的要求。比如 1998 年 9 月起，建设部公布了《建筑工程项目施工图设计文件审查试行办法》，⑬ 2001 年 2 月设计院投资成立了上海同济协力建设工程咨询有限公司，最初由副院长王健担任法人，原结构专业室主任孙品华担任总经理。这一方面是为行业审图服务，另一方面也能集中原同济大学建筑设计研究院离退休的资深设计师的力量，对各设计单元内部的技术进行指导和把关。以 2004 年度设计院完成的 324 个项目为例，施工图审查一次通过率为 99.1%，其中建筑类项目一次通过率为 100%。

⑬ 建设 [1998]65 号文件，1998 年 9 月 5 日。

在 1990 年通过的全面质量管理体系基础上，1999 年以后，同济设计院逐渐推行国际通行的质量保证体系——ISO9001，通过中国 SAC 和荷兰 RVA 双重认证。次年 1 月，又获复查通过。2003 年，同济设计院通过 ISO9001：2000 版转换认证，ISO9001 认证范围扩大到设计院所属所有建筑类设计机构，继而全面覆盖设计院各部门。2001 年起，中国人民保险公司为同济设计院的设计质量担保，保额为 1 亿元人民币。

如果说质量保证体系和设计质量保险可以确保同济设计院设计产品全面合格的话，评奖评优则是创造精品、进入中高端市场的必要。为了提升企业的核心竞争力，同济设计院不断为员工提供培训学习机会，努力提高设计师的原创设计能力。新进员工的第一课，是到昆山、杭州等专业培训基地接受拓展训练，接受 ISO9001 质量保证体系、员工守则的教育。设计院编制了专用的培训教材，由总师和主任工程师对新员工进行专业知识培训。专业技术人员的继续教育方式多样，包括参加院、所二级的技术培训，参加上海市勘察设计协会组织的新规范学习，消防、人防、节能等设计专门培训，施工图审查人员培训，注册建筑师、工程师的继续教育等。技术骨干不定期送往国外考察和学术交流，中层干部请管理学院专家进行管理培训，还选送高级管理人员研修 EMBA。不断学习成为同济设计院(集团)的企业文化。

　　经过市场的考验和锻炼，一批优秀人才脱颖而出，获得了业界同行的认可，比如：2000年，院长丁洁民获全国优秀设计院院长称号；2004年是同济设计院获奖丰收年，这一年，教授吴庐生获得"全国工程勘察设计大师"称号，丁洁民获上海市"育才奖"，曾群获"上海市建设功臣"称号，继马慧超于1997年获得中国建筑学会青年建筑师奖后，王文胜、吴杰两位建筑师也在这一年同获此殊荣。2006—2010年，每年都有1~2位青年建筑师荣获中国建筑学会青年建筑师奖，获奖者包括张斌、李麟学、章明、李立、陈剑秋、汤朔宁和袁烽，10位获奖者中一半为建筑系的青年教师。综合一所和二所所长任力之和曾群则分别荣获第一届和第二届上海青年建筑师新秀金奖（2003，2005）。与此同时，一批建筑作品也获得了建筑设计领域的最高荣誉，如同济大学逸夫楼、北京钓鱼台国宾馆芳菲苑、同济大学中德学院大楼等项目获得中国建筑学会建筑创作奖，上海静安寺广场获得了佳作奖。

© 2004年，吴庐生先生荣获全国工程勘察设计大师称号暨 TJAD2003年度获奖作品（来源：同济设计集团）

与境外设计的合作

　　同济设计院与境外设计事务所在工程设计方面的合作起步很早。第一个合作项目是1984年11月由建设单位联系开始的贸海宾馆(建成后改为上海兰生大酒店)。该项目主要由香港王欧阳建筑设计事务所主持，1985年开始设计，1993年建成。同济院主要担任咨询顾问，并不需要绘制图纸。⑭ 同济设计院与境外合作设计的方式主要有三类：第一类是作为项目的国内顾问单位，向外方提供法律、法规方面的技术支持，承担审核和出图的责任；第二类是由外方提供概念或方案设计，设计院完成扩初和施工图设计；第三类是外方负责建筑专业的全过程设计和结构专业、设备专业的方案或扩初设计，设计院负责结构专业和设备专业的扩初设计或施工图设计，建筑专业承担设计顾问。

　　在2004年以前，同济设计院与境外公司的合作比较被动，处于等待别人选择的状态。2004年以后，设计院转变为主动寻求与

⑭ 宋宝曙、孙品华访谈，姚大镒、周伟民、范舍金访谈。

世界级设计公司的合作，并且致力于建立长期稳定的合作伙伴关系，分别与美国、加拿大、德国、法国、意大利、西班牙、丹麦、澳大利亚、日本、韩国、新加坡等国，以及台湾、香港地区的30多个设计事务所进行了百余个项目的合作设计。2001—2006年，合作完成的新建项目包括上海国际证券大厦（法国夏邦杰建筑师联合事务所 Arte Charpentier Architects）、温州大剧院（加拿大卡洛斯·奥托 Carlos Ott/PPA 建筑师事务所）、东莞大剧院（加拿大卡洛斯·奥托 Carlos Ott/PPA 建筑师事务所）等当地标志性建筑。上海新天地广场（美国 WOOD+ZAPATA 设计事务所和新加坡 NIKKEN SEKKEI 设计国际有限公司）、上海外滩3号楼（美国迈克尔·格雷夫斯 Michael Graves 事务所）、上海外滩18号楼（意大利科凯建筑设计公司 Kokai Studios）等历史建筑改造项目已成为上海顶级休闲文化娱乐场所。2007年至今，除了世博会项目中与各外国场馆的负责建筑师合作以外，还设计建成了两个重要的地标性建筑：上海自然博物馆新馆（美国帕金斯维尔建筑设计公司 P+W）和上海中心大厦（美国晋思建筑设计公司 Gensler）。

◎ 上海自然博物馆新馆鸟瞰（来源：同济设计集团）

    2008年，在1958年宣布正式成立同济大学附设土建设计院的地方——同济大学"一·二九"礼堂，同济设计院庆祝了50周年华诞，院长丁洁民宣布成立同济大学建筑设计研究院(集团)有限公司。"新的同济大学建筑设计研究院"的最初十年在国家大事件和企业集团化的宏大背景中揭开了蓬勃发展的图景。

◎ 设计院50周年庆典现场照片,时任同济大学党委常务副书记兼副校长周祖翼(左一)与院长丁洁民(右一)揭牌同济大学建筑设计研究院(集团)有限公司(来源:同济设计集团)

参考文献

[1]　史巍.上海现象:对建筑设计公司的调研[J].时代建筑,2003,(3):20-23.

[2]　史巍.MBO与中小建筑设计院的产权改革[J].时代建筑,2004,(1):32-37.

[3]　李武英.设计事务所发展空间很大[N].建筑时报,2003-03-17(5).

[4]　刘刊.文化迁移和建筑:境外建筑设计在上海建筑文化中的移植与转化(1949—2016)[D].上海:同济大学,2018.

[5]　《同济大学百年志》编纂委员会.同济大学百年志(1907—2007)(下卷)[M].上海:同济大学出版社,2007:1833-1853.

行政中心与大学城

从20世纪90年代开始，中国进入史无前例的快速城市化发展时期，十年间，全国城镇人口每年增长超过1500万，城市建成区面积平均每年扩大958平方公里。进入21世纪以后，中国城镇人口的年增长接近2000万，而城市建成区扩大面积则比前十年几乎翻了一倍，达到1870平方公里（2001—2008），年增长率为7.01%。2001—2010年，中国的城市化率从36.2%增长到47.5%，平均年增长率达到1.1%。[1] 正是在这样的背景下，依靠规划开路，同济设计院广泛参与全国各地的方案招投标。在新千年前后，同济设计院赢得了近30个行政办公中心大楼及其周边的大剧院、展览馆、体育馆等公共建筑的设计项目。这一方面是抓住了全国各地新城建设热潮的契机，另一方面也得益于同济大学在城市规划和城市设计方面的优势，以及前期在办公建筑方面的业绩。这些项目主要集中在长三角、珠三角和渤海湾的二三线城市的新城，尤其是浙江和江苏两省各有7~10个此类工程，比如1999年先后中标的浙江嘉兴市行政中心（郑时龄负责，1999—2000）、嘉兴市秀洲区行政中心（华霞虹负责，1999—2001），2000年前后中标的温州行政中心（张洛先负责，2001）和会议中心（王建强负责，2000），无锡惠山行政中心（陈剑秋负责，2002）、海门、南通、通州、如东、宿迁、扬中等市的行政中心（伍江、周建峰、江立敏、赵颖、卢良、黄一如等分别负责，2002—2005）等。另一个热门省份则是广东，尤其是东莞。同济设计院在东莞新城建设中中标了十余个项目，既包括图书馆、国际会展中心、展示中心、科技馆、大剧院、汽车客运总站这类大型公共建筑，也包括地方税务局办公大楼、海关大厦这样的主要政府机关办公大厦。20世纪90年代兴建的行政中心多为办公单体建筑，比如1993年设计的杭州市政府大楼。新千年后有所不同，行政中心项目大多旨在带动新城发展，因此常常是整体区域的建设，即使是行政中心本身，也往往是由行政办公、接待、会议、展示等多种功能集成的综合建筑群落。

杭州市民中心

在同济设计院完成的众多行政中心项目中，杭州市民中心从2002年开始投标，到2016年9月在G20杭州峰会上全面启用，是其中面积最大、设计时间最长、最富挑战性的一个项目。

杭州市民中心位于杭州市新CBD钱江新城的核心区，总建筑面积达52.7万平方米,在400米见方的超级街区上,6栋100米的高层环抱而立。这个项目在2002年至2004年由同济建筑系青年讲师李麟学与同济设计院二所所长任力之和设计团队合作参加国际竞赛,通过数轮激烈比拼,在69个设计提案中被最终选为实施方案。

　　因为受到西湖风景区景观保护的要求,杭州市老城区的高层建筑都有高度限制。在转向钱江新城的建设时,像上海陆家嘴一样建造超高层地标性建筑成为杭州市政府的一大心愿。因此,在新千年前后完成的城市设计中,杭州市民中心地块拟建400米以上的超高层建筑。2002年参与投标时,同济设计院却没有跟其他竞标单位

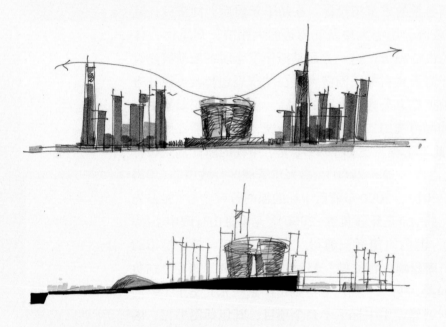

◎ 2003年,杭州市民中心草图(来源:李麟学提供)

一样按照超高层的目标进行构想,在第一轮草图中,李麟学就创作了一个在高层天际线中圆环形的高层建筑群意象。①

　　杭州市民中心之所以能从众多提案中脱颖而出,是因为"并没有采用实心的、内闭的超高层布局方式",而是"较为策略性地坚持了群簇形态的构成"。[2]从杭州的城市形态来看,在体量上呈现"虚空"的西湖是真正的城市中心,与之相似的是新建的纽约世贸中心,群楼之间形成很大的场地。在李麟学看来,这是一种"轻的纪念性",就像中国传统绘画中的留白,以及中国哲学偏爱的唯有"空",才有"实"之用。[3]

　　当然,对于市民中心而言,这一虚空的中心并非单纯的景观,而是一个可以进入和为市民所共享的城市中心。由于6幢高层建筑

① 2018年5月4日,王凯、王鑫访谈李麟学,地点:同济联合广场麟和设计工作室。

中包含的主要是为政府各窗口单位集中服务、审批办理、信访接待中心以及办公、会议、接待场所和配套用房等行政商务用途，为了体现市民中心的公共性，设计团队在群簇形态的核心设置了一个直径142米的屋顶花园，供市民活动使用。空中花园与底层架空的水体空间使建筑群体更加通透开放。四角"L"形建筑既是基座，也界定了城市街区的界面与街道尺度，15.5万平方米复杂的地下空间沿着方形裙楼设置四个下沉庭院，并通过地下一层8m宽度的通廊形成整个建筑群的全天候联系。

在规划中，杭州市民中心不断地调整，功能越来越倾向公众化，加入了图书馆、城市规划展示厅、青少年活动中心以及婚礼庆典等向市民开放的服务功能，其地下空间也与地铁站直接相通，这座大型城市综合体真正如最初构想的一样成为一座"小城市"。设计的主要工作是应对功能改变带来的矛盾，同时保证高品质公共空间的实现。[3] 李麟学在设计这一宏大景观的同时，更加关注的却是这一建筑群所提供的城市空间和建筑空间的人性化尺度。他认为如何在宏大与平易之间保持平衡是设计所面临的最大挑战。[2] 为了化解体量，53万平方米的建筑面积近一半安排在地下，在地下还"设计了一条一公里的方形环廊，把整个功能都统一起来，使地下空间变成一个无边界、全天候的空间"。通过与地铁系统的无缝连接，甚至可以实现李麟学最初向业主提议的，从同济大学出发，经地铁—高铁—地铁"一滴雨都不淋"地就可以到达杭州市民中心。②

② 同①

杭州市民中心也是目前国内唯一的6塔连体结构。在半径约72~98米之间的圆环上分布有6栋地上26层、高约100米、中心弧长约为51米的圆弧形主楼，各相邻两幢主楼间上空高约84~92米处设置了一组圆环形封闭连廊将这6栋主楼连成整体。由于市民中心地处钱塘江畔，工程体型特殊。为了确定风荷载的影响，设计团队制作了1:200的ABS模型在同济大学土木工程防灾国家重点实验室开展了刚体模型测压和局部气弹模型风洞试验。高

© 2006年，杭州市民中心施工中（来源：李麟学提供）

空连廊与主楼采用"弱连接"以减少水平受力和对主楼的影响，一端与主楼采用"有限值铰接"，另一端采用"新型摩擦摆式支座"，以"释放连廊可能产生的伸缩变形"。[4]

为了保证市政府大楼的用电安全，杭州市民中心的能源中心充分考虑了"系统的冗余配置"，采用"三用一备"的方案，"东西两个控制中心平时分开运作，一旦某侧故障瘫痪，另一个控制中心可以实现整个系统的正常运行"。③

③ 夏林访谈。

◎ 2017年，G20峰会时钱塘江夜景，中间为杭州市民中心（来源：李麟学提供）

2016年9月4—5日，G20峰会在杭州举办，杭州市民中心正式全面投入使用，同济设计院团队14年的持续努力构成的街区型建筑巨构，北眺西湖、南瞰钱塘江，形成宏伟开放的都市景观轴线。"其景象让人不禁想起英国索尔兹伯里的石环阵，制造了无可比拟的纪念性"。[2]

东莞新城中心

"中国的规划体制和机制设置决定了政府主导结构引领的中国式造城运动的走向"，规划师是"中国式造城的主笔"。[5] 在新千年前后规模和速度盛况空前的"中国式造城"中，同济规划逐渐建立了全国高校中规划设计的领先地位。比如，同济大学规划系教师，也是上海同济规划设计研究院设计二所所长匡晓明在东莞参与国内国际竞标屡屡获胜，拿下了近10个规划项目，其中最重要的是东莞市新城中心与中央商务区规划设计。因为这一契机，建筑设计院

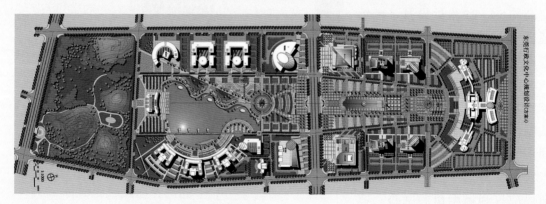

◎ 东莞新城行政文化中心方案总平面图（来源：同济设计集团）

也先后参与并中标了东莞新城中心多个公共场馆的设计，包括东莞图书馆和国际会展中心（任力之负责，2001）、东莞展示中心和科技馆（曾群负责，2001，2002）、东莞大剧院（与加拿大设计师卡洛斯·奥特建筑师事务所合作，陈剑秋负责，2001）、东莞汽车客运总站（陈继良负责，2002），还有一些政府核心的机构设施，如科技城服务中心（张洛先负责，2000—2001）、新海关大厦（周峻负责，2002）、广播电视中心（张斌负责，2005）等。而这种规划加建筑联合团队的模式也是同济设计在新千年前后得以迅速扩张，在全国占据市场份额并扩大影响力的有效模式。一方面，通过新城建设与地方政府和规划管理部门建立联系以期带来新的工程机会；另一方面，通过参与大型公共建筑，设计院的经营组织能力和设计技术水平不断提高，这些都为后期承接上海世博会等重大工程奠定了必要的基础。

◎ 自上而下，东莞科技馆、展示中心、玉兰大剧院（来源：同济设计集团）

因为在新城中建设，并且公共建筑规模较大，建筑设计不仅强调外观的标志性，也开始重视与城市空间和城市公共生活之间的关系。比如东莞图书馆的门厅设计成具有城市尺度的"街道"，将南北两侧的入口连接起来。"街道"的东侧采用"三翼"及内院式布局，安排模数化的借、阅、藏功能区和内部办公区。"街道"西侧则从图书馆独立出来，即使晚上闭馆后，也可独立开放，并通过绿化布置将城市公园的绿意渗入内部。表面铝制遮阳板和钢网有效实现了图书馆的"静谧"之美。与行政中心中轴线毗邻的西立面采用了扭面幕墙，顶部三个方正的体量从幕墙上端挑出，形成虚实曲直的对比。图书馆前的水广场和

◎ 东莞图书馆室外与室内大厅（来源：同济设计集团）

儿童游戏场的设计则为如同方正雕塑一般伫立于新城的图书馆带来人气和活力。[6]

与东莞图书馆同样由时任同济设计院副院长任力之主持的东莞国际会展中心是一个综合了展览、会议和酒店三大功能的综合建筑群。其中拥有1200个国际标准展位的展览中心采用大跨度空间预应力主桁架与平面次桁架结合的体系，主次桁架均采用钢管直接焊接的形式，构造简洁，便于工厂预制加工。造型中最具特色的是跨度达90米，悬挑达27米的空间钢桁架屋盖，结合大面积玻璃幕墙的体量形成"三重飘檐"的效果。[7]

◎ 东莞国际会展中心（来源：同济设计集团）

30米高近1万平方米的无柱展示空间的消防系统是该设计的一大挑战。通过考察和比选，最后设计采用了消防水炮系统，每台水炮保护半径超过65平方米，能在360°范围内自动旋转，自动对焦，并与报警系统联动。为了避免粗大的风管在桁架中穿行削弱钢结构的轻盈感，并保证大空间温度均匀，暖通设计在主展厅中采用了德国可调型远程投射喷口和筒形喷口，高低各异的侧展厅则采用单侧喷口侧送风、旋流风口顶送风和低空回流送风柱等多种形式。[7] 在东莞这些大型会展空间中积累的高大空间设备技术后来又进一步发展运用于上海世博会的相关项目中。比如在世博会主题馆中采用了在大厅内分组布置3~4米高的送风柱的形式，单侧送风可以喷出60米的距离。④ 这些项目的积累也为同济设计院赢得了数十个全国各地各类城市展示中心的项目。

④ 刘毅、归谈纯访谈。

大学新校区规划与建筑设计

国内各城市兴建大学城的浪潮始于1991年下半年，发展势头迅猛。据统计，2001年全国已建、在建和规划中的新开发大学城共有50多个。新开发大学城热潮一方面源于高校扩招，多数高校原有周边建设用地已被其他城市建设所用，必须向其他新区发展。另一方面跟建设行政中心一样，相关城市将建设新的大学城或大学园区视为综合的城市发展战略，包括空间拓展、科技产业、教育文化乃至旅游战略中的一个重要的组成部分。[8]

凭借文教建筑设计的传统优势，同济设计院在大学城的建设中表现突出。1998年至2007年这十年间，设计院承接了将近150个校园规划和建筑设计项目，设计范围北至黑龙江，南至海南岛，除了华东地区的省市外，还远涉陕西、四川、云南等西部地区。其中项目数量超过10个的毫无意外的都为华东地区，包括：上海（35个）、江苏（25个）、浙江（16个）、安徽（14个）和山东（13个）。建筑系教授戴复东、王伯伟、赵秀恒，设计三所的负责人王文胜、江立敏等都整体规划主持了各地多所大学新校区。比如戴复东和吴庐生负责的浙江大学紫金港校区[9]（2001）、安徽财贸学院（安徽财经大学）、合肥职业技术学院和皖南医学院新校区（2003），赵秀恒负责的清华大学大石桥学生宿舍（2000）、无锡商业职业技术学院塘山校区（2003），王伯伟规划设计的山东工业大学新校区（1999）、泉州师

◎ 浙江大学紫金港校区中心岛建筑群（2001）（来源：同济设计集团）

◎ 清华大学大石桥学生宿舍区（2000）（来源：同济设计集团）

范学院新校区（2000）、山东大学、山东石油大学（2001）、南京化工职业技术学校(2003)，王文胜负责的华东政法学院松江校区(2002)、上海工程技术学校新校区、安徽大学新校区、兰州理工大学西校区（2002）、成都中医药大学温州校区（2003），江立敏负责的苏州大学独墅湖校区（2005）、陕西师范大学长安校区（2006）等。在上海郊区松江和嘉定的几个大学城建设中，同济设计院也有大量参与，其中最主要的当属同济大学嘉定校区的11个项目。

◎ 上图　华东政法学院松江校区全景（2002）；
◎ 下图　苏州大学独墅湖校区公共教学楼（2005）（来源：同济设计集团）

同济大学嘉定校区

同济大学嘉定校区位于嘉定区安亭镇上海国际汽车城内，占地123.3公顷，在校学生规模为1.5万人。该项目源于同济大学为上海市政府策划上海国际汽车城方案，市政府积极支持将同济大学汽车相关学院和专业机构搬迁至嘉定。经过市委市政府和嘉定区规划局的大力推进，同济大学嘉定校区于2001年9月奠基。2004年9月，汽车和软件两个学院的1000多名师生首批入驻。其后三年，交通运输工程、机械与能源工程、电子与信息工程、经济与管理、材料科学与工程、传播与艺术、中德工程等学院和铁道与城市轨道交通研究院、音乐系等单位相继搬迁至嘉定校区。

为了彰显同济大学在建筑工程方面的优势力量，也为了更便于空间实际使用者——各院系反复深入沟通协商，提高效率和效益，负责学校基建的时任同济大学副校长陈小龙和设计院院长丁洁民达成合作协议，通过设计费适当优惠，嘉定校区的绝大部分工程由同济设计院各所设计团队承担。⑤ 2001年底，同济设计院设计三所王文胜、张力和周峻团队提交的总体规划方案在国内外5家投标单位中胜出。该规划采用三条轴线——南北向的公共轴、东西向的研发轴和一条贯穿各学院的曲线绿轴构成校园活动的骨架，并根据功能形成五大建筑片区，沿着水系，利用地形地貌，营造出具有文化氛围的交流共享空间。王文胜团队还主持了嘉定校区多个教学科研单体项目，包括位于三条校园轴线交汇点的核心建筑——12层全玻璃幕墙的图书馆（王文胜、周峻，2006），作为校园心脏、可容纳2万多名学生的公共教学楼（王文胜、陈泓，2002），以及机械工程学院（2005）、交通运输学院（2006）和材料科学和工程学院（2007）等。此外，一所曾群团队负责设计了汽车学院、电子与信息工程学院（曾群、文小琴、陈大明，2005）和传播与艺术学院（曾群、文小琴、张艳，2007），二所任力之团队负责设计了经济与管理学院（2007），建筑系教授赵秀恒团队则主持了嘉定校区的二、三期的生活设施（2004）项目。

⑤ 2018年7月9日华霞虹访谈陈小龙，地点：同济大学中法中心三楼。

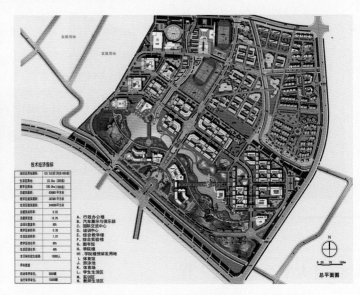

◎ 同济嘉定校区总体规划方案（来源：同济设计集团）

因为地处城郊新区，周边社区尚未成熟，为了满足大量学生的公共交流需求，新建大学城的建筑体量较大，建筑师常常致力于创造内院、中庭、平台等多样的公共活动空间。比如电子信息学院为削减体量，借鉴了"叠石"的方法，将7层的建筑体量分成两部分，一个2层高的方盒子搁置在4层高的基座上，形成尺度适宜、体型丰富的建筑。其内部通过穿插、抽离、架构、搭接、挑空、跨越等手法，在实体之间形成多维度的"虚空"，分布在不同平面标高上的天井、庭院、平台、挑廊等，使庞大的实体像一座形态巨大方整、线条硬朗的"太湖石"一样空透起来。教学和科研人员可以在丰富的室内外空间之间行走体验。[12]

　　类似的消解形体和空间流动的手法也运用于传播与艺术学院(今艺术与传媒学院)的设计中。1.1万平方米的建筑面积没有按照常规设计成多层大楼，而是全部展开，做成大部分一层，局部两层，并充分利用地下空间安排部分功能。建筑的主体是一个长方形的混凝土盒子，一些特殊功能的空间被设计成一组形态各异的两层高形体匀质而随意地穿插其上，在消解建筑体量的同时，在屋面形成了有趣的景观和室外空间。私密性功能空间被置于建筑最外侧，公共场所则像水一样渗透在周围。散落的体量外表覆盖着灰色外扣型钛锌板材，经过氧化后呈现不同的质感，与作为基座的素混凝土墙面及屋顶的木平台形成强烈对比。[13][14]

◎ 同济嘉定校区传播与艺术学院(来源:同济设计集团)

同济大学百年校庆工程

　　为教学和科研创造独具特色的公共空间也是这一时期同济大学四平路校区多座新建大楼的创作重点。在新千年前后，因为先后合并上海城建学院、上海建材学院和上海铁道大学，加上同济大学在1996年和1998年分别被列入"211工程"和"985工程"，同济大学的教学规模不断扩大，因此出现了很多新的基建需求。四平路校园靠近赤峰路的南边界原来长期作为体育场、实验室和工厂，为了与原城建学院校园转变成的南校区打通,形成新的南北向的校园轴线——

爱校路，在其周边开展了多个新项目的建设，且大部分是超过 24 米的高层建筑。这些新建筑除了部分委托资深教授设计，如戴复东、吴庐生负责的研究生院大楼瑞安楼（1998），莫天伟、戚广平、卓健团队负责的同济大学工商管理学院云通楼（今同济大学人文学院，1996）[10]，同济大学土木工程学院大楼（钱锋负责，2003），同济大学学生活动中心（今经纬楼，王伯伟、郑毅敏负责，2005），同济大学游泳馆（钱锋负责，2006）以外，大部分都开展了校内设计招投标。因为同济大学开放民主的学术氛围，[11] 在与比自己资深的老师的方案比选中，一批 30 岁左右的青年教师和建筑师凭借创新设计脱颖而出，在教授们的支持下，在校园中完成了对他们职业生涯至关重要的早期作品。如同济大学中德学院（庄慎负责，2000）、医学院（周建峰、陈屹峰负责，2001）、海洋馆（柳亦春负责，2001）、桥梁馆（陈剑秋负责，2001）、建筑城规学院 C 楼（吴长福、张斌负责，2002）、中法中心(张斌负责，2005)等。除了新建项目外，还完成了"一·二九"礼堂改造（吴杰、王建强，2001）、图书馆改

◎ 左图　同济大学中德学院（来源：同济设计集团）
◎ 右图　同济大学建筑城规学院C楼（来源：同济设计集团）

造（吴杰，2002）和大礼堂改造（袁烽、陈剑秋，2005）等旧建筑更新的工程。

　　新千年前后的四平校区十余个新建和改造项目绝大部分是同济人，尤其是中生代建筑师突出的原创实力的展示。唯一的例外是校园东北角，也是临四平路界面的标志性塔楼——教学科研综合楼（今

衷和楼)。跟中法中心、联合广场等大楼一样，综合楼的兴建是因为2007年同济大学百年校庆的契机。

综合楼高21层，象征21世纪，约100米(实际98米)，象征百年校庆。其"L"形体量旋转形成螺旋上升的组合中庭的概念设计来自法国著名建筑师让·保罗·魏基尔(Jean Paul Viguier)。魏基尔由中科院院士郑时龄引荐给当时负责同济大学基建工作的副校长陈小龙。在院庆60年访谈中，陈小龙展示了精心保存的法国建筑师

◎ 同济大学中法中心(来源:同济设计集团)

用来表现综合楼概念生成的玻璃模型，其设计创意令人赞叹。时任设计二所所长的任力之1998—1999年参加"50位中国建筑师去法国"项目也是在魏基尔事务所实习。

作为百年校庆的标志性工程，综合楼筹建的目标不仅是彰显开放新颖的教学科研理念，也要展示同济大学在建筑、结构和设备工程方面的综合创新能力和技术优势。在概念方案基础上，同济设计院二所团队深化设计，主要负责人包括任力之、张鸿武、丁洁民(结构)、范舍金(给排水)、夏林(电气)、潘涛(暖通)。教研综合楼采用方正的平面和体量，约50米边长的平面按照16.2米的基本模数，将教学、科研、办公、接待、会议等功能整合成模数化的3层高"L"形单元，沿竖向轴顺时针旋转90°并螺旋上升，形成九宫格中间一个通高的复合中庭，在每个3层高的跨层大空间中布置形态各异的公共功能单元，包括会议室、多媒体中心、休憩平台等，两组垂直核心筒依附中庭布置，与环绕中庭的水平连廊共同形成交通系统，以及与中庭互动的空间系统。

◎ 同济大学综合楼(来源:同济设计集团)

复杂的空间为结构设计带来了巨大的挑战，经多方案比较，最后采用了方钢管混凝土框架＋外围黏滞阻尼支撑组成耗能支撑结构体系。还制作了1:15的模型在同济大学土木工程学院防灾实验室进

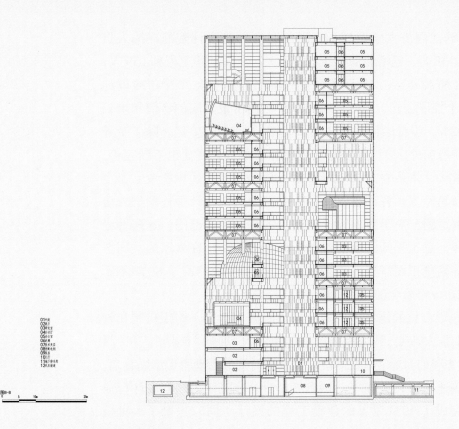

◎ 同济大学综合楼剖面图（来源：同济设计集团）

行地震模拟振动台实验，以确保结构安全。综合楼还应用了多项生态环保技术，包括中庭通风系统、冰蓄冷系统、全热交换空调系统、变频空调供水系统、BA 自动控制系统、智能照明控制系统等，充分体现了生态环保的特性。而定制的波形铝板加横明竖隐中空玻璃幕墙则为建筑赋予理性简约的外观，也使丰富的内部空间若隐若现地呈现在校园和城市环境中。[15]

大型设计院的企业化与品牌化

对比新千年前后同济大学建筑设计研究院的项目数量，可以看到其从高校附属的中型设计院向全面市场化的大型设计企业发展的轨迹。1995—2000年，同济设计院三个设计室的归档建筑工程总量分别是 43、57、34、35、46 和 49 个，平均每年 44 项，设计量最多的类型是住宅、办公和中小型文教类单体建筑等。2001—2007年，合并后的同济大学建筑设计研究院完成建筑设计量分别为 96、102、150、95、110 和 124，年均产量达到近 113 项，达到前 6 年的 2.56 倍，且承接的项目包括大型区域性的规划和建筑、大型行政中心和公共工程。

2007年，同济大学建校100周年时，同济设计院的在编人员已经达到1038名，包括注册建筑师136人，注册结构工程师159人，注册设备工程师43人，旗下有12个建筑设计机构，6个市政设计机构和12个控股公司。2003—2013年，同济设计院的产值年增长率达到18.2%。设计合同额从3亿多元增长至超过20亿。除了企业规模的不断增加外，设计院在市场开拓和质量管理方面也不断完善。除推行质量认证体系外，2001年2月，同济设计院还投资成立了上海同济协力建设工程咨询有限公司。大部分资深设计师逐渐进入协力公司负责审图，对于新的设计院旗下的所有生产部门，这些曾经的总建筑师、总工程师还承担着教学指导的工作。在大家的共同努力下，设计院施工图审查一次通过率从2002年的略高于80%不断提高，到2006年后全部达到100%。

在快速城市化的语境中，同济设计院因为合并，组织机制和管理模式发生重大转变，利用市场机遇迅速做大，加强"企业化"和"品牌化"是其主要的目标。[16] 在同济设计院新时期的管理者丁洁民看来，在中国的快速城市化过程中，国营"大型设计院作为勘察设计行业的国家队完成了90%以上的建设工程的设计，同时积聚了大批技术人才，沉淀了雄厚的技术力量并形成了大型国企特有的企业文化和行之有效的管理制度"。从统计数字来看，"无论是在国外还是国内，大型设计公司所占据的市场份额都不容忽视"。[17] 因此，从外部的经营到内部的管理，大型设计机构主要的竞争对手和学习对象是欧美日的大型设计品牌，如日建、德国的 GMP、美国的 SOM、KPF、Gensler 的经营模式，需要直面市场，花大力气研究市场，并从中寻找机会。另一方面，充分利用长期积累的品牌声誉和人才技术优势，设计好管理机制，促进设计人员的积极性和创造性，"逐步消除设计上的弱项"，"成为一个均衡发展,覆盖面广的品牌"和"具有国际竞争力的大集团"。[17]

对于高校设计院来说，设计院也与高校共享着同一个集体品牌，两者的品牌价值是捆绑关系，荣辱与共。高校设计集体品牌蕴含了其他设计机构所缺乏的科研、技术和文化优势、无形资产和身份价值。反过来,设计机构的经济实力和影响力的加强也能反哺学科建设，进而促进高校本身的品牌优势。同济设计强调集体品牌，也反映了同济学派不是由少数权威位于金字塔尖的一峰独秀，而是众多学科、学派大师汇成的群峰耸立的高原的传统和精神。[16]

参考文献

[1] 彭震伟,孙婕.中国快速城市化背景下的城乡土地资源配置[J].时代建筑,2011,
(3):14-17.

[2] 童明.执着于实现——李麟学及其建筑作品[J].时代建筑,2005,(6):56-59.

[3] 许晓东,汪艳.虚实相生的建筑与人生——访同济大学副教授、麟和建筑工作室主
持建筑师李麟学[J].设计家,2009,(4):38-45.

[4] 郑毅敏,刘永璨,盛荣辉,等.杭州市民中心多塔连体结构设计研究[J].建筑结构,
2009,(1):54-58.

[5] 苏运升.中国式造城的历史今天和未来[J].时代建筑,2011,(3):53-55.

[6] 任力之.方正之间,静谧之美:东莞市图书馆设计[J].建筑创作,2005,(6):63-73.

[7] 任力之.东莞国际会展中心[J].时代建筑,2004,(4):108-113.

[8] 任春洋.新开发大学城地区土地空间布局规划模式探析[J].城市规划汇刊,2003,
(4):90-92,94-96.

[9] 戴复东,吴庐生.浙江大学紫金港校区中心岛组团建筑与环境创作[J].建筑学报,
2005,(1):30-35.

[10] 莫天伟,戚广平,卓健.让交往空间留下"事件性"印痕——同济大学经济与管理
学院馆设计形态操作[J].时代建筑,1999,(1):39-41.

[11] 李振宇.百川归海,博采众长:同济建筑学人与同济风格[J].世界建筑,2016,(5):
16-19.

[12] 文晓琴,曾群.虚空的意义——同济大学电子与信息工程学院大楼设计[J].建筑学
报,2010,(12):78-79.

[13] 曾群.不速之客:同济大学传播与艺术学院设计[J].建筑学报,2011,(7):76-77.

[14] 徐甘.冷静物质表象下的丰富文化内核同济大学传播与艺术学院[J].时代建筑,
2010,(4):120-127.

[15] 张鸿武.空间布局和营造技术的结合:同济大学教学科研综合楼设计[J].时代建
筑,2007,(3):107-111.

[16] 丁洁民,华霞虹.快速城市化背景下的高校建筑设计研究院[J].时代建筑,2017,
(1):32-36.

[17] 黄坤耀.市场、技术、品牌、管理——对话同济大学建筑设计研究院丁洁民院长.建
筑结构,2008,(9):D2-D4.

成立都市院

教师兼职设计，把研究方向与社会服务相结合，这是高校设计院最独特的组织模式；而促进教学、科研乃至学科的发展，是高校设计最不可取代的本质价值。这两个特点与高速城市化背景下中国建筑行业市场化、规范化、产业化要求之间的矛盾，只能通过新的组织模式来化解。从1958—1966年的教学生产一体化，1969—1978年的教学设计施工三结合，1979—1990年的设计院与各学科系所相对独立松散的管理，到1991—1996年设置设计院院外部进行统一资质管理，1996—2000年在建筑设计院和规划设计总院管理下进行教师轮聘，同济设计院机制变迁的动力之一就是探索教师创作的组织模式。"产学研协同模式"的创新是所有高校设计院普遍面临的难题，对于建筑设计院来说，最核心的是设计院与建筑学院之间的关系。每个高校设计院与建筑学院的关系都有所不同，于2005年创建的同济大学建筑设计研究院都市建筑设计分院是其中独具特色的一种。

双重领导的专属平台

同济大学建筑设计研究院都市建筑设计分院的成立和发展是新的历史时期建筑学院与设计院双方需求的结果，也是携手共赢的创新模式。① 2015年，都市院成立十周年时，都市院院长吴长福和副院长汤朔宁和谢振宇在《时代建筑》上撰文回顾了都市院的创建和发展历程。[1] 因为进入新千年以后，面对激烈的市场竞争，同济大学建筑设计研究院为"做大做强"，大力推行现代企业管理制度和设计质量标准。建筑学院教师原本的实践模式越来越难与之相适应。利用课余时间，较为机动松散，以科研探究而非产值利润为导向，带领研究生展开实践的旧模式必须改变。为此，从2001年起，设计院院长丁洁民、副院长王健、党总支书记兼副院长周伟民与建筑与城市规划学院时任院长王伯伟、党委书记俞李妹以及建筑系副主任兼设计院副院长吴长福等一起，多次协商探讨如何为建筑系教师搭建一个专属的建筑创作平台。直到2004年5月25日，建筑与城市规划学院主要用于科研和研究生教学的 C 楼落成，合作平台的办公管理空间基本落实。2005年6月6日，"同济大学建筑设计研究院都市建筑设计分院"（下文简称"都市院"）宣告成立。都市院是建筑与城市规划学院教师在设计研究领域开展社会服务的窗口，又是设计院设在院外的一个分支机构，因此受学院和设计院的"双重领导"，

① 2018年5月2日，王凯访谈吴长福。

基本宗旨是"产学研的协同发展"。

同济设计院在经过47年的历史变迁以后，萌生出一个既符合当初作为教学实践基地，又有利于新的时代背景下设计资质和质量管理要求的新模式，这是全国高校设计院中的第一个，迄今仍是唯一的一个。

因为都市院主要设计人员为建筑城规学院在职教师，为了对都市院的发展定位、运行方式与人事安排等重大事宜进行共同决策，学院设立了由学院院长、党委书记和都市院院长班子共同构成的都市院管理委员会，成员随学院领导的换届相应变换。成立初期，该委员会的四位成员包括时任建筑城规学院院长吴志强、党委书记俞李妹、学院常务副院长兼都市院院长吴长福，以及担任都市院常务副院长的年轻骨干教师汤朔宁。戴复东和郑时龄两位院士担任顾问，三位建筑系原系主任卢济威、赵秀恒、莫天伟任总建筑师。因学院换届，相继参与领导的还有彭震伟、周俭和李振宇。2010年起，增选谢振宇为副院长。2014年，都市院调整技术负责团队，卢济威、赵秀恒改任资深总建筑师，王伯伟、钱锋任总建筑师，谢振宇、徐甘任副总建筑师。

都市院的组织架构由职能部门和设计室（所）两部分组成。职能部门包括院长室、总师室、顾问室、办公室、经营室、财务室等，以保证项目运营、日常管理、质量、财务管理等方面的正常运行。都市院下设两个专职设计所，一个是由中国工程院院士戴复东和勘

◎ 2009年都市院总师团队在C楼评审北川地震纪念馆设计方案现场（来源：吴长福提供）
左二赵秀恒，左三莫天伟，右二卢济威

察设计大师吴庐生主持的高新技术设计研究所(下文简称"高新所"),另一个是由院部直接领导的建筑设计综合所。高新所是都市院下属唯一的多工种建筑设计综合所,其余除两个景观室由景观设计师主导外,均为建筑单一工种。如有项目做到施工图,相关工种与集团其他各分院、技术发展部、项目运营部等部门合作完成。

　　除两个综合所以外,学院教师可申请成立设计室。都市院对设计室主持人的岗位资质、人数、两年内预期产值以及工作场所等条件都设置基本要求,经审核批准设计室成立后亦上报设计集团备案。截止至2018年5月,都市院下设18个所或工作室,除2个综合所以外,还设有建筑设计室8个,城市设计和景观设计室各2个,环境艺术设计、集群建筑设计、历史建筑保护与再生设计室各1个,还有2016年7月并入都市院的原作工作室和麟和工作室。②

② 信息和数据由都市院提供。

　　都市院由参与实践的在编教师和正式招聘的专职设计人员两部分组成,在编员工131人,另定聘教师80人,人数较稳定。定聘教师各专业分布为建筑66人,规划4人,景观10人,其中一级注册建筑师49人,年龄在35至74岁之间。所有A岗责任教授和注册建筑师均列为定聘人员,其中参与实践的教师半数以上具有教授或副教授等高级职称,绝大多数拥有注册建筑师职业资格。按照住建部、教育部和同济设计集团的相关规定,以两年为一个考核和轮换周期进行定聘。在20世纪八九十年代,教师参与实践主要依靠研究生助手协助,2~3年的研究生学制造成的流动性也会影响工程项目的贯彻和质量,成立了都市院以后,教师工作室可以招收应届毕业研究生或其他设计师,实践队伍稳定下来,对于教师贯彻创作思想,确保工程进度、设计质量和后期服务等都大有裨益。③

③ 王健访谈。

　　都市院的项目也有两类:一类由各位教师或者设计室(所)的主持设计师自主承接;一类是设计集团或者都市院的经营部门在获得项目信息后,根据项目的类型特点邀请擅长该类型设计的教师或者设计室(所)承接。两类项目都采用由都市院和设计集团经营部门双重管理。"'双管制'的经营机制既鼓励了广大教师积极承接项目,也能最大限度地保证重大项目能够由最擅长的建筑师来担纲"。[1] 都市院的

◎ 2014都市院双年度设计奖评审会(来源: 吴长福提供)

实践模式按照传统的说法是"双肩挑"，既教学又设计，因为定聘人员的编制属于建筑城规学院，因此"无论是教师创造还是专职设计人员创造的产值，都会按照一定的比例反馈至学院，用于支持学院的学科发展与专业教学"。[1]

同济设计集团并未对都市院设立产值考核指标，但都市院成立以来，实践规模快速发展，全院总产值已经从2005年的1000多万元增长到2017年的2亿多。因为都市院大部分机构为建筑单一工种，做到施工图的项目也为设计院其他部门带来了可观的经济效益和社会影响。在2008年"5·12"汶川特大地震援建和2010年上海世博会项目中，都市院展现了同济大学参与社会服务的专业水准和巨大能量。

建筑创作产学研协同

与自己的学术兴趣和学科专长结合开展实践是建筑系教师参与设计项目的根本动力和主要优势，也更容易与研究生人才的培养结合起来，实现产学研协同发展。从中也可以窥见同济建筑创作和学术传承的脉络。众多团队的设计和研究类型方向鲜明，社会影响力很大。比如中科院院士常青团队的"城乡历史环境再生研究与设计"及"风土建筑谱系传承与再生"，钱锋和汤朔宁团队的体育建筑，章明主持的原作工作室的工业遗产更新，李立团队的博物馆建筑，徐风团队的音乐厅建筑，戚广平、魏崴团队的高铁站交通建筑等。

以钱锋团队体育类建筑的产学研协同为例。截止到2018年5月，同济设计院图纸档案中已录入321个体育类项目，其中建筑系教授钱锋、汤朔宁负责了2008年北京奥运会乒乓球馆、上海东方体育中心跳水馆（与GMP合

◎ 2008年,北京大学体育馆(2008北京奥运会乒乓球馆)(来源:同济设计集团提供)

◎ 上海东方体育中心跳水馆(与GMP合作设计)(来源:同济设计集团提供)

作设计）、江宁体育中心、兖州体育中心、遂宁市网球中心、黔西体育中心、山西沁水县全民健身中心、江苏武进曲棍球基地等超过100个体育项目。

◎ 遂宁市网球中心（来源：同济设计集团提供）

钱锋师从葛如亮开展体育建筑设计和研究。从1993年主持设计卢湾体育馆以来，钱锋在25年间设计或合作建成了50多个各类体育设施，其中既有相对简单的中小学体育场、市民健身中心，也有大小城市区域不同类型的体育馆、体育公园，更有国家级世界级的专业比赛场馆，包括为2008年北京奥运会服务的北京大学体育馆（乒乓球比赛主场馆）。相应的，从2004年至2017年间，钱锋培养的70位硕士生，八成以上论文以体育类建筑的不同专题作为研究方向。北京大学体育馆是2005年通过国际竞赛赢得的重大项目，虽然可以用作综合类比赛场馆，但是在奥运会期间是乒乓球比赛的主场馆。设计院格外重视该项目，院长丁洁民亲自挂帅主持与建筑空间一体化的结构设计，副院长王健则领衔暖通设计。乒乓球比赛对风速要求必须达到每秒0.2米以下，平衡在盛夏开幕的奥运会的空调需求和比赛时气流对乒乓球的影响是主要的技术难点。为此设计团队专门开展了各种气流的模拟来选定空调方案。④ 在奥运会结束后，有3篇硕士论文探究了后续的评估和再利用，分别为《2008年北京奥运会体育场馆设计评析与借鉴》《奥运建筑的赛后旅游开发研究》和《大事件形成区域的可持续再生——以奥林匹克中心的赛后发展为例》。

建筑城规学院教师产学研协同实践也为都市院和同济设计集团赢得众多国际国内的设计大奖。近三年主要获奖包括2015年荣获亚洲建筑师协会建筑奖金奖两项——日喀则桑珠孜宗堡（宗山宫堡）

④ 2018年1月2日，华霞虹、吴皎、王昱菲访谈汤朔宁，地点：同济大学建筑城规学院C楼都市院二层会议室。

保存与再生工程和"5·12"汶川特大地震纪念馆，提名奖1项——上海鞋钉厂改建项目。其中"5·12"汶川特大地震纪念馆还荣获香港建筑师学会两岸四地建筑设计大奖（2017）。2016年获中国建筑学会建筑创作奖1个金奖——范曾艺术馆，2个银奖：中福会浦江幼儿园、无锡阖闾城遗址博物馆和上海市延安中路816号改扩建工程——解放日报社。2015年度荣获全国优秀工程勘察设计行业奖公建一等奖和教育部优秀工程勘察设计一等奖的山东省美术馆和范曾艺术馆，同年度的上海优秀工程勘察设计公建类一等奖包括：遂宁市体育中心、上海交响乐团迁建工程和上海市西中学改扩建工程综合楼。

◎ 2015年北川地震纪念馆荣获亚洲建筑师协会建筑奖金奖，原作工作室荣获亚洲建筑师协会建筑奖荣誉提名颁奖照片（来源：同济设计集团）

设计实践促进建筑学科发展

丁洁民、王健、吴长福、张洛先等多位管理者在访谈中反复强调，高校设计院不可取代的价值是通过设计实践促进相关学科的发展。近年来，依托都市院和同济设计集团的平台支持，历史建筑保护和城市更新方面的设计实践和成果与同济大学在国内最先创立的特色学科——历史保护工程之间互相促进的关系极具代表性。

从1986年上海被命名为"国家历史文化名城"以来，上海的建筑文化遗产保护经历了三个主要阶段，1986—1994年的起始阶段，1994—2001年实验性保护阶段和2002年至今的深化保护阶段。2001年建成的太平桥地区新天地一期工程以及同时期形成的泰康路田子坊的开发模式点燃了上海探索历史街区保护新模式的热情。同年，上海2001年在国务院批准的《上海市城市总体规划（1999—2020）》中专门列入了"全市历史文化名城保护"和"中心城旧区历史风貌保护"等规划，划定中心城区11处历史文化风貌保护区，保护范围为13.85平方公里。2003年1月1日开始实施《上海市优秀历史文化风貌区和优秀历史建筑保护条例》。同年11月，又批准了《上海市中心区历史文化风貌保护区范围划示》，确定中心城区总用

◎ 上海交响乐团改建工程鸟瞰与音乐大厅室内（来源：同济设计集团）

地26.96平方公里的12片历史文化风貌保护区。[2] 相关保护政策和法规的出台进一步推动上海历史街区和建筑文化遗产保护工作的深化，带来了大量的实践机会，也催生了对历史保护专业人才的需求。

同济设计院从2000年开始与美国迈克尔·格雷夫斯建筑师事务所（Michael Graves Architecture & Design）合作设计外滩3号的保护和更新工程，后又参与了外滩9号、15号、18号、新天地、江湾体育馆等历史建筑和区域的研究和改造更新实践。2004年，同济设计院成为当时上海唯一具有文物保护工程勘察设计甲级资质的设计单位。在同济大学建筑系历史与理论专业传统优势的基础上，2003年，经教育部批准，同济大学设立了中国建筑院校中第一个四年制本科专业——历史建筑保护工程。迄今，该专业每年招生人数稳定在约25人，共培养了约300位毕业生。该专业的课程包括三大类，历史建筑保护的历史与理论、历史建筑的保护设计和历史建筑保护的技术与工艺。[3] 后两部分课程内容都与项目实践紧密相关，历史建筑保护工程教学团队参与具有社会影响力的设计实践对促进教学至关重要。

从2005—2017年间，同济大学城乡历史环境再生研究中心和历史建筑保护工程专业教学团队，包括最重要的创始人和推动者之一常青及其团队成员华耘、张鹏、王红军等，他们在同济设计院已主持近30个历史建筑保护与历史环境再生设计工程。2017年，上海市住建委科技委"常青专家工作室"挂牌设计院。该工作室的源头是1996年时任同济建筑系主任赵秀恒牵头的一项教研机构改革试点，在建筑系下成立的7个建筑系教授（戴复东、卢济威、刘云、莫天伟、赵秀恒、郑时龄、常青）挂牌的研究室之一。常青研究室属于建筑历史与理论二级学科，研究领域包括中国传统建筑谱系及演变、中外建筑关联域比较，以及城乡历史环境保护与再生，涉及历时性和共时性两个方面。研究室成立后就与同济设计院开展合作，2011年，随设计院迁入新大楼成为多个常驻教授工作室之一，产学研协同变得更为便利和紧密。⑤

在《建筑学报》2018年4月期题为"过去的未来：关于建成遗产问题的批判性认知和实践"的论文中，为了阐明文化遗产保护与传承中创造与复兴的关系，常青引用了自己主持与设计院合作完成的3个工程设计案例：上海"外滩源"前期研究、概念规划及"新天安堂""划船俱乐部"等历史地标复原方案设计（2000—2002、2005—2006）、宁波月湖西区北片修补与再生设计（2012—2016）和海口南洋风骑楼老街区整饬与再生设计（2010—2018）。上海"外滩源"前

⑤ 2018年5月14日，王凯、王鑫、王子潇访谈常青，地点：同济设计集团403室。

期研究及概念规划为后来的国内外设计参与方提供了重要工作基础；宁波月湖地区的历史再生的重点是恢复传统街道结构、铺地和合院肌理，以及建构历史街区边缘濒临现代城市界面的新旧共生关系；而海口骑楼街区更新的策略则是"整旧如旧""修旧如旧"以突显"古锈"，"补新以新"以实现创意。[4]

从常青率设计团队接手到建成历经6年的上海市最大单项援藏项目——日喀则桑珠孜宗堡复原及宗山博物馆工程(2004—2010)也是极具代表性的案例。在这一项目中，同济大学设计院不只是负责工程设计，而是同时作为上海市政府的"代理甲方"，需要承担全面的工程管理工作，包括"前期研究、设计、招标、施工和监理"[5]。桑珠孜宗堡项目并非简单的遗产修复和重建工程，而是一次建筑人类学的研究过程和对历史建筑保护工程的适应性原理的理论思考。这些研究和思考既涉及对建筑形制的探究，也体现在整个工程的贯彻和实施中。比如"对于宗宫天际线的恢复，主要考虑当地藏胞的集体记忆和民族情感"，"设计和实施过程中采访多名宗宫变迁的目击者和亲历者，对一些历史图像无法映现的建筑位置及细部特征，如蹬道、宫门、侧向门窗等，都尽量做出有资料和口述史依据的复原。"[6]2015年底，常青撰写的专著《西藏山巅宫堡的变迁——桑珠孜宗宫的复生及宗山博物馆设计研究》由同济大学出版社出版，详细记载了该项目研究和设计的过程和成果。同济大学"城乡历史环境再生研究中心"与同济设计院合作的重要文物和历史建筑保护改造更新项目还在延续，比如西藏黄教寺庙文物保护规划(2014—2018)、儋州古城城门保护(2013—2016)、洛阳涧西苏式建筑群保护（2013—2018）等。在常青看来，"研究室历届毕业生在学期间参与同设计院合作的研究性设计对他们的专业认知及实践体验有明显的促进作用"，而研究室能"持续获得能量和内力"，也较大程度"来自研究与设计的相得益彰"。⑥

2016年3月7日，由中国科学院主管，中国科技出版传媒公司

◎ 修复后的日喀则桑珠兹宗堡（宗山城堡）保存与再生工程鸟瞰（来源：常青工作室提供）

◎ 桑珠孜宗宫宫楼内天井（来源：常青工作室提供）

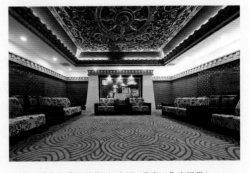

◎ 宗山博物馆藏风接待厅（来源：常青工作室提供）

⑥ 同⑤

与同济大学共同主办的学术期刊《建筑遗产》在同济大学创刊。这
是中国历史建成物及其环境研究、保
护与再生学科领域的第一本大型综合
性专业高端期刊。郑时龄和常青分别
担任《建筑遗产》学刊学术委员会主任
和主编。在创刊号杂志上，郑时龄的《上
海的建筑文化遗产保护及其反思》和常
青的《对建筑遗产基本问题的认知》，

◎ 常青与前政协主席阿沛·阿旺久美（左）摄于扎什伦布寺（来源：常青工作室提供）

其学术深度都来源于对历史保护设计
和管理实践的深入参与。2017年3月，
由教育部主管，同济大学主办，同济
大学出版社出版的 *Built Heritage*（《建
成遗产（英文）》）创刊，这是亚太地
区该领域第一本综合性专业英文期刊，
常青担任主编，联合国教科文组织亚
太地区世界遗产培训与研究中心秘书
长、同济大学建筑与城市规划学院教
授周俭担任联合主编，顾问编委团队
凝聚了近80位遗产保护领域顶级的中
外专家学者。凭借广泛的历史保护规

◎《建筑遗产》杂志中英文创刊号封面（来源：《建筑遗产》编辑部）

划与更新实践、历史建筑保护工程特
色专业，以及两本权威中英文期刊，同济大学不断加强在建成环境
保护与再生领域的学科优势。而期刊长达8年的艰难筹划和创办之
所以最终能取得皆大欢喜的成果，与同济设计院的长期财力支持分
不开，这也堪称"建筑城规学院与设计院在专业建设和协同创新方
面的一个合作佳例"。⑦

⑦ 同⑤

　　中国的大学在国家战略、经济、技术与文化发展中起着至关重
要的作用。除了学术和人才培养以外，技术研发和社会服务也是大
学服务社会的主要责任和功能。对于像土木建筑这样的实践类学科
而言，通过工程实践可以探索"贴近社会的专业定位和学术导向""践
行服务社会的专业理想"，并进一步推动学科实现更为深入和系统
的"理论升华"。[7] 但产学研相互促进的前提是学科平台和实践平台
同样强大，同样有追求国际一流的目标。正是因为新千年后同济大
学建筑与城市规划学院和同济大学建筑设计研究院同时发展壮大，
因此才能水乳交融地齐头并进，携手共赢。当然，学术与实践并不
能完全混为一谈，两者"必须有各自相对的独立性，才能在协同方

面有实质意义地交叉和整合"。如何"知恒通变",把握经典与创新的辩证关系,如何"以文养质",用一流的研究激发高水平的设计,[8]这些对于高校学院与设计院的产学研协同和持续做强,都是值得不断探索的重大课题。

参考文献

[1] 吴长福,汤朔宁,谢振宇.建筑创作产学研协同发展之路:同济大学建筑设计研究院(集团)有限公司都市建筑设计院十年历程[J].时代建筑,2015,(6):150-160.
[2] 郑时龄.上海的建筑文化遗产保护及其反思.建筑遗产,2016,(1):10-23.
[3] 张晓春.保护与再生:写在同济大学"历史建筑保护工程"专业建立十周年之际[J].时代建筑,2013,(3):92-95.
[4] 常青.过去的未来:关于建成遗产问题的批判性认知和实践[J].建筑学报,2018,(4):8-12.
[5] 姜泓冰.日喀则重现"小布达拉宫"——日喀则桑珠孜宗堡修复纪事[N].人民日报,2008-04-20(4).
[6] 常青.西藏山巅宫堡的变迁——桑珠孜宗宫的复生及宗山博物馆设计研究[M].上海:同济大学出版社,2015:40.
[7] 吴长福.整合发展,转型突破:同济大学建筑与城市规划学院的办学理念与发展策略[J].时代建筑,2012,(3):20-23.
[8] 常青.以文养质,知恒通变:关于建筑教育新议程的几点浅识[J].中国建筑教育,2017,(19):20-23.

汶川地震援建

如果说，北京奥运会乒乓球馆的成功体现了都市院由钱锋、汤朔宁两位教授主持的体育馆专项研究团队的实力，及其与同济设计集团之间的默契配合，那么，四川汶川"5·12"特大地震灾难发生后，同济设计集团都市分院（下文简称"都市院"）协同上海同济城市规划设计研究院(下文简称"规划院")、同济大学建筑设计研究院(集团)有限公司（下文简称"同济设计集团"）下设各院在地震援建中所起的领头作用，则更加体现了一所高校及其设计院最难能可贵的社会责任感、专业精神和极强的执行力。

◎ 2008年同济设计集团都市院探勘北川老县城
（来源：上海支援北川国家地震遗址博物馆规划策划项目组）
下图前排从左到右：谢振宇、刘宏伟、王桢栋、李建昌
（时任同济大学校长办公室副主任），后立者为吴长福。

最早投入 参与最多

2008年5月13日地震第二天，建筑城规学院前院长、时任同济大学校长助理的规划系教授吴志强就致电四川省建设厅，正式提出由同济大学建筑与城市规划学院和规划院共同为四川灾区开展救灾应急和灾后重建规划。[1] 5月18日后，规划院周俭、夏南凯、匡晓明等多位教授陆续前往灾区编制灾后规划。5月底，灾后不足20天时，根据科技部的总体部署，为援建四川省什邡市农民自建房的选址与建筑设计，都市院常务副院长汤朔宁和设计院的几位同事，经北京转往什邡路上余震、塌方不断，有的区域断水、断电，干粮就是面包和榨菜。[2]

① 吴志强访谈。

② 汤朔宁访谈。

因为介入援建最早，同济大学曾参与什邡、北川、汶川和彭州等多地的援建。2008年10月，国务院明确对口援建方案后，同济设计团队主要参与了北川老县城的遗址保护、映秀镇的恢复和重建以及上海市对口援建的都江堰"壹街区"的规划设计全过程。[3]

③ 同上。

同济大学由规划院和同济设计集团合作，在都江堰市先后承担了"都江堰灾后重建城镇体系规划和城市总体规划""都江堰市城市控制性详细规划""都江堰'壹街区'综合商住区规划与设计""都江堰古城区灾后重建规划"等20余项规划与建设工程，以及"映秀镇灾后重建城市设计与详细规划""北川老县城地震遗址保护规划与实施方案"等其他城镇近20项规划和建筑工程设计。上述规划和设计项目先后荣获各类规划和设计奖项30余个，包括全国优秀城乡规划设计奖6项，省部级优秀城乡规划设计奖7项，优秀工程勘察设计奖17项，国际建筑金奖1项等。为了实现灾后重建"既快又好"的目标，同济大学设计团队通过多学科、多专业协同的"技术集成体系"，"以城市设计作为协作合成平台"，以应对灾后城市恢复的复杂条件，实现了"建设周期压缩，技术可控可行可靠，城市空间品质营造"三方面技术保障，圆满完成了灾后重建的任务，"获得了显著的社会效应和宝贵的城市建设经验"。[1]

都江堰"壹街区"

都江堰的设计主要由规划院、都市院和同济设计集团四所合作，规划总负责是规划院院长周俭，建筑由吴长福担任总负责，汤朔宁任总协调。其中最重要的项目是中心城区的"壹街区"。

"5·12"特大地震以后，都江堰约有60%的住房受损或被毁。"都江堰灾后重建总体规划"和相关重建政策要求第一阶段在原来建成区外围大规模新建廉租房和安居房，以尽快解决灾区居民的永久性住房问题。"壹街区"就是第一阶段重建中规模最大的一个综合居民安置区，规划建设用地1.14平方公里，住宅建筑面积约80万平方米，公共设施面积约30万平方米，预计安排居民8000户，约2.5万人。[2]

"壹街区"的规划设计重点是使"城市新区尽快具有活力并且具有持续的生命力"，主要策略是"将一般的居住小区分解成多个住宅街坊"，形成"小街坊—密路网"概念的生活居住区，最小街坊用地面积5500平方米，道路交叉口间距80~120米。通过"提高街区路网密度，丰富道路层次，增加公共空间数量和总面积数"，其中商住建筑中分配了10%的公共建筑面积，还"均衡布置了数量较多的街区小型公共空间"。

"壹街区"安居房总建筑面积达到29.8万平方米，共15个街坊。其中，住宅面积近24万平方米，另有3.2万平方米沿街商业以及约2.7万平方米停车库配套面积。对于规划的15个街坊，特意要求每个街坊户型在两种以上，以促进不同社会阶层的融合。从住宅的房型来分析，上善小区户型从一室一厅到三室两厅共5种。安居房总户数为2966户，其中灾后援建中灾区最需要的安居房型50~70平方米的户数占到总户数的63.3%。[3]

为了促进多样性，规划团队还将市级的图书馆、文化馆、工人文化中心、妇女儿童活动中心和青少年活动中心，以及市民体育公园、文化休闲区等市级公共设施项目引入街区，形成功能综合。规划设计也很注重对文化遗产的保护及活化利用。比如，将建于20世纪80年代的造纸厂加固改造为图书馆，将地震残余的烟囱作为街区公共景观标志物，还保留了场地中建于50年代的部分清水红砖工业厂房，把部分"林盘"转化为街头绿地或公园。根据规划所做的街区式规划，所有的住宅都设计成周边式，正好四川的住宅不太讲究朝向，但是很讲究通风。

为了做"壹街区"的住宅项目，都市院共组织了17个设计团队。其中，8个住宅团队和9个公共建筑团队，既包括都市院建筑系教师的团队，也包括设计集团四院的赵颖和上海同济开元建筑设计有限公司的王建强设计团队。每个团队由一名建筑师负责，加上景观设计、道路桥梁和基础设施团队，在规划师的总体城市设计指导下开展工作。[4]

2009年5月7日，周俭和汤朔宁在都江堰接到设计任务后，马上致电上海，都市院院长吴长福立即组织建筑系教师，并腾出了集中办公场所。汤朔宁和周俭赶回上海的当晚，所有参加设计的老师

◎ 2010年,都江堰壹街区竣工后同济大学团队的合影(来源:汤朔宁提供)
从左二到右二:罗志刚(同济规划院挂职锻炼,时任都江堰规划局副局长)、汤朔宁、吴长福、郑家荣(时任都江堰市常务副市长)、许解良(时任上海市对口援建指挥部副总指挥)、李永盛(时任同济大学副校长)、周家伦(时任同济大学党委书记)、薛潮(时任上海市对口援建指挥部总指挥)、屈军(时任都江堰规划局局长)、当地或随行工作人员、周伟民(时任同济大学设计集团党委书记)、当地或随行工作人员、李昕(时任同济大学党委办公室主任)

和研究生就一起在建筑与城市规划学院 C 楼的三楼大厅开始集中设计。5月20日，开始设计仅两周后，同济设计集团设计人员就前往都江堰汇报方案。15个月后，即2010年8月17号，数十万平方米的房屋全部竣工。近30万平方米的住宅和所有公建及环境艺术作品全部到位，包括王一负责的工人文化宫、岑伟负责的青少年妇女儿童活动中心、吴长福负责的文化馆等，基地内的青城纸厂老厂房由谢振宇改造为图书馆，林怡完成了所有的灯光设计，阴佳创作了大型雕塑。大约有10余位学院教师参与建筑设计，最后施工图由同济设计集团全面承担。前后共计有130多名设计师参与，包括建筑、结构、水、暖、电、市政、概算各工种。④

④ 同②

北川国家地震遗址博物馆

除了都江堰"壹街区"，同济大学整体设计团队，尤其是成立不久的都市院，在设计集团整体配合下完成的重要项目是北川国家地震遗址博物馆。北川羌族自治县是"5·12"特大地震受灾最严重的地区之一。在地震和由地震引起的山体滑坡双重冲击下，北川县城100%的建筑成为危房，1万多人在地震中丧生，仅有4千多人幸存。北川国家地震遗址博物馆是5月22日由时任总理温家宝提议保留修建的，是"5·12"汶川特大地震后的四大地震遗址保护建设项目之一。2008年8月，上海市接受四川省绵阳市政府的委托，承担支援北川国家地震遗址博物馆的规划策划项目任务。市政府马上成立了上海市支援该项目规划策划的项目组，指定由同济大学、上海市规划管理局和上海现代建筑设计(集团)有限公司具体负责。[5][6]领导小组成员由同济大学党委书记周家伦领衔，项目专家组组长是当时担任同济大学建筑与城市规划学院常务副院长，也是都市院院长的吴长福。

任务落实到同济大学实际上已经是2008年9月了。因为时间紧迫，学校立即成立了项目工作团队，发挥学校综合学科的优势，多专业方向协同，以便迅速展开地震遗址博物馆规划的相关工作。领导小组由常务副校长李永盛牵头，设计院院长丁洁民和副院长周伟民等14人为领导小组成员，项目专家团队包括吴长福、吕西林、张尚武、卢永毅、顾祥林、任力之等30人。项目主创团队包括吴长福、张尚武、谢振宇、汤朔宁等53位来自规划、建筑、结构等系的教师和设计人员。

不幸的是，震后灾区遭遇持续大雨，尤其是9月24日北川遭遇百年一遇的暴雨袭击。此前已受不断余震和"6·14"特大暴雨摧残的唐家山堰塞坝上游大水沟爆发泥石流等极为严重的次生灾害，现场破坏十分严重，原本仅有震后航测图可作参考，此时现状也完全变样了。前期所做的很多工作都白费了，设计团队必须重新收集基础资料。

2008年10月10日，当灾区刚刚可以徒步通行时，吴长福带领规划、建筑、生态、景观、旅游、展示、水文、地质、材料、环境、交通等10余个学科方向，共二十多位专家组成的工作团队来到北川，到地震现场进行详细勘察。满目疮痍的北川县城，遍地瓦砾，已成废墟，没有任何关于北川县城的资料。水文、地质、震害资料，乃至基本的地形图都需要靠自己实地勘测。同济大学的专家团队"带

◎ 2008年,同济设计集团参加上海对口援建现场会议（来源：汤朔宁提供）前排从左到右：汤朔宁、周俭、王健、吴长福、汪剑明；中排从左到右：庄宇、黄一如、李振宇、赵颖；后排左二：李麟学

着各种图板和仪器，一头扎进坎坷难行、危机四伏的残垣断壁间，从最基本的拍照、测绘、标注开始，一幢幢楼、一条条街道地艰难推进"。⑤ 同时，依靠当地陪同人员的回忆，尽可能详细地记录下每一座建筑以前的名称、用途，以及地震发生时催人泪下的场景，为此后的设计奠定良好的基础。

⑤ 吴长福访谈。同济新闻网，2009/5/14，《同济大学与"永恒北川——解读北川国家地震遗址博物馆策划与整体设计方案》：https://news.tongji.edu.cn/classid-18-newsid-24363-t-show.html。

为了在现场抓紧时间，工作小组把吃饭的时间缩到最短，与当地政府的交流都安排在晚上，甚至自备食物。在短短数月中，吴长福带团队四次深入现场，获得了大量第一手资料，并与当地政府进行充分的交流、沟通。回上海后，设计团队总是在最短时间内完成专业报告。在总体工作框架下，从各专业角度进行分系统研究，进行多方案比较设计。

接受工作后仅2个多月，团队就完成了设计的初稿，并立即赶赴四川"与北川县政府、绵阳市委和市政府、四川省政府有关领导和各相关部门进行了多次汇报和交流。2009年新年伊始，吴长福又带领项目组专程赴京，就北川国家地震遗址博物馆的设计进展情况向国家文物局、国家地震局做了专门汇

◎ 2009年同济大学党委书记周家伦和副校长李永盛考察四川阿坝州映秀镇,规划与建筑设计团队汇报,前排右起：李永盛、周俭、吴长福、周家伦、肖达（来源：汤朔宁提供）

◎ 2008年,北川老县城受灾和灾后重要事件发生地(来源:上海支援北川国家地震遗址博物馆规划策划项目组)

报。2009年2月底,在综合了各方面意见与建议的基础上,《永恒北川——北川国家地震遗址博物馆策划与整体方案设计》最终成果终于出炉,并由上海市政府送交绵阳市"。⑥

⑥ 同⑤

"北川国家地震遗址博物馆其实并不是单个的博物馆。"吴长福说,和以往的博物馆不同的是,地震遗址博物馆占地面积达20多平方公里,是一个由地震博物馆及综合服务区、县城遗址保护区及次生灾害展示与自然恢复区组成的综合功能体。"这样一个功能综合体，在我国博物馆建造史上没有先例。"建设地震遗址博物馆，需要考虑三大目标：既要留存大灾难的记忆，又要展示抗震救灾中体现出的人类大爱的精神和力量，还要加深人类对自然的再认识。为此，设计团队进行了三部分的概念策划，"永恒的记忆""永恒的家园"和"永恒的自然"分别对应三种功能区块：博物馆与综合服务区、县城遗址保护区和次生灾害展示与自然恢复区，在时空上涵盖了地震遗址的过去、现在和未来。整个项目的设计主题是"永恒北川"，体现了对生命的永恒守望。

在方案中，设计团队还设置了四座守望塔，分别布置在北川县城的入口处、中央区域、南面和北面。守望塔的灵感来自当地羌寨塔楼，"寓意着对逝去亲人的怀念，对受伤心灵的抚慰，更寓意着面对灾难的坚强，对北川、对生命的永恒守望"。[7][8]

"守望塔特地选在无人掩埋的地点。北川县城新建的道路不再穿过县城，而是绕道而行。遗址区未来将没有机动车通行，可能由新能源汽车代替，以不打搅这里的安宁。地震博物馆选址任家坪而非县城，是因为县城中几乎每一幢震毁的建筑中都有遇难者，任何大的建设都不适宜。方案还用'以生命纪念生命'的方式悼念死者。在遗址保护区，一片片方形树阵穿插在废墟中。在一些重要场所周边，将种上5月开花的白色花种植物，每年的5月12日，这里将开遍"哀悼的白花"。⑦

⑦ 同⑤

"5·12"汶川特大地震纪念馆

对于国家地震遗址博物馆最核心的单体建筑，建筑城规学院和设计院格外重视，共组织了36个团队，做了36个方案，从中选出13个，制作模型后运到北川，向绵阳市汇报，⑧最后时任建筑系副系主任蔡永洁提出的"非建筑"设计策略成为最终实施方案。

⑧ 同②

"5·12"汶川特大地震纪念馆选址在北川县曲山镇任家坪，涵盖北川中学遗址，基地面积14.23公顷，建筑面积14 280平方米，其中展陈面积为10 748平方米。纪念馆和整个纪念园作为整体来设计。早在第一次去基地踏勘时，蔡永洁就觉得"这里再也不能造房子了"，因此他想以"最不像房子"的建筑来纪念长眠于此的逝者，抚慰生者心灵。主体建筑以大地撕裂的地景"裂缝"作为概念，寓意是"将灾难时刻闪电般定格在大地之间，留给后人永恒的记忆"。"裂缝"也"作为空间主导要素，以串联整个园区和建筑重要节点"。[9][10]设计采用了建筑景观一体化的处理方式，将建筑体量覆盖在平缓的草坡下，并与远处的青山形成整体。地震裂缝切割大地，同时分割建筑体量,"形成连续、完整的参观、凭吊路线"。"设计中,作为园区重要部分的北川中学遗址通过大地艺术的语言得以保留,使后人能永远记住这场灾难以及逝去的生命"。[9][10] 建筑外墙采用红色的耐候钢板,与草地和青山形成强烈的对比,并围合出一系列设有沉思长椅的外部空间。祭奠园区由原北川中学操场改造而成,整齐排列的松柏如同死难者的纪念碑,同时也象征了生命的延续和对逝者的尊重。最初方案本欲保留并作为空间组织依据的北川中学遗址,最后倒塌的教学楼通过覆土筑成小山包,以"入土为安"的传统方式掩埋废墟下的遇难学生,其抽象的形式也实现了景观语言的统一性。废墟前的一棵老树幸存下来,矗立于场地上留下"永远的记忆"。[9][11]

2013年5月12日是汶川地震的五周年纪念日,地震纪念馆建成,并向公众开放。以"过去的未来(Future of the Past)"为主题的亚洲建筑师协会(ARCASIA)2015年建筑奖颁奖典礼在泰国大城隆重举行。"5·12"汶川特大地震纪念馆荣获金奖。

◎ 高山下的刻痕,"5·12"汶川特大地震纪念馆鸟瞰(来源:同济设计集团)

◎ 记忆步道望向生命之门,"5·12"汶川特大地震纪念馆近景(来源:同济设计集团)

多样援建 落地生根

除北川、都江堰和映秀的规划和建筑设计外,同济设计集团还受命于教育部进行学校重建和规范编制工作。2008年7月3日,教育部组织同济大学、清华大学、天津大学、东南大学、浙江大学、华南理工大学及重庆大学7所直属高校设计院,召开了有关布置对口援建学校建筑设计任务的紧急会议。汶川地震灾后重建学校先期启动项目共30项,其中同济设计集团承担了都江堰市北区初级中学、绵阳市忠兴镇中心小学、广元市游仙区树人中学、雅安市汉源县第三中学、雅安市汉源县九襄镇小学、雅安市汉源县大田初级中学、雅安市宝兴县宝兴中学7所学校的对口援建设计,分别由综合设计三所和都城建筑设计分院承担。

同济设计集团还委派设计师分两组赴都江堰、绵阳、广元、雅安、宝兴、汉源6地进行现场调研。由总支书记、副院长周伟民挂帅,副总建筑师周建峰和院长助理、设计三所所长王文胜领衔,与清华大学建筑设计研究院等教育部所属设计单位协作,编制完成《汶川地震灾后新建学校规划建筑设计导则》和《汶川地震灾后重建学校规划建筑设计参考图集》等32个方案图集。2009年,《汶川地震灾后重建学校规划建筑设计参考图集》荣获第二届中华优秀出版物奖的"抗震救灾特别奖",这是国家出版行业最高的奖项。

如果没有都市院的集中组织,没有完整有序的工作室团队,要在短时间内组织完成像北川国家地震遗址博物馆这样的国家重要项目几乎是不可能的。从某种意义上说,正是在援建中爆发出来的凝聚力,原来相对自由松散的学院教师团队第一次真正体会到有组织的团队合作的必要性和巨大潜力。

当时规划院的肖达后来成为规划院都江堰分院的院长。都市院当时派出的办公室主任王宁后来成为2012年成立的同济大学建筑设计研究院(集团)有限公司成都分公司的总经理。因为援建项目,同济设计集团团队在四川生根发芽了。汶川援建对都市院的发展来说也非常关键。"地震援建也让设计集团和都市院了解到,我们的教师具有非凡的战斗力。在需要社会责任感的时候,老师们都不计个人得失,从来没有老师提出设计费的问题。虽然我们后面设计费也妥善解决了,但是最初都没有人要求。所以我们建筑城规学院的教师,不仅设计做得好,而且整体呈现出非凡的社会责任心,都很有爱心。比如,艺术造型的阴佳老师不仅设计制作了雕塑,还帮着周俭老师去帮助在地震中致残的居民。开辅导班,教他们制作工艺品,还帮助义卖,以使受灾群众重获新生。"⑨

⑨ 同②

◎《城影相间——汶川十年规划行动》展览海报,上图《天之下》成文军摄影,下图《成都彭州白鹿镇上书院震后修复》万钧摄影(来源:王伟强提供)

2018年5月12日,汶川地震十周年纪念,同济大学规划系教授王伟强等组织在上海北京两地同期举行《城影相间——汶川十年规划行动》,通过展示纪实和人文类的影像音频视频、草图模型和研究文献,再现灾后"一方有难,八方支援"的团结精神和灾后的建设成就,缅怀灾害的苦难和逝去的生命。

《时代建筑》和《城市中国》等期刊均刊登了纪念文章，回顾同济规划建筑人在国家需要时"专业至上"的责任感和社会服务精神。[1][5]在吴长福看来，利用高校的学科与人才优势，高校及其设计机构和设计人员对社会的贡献不能止于情怀，更需要"专业为重的策略"，包括多专业的协同与合作以及每个专业的进一步分工与深化。[1][5]周俭进一步总结了设计团队根据灾后重建实践建构的"城镇规划与设计技术集成体系"，一个集成多学科、多专业，以城市规划为统领、城市设计方法为工具形成的规划项目实施的整体"空间总控"平台，这既是"灾后重建的关键技术问题"，也是"未来城镇可持续发展的科学问题"。[1]

参考文献

[1] 周俭.灾后重建规划与设计集成方法实践:"5·12"汶川地震灾后重建十年回顾[J].时代建筑,2018,(3):128-131.

[2] 周俭.新城市街区营造——都江堰灾后重建项目"壹街区"的规划设计思想与方法[J].城市规划学刊,2010,(3):62-68.

[3] 汤朔宁.川西风貌,上海风情——都江堰市壹街区安居房设计[J].建筑学报,2010,(9):98-99.

[4] 周俭、肖达.城市设计实施过程研究——"壹街区"城市设计实践[J].城市规划,2011,(S1):67-73.

[5] 吴长福,张尚武,汤朔宁 等.责任于心,专业至上:北川地震遗址博物馆策划与整体方案设计项目实践回溯[J].时代建筑,2018,(3):121-127.

[6] 北川国家地震遗址博物馆规划过程也参考:邹海伟.永恒的守望——记吴长福教授和他主持的《北川国家地震遗址博物馆策划与整体方案设计》[J].民主,2009,(6):22-23.

[7] 吴长福,张尚武,卢永毅 等.永恒北川——北川国家地震遗址博物馆项目概念设计[J].城市规划学刊,2009,(3):1-12.

[8] 吴长福,张尚武,汤朔宁.精神家园的守护与重建——北川地震纪念馆项目整体设计[J].建筑学报,2010,(9)22-26.

[9] 蔡永洁."5·12"汶川特大地震纪念馆同济学人(1977)[J].世界建筑,2016,(5):98-99.

[10] 蔡永洁,刘韩昕,邱鸿磊.裂缝中的记忆:北川地震纪念馆建筑方案设计[J].时代建筑,2011,(6):54-59.

[11] 蔡永洁."非建筑"的设计策略:"5·12"汶川特大地震纪念馆中的人与自然的一次审慎对话[J].时代建筑,2018,(3):96-101.

2010 上海世博会

在改革开放后的前20年,同济设计院虽然有方案做得好的口碑,但是因为规模小,后续施工图力量偏弱,因此1998年前在上海本地市场上,与上海市建委的直属事业单位——华东设计院和上海民用设计院相比,在项目机会和技术管理实力上存在较明显的差距。因此,2001年原建筑院和规划总院合并形成新的同济大学建筑设计研究院后,其"做大做强"的经营策略依旧是"农村包围城市",致力于在上海周边地级城市和全国其他二三线城市发展市场。2002年底,国际展览局(Bureau International des Expositions, BIE)确定把2010年世博会主办机会交给上海时,设计院管理层马上意识到上海大发展的机会,决定"打回上海"。上海世博会的原创与合作设计将同济设计院的经营主要范围从二三线城市和中端设计市场带入了一线城市的中高端设计市场。在2010上海世博会的所有片区中,同济大学建筑设计院(集团)有限公司(下文简称"同济设计集团")共承担53个项目,138个单体,总建筑面积73.7万平方米的设计工作,与21个国家的设计师开展了合作,还完成了95万平方米的总体控制规划设计。①[1]

① 同济设计集团技术质量部统计数据。

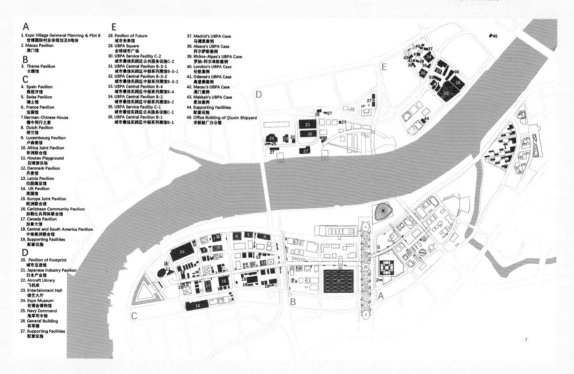

◎ 世博园总体规划图中同济设计院参与项目(来源:赵媛婧根据《同济大学建筑设计研究院(集团)有限公司2010年世博会项目集》中10-11页地图绘制)

同济大学的世博研究

　　同济大学是参与世博会申办和筹建工作时间最早、程度最深、范围最广的高校。早在1999年底，上海正式提出申办2010年世博会时，同济大学就把世博会视为本校城市建设、建筑、土木、汽车、能源、环保、工程管理等优势学科发挥作用，进而推动学科发展的难得机遇。2000年，上海举行了一次以世博会为主题的国际联合设计工作坊。当时世博会的选址和主题尚未确定。同济大学学生和欧洲多国大学生做了很多方案，其中一组获"特别创意奖"的方案设想把展览场地沿着黄浦江边布置，一路展开。这一新颖大胆的想法吸引了法国建设部总工程师的注意。这位总工程师回法国后专门向中国驻法国大使建议，上海应该将世博会放在黄浦江边。后经多方努力，上海正式确定世博会沿着黄浦江边规划。2002年接待国际展览局到上海考察时，中国科学院院士郑时龄全程参与并介绍了上海市的总体规划和两年前设计的七个世博会方案。

◎ 2002年3月，郑时龄向国际展览局考察团介绍上海市的总体规划（来源：郑时龄提供）左一：国际展览局秘书长罗萨泰洛斯；左二：国际展览局考察团团长塞雯；右一：郑时龄

2002年底，上海取得举办2010年世博会资格。2004年，郑时龄和上海交大原校长、上海博物馆馆长和上海图书馆馆长四人被率先聘任为上海世博会的主题演绎总策划师。②

② 郑时龄访谈。

　　2002年12月16日，申博成功后仅13天，同济大学就在时任校长吴启迪的领导下在全国率先成立了"跨专业的协作平台"——"同济大学世博研究中心"。该中心成立不久，就接受上海市有关部门的委托，编制完成《2010年上海世博会重大科技专项建议书》，并获得科技部立项。2003年11月19日，同济大学世博研究中心被指定为上海世博会专门的决策咨询机构，成为上海仅有的两家机构之一。到2010年，虽然同济大学三易校长，但世博研究中心均由校长直接负责。为了世博筹建，前后参加的同济专家近2000人，学科涵盖全校20个学院，先后承担科技部和上海市世博科技专项等研究课题179项，完成各类规划、设计任务90项，并承担起8个领域的总负责重任。其中包括世博会主题演绎总策划师郑时龄、世博会园区总规划师吴志强、世博会城市最佳实践区总策划师唐子来、世博会工程建设总体项目管理总负责人乐云、世博村总体规划及设计总协调人丁洁民、世博标志性建筑主题馆总设计师曾群、世博园区夜景照明总体策划负责人郝洛西和世博交通规划总策划团队负责人杨东援、陈小鸿。

2007—2010年，同济设计集团在上海世博会中承担的具体工作包括A片区的澳门馆设计；B片区的一轴四馆中的主题馆（14.3万平方米）设计；C片区内的联合馆6个（非洲联合馆、中南美洲联合馆、加共体联合馆、欧洲联合馆等），外国国家自建馆9个（英国馆、荷兰馆、西班牙馆、瑞士馆、丹麦馆、法国馆、加拿大馆、卢森堡馆、拉脱维亚馆），租赁馆29个，后滩游乐场及餐厅、购物、安保援助等配套服务设施；D、E片区的设计总体控制性规划（下文简称"总控"）及城市足迹馆、世博博物馆、综艺大厅三大馆，还有日本产业联合馆和城市最佳实践区南部的城市未来探索馆，中部的四组展馆以及北部模拟街区等7个项目以及世博国际村的总控和世博国际村B地块两个围栏区外项目。③[1]

③ 同济设计院 TJAD内刊2010（4），9页。

其中由同济设计集团原创设计的包括主题馆、城市足迹馆、未来馆、非洲联合馆、欧洲联合馆、中南美洲联合馆和加勒比共同体联合馆、世博会综艺大厅、世博会博物馆、城市最佳实践区中部系列展馆B-1、B-3-1、公共服务设施C-2、海军司令部、飞机楼、将军楼、求新船厂办公楼改造、浦西管理中心、餐饮中心，马当路出入口等，与同济设计集团合作设计的境外公司包括：英国的赫斯

◎ 左上西班牙馆、左下英国馆、右上丹麦馆、右下日本产业馆施工过程（来源：同济设计集团）

维克工作室（Heatherwich Studio）、法国的雅克·费尔叶建筑事务所（Jacques Ferrier Architectures）、西班牙的米拉莱斯＆塔格利亚布建筑师事务所（Miralles Tagliabue EMBT）和米C2工程咨询公司、丹麦的巴尔克·英格尔斯事务所（Bjarke Ingels Group，BIG）等20余家。合作设计世博村总控的是德国的HPP建筑设计事务所。同济设计院参与世博项目的设计人员总数近300人。

世博会主题馆

从同济设计集团信息档案部的图纸资料来看，最早确定的世博会项目是两个通过投标胜出的原创设计，即由设计院院长，2008年后任集团总裁的丁洁民与建筑系教授章明合作担任工程负责人的南市发电厂主厂房及烟囱改建工程（未来馆）和由一所所长曾群和二所副所长陈剑秋担任负责人的世博会主题馆。世博会荷兰馆则是同年确定的第一个合作设计项目，概念系荷兰快乐街公司（Happy Street BV.）提供，同济设计集团配合团队的负责人为四院副院长赵颖。

世博会主题馆是上海世博会的永久保留建筑，"一轴四馆"核心建筑群的重要组成部分，位于世博会围栏区B片区世博轴的西侧。在世博会期间是开展"地球城市人"主题展示的核心展馆，世博会后将转变为标准展览场馆，与周边的中国馆、星级酒店、世博中心、世博轴和演艺中心共同构成以展览、会议、活动和住宿为主的现代服务业聚集区。

世博会主题馆是上海世博会中占地面积最大的单体建筑，基地面积为11.7公顷。建筑占地面积50 577平方米，总建筑面积129 409平方米，其中地上面积为80 820平方米。单体建筑东西长约300米，南北总宽约200米，地面两层，主体结构高度为23.5米。主题馆的屋面面积近6万平方米，是整个世博核心区最庞大的。

这个远大于普通单体建筑屋面面积的超大屋面激发了设计团队的灵感。上海城市肌理中最具美感和历史感的元素是里弄住宅极富韵律感的屋顶——均匀排列的坡顶，虚实相间的天井，错落有致的老虎窗，于是设计一院院长曾群及其团队邹子敬、文小琴、丰雷、孙晔决定将这些"里弄肌理"提炼到主题馆屋面中来。世博会主题馆的屋面被设计为折线形屋面，以利于大面积屋面的分区排水，同时将太阳能光电板与屋面结构一体化集成，形成单元有韵律的菱形构图，并在屋面上有规律地设置若干三角形采光天窗。将"里弄肌理"这一抽象意念转化为满足采光、排水和结构需要的折板大屋面的"具象形态"的过程，"既解决了大型展览空间的功能要求，也满足了总体规划对于建筑高度的限制，还在第五立面，构成了既具功能性又富有立体层次的造型，从而使超大尺度的屋面具有了类似城市纵横交错、凹凸起伏的肌理效果，展示了上海这一传统城市空间的独特风情".[2]

世博会是一次人流大量集中的盛会，而且在上海炎热的夏秋季举办。主题馆作为核心区的大型展览建筑，"非常有必要提供舒适的室外等候、休息以及辅助展览的空间，以适应这种气候条件下的活动"。因此设计团队从中国传统木构建筑的主要特征之一——"出檐深远"的挑檐空间中得到启发，在南北立面主要出入口和等待区设置了大挑檐，形成可供在此停留和交流的灰空间。世博会主题馆的挑檐出挑达到18米，结合精心设计的"人"字形钢结构立柱序列形成了如同传统建筑斗栱韵律的独特空间，既能遮风避雨，还能有效遮挡夏季阳光对建筑南立面外墙的直射，达到节能目的。挑檐下的金属幕墙平面为折线形，与三角形的钢构架以及屋檐三角形体量组合成丰富的立体造型，也在300米长的立面强调了单元的节奏感。

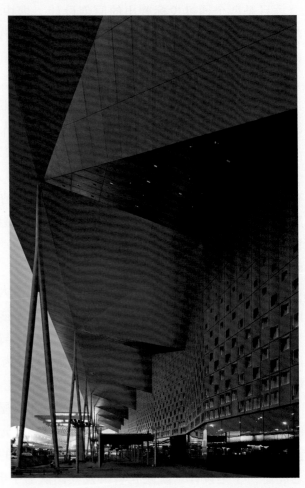

◎ 世博会主题馆挑檐夜景（来源：同济设计集团，ss建筑写真株式会社拍摄）

考虑到展览建筑应避免室内光线直射和过强的自然光，设计团队在南北主立面采用了双层幕墙体系。内层采用中空丝网印刷玻璃幕墙，外层则为不锈钢板外遮阳幕墙。不锈钢表面选用深压花打磨的肌理，颜色为暗黑蓝色，形成了对光线的漫反射、折射，在近距离尺度上增加了细节美感。不锈钢板表面开方孔，尺寸从下至上由大到小，形成由虚到实的渐变效果，规格从边长1米到0.2米依次减小。

世博会主题馆的主要技术亮点还包括双向巨跨空间的"城市客厅"、光电建筑一体化的太阳能屋面和垂直绿化墙面的"城市绿篱"。其中西侧展厅南北向跨度180米，东西向跨度126米，为双向大跨度的无柱空间。结构设计采用的杂交张拉结构，以同时满足屋面形态和下部使用空间的净空要求，刚性结构体系和柔性索系组合，建筑与结构形式一体化，并直接暴露，使高大展览空间的结构难度转化为建成后的空间特色。这一双向大跨度无柱空间的设计不仅充分满足了世博会期间主题布展的需求，在会后更可提供上海中心区域所稀缺的超大室内空间资源——一座"城市客厅"。

为了贯彻"绿色世博"的理念，主题馆利用一半屋面面积设置3万平方米的太阳能板，年发电量达280万瓦，建成后成为国内最大的光电建筑一体化的单体建筑。同时，主题馆的东西立面由金属结构、金属种植面板、种植土、绿化植物和滴灌系统组成垂直绿化墙面系统，它与建筑外幕墙一体化形成"城市绿篱"。整个东西立面生态绿化墙面积近6000平方米，建成后成为现有世界上最大面积的单体垂直绿化墙之一。而关于建筑与绿化一体化、植物种类选择、种植方式、构架的设计以及养护方案的研究成果和实施经验亦有助于填补国内大面积建筑绿化外墙应用方面的研究空白。[2]

2007年开始担任世博会主题馆项目经理的邹子敬从参与投标开始，持续10余年跟进该项目，从设计建造到世博后的再利用。也通过该项目，"从设计岗位逐渐通过设计管理、项目管理走上院所管理和集团管理（岗位）"。在参与世博会主题馆设计的同年，因为意识到同济设计院未来的项目将不局限于建筑单体，而转向研究城市的"中观层面"，并跟随同济大学副校长吴志强攻读博士学位，于2013年完成论文《建筑设计中的城市策略研究——城市建筑的隐形任务书》。④[3]

世博会主题馆的超大空间设计不仅对建筑师和结构工程师的工作带来挑战，对机电工程师而言也一样需要开展诸多技术攻关。从暖通工种来看，世博会主题馆200米×36米，高近30米的空间属于高大展览空间，内部结构露明，为了避免破坏内部空间，需要避免使用大量的风管，在这样的情况下如何实现充足均匀的空调送风又不浪费能源是一个极大的挑战。通过多处调研考察和方案比较，最后设计团队决定采用送风柱的方式。为了尽量减少送风柱的数量，以利于展览布置，最后设计的送风柱双面对喷冷气，单边喷出距离达到60多米，是当时国内最先进的技术。设计团队通过计算流体力学CFD模拟来配置风口、风速、温度及风口高度等。后来这一技术又被运用到同济设计集团主持的多个展览馆项目中，也被其他单位学习应用。⑤世博会主题馆给排水设计由李维祥、施锦岳负责，其消防喷淋技术主要沿用了在东莞会展中心设计时发展的技术，采用消防炮，保护距离可以达到120多米。同济设计院负责的世博会

④ 2018年2月5日，华霞虹访谈邹子敬，地点：同济设计集团503会议室。

⑤ 刘毅、归谈纯访谈。

主题馆、未来馆、法国馆等重要场馆的消防设计和世博村等给排水
总控设计曾集锦在《给排水》杂志发表。⑥

⑥ 上海世博会场馆同济
大学建筑设计研究院集锦
论文共4篇，发表于《给水
排水》杂志2009年第12
期。

◎ 世博会主题馆室内（来源：同济设计集团）

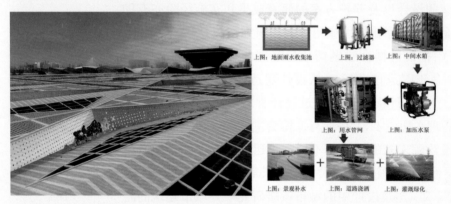

◎ 世博会主题馆屋顶实景及雨水收集图示（来源：同济设计集团）

世博会未来馆

　　上海世博会浦西片区的城市最佳实践区，
建筑城规学院教师双肩挑的同济规划院和都市
建筑院的参与度更高。其中最受瞩目的单体建
筑是南市发电厂主厂房和烟囱的改造。建于
1985年的南市发电厂主厂房历史虽并不久远，
但体量出众，主厂房长128米，宽70米，建
筑高度约50米。钢筋混凝土烟囱高165米，
具有较强的标志性和特征性。改造后主厂房面
积达到31 088平方米，将成为世博会五大主

◎ 2006年，合作承办"世博塔"学生建筑概念设计竞赛（来
源：吴长福提供）

题展馆之一，包括"城市未来探索馆"、能源中心以及以非物质的形
式展示城市实践案例的城市最佳实践区案例报告厅等。[4]

　　同济设计院从2006年8月开始参加南市发电厂主厂房和烟囱

改建概念方案的国际征集，负责方案创作的是章明、张姿主持的原作工作室。同时，都市院也合作承办了"世博塔"学生建筑概念设计竞赛。2007年6月，同济设计方案中标，丁洁民和章明担任项目负责人，原作工作室和已中标主题馆的设计一所合作深化设计和绘制施工图。

南市电厂主厂房的改造策略是"有限干预"，延续工业建筑的场所精神和标志性。在尽可能尊重原建筑体量和形态特征的基础上做局部改造和内部加建。为体现未来感，将太阳能、风力发电等清洁能源与建筑形态一体化设计。

原南市发电厂是一座火力发电厂，主厂房由南至北由汽机车间、煤粉车间和锅炉车间3部分组成。其中最南侧放置3台发电机组的汽机车间

◎ 2010上海世博会城市未来馆南向外观（来源：同济设计集团）

是跨度25米、高度24米的大跨度桁架空间，后改造为主题展厅。北侧原为2层、跨度27米、高度50米的锅炉车间，这也是桁架结构大空间，适合改造成各主要展馆。中间原来被划分成6层小空间的煤粉车间则可以改造为服务用房。内部保留汽机车间内的大型吊车，9号发电机组和13号炉的主要附属设施，将工业遗产的痕迹融入当代的艺术展示中。

外立面保留了原自南向北逐级升高的四层平台和34米标高处4组巨大的粉煤灰分离器以及简洁单纯的立面材质，仅在顶层原带形

◎ 2012年，世博会未来馆更新为上海当代艺术博物馆的大厅室内（来源：同济设计集团）

长窗部分代之以玻璃体，并在东立面最大限度向黄浦江景观开敞。改造方案还在24米、29米和49米标高的平台上放置了百余组太阳能发电装置，兼具功能性和韵律美。

因为靠近黄浦江，未来馆改造还充分利用了江水源热泵技术，在主厂房南侧的全球城市广场设置新能源中心，利用热泵机组实现低温位热源向高温位热源转移，将水体和地源蓄能分别作为冬夏两季的供暖热源和空调冷源，为城市最佳实践区各场馆、部分企业馆和商业设施服务。[5]

◎ 2010年上海世博会城市未来馆五层屋面太阳能发电板矩阵及主动式导光反射装置（来源：同济设计集团）

除了主厂房的改造外，在黄浦江上极具标志性的烟囱改建历程也颇费周折。在最初的设想中，165米高的烟囱拟改造成总高度为201米的"世博和谐塔"——一座世博园内标志性的观光游艺塔。通过结构加固、烟囱加高、内部设电梯井道，在外侧增加螺旋形钢管桁架和4条轨道，装载以0.3米/秒的速度移动，6人/舱的44个太空舱。太空舱移动，螺旋桁架配以闪烁着迷人色彩的流动光带，形成美妙绝伦的动态特征。[6]后因故该方案调整为一个大温度计。

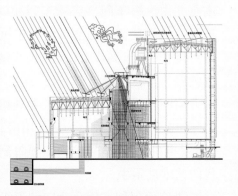

◎ 2010年上海世博会城市未来馆绿色能源应用图（来源：同济设计集团）

世博会后，2011年3月，"世博会未来馆"由原设计团队二次改造为"上海当代艺术博物馆"。因为该项目有两个甲方，设计在多方博弈中开展，在7个月内提交了5轮设计方案，才最终得到各方的一致认可成为实施方案。因为改造实施的周期仅短短一年，建筑师与各工种、施工方和艺术家各方力量不断调整与平衡，终于在2012年国庆建成了一座城市公共艺术的平台。[7]

世博村

在主题馆、未来馆、C片区的美洲联合馆（原厚板车间改造，陈剑秋负责）等项目中，同济设计院是作为原创设计团队在国际竞标中获胜主持设计和建造的。与之不同，世博村是由同济设计院和德国HPP事务所组成的联合团队与国内外其他设计单位竞标后获胜而取得的项目。2006年6月开始国际招标的世博村总建筑面积超过50万平方

◎ 2010上海世博会和谐塔鸟瞰图（来源：同济设计集团）

米，功能包括从三星级商务酒店到五星级豪华酒店、长住公寓和其他商业服务设施，这也是2010年世博会第一个公开征集方案的项目。因为项目很大并且包含多个地块，最后业主将世博村分配给包括同济院在内的京沪5家设计单位，同济院和HPP事务所一起作为总控单位，也是业主的设计顾问，通过开会协调所有设计单位，按照项目既定的规划、设计风格和标准予以落实。负责世博村总控的主要是副总建筑师周建峰和设计四所副所长赵颖、马正麟和汪桦。[8]在此基础上，周建峰还负责完成了《世博会样板组团设计任务书研究》、上海市科学技术委员会"世博科技专项"资助项目《2010年上海世博会参展指南——建设与布展研究》、由上海市建设和交通委员会发布的《世博会临时建筑物、构筑物设计标准》的建筑、文化娱乐和援助设施专篇等科研课题。⑦

⑦ 周建峰访谈。

世博科研

通过参与世博会项目，同济设计院共完成了19项科研成果，其中既有上海市科学技术委员会、建交委、上海世博会事务协调局、日本株式会社等单位委托科研，也有设计集团自设的课题。课题内容既有技术相关的，如同济设计集团主持的最大的世博会相关的上海科委课题——由丁洁民和王健负责的"世博园区南市电厂综合改造和能源中心建设关键技术研究"，以及万月荣、李伟兴负责的"世博会主题馆PHC管桩抗拔性能的试验研究与应用"、何志军负责的"世博会主题馆西侧展厅张弦桁架张拉分析与研究"、王健负责的"上海

◎《同济大学建筑设计研究院(集团)有限公司2010年世博会项目集》封面(来源:同济设计集团)

◎《同济大学建筑设计研究院(集团)有限公司2010年世博会项目论文集》封面(来源:同济设计集团)

世博会场的低环境负荷能源基础设施的调查""世博会主题馆新技术集成应用研究"等；也有技术标准和评价指标体系，如任力之负责的"2010年上海世博会展览建筑布展设计防火标准"、陶小马负责的"世博会经济评价准则与方法研究"、尤建新和丁洁民负责的"上海世博会建设过程的系统问题研究"、陈迅负责的"基于顾客满意理论的上海世博会服务对象研究"等。（详见本书附录7）

2010年8月，《同济大学建筑设计研究院（集团）有限公司2010年世博会项目集》（中英双语）和《同济大学建筑设计研究院（集团）有限公司2010年上海世博会项目论文集》[8] 由同济大学出版社出版。这两本著作图文并茂地展示了同济设计团队在2010上海世博会中实现的设计、技术和管理能力的全面提升。其中项目集中分成4个篇章。前面两章主要介绍单体建筑，包括用设计院原创设计的主题馆、城市足迹馆和城市未来馆揭示了对"城市，让生活更美好"的主题演绎，用上海世博会中41个外国自建场馆中同济设计院参与的16个场馆案例来展示"世界之大"。后面两章则分别是城市最佳实践区的规划和整体设计以及对历史和工业遗产的传承。论文集则按照工种，分成建筑、结构、给排水、暖通和电气，共收录74篇论文，记录了同济设计院各工种在世博项目中的技术创新。

"十二五"规划

2010年12月总第10期的企业内刊的"当家备忘录"节选了院长丁洁民的年度总结，主要包括2010年度的成就总结和当年公布的同济设计集团在国家"十二五"规划期间为自己制定的规划两部分内容。成就显示，2010年同济设计院合同额达到23亿元，同比增加达49%。直属机构中建筑类合同占合同总额77%，市政类占23%。这一年超大合同显著增加，1000万元以上合同达34个，其中建筑类25个，市政类9个。建筑类项目中，办公和住宅是最主要的项目来源，占建筑类全部合同的45%。教育类项目呈继续下降态势，跌至12%，为近十年来最低，城市综合体类项目明显增多，占11%，已接近教育类项目位居第四位。合同按地区分类，上海地区的项目以19%的比例位居第一，但其份额在世博建设后继续呈下降趋势。⑧

⑧ 同③

同济设计集团在"十二五"期间规划的主旨，从外部环境看，城市建设将继续高速发展，国际国内竞争进一步增强；从内部环境来看，"同济院虽然在规模上名列前茅，但是在技术积累，行业引

◎ 西班牙馆钢架、柳编与阳光的对话,柳编板拼贴机理及柳编板详图(来源:同济设计集团)

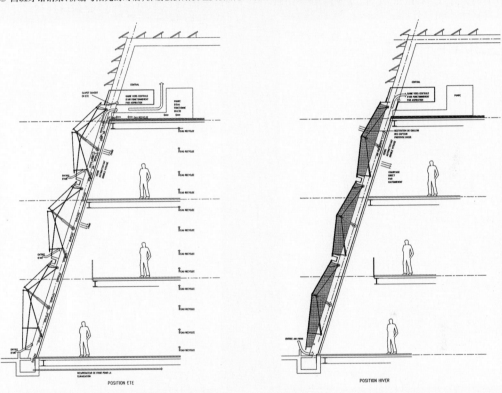

◎ 阿尔萨斯馆太阳能舱夏季开启、冬季关闭状态图示(来源:同济设计集团)

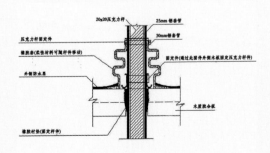

◎ 英国馆外侧防水节点及详图(来源:同济设计集团)

领上仍处于中流地位"，"内部的整体水平参差不齐"，因此除了经济目标和组织结构调整外，特别在技术质量和人力资源上提出了多项目标。经济目标是年产值递增率不低于10%，到2015年末，总产值达到22亿元，主要通过设计咨询、工程管理和资产运作三方面业务来实现。从战略定位上来看，将"由设计咨询公司发展成为国内一流且多专业的综合性科技企业集团"，业务"以建筑设计、市政设计业务为主导，向项目策划、项目管理、资产运作等方面拓展"。科技投入每年达到设计院年总收入3%，"加大自主创新和研发力度，力争获取高新技术企业认证"。⑨

⑨ TJAD内刊,2010(2),6-7页; 2010 (4),9页。

参考文献

[1] 丁洁民.同济大学建筑设计研究院(集团)有限公司2010世博会项目集.上海:同济大学出版社,2010.

[2] 曾群,邹子敬.2010年上海世博会主题馆建筑设计[J].时代建筑,2009,(4):36-41.

[3] 邹子敬.建筑设计中的城市策略研究——城市建筑"隐性"任务书[D].上海:同济大学,2013.

[4] 章明,张姿,丁阔.中国2010年上海世博会城市未来探索馆——南市发电厂主厂房改扩建工程[J].建筑学报,2009,(7):6-9.

[5] 张姿,章明,丁阔.精研覃思,自出心裁——2010上海世博会城市未来探索馆(上海南市发电厂主厂房改扩建工程)创作感悟[J].时代建筑,2009,(4):70-75.

[6] 张嘉秋,秦惠纪.既有建筑改造——世博和谐塔的设计分析及加固改造[J].特种结构,2009,26(1):66-70.

[7] 章明,孙嘉龙.上海当代艺术博物馆设计建造中的博弈[J].建筑技艺,2013,(1):38-45.

[8] 马正麟,赵颖,汪桦.设计总控的最佳实践[M]//丁洁民.同济大学建筑设计研究院(集团)有限公司2010年上海世博会项目论文集.上海:同济大学出版社,2010.

2011
—
2018

新空间
新发展

从巴士一场到上海国际设计一场

　　2011年4月21日，同济大学前任校长万钢，当时已赴京担任全国政协副主席和科技部部长，出席了同济设计集团的搬迁仪式，为同济大学建筑设计研究院揭开了又一个新篇章。此后，同济设计集团旗下各部门陆续搬入同济大学四平路校区对面的设计园区。园区内，新设计大楼由原公交一汽公司立体停车场改造而成，建筑面积达到6.4522万平方米。扣除停车库、坡道及公共设施后，可用于办公的建筑面积超过4万平方米，是原来校园内老设计大楼的办公总面积的5.3倍。①

① 经过两次扩建，2001年老设计院大楼建筑面积为7600平方米。

◎ 上图 "巴士一场改造"项目落成实景（来源：同济设计集团）
◎ 下图 同济大学建筑设计研究院（集团）有限公司新办公楼入驻仪式现场（来源：同济设计集团）中排左起：
张鸿武、曾群、□□、□□，周家伦（校党委书记）、郑时龄、万钢（科技部部长，原同济大学校长）、裴钢（校长）、
□□、陈小龙、□□，□□，丁洁民，吴志强

同济设计集团的这座新大楼是"上海国际设计一场"的一期工程，属于"环同济知识经济圈"的龙头项目，也是上海建设"联合国创意城市·设计之都"的核心引擎项目。2008年成立的同济设计集团属于上海市、杨浦区和同济大学共同创造的环高校知识产业园大规划的一部分。正如从1998—2017年担任19年院长的丁洁民在访谈中所反复强调的："同济设计院能够快速发展的原因是尊重市场，顺应形势。"②

② 丁洁民访谈。

"环同济知识经济圈"

早在2000年之前，时任上海市委书记黄菊在考察杨浦区时就提出，杨浦区应该利用高校集聚的优势实现从"工业杨浦"到"知识杨浦"的转变。这也是上海经济转型战略的重要举措，因为杨浦区聚集了超过1/3的上海各类高校。不过更关键的转变发生在2003年2月中旬，得到政府近千万元人民币的投资后，同济大学南北校区之间的赤峰路从原来的"排档街""油烟街"转变成设计特色街。这条被杨浦区政府命名为"同济现代建筑设计街"的特色街"是从校园经济演变过来的"。这里汇聚了"500多家与建筑设计相关的企业"，"集结了5000多名建筑设计人员"，"80%是同济师生"。2002年，赤峰路的年产值就已超过10亿元。"赤峰路的产业带呈'孔雀型'，'雀冠'是同济大学建筑设计研究院，年产值已达3亿多元；麾下的十几个中型建筑设计企业形成'躯干'，每家年产值2000万元到8000万元；'尾屏'是几百个建筑设计事务所和工作室。"③

同年4月，上海市委、市政府审议通过了《杨浦知识创新区发展规划纲要》，正式将大学校区、科技园区和公共社区三区的"产学研"联动列为发展重点。10月，市政府专题会议确定，同济大学和上海财经大学"以地易地"拓展校区。即上海市将同济大学校本部对面巴士一汽四平路停车场约120亩土地交给同济大学使用，同济大学则腾出沪东校区的191亩土地交给上海财经大学使用。④几乎同时，"同济大学科技园"被科技部和教育部认定为"国家大学科技园"。这是全国第二批被认定的14个国家大学科技园之一，当时全国在建国家大学科技园总数是40多家。⑤

2007年5月同济大学建校100周年庆，时任总理温家宝视察同济大学，向同济学子提出"要仰望星空，关心国家和民族的命运"。这一年，同济大学与杨浦区政府签署了"加强全面合作联手推进自主创新框架协议"，⑥并正式启动了"杨浦环同济知识经济圈"项目，产学研结合的目标之一就是"形成以文化创意、规划设计、新型环

③ 同济大学校长办公室编，同济信息2003年2月18日，《赤峰路被命名为"同济现代建筑设计街"》，同济大学档案馆馆藏，档案号：2-2003-X211-21。

④ 上海市地方志办公室"杨浦知识创新区建设"www.shtong.gov.cn/Newsite/node2/node4/node2249/n92347/n93179/n93183/index.html。

⑤ "10月23日，同济大学科技园等14个科技园被科技部、教育部认定为'国家大学科技园'"。同济大学新闻中心，2003年10月24日。https://news.tongji.edu.cn/classid-6-newsid-3008-t-show.html。

⑥ 同济大学与上海市杨浦区人民政府2007年1月15日签署《关于进一步加强全面合作联手推进自主创新框架协议》，同济大学档案馆馆藏，档案号：2-2007-X211-101。

保材料及产品设计、节能建筑、建设机械、工程软件为内容、具有同济特色的现代服务业产业结构"。在这一知识经济圈中，将重点发展创意设计产业、国际工程咨询服务业以及新能源、新材料和环保科技产业三大产业集群。⑦

"环同济知识经济圈"对上海经济发展的贡献显著，即使在全球经济陷入低谷的2008年也不例外。这一年，上海整体与国内其他地区一样，经济发展速度放缓，但唯独杨浦区"成为一匹'黑马'：经济年增长率达到19%"。其中，"环同济知识经济圈"的产值"每年以20%~25%的增幅增长，设计产业的产值达到150亿元，成为杨浦区经济发展的新增长点"。[1] 从2002年前后开始萌芽的"环同济知识经济圈"逐步形成了以设计为主体，包括图文制作、建筑模型、装潢、设计咨询类企业相配套的一条完整的产业链。区域内企业不断集聚，从最初的100余家发展到2009年近1000家，2008年总产出比六年前翻了10倍，达到102亿元。

2009年4月18日，国家火炬计划"环同济研发设计服务特色产业基地"⑧ 在同济大学综合楼揭牌，该基地以同济大学四平路校区为核心，面积约2.6平方公里。同时开工的原巴士一汽四平路立体停车场改造工程，实际上是作为该基地后续建设的重点项目。同年9月，上海市经济和信息化委员会、杨浦区人民政府与学校共同签署合作意向书，揭牌成立了上海市首个市、区、校三方共建的创意产业集聚区——"上海环同济设计创意产业集聚区"。⑨次年5月28日，以"城市让生活更美好"为主题的上海世博会开幕后不到一个月，同济大学再次与杨浦区政府签署合作协议，由学校与区政府合资组建"建设管理有限公司"，共同开发建设和运营管理"上海国际设计一场"项目。

巴士一场的改造

原巴士一汽四平路停车场（下文简称"巴士一场"）占地面积为6.97公顷，主要有3组建筑，包括建于1999年的3层高的立体停车场、建于1951年采用薄壳结构的机修车间，以及沿阜新路布置的办公楼。其中立体停车场当年是一个世行贷款项目，建筑面积为4万多平方米，曾经是上海市区最大的立体公交停车场，可以停放近千辆公交车。巴士一场地块置换归属同济大学后，学校的总体意图是"把它建设成为一个以设计学科、设计产业为主，集教育、培训、产业等多种功能于一体的开放式校园，成为同济大学的东校区。"⑩

巴士一场的改造经过很多轮的规划方案研究，争议的焦点包括

⑦ 同济大学2007年年鉴 http://deanoffi.tongji.edu.cn/b2/ba/c5235a45754/page.htm。

⑧ 同济大学与上海市杨浦区人民政府文件，同[2009]5号，《关于邀请科技部火炬中心领导出席环同济研发设计服务特色产业基地揭牌仪式的函》，同济大学档案馆藏，档案号：2-2009-X211-32。

⑨ 同济大学2009年年鉴，http://deanoffi.tongji.edu.cn/b2/bc/c5235a45756/page.htm。

⑩ 同济大学新闻中心，2009年4月19日，"原巴士一汽地块改造工程开工，将建同济大学东校区"https://news.tongji.edu.cn/classid-6-newsid-23961-t-show.html。

是完全拆除，新建一个东校区，还是保留原有建筑，进行改造更新，以及分配给哪个（些）部门使用。最后学校选中了由时任建筑城规学院副院长、都市院院长、设计集团副总裁吴长福主持，都市院副院长谢振宇等建筑系教师参与的规划方案。事实上，建筑城规学院还以此项目为契机，展开了本科毕业设计和研究生国际联合设计，与国外院校教授一起对多种方案进行比较和研究。经过集思广益，最后选定方案认为，应该尽可能保留原有建筑，进行更新改造。一方面能赋予场所以历史文脉的延续性和独特性；另一方面，也可避免推倒巨型建筑时可能产生的多达1.8万立方米的混凝土废料，相当于避免排放大约8640吨二氧化碳。两者都更能体现可持续发展的城市发展理念，这是一所以先进城市建设理念为学科特色的高校应该起到的示范作用。规划目标是将这一"机器使用"的停车场空间转变为"设计师使用"的创意园区，使其成为"工业杨浦"向"知识杨浦"转型的典范。

按照规划，场地被分成南北两个片区。北面保留原有的三组建筑：原立体停车库、机修车间和办公楼分别改造为同济设计集团的办公区、同济大学创意学院和一系列创意工作室。沿四平路新建部分的多层建筑，布置商业用房，下设地下通道与主校园连通。南区则留作第三期发展之用，本拟建高层综合体项目，由意大利A.M.建筑规划设计公司与同济设计集团联合打造一座学科体系与产业链紧密对接的"国际设计创意中心"。[11] 后经计划调整，改为建设同济大学生命科学与创新创业大楼。对于几座改造更新的建筑，规划提出了尽量保持其空间特征的想法，比如保留停车库的汽车坡道和屋顶停车功能等。[12]

学校决定将这一每层面积超过8000平方米的大体量办公楼全部租给同济设计集团使用。一方面集中的使用和管理便于充分发掘大空间的独特性；另一方面，在项目开工的2009年，同济设计集团已拥有在编员工1282人，全年共完成产值13.2亿元（含控股公司），下设职能科室6个，直属机构20个，控股公司12个。原来的设计院大楼虽经两次扩建，依旧无法容纳所有的部门，搬迁到设计一场新大楼后，第一次有机会将分散各处的设计部门统一到同一屋檐下，真正发挥其集团效能。

建筑改造工程由当时设计一所所长，也是集团总裁助理曾群主持，参与设计的还包括文小琴、吴敏、孙晔等建筑师。设计一所当时刚刚完成世博会主题馆的设计，正在见证其施工。在设计团队看来，巴士一汽立体停车库是一座结构简洁清晰、韵律感很强的建筑。为

⑪ "上海国际设计一场"三期工程奠基,同济大学新闻中心,2011年6月28日。https://news.tongji.edu.cn/classid-15-newsid-32787-t-show.html。

⑫ 吴长福访谈。

了将停车场改造成"一个开放的创意办公空间",[2][3] 原有的三层混凝土结构基本得以保留。但考虑到原建筑有 75 米进深,不利于办公空间的通风采光,因此,在设计中局部拆除楼板,形成多个大小、形状各异的景观内院和采光天井,并与四层的屋面绿化共同形成多层次的立体景观,优化办公环境,提升空间品质和趣味,以最大限度地激发设计师的创作潜能。为了增加使用面积,设计利用下面三层良好的结构基础,在原建筑屋顶上用钢结构加建了两层,作为中小型办公区域。其中第一层加建向内收,利用原屋顶形成的景观休憩平台,顶层加建悬挑,尤其是东西两端,从下层界面出挑宽度达到 15 米,立面采用全玻璃幕墙和穿孔金属板竖向遮阳,底面覆盖

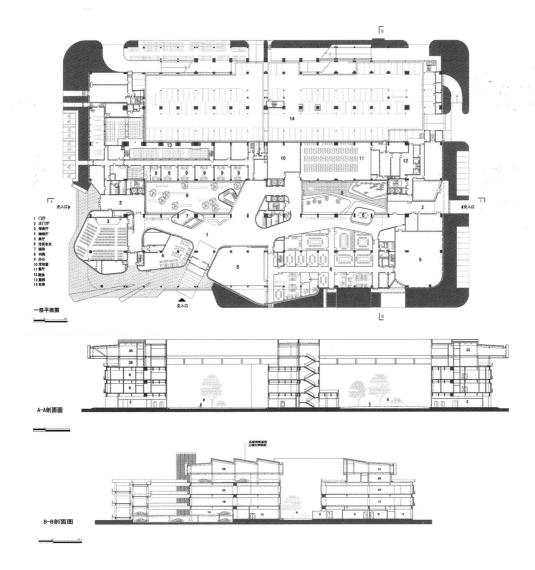

◎上图 巴士一汽改造项目底层平面图(来源:同济设计集团)
◎中图 下图 巴士一汽改造项目剖面图(来源:同济设计集团)

镜面铜板。从四平路走近时看，仿佛一个巨大的"玻璃盒子"悬浮于原停车场结构上方，与下部厚重的混凝土形体形成强烈对比。

车库北侧原有的汽车坡道保留，通往四层停车场。为减少坡道上车辆行驶对办公空间的影响，两侧用干挂模块式的不锈钢网格种植了爬藤植物，形成了良好的垂直绿化景观。利用太阳能也是巴士一汽停车场大楼改造设计的一大亮点。加建的锯齿状屋面与多种形式的太阳能光伏板一体化设计以获得高效的日照角度，这是当时建成的国内第二大太阳能屋面项目，仅次于世博会主题馆的屋顶太阳能面积。

沿着穿孔铜板编织形成肌理丰富的首层空间边界进入新设计大楼的门厅，除了滚动播放项目的大屏幕和重要工程的模型，令人印象深刻的还有一个三角螺旋形的楼梯。据设计师文小琴介绍，这个板式悬挑且富有雕塑感的楼梯是为了向老设计院的螺旋楼梯致敬。因为楼梯的外界面是透明的玻璃幕墙，顺着楼梯拾级而上时，人们不自觉地沉浸在面前延伸的长庭院的光影景观里。这个底层铺满碎石，有序种着落叶景观树，排列着长长短短的石条的庭院，在夕阳西下和秋季落叶时，尤为吸引人。

巴士一场开始改造后不久，大楼东南角的原"机械修配车间"（下文简称"机修车间"）作为国际设计一场的二期工程——同济大学设计创意学院也开始动工。巴士一汽的机修车间是冯纪忠创立的群安建筑师事务所的作品，也是国内第一个薄壳结构的建筑。1950年初，冯纪忠与工程师胡鸣时合伙创办了"群安建筑师事务所"（下文简称"群安事务所"）。同年10月，通过设计竞赛，争取到事务所的第一个项目——上海公共交通公司四平路保养厂（上海公交一场）的设计，并在国内首次运用大跨度薄壳结构。设计拟每个架间采用"瓦型"薄壳，即四个边中三边为直线，南边为扇形，所有停车场形成成行成排的巨型"瓦"屋顶。因为项目太大，该项目为与其他三个事务所合作实施，群安事务所主要设计修理场和检查站。最终由于经费不足，建成了一个筒形薄壳，结构由李国豪、

◎上图 巴士一场改造成的设计院办公空间内景；下图 上海设计一场鸟瞰，近景为一期同济设计集团新大楼，薄壳屋顶建筑为二期同济大学设计创意学院（来源：同济设计集团）

俞载道和李寿康设计。[4] 在2010年的改造中，当初停放大巴士的机修车间拱顶被保留了一跨，改造成设计创意学院的入口大厅，也是用于展示学生新作品的公共空间。就这样，原巴士公司地块用一个甲子的时间把同济建筑设计两个迥然不同，但同样致力于大胆创新的时代联系在了一起。

◎改造后的同济大学设计创意学院入口灰空间和门厅展示区，保留薄壳屋顶（来源：同济设计集团）

参考文献

[1] 樊丽萍."巴士一场"蜕变为"设计一场"[N].文汇报,2010-10-19.

[2] 曾群.巴士一汽停车库改造——同济设计集团（TJAD）新办公大楼[J].建筑学报,2014,（Z1）:189.

[3] 曾群,丁洁民.时空意义上的创意互动:上海国际设计一场规划及巴士一汽停车库改造策略[J].时代建筑,2010,（6）:72-77.

[4] 同济大学建筑与城市规划学院.建筑人生——冯纪忠访谈录[M].上海:上海科学技术出版社,2003:32-33.

网络化 信息化 平台化

学会用 Auto-CAD 画图提高了个人的生产效率，但这只是计算机技术影响设计行业的初级阶段，只有实现了数据信息的网络化共享，设计单位的整体效率才可能突飞猛进。

"没有网络怎么干活"

同济设计院 1994 年基本配齐了个人电脑，然后就着手酝酿网络建设，上海安泰大楼设计也是原因之一。当时综合一室蔡琳负责的高层建筑 —— 上海安泰大楼是与台湾润泰联合建筑师事务所（Ruentex Architects & Associates）合作设计的。润泰事务所的设计人员在机房里搭了一个临时工作点，放了两台电脑工作，他们反复提到没有网络工作很不方便。当时大陆设计院都还习惯用软盘拷文件，不知道网络有什么用处。正是台湾设计师"没有网络怎么干活"这句怨言给负责机房的朱德跃留下了深刻的印象，[1] 于是开始在全院设计和布置局域网络。第一期布线在 1994 年底完成。虽然当年服务器价格不斐，但为了尽快实现内部资源共享，在此后一年内，同济设计院还是陆续购买了多台服务器。设计院的个人电脑全部联网以后，的确比用磁盘拷贝文件方便多了。尤其是 1997 年 2 月综合室改为专业室以后，一个项目的建筑、结构和设备工程师不在一个楼层，如果各工种的图纸无法通过网络传输，也无法直接在自己电脑上发送文件到三楼机房集中打印的话，不知道要多耗费多少上楼下楼的体力。由于同济设计院内部联网建设起步早，1997 年 3 月，国家教委到同济设计院召开了教委系统设计院的网络建设现场会，以便在更大范围内学习推广相关经验。

◎在设计室布置网络（来源：朱德跃提供）

由于同济设计院的员工都体会到了，也习惯了网络传输的便利，后来到外地去做现场设计时，比如 1997 年秋的北京冠城园，2000—2002 年的东莞行政中心、大剧院、科技馆、图书馆等多个公共建筑，2002—2006 年的杭州市民中心等项目，因为"没有网络不能干活"，同济设计院都会安排机房工作人员到这些现场办公区为驻场设计的工作组安装网络和服务器。[2]

与有些设计单位为每个人设置网盘的共享架构不同，同济设计

① 朱德跃访谈。

② 同①

院从网络建设之初就选择了按照工程设置网盘，即每个项目开一个文件夹，相当于有一个工程编号，参与项目的设计人员都可以进入这一平台，存储、传输和共享其中的资料，方便合作。网络管理设置了严格的权限，"只有参与项目的人才能看到和操作，并且普通设计人员是无法修改和删除不属于本人的文件的"。③

③ 同①

同济设计院的局域网建设也比较早，但是互联网是跟随国家互联网发展不断进步的。起先只有个别电脑可以上外网，直到2011年搬入新大楼以后，设计院才对全体人员开放了互联网连接，并提供了无线网络服务。④

④ 同上。

即时的数据传输还只是网络化最简单的贡献，虽然可以大大节约人力成本，但并非人力完全不可企及的程度，信息技术的发展为设计行业带来的革命远不止于此。只不过设计信息化和网络化不同于一般的办公智能化管理，单纯的硬件升级或计算机软件开发是远远不够的。设计管理的网络化是一种内容产品，如果没有对建筑设计全过程的深刻理解，是不可能设计出真正有效的协同工作平台的。而同济设计院的信息化转型，随着企业规模和业务量不断扩大，尤其是原来分散的机构最终走到同一屋檐下，在新千年之后才慢慢实现。

信息系统迭代

2001年3月，同济大学建筑设计研究院与上海同济规划建筑设计研究总院合并后，企业规模几乎翻了一倍，在编人员达到300人。新的同济大学建筑设计研究院旗下有3个综合设计所、1个住宅设计所、1个浦东分院、5个专业分院，还有5个子公司。在四平校区内的设计院大楼集中办公的主要是直属的4个所和行政管理部门。因为核心办公区规模有限，其他设计团队又分散在各处，设计院的网络更新需求尚未突显。

2011年4月21日起，当时的同济设计集团开始入驻四平路1230号的上海国际设计一场新大楼，因为办公面积比原来翻了5倍多，达到4万多平方米，旗下各部门陆续搬入。2011年在编员工为1760人，搬入新楼6年后，2017年底，同济设计集团在同一屋檐下共同办公的人数增长到2843人。办公人员集中和办公空间翻倍对网络信息管理提出了更高的要求，协同设计和办公系统的建立迫在眉睫。

2011年7月，担任副总建筑师职务已近10年的周建峰被任命为集团的信息档案部主任，开始一边参与质量体系的编制，一边负责同济设计集团专用的信息系统建设。1985年7月从同济大学建筑系本科毕业后就进入设计院，当时已工作26年的周建峰拥有非常丰富的专业经历。他曾担任过管理综合设计三室和建筑专业室的室主任，曾作为主持建筑师负责过住宅、办公、铁路客运站、历史建筑保护与更新、室内设计等各类设计项目，也曾负责过世博村、汶川地震灾后学校重建等重大项目的建设导则制定，以及各类制图标准和技术规范的编制工作。他还是上海市建筑学会、勘察设计协会等组织的技术专家，也曾赴香港和欧美多国进修，因此是主持信息化建设非常合适的人选。此后数年信息档案部显著的工作成就体现了周建峰领导的信息档案部团队对建筑专业设计诸多经验的融合，以及对信息技术的潜心钻研。⑤

建筑设计行业提供的产品是设计产品，这并非建筑的最终产品，而是一种中间产品。设计产品除设计文件外，还包括形成这些设计文件，以及依据这些设计文件建成建筑最终产品的整个过程中的所有相关服务。因此，考评建筑设计产品并非只涉及设计图纸，还应包括客户、人员、服务、过程、知识、绩效等多种要素。⑥对建筑设计企业而言，设计产品对其信息化平台建设的要求应该是五位一体的，即设计企业的信息化平台既应包括一个综合管理系统，以满足几千人的办公事务需求，也不能缺少生产业务、资源计划、科技质量和知识管理各自的信息系统。⑦

从2010年准备搬入新大楼到2017年底，同济设计院的信息化建设经历了六个阶段。第一步是在新大楼建设期间完成的，建成了企业局域网的基础架构。第二步从2011年4月入驻新大楼开始，经过一年时间基本完成信息网络平台架构的建设。首先建成信息系统V1.0，包括最紧急的企业即时通讯工具（RTX）、人力资源管理、设计标准库3个模块；第二年5月中旬又先后建成档案管理、市场经营、项目列表、官方网站（V2.0）4个模块，并通过首页将其集成在一起，做成统一入口，作为同济院综合办公过渡阶段使用。同时，依据《中勘协十二五信息化指导意见》和设计集团自身的发展要求制订完成同济院"十二五"规划期间信息化规划框架和详细落地规划，梳理出包括5类门户、233条流程、6大知识库的信息化建设内容。2012年6月1日《"十二五"落地规划》通过评审，同济设计集团的信息化建设真正进入一个全体认知、统一规划、分期建设、迭代发展的阶段。

第三步，在2012年最后五个月完成了信息系统V2.0(综合管理)的建设，主要解决了当时近2000多人综合办公事务的信息化需求，包括统一的公共信息发布、行政人事、市场经营、质量管理、网络管理、档案管理等流程，知识文档和即时通信、技术论坛等互动交

⑤ 周建峰访谈，参考周建峰简历。

⑥ 周建峰，"建筑设计企业信息化转型理念和实践"，2018年01月18日会议发言。

⑦ 周建峰，"2017年度信息系统建设历程"（会议PPT）。

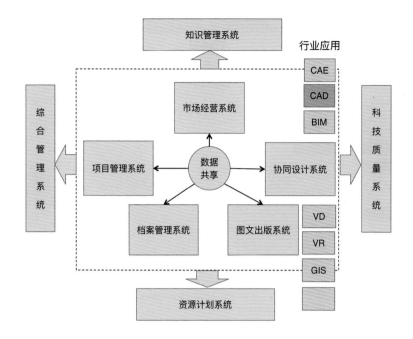

◎ TJAD 信息系统建设应用示意图（来源：周建峰提供）

流。为了更好地推广系统，信息档案部周建峰和张楠到各部门召开14场系统上线巡回说明会，让大家了解到更高效的工作方式。同期，信息档案部对市场经营系统和档案管理系统进行了优化改进，并委托第三方定制完成设计选材信息库，以满足设计过程中选用建筑材料和设备的需要，在设计师和供应商之间架设桥梁。

第四步上线的是以项目管理系统为主的信息系统 V2.1，从2012年底到2013年底，建设期一年，经过一年试运行和优化，于2015年1月1日起全面运行，所有项目必须使用。该项目管理系统主要解决了工程设计和咨询项目的过程管理，按照项目分解结构（WBS），通过项目、阶段、子项、专业、工作包和工作项进行分解。系统设计和开发过程主要由周建峰和张楠自主设计，通过对已有制度、业务运行情况，以及项目管理应考虑的问题来分析梳理业务逻辑，还利用第三方流程、文档、会议、任务等功能引擎，请第三方定制开发并建成系统。通过该系统的推广应用实现了项目全过程的精细化管理。同期，进一步优化市场经营、档案管理、设计标准等系统，并建成设计选材实体样板库，实现设计选材信息线上线下的联动和资源整合，避免了各部门设计选材样板库的重复建设。

第五步主要为建设协同设计的信息系统 V2.2。协同设计系统主要解决图纸设计过程的数字化管理问题，包括图框标准、字体标准、DWG 图纸版本、图纸比对、设计提资和设校审流程、电子签名签章、

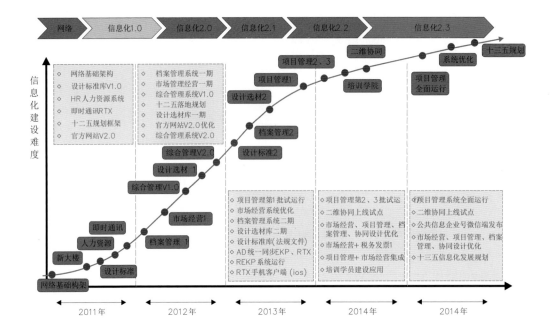

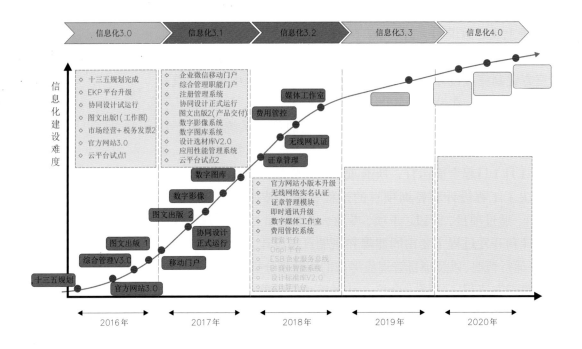

◎ 上图 TJAD "十二五" 信息化建设应用历程（来源：吴皎根据周建峰提供资料重绘）
◎ 下图 TJAD "十三五" 信息化建设应用历程（来源：吴皎根据周建峰提供资料重绘）

图纸文件拆分、后台打印、图纸归档等管理。从2013年5月开始调研准备，到2014年6月底建成并开始全面试点。2017年系统开始正式运行后，使用该系统的出图率达到近40%，2018年制定的目标是适用项目使用协同设计系统的出图率达到90%，预计所有项目使用协同设计系统出图率达到70%左右。同期，进一步优化系统，在部分部门实现了市场经营系统和项目管理系统的集成应用，建立了先立项再建合同的业务规则，实现了市场经营系统和税务发票的集成应用，并建成培训管理系统。

第六步是图文出版系统为主的信息系统V3.0，承担数字化图纸打印交付的管理功能，包括工作图打印和设计产品图打印交付，是整个生产业务平台5大系统的最后一个重要系统，解决设计产品生命周期最后一公里的信息化管理问题。集中打印和统一交付的信息化管理，更加有效地实现资源的集约化使用和质量管控。同时，由于传统的图纸晒制工艺效率较低，不能满足大量性图纸同时出图的需要，也不利于健康和环境，建筑行业希望将图纸制作工艺从晒制图纸改为打印图纸，实现"蓝转白"产业升级。信息档案部周建峰、周鑫勇和周雅瑾分析了产品交付的业务逻辑，提出了与第三方系统集成的技术要求，会同打印生产部门、综合行政部和同跃图文公司，将图文出版系统与第三方打印管理系统数据无缝对接，并通过系统间的集成应用实现了设计产品数字化图纸打印的信息化自动控制。设计产品图纸打印交付模块于2017年7月1日在集团上线使用。至此，同济设计集团整个生产业务平台的架构形成。因为同济设计集团是全国工程勘察设计行业内唯一实现设计产品图纸数字化生产的企业，2018年4月19日，中勘协信息化工作推进委员会在同济设计集团召开全国工程勘察设计行业图纸数字化生产现场观摩会，在整个行业中推广应用。同期，信息档案部还完成了同济设计集团"十三五"信息化规划、综合管理平台和官方网站系统的升级、市场经营和税务发票在整个集团的集成应用，完成了职能门户和企业微信移动门户、知识管理系统之数字影像、数字图库的建设和设计选材库的升级，以及执业注册人员信息库和证章无形资产信息库等资源管理系统的建设，协同设计系统也开始正式运行。[8]

⑧ 同济设计集团信息化过程资料由周建峰提供。

平台化 集约化

当企业规模和业务量不断增加时，如何利用集团的综合优势，而不是局限于生产单元内部进行组织是亟待解决的难题，而网络化、信息化、平台化的管理是从单元到集团系统管理的主要技术基础。

传统的以独立生产单元，即各设计所或院为核心的生产组织模式存在的弊病包括：企业掌握客户、人员、过程、知识、绩效的程度往往不如生产单元，因此较难把各生产单元的资源整合起来为整个企业所用。具体而言，第一，因为市场开拓主要由生产单元完成，客户主要掌握在生产单元手中；加之因为竞争可能存在的生产单元之间的壁垒，企业无法做到对客户资源的充分整合。第二，设计人员选择集中在生产单元内部，不能充分利用集团整体人力资源的优势，进行有效的安排和优化组织，对于规模较小的生产单元还存在人员数量和专业配比无法保障的状况。第三，从设计过程来看，运营项目的生产单元和子单元可能因为人员或知识的局限不能充分体现整个集团的技术水平，企业制定的运营标准无法很好贯彻，企业只能接受最后结果，很难掌握中间过程的管理，以及成果、知识的收集。第四，从知识沉淀方面来看，生产单元内的知识往往存在设计人员电脑里，个人由于忙于生产无暇总结，导致生产单元内部知识管理不足甚至缺失，进一步限制了知识的管理和后续运用，从而限制了生产效能和技术质量的发展。第五，从绩效管理上看，如果无法贯通从企业到生产单元到员工的绩效考核，不利于统一进行项目结算。⑨

⑨ 同⑤

要改善传统生产组织方式的弊病，必须建立设计咨询企业云平台的技术基础，把企业搬上云平台。在周建峰看来，建筑设计企业信息化转型的重点是"建筑生产组织方式的信息化，以整合资源，优化组合。具体包括六个维度，即生产组织平台化、人力资源集约化、生产过程信息化、生产业务知识化、生产绩效自动化和生产网络平台化"。⑩

⑩ 同上。

其中生产组织平台化和人力资源集约化都涉及项目和人员要改革原有以生产单元为主的组织架构，利用信息化的生产平台和人力资源平台，实现在整个企业内优选人力资源并组织各类项目团队。而对企业的人力资源进行整合，既有利于实现人力资源的集约化使用和优化搭配，也更能保证设计产品和服务的质量。生产过程信息化要求改革原有线下作业的方式，把整个生产过程都搬到信息平台上，实行设计产品的全过程和全量数据的信息化管理。同时，生产过程信息化也为生产业务知识化和生产绩效自动化奠定了基础。生产业务知识化充分体现了建筑设计行业的工作特点，这是一种知识密集型的工作，涉及的知识既包括法律条规、技术规划、标准图集等技术性的知识，也包括了设计理念、技术创新等创意性、经验性的知识。知识的积累对于生产效率、技术水平、产品质量和创意创新能力的提高都有着积极的意义。设计企业的主要资本就是设计人员及其不断创造的知识。因为生产任务繁重，产值压力大，国内大型设计企业普遍存在忙于直接生产、对知识再生产重视不够的问题。生产业务知识化需要通过信息化生产平台沉淀、整合、创造等方法进行知识的管理、复用与生产。所谓生产绩效自动化，就是通过生产管理的平台化，实现生产绩效实时统计和建立模型进行分析，形成商业智能。最后一项，生产网络平台化，通过建设基础架构即服务（IaaS）、平台即服务（PaaS）和软件即服务（SaaS）的云计算平台，使企业的 IT 资产变成面向企业内部和上下游的服务，提供具有集约化、标准化、安全性和灵活性的 IT 服务，企业生产因此可以不受时间、地点、空间的限制。

安全问题是今天数码时代所有企业都需要解决。因为所有工作都依赖于计算机，数字化的信息就是企业绝大部分的资产，信息的安全也是企业资产的安全。与其他企业一样，20 世纪 90 年代末，同济设计院的存储主要依赖多个备份的存储设备，未来将改革原先以个人电脑为主的计算机及其软件生产工具配备方式，建立以企业私有云为主的生产网络平台，实现企业私有云，局部与公有云互联。这样任何服务器故障都不会导致业务中断，保障了企业的生产安全。⑪

⑪ 同⑤

同济设计集团通过自主设计结合第三方订制的模式，截止到 2018 年 6 月 30 日，自主创新的信息系统共获得国家版权局颁发的 10 项计算机软件著作权，⑫涉及建筑设计企业经营管理、企业培训管理、档案管理、项目管理、协同设计及其管理、官方网站、数字影像、数字图库和图文出版管理领域。比如 2017 年获得软件著作权的"同济设计集团官方网站软件 V3.0"主要定位于集团的品牌宣传，采用文字图片和视频等传播方式，不仅设有浏览、分享等功能，还整合了国内最好的云服务器、云存储产品，可用性、兼容性、性价比高，且可快速升级。从 2016 年到 2017 年底，官网 V3.0 上线一年，网页浏览量近 52 万人次，达到 2016 年的 2.54 倍。网站采用 Alexa 国际权威网站访问量指标进行评价后，保持连续 49 个月居国内同类企业网站之首。数字影像系统上线近一年来，管理 89 个视频专辑，255 个视频，访问人次 8000 多人次。

⑫ 根据信息档案部统计资料。

信息化管理也便于集团管理和应用大数据。同济设计集团 2012 年开始企业流程再造和数据建设等信息化应用，至 2018 年 6 月 30 日，系统累计登录量达到近 200 万人次，管理和生产业务应用流程已达到 200 多类，流程应用量已达到近 50 万条，数据应用量已达到近 940 万条，可见信息化已经成为企业管理和生产依赖的工具。

图档管理信息化

同济设计院从20世纪90年代中期开始，在2011年以后迅速发展的信息化建设对档案的管理产生了显著的影响。1988年以后一直在图档室负责、现任信息档案部副主任的周雅瑾不仅见证了近40年同济设计院在出图晒图和档案资料管理方面的巨大变迁，也直接参与了同济设计集团图档信息管理系统的自主研发和升级。⑬在40年间，图档室从一个50平方米的办公室和十几只存放图纸的木橱柜拓展为新大楼1300平方米的档案库房、300立方米的密集架和1万多抽底图柜。管理的档案从1978年以前已归档的项目有200多个和图纸9200张，发展到2017年档案总量为1.19万个项目和375万张图纸。每年设计项目总量亦增势迅猛，1978年为7个，而2017年已达到1352个项目。⑭

1989年起，同济设计院档案管理开始用电脑编制归档目录和案卷目录，档案检索由手工检索转为计算机检索。1992年，编制了档案管理程序，扩大了查询范围，还增加了统计功能。2002年，设计院建立了内部网站，对工程档案进行网上管理，可以在网上查询出图信息和统计的信息，发挥了计算机管理的优势，减少了手工操作，提高了工作效率。同济设计院从2005年开始历史图纸的数字化，先后扫描了20多万张图纸。传统的纸质档案通过扫描、挂接到档案系统，在网上就可以查询到项目信息、预览图纸。

同济设计集团搬入新大楼以后，原档案室归入新成立的信息档案部，主要承担图纸、文本、案卷等交付程序控制和归档、档案管理和利用、历史档案电子化、工作图和产品图底图打印、材料室管理等职能。为了实现档案管理的信息化，周建峰、周雅瑾、周鑫勇等档案管理人员对档案管理业务流程，包括档案管理、图文出版和产品交付系统等进行了整体梳理，请第三方定制成同济设计院的档案管理系统，并不断加以完善。

档案管理系统于2012年9月初始建成应用，至2015年底共进行了5次大的优化，实现了归档、保管、利用和统计的一体化管理。同济设计集团的档案管理系统与项目管理系统实行集成应用，管理归档的文件不需要重复录入即可在档案管理系统归档。协同设计系统实现了数字化图纸后，又确立了先归档后交付的原则，在保证设计图纸产品版本正确的同时，档案管理系统实现了与上游协同设计系统和下游图文出版系统的集成应用，也实现了设计图纸产品系统的闭环。

产品归档交付流程固化了产品交付信息和交付物提交、交付程

⑬ 2018年1月26日，华霞虹、王鑫、李玮玉、梁金访谈周雅瑾，地点：同济设计集团503会议室。

⑭ 同上。

序控制、产品归档、蓝图制作、产品递送和甲方签收的流程。产品交付程序控制还建立了设计产品标识验证等合规性检查，验证通过的图纸才能盖章交付，验证情况和出现的错误问题每月形成《设计产品标识验证质量报告》在信息系统上发布，以避免再犯同样的错误。同济设计集团的图纸标识错误率因此已从2012年的14.6%下降到2017年的2.0%。通过协同设计系统形成的数字化图纸，人员资质和大部分图签的信息已经通过系统做了校验，这不仅大大减少了设计产品标识验证的工作量，也有效提高了设计产品标识的质量。同济设计集团投入使用图文出版系统软件一年多时间，至2018年6月30日，已管理打印工作图近18万自然张，产品交付出版蓝图248万多自然张(折合A1图纸252万多张)，实现了"蓝转白"的行业创新。近年来，又增加了数字化交付盖章流程以满足数字化审图的要求。⑯

档案管理系统还固化了档案借阅和电子文件预览或下载权限审批的流程。该系统不仅是档案管理的工具，其中的工程档案也是一个全面的设计产品知识库。同济设计集团信息化工程的主管周建峰曾在设计一线工作数十年，早年受惠于前辈所画图纸的启蒙，深感浏览产品图纸是设计人员学习的有效途径。经过研究，在档案学会和集团领导的支持下，信息系统授权将属于密级以下的产品图纸开放给设计师浏览。至2018年6月30日，系统中档案图纸的浏览量达到近96万张次。综上所述，同济设计集团的档案管理已经从传统的手工管理逐渐转变为信息化、数字化的现代化管理。

⑯ 同济设计官方微信，2018年2月26日新闻公告，信息档案部(周建峰)，2017年度集团信息系统荣获3项软件著作权。

海外建筑项目

随着中国经济和技术的不断发展，中国原有国营大型设计机构逐渐介入海外工程的设计。这些海外项目有的属于中国政府对外援建项目，有的则是国内建筑师参与国际竞赛赢得的工程。截止到2017年的统计数据，同济设计集团在海外共参与25个工程的设计（因为有的是方案，未建成），覆盖东南亚、欧洲、非洲和拉丁美洲4个区域15个国家。其中数量最多的地区是非洲，包括在埃塞俄比亚、加纳、马拉维、坦桑尼亚以及赞比亚等国设计的10个工程。其中部分为中国政府的援建工程，类型大多为机构中心、体育场馆、学校、文化艺术场馆等。数量最多的国家是南美洲的特立尼达和多巴哥，共完成6个项目，包括1个总理官邸和外交中心，1个艺术中心，以及4个体育场馆。其余地区还有在南美洲的两个豪华酒店，在慕尼黑、萨摩亚和文莱的各一个中国大使馆或领事馆、驻维也纳的联合国新馆扩建、在柬埔寨的"Koh Puos"大桥、援菲律宾的戒毒中心和米兰世博会的中国企业联合馆。同济设计院海外设计项目均为参与国际设计竞赛赢取，已经完成的良好业绩会带来更多同类型项目的机会。

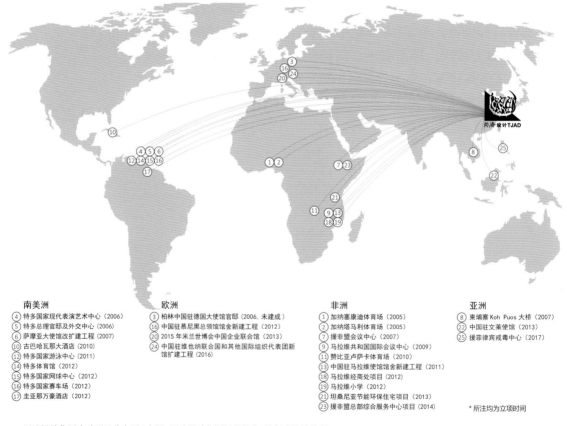

南美洲
④ 特多国家现代表演艺术中心（2006）
⑤ 特多总理官邸及外交中心（2006）
⑥ 萨摩亚大使馆改扩建工程（2007）
⑫ 古巴哈瓦那大酒店（2010）
⑫ 特多国家游泳中心（2011）
⑭ 特多体育馆（2012）
⑮ 特多国家网球中心（2012）
⑯ 特多国家赛车场（2012）
⑰ 圭亚那万豪酒店（2012）

欧洲
③ 柏林中国驻德国大使馆官邸（2006，未建成）
⑯ 中国驻慕尼黑总领馆舍新建工程（2012）
⑳ 2015年米兰世博会中国企业联合馆（2013）
㉔ 中国驻维也纳联合国和其他国际组织代表团新馆扩建工程（2016）

非洲
① 加纳塞康迪体育场（2005）
② 加纳塔马利体育场（2005）
⑦ 援非盟会议中心（2007）
④ 马拉维共和国国际会议中心（2009）
⑪ 赞比亚卢萨卡体育场（2010）
⑬ 中国驻马拉维使馆舍新建工程（2011）
⑱ 马拉维经商处项目（2012）
⑲ 马拉维小学（2012）
㉑ 坦桑尼亚节能环保住宅项目（2013）
㉓ 援非盟总部综合服务中心项目（2014）

亚洲
⑧ 柬埔寨 Koh Puos 大桥（2007）
㉒ 中国驻文莱使馆（2013）
㉕ 援菲律宾戒毒中心（2017）

* 所注均为立项时间

◎ 同济设计集团全球项目分布图（来源：同济设计集团提供信息，杜超瑜设计绘制）

非盟会议中心

非盟会议中心是建于埃塞俄比亚首都亚的斯亚贝巴的非洲联盟总部内的一幢高层办公及会议设施综合体，是同济设计院参与的第一个，也是最重要的一个在非洲的国家重点援建项目。在此之前，同济院尚未获得涉外设计资质。

非洲联盟（下文简称"非盟"）是继欧盟之后成立的第二个重要的地区国家联盟，是一个集政治、经济、军事等为一体的全洲性政治实体，主要任务是维护和促进非洲大陆的和平与稳定，推行改革和减贫战略，实现非洲的发展与复兴。中国与非盟一直保持着友好往来和良好的合作关系，并向其提供了力所能及的援助。作为重要的国际组织，非盟每年召开两次峰会，但尴尬的是一直没有举办大型国际会议的场所，只得向联合国非洲经济委员会租借会场应急。2006年11月，时任中国国家主席胡锦涛在中非合作论坛北京峰会上宣布："非盟会议中心是中国政府促进中非务实合作的八项举措之一，是继坦赞铁路之后，近年来中国规模和投资最大、最重要的援外项目。"[1][2]

2007年春节刚过，接到上级部门安排，同济设计院和清华大学设计院受邀参加非盟会议中心的第二轮投标，院长丁洁民、副院长王健找到另一位副院长，也是当时二所所长任力之负责组织团队参与投标。又经过三轮激烈的方案比选，中方与非盟方最终共同确定同济院方案胜出。① 2007年7月在加纳首都阿克纳举行的第9届非盟峰会开幕式上，任力之代表同济院向与会各国首脑介绍方案，

①2018年4月16日，刘刊访谈任力之，地点：同济设计集团建筑设计二院。

获得一致好评。此后，作为设计总包单位，同济设计院调集精兵强将开展了5年的设计历程，完成了土建、幕墙、室内、景观、声学、灯光等多专业、全过程、全方位的设计和把控。设计二院超过50位设计师参与其中，建筑专业负责

◎ 2007年7月 在加纳首都阿克拉非盟第九届首脑会议开幕式上，设计中负责人任力之（右一）向厄立特里亚时任外交部部长（右二）等多位成员团首脑、领导人介绍了非盟会议中心的设计方案（来源：同济设计集团设计二院提供）

人为张丽萍，室内专业负责人为吴杰。在2011年底，终于建成了一个占地面积110 205平方米，总建筑面积50 537平方米的真正意义上的"交钥匙工程"。[1]

◎ 2007年12月17日，施工图设计工作全面展开（来源：同济设计集团设计二院提供）从弧线左起：王园、谢春、董建宁、吴杰、汪启颖、任力之、Patrick Lenssen、魏丹、张丽萍、司徒娅、章蓉妍、朱政涛、高宇、陈艳娟

　　作为非洲地区国家联盟的形象标志，如何用建筑表达非洲文化特色和非洲各国的团结和复兴，同时表达中非友谊是设计概念的核心，这绝非易事，因此非盟会议中心的设计概念几易其稿。最初的竞赛方案采用集中式布局和直线造型，在基座两端分列高低两座塔楼，中间是会议中心。但是过于方正的体量与不规则的基地和原非盟办公楼之间缺乏关联，非盟委员会还认为，两个分开的板楼不利于沟通。其后，设计院邀请在同济大学就读的非洲留学生与建筑师交流后发现，非洲文化艺术在形式与色彩上喜爱动感、对比强烈的形式，非洲学生偏爱圆形母题，偏爱建筑的新形式、新技术和新材料。这激发了设计团队的灵感，提出将"中国与非洲携手，共促非洲大陆的腾飞"为设计概念，[1]并迅速调整了规划布局和建筑体量，"直板变弧板，基座呈弧形，将大会议厅设计成椭球形，正对老非盟总部的轴线与正对主入口广场的轴线在此交汇与转折"。[2]

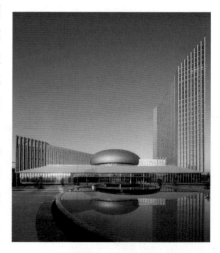

◎ 2011年，非盟会议中心建成后东侧外观（来源：同济设计集团设计二院提供）

　　2500人的大会议厅是建筑群体的中心，呈环抱之势向四周辐射，寓意中非"团结、友谊"及非盟的凝聚力与影响力，展现非洲崛起的崭新形象。台阶状层层递进的石材基座呈欢迎的态势，象征非盟开放、宽容的态度。建成后的弧形板式主楼是亚的斯亚贝巴最高的建筑。室内设计结合建筑的平面布局，采用庄重简洁的手法，突出公共空间的气势宏大和建筑细部的精致耐用。

中庭栽培当地树种，还放入了姿态优美的太湖石。会议厅的设计则充分体现了先进的国际化的会议设施技术标准。室内设计时，对于重点部位，设计团队还制作1:1模型来推敲材料和细部。

因为无法生产与加工钢材，埃塞俄比亚当地很少使用钢结构。但为了体现会议厅椭球结构的轻巧精致和环形中庭的技术感，非盟会议中心依旧采用了钢结构，所有材料从中国运送到当地。环形中庭中跨度从10米到30米不等的曲线钢梁，以及椭球屋顶钢结构的定位与覆盖材料的划分，全部依靠三维电脑模型来完成。利用当地日照时间长的特点，室外均采用太阳能路灯照明。

◎ 2011年,非盟会议中心建成后中庭内廊（来源:同济设计集团设计二院提供）

第一次开展涉外工程就要完成如此复杂和重要的项目，为了保证施工质量、控制造价，同济设计院从产品和人员两方面进行控制和管理。一方面尽量在国内选好材料，预制加工后运到现场安装和装配。② 另一方面从主要设计人员中选择技术骨干常驻现场，定期拍照与国内设计团队沟通，修改意见主要通过这些现场设计代表与施工单位沟通调整。非盟会议中心的施工人员中的埃塞俄比亚工人，经过这一项目的锻炼，均成为当地的技术骨干。[2]

② 同①

◎ 2009年,非盟会议中心施工中（来源:同济设计集团设计二院提供）

在 2011 年非盟会议中心的落成典礼上，时任全国政协主席贾庆林向同济院等各方建设工程颁奖。埃塞俄比亚总理梅莱斯在参观建成后的非盟会议中心时则感言："这座雄伟、现代化的建筑寓意深远，她既是非中友好合作新的典范，也是非洲复兴崛起的标志，她重新点燃了非洲人民对非洲未来的希望。"[1]

援非盟总部的项目还在继续，任力之设计团队又陆续承接了非盟总部综合服务中心项目、中非友谊花园（2016）等后续援建项目，在后一个项目中，同济设计院不仅负责可行性研究和设计工作，同时也担任项目管理公司。更重要的是，非盟会议中心开启了同济设计集团涉外工程的大门，此后设计院又先后中标承接了非洲的马拉维国际会议中心（车学娅负责，2009）、赞比亚卢萨卡体育场（丁洁民、车学娅负责，2010）、中国驻马拉维使馆（车学娅负责，2011）、援马拉维小学项目（董英涛负责，2012）、特多国家网球中心和特多国家自行车赛车场（董英涛、车学娅负责，2013）等项目，以及南美的圭亚那万豪酒店（陈继良、姜都负责，2012）等。

从中国驻德国大使馆官邸到驻慕尼黑总领馆

除了在非洲的众多援建工程外，同济设计院还通过国际竞标赢取了多个中国驻海外使馆 / 领馆的项目，包括同在非洲的中国驻马拉维使馆馆舍新建工程和驻马拉维使馆经商处新馆（车学娅、韩勇负责，2012），南美洲的中国驻萨摩亚大使馆三期工程——办公综合楼（包健薇负责，2009），以及在欧洲的中国驻德国大使馆大使官邸新建工程方案（李振宇、王志军、蔡永洁负责，2006）、中国驻慕尼黑总领馆馆舍新建工程（李振宇、王志军负责，2010）、驻维也纳联合国和其他国际组织代表团新馆扩建工程(李鲁波、李振宇负责，2016)，在亚洲的中国驻文莱大使馆馆舍（王志军负责，2011）和中国驻日本新潟总领馆方案（李振宇负责，2011，未建）。

同济设计院首次参与的外交使馆 / 领馆项目是位于柏林的中国驻德国大使馆大使官邸新建工程。2006年，建筑与城市规划学院 3 位在德国留学多年的教授李振宇、蔡永洁和王志军带着赖君恒、张子岩、董怡嘉等研究生代表同济设计院参加了外交部组织的"中国驻德国大使馆大使官邸新建工程方案设计竞赛"。该使馆位于柏林潘可夫区，同济团队的方案以"四季庭院"为主题，采用"九宫格"的布局，将建筑体量分为 9 个基本区域，在其中四个方位上设置不同功能的入口庭院，并根据四方对应四时的思想，在院落构成、材质、场地和景观设置等方面均体现春夏秋冬四季特征，[3] 并用白墙黑瓦的建筑形式和传统材料塑造出新时代的驻外使领馆建筑形象。同年9月，同济方案中标。③可惜因为种种原因，该项目虽深化了设计却并未建成。④

③ 同济大学新闻网 https://news.tongji.edu.cn/classid-13-newsid-13079-t-show.html。

④ 2018年3月22日，刘刊访谈李振宇，地点：同济大学建筑城规学院B楼院长办公室。

不过，因为柏林项目的渊源，李振宇和王志军两位教授合作带领设计团队在2010年又展开了中国驻慕尼黑总领馆馆舍新建工程项目的方案设计。驻慕尼黑总领馆采用多院落并置的方式，建筑由四个不同类型的内院和一个相互连通蜿蜒的外院构成。外立面，即外院界面采用双层表皮和现代构图的开窗形式，和周边的德国现代建筑相协调。内立面，即内院界面则部分采用木质材料，通过陈设体现中国文化的韵味。[3]

驻慕尼黑总领馆馆舍新建工程占地约2公顷，总建筑面积约15 000平方米。这是中国在欧洲第一个新建使馆/领馆，也是迄今为止最大的一个新建总领馆项目，因而得到了外交部、同济大学及同济设计集团、参与建设方等各单位的高度重视。第一阶段，同济设计集团完成了可行性研究和建筑方案设计。第二阶段，王志军、李振宇团队的张子岩等建筑师和设计一院的结构、机电工程师合作设计，先后完成方案的优化设计和初步设计，并与当地报批单位完成技术交接。设计一院负责人为副院长万月荣（结构工程师）和副院长刘毅（暖通工程师），还有陈星、陈水顺、施锦岳等工程师。中德两国有着不同的规范和技术标准，设计团队负责人充分利用精通德语的有利条件，通过与当地政府部门、德国合作单位充分沟通，在完成报批后很快进入施工图阶段，并及时完成了建筑施工图和室内设计。

◎ 中国驻德国慕尼黑总领馆馆舍新建工程施工过程（左：2017年，右：2018年）（来源：王志军提供）

德国是世界上工业化高度发达的国家之一，慕尼黑是德国最大的巴伐利亚州的州府，在建设标准和建造水平上具有较高的要求。在外交部和驻慕尼黑总领馆的支持下，同济设计团队和施工总包方中建一局充分研究当地的标准和技术，建筑及室内设计都走技术与施工的"精美"路线。同济设计团队在深化节点、技术控制、专项设计、材料选择、艺术品创作及陈设等方面积极组织和参与，形成了以设计为核心组织工程建设的局面。为了配合施工，设计团队还派出包括王志军在内的6人次现场设计代表，其中3人驻场3个月，其余3人每人1个月。中国驻慕尼黑总领馆馆舍新建工程于2018年正式建成。

2011年，在慕尼黑项目完成设计以后，中国外交部又委托王志军团队开始中国驻文莱大使馆馆舍新建工程的考察、可行性研究以及建筑设计工作。驻文莱大使馆位于文莱斯里巴加湾市，占地约2.1公顷，建筑面积约11 000平方米。建筑用连续折板形钛锌板构成一体化的屋面和墙体，将不同的功能体块组成整体，与周围的山体相呼应。建筑群体采用"L"形布局，通过组织内院和中庭形成建筑与外部空间序列，围合而不失自由。建筑采用黑白灰基调，外部空间采用当地热带植物营造出斑斓的环境，衬托出主体建筑富有中国传统建筑及聚落形态的意象。设计还采用双墙表皮，组织墙体间隙通风以应对热带雨林气候特征，在排水、防蚁等方面也采用了与当地环境相适应的针对性设计。

经反复修改，中国驻文莱大使馆馆舍新建工程方案于2012年通过。因种种原因，项目停滞了一段时间，在2017年重启。设计团队由王志军负责，主要成员包括单超（建筑）、陈曦（结构）、施锦岳（给排水）、武攀和徐畅慧（电气）、朱伟昌（暖通）等。施工图于2017年8月完成，2018年已开工建设。⑤

2016年，李鲁波、李振宇、唐可清团队合作开展了驻维也纳联合国和其他国际组织代表团新馆改扩建工程，为同济设计院的外交建筑再添新作品。驻维也纳联合国和其他国际组织代表团购买了维也纳一处府邸式的传统建筑，设计完整保留了折中主义风格的建筑立面，并聘请当地的专业建筑师进行针对性修缮，许多内部的原有钢木结构楼板也面临拆除和整体加固。场地内的新建建筑与历史建筑之间保持较大的距离，并通过形体转折避让原有的树木。[4]

从新建的大使官邸、总领馆馆舍到改造与扩建的联合国多边组织场馆，同济设计院采用的设计策略是对中国传统文化进行现代转译、融合当地城市和建筑文脉，以展示中国驻外外交建筑的传承与创新并重，展示中国作为外交大国的国家形象。

米兰世博会中国企业联合馆

米兰和上海是友好城市，2015年米兰举行世博会时，米兰世博局期待上海能建造一个专门的展馆，上海方面也为此成立了中国企业联合馆执行委员会。因为同济设计集团在上海世博会中的突出

⑤ 关于慕尼黑总领馆施工和文莱大使馆设计概况信息由王志军提供。

表现，尤其是与英国馆、法国馆、西班牙馆、丹麦馆、荷兰馆、瑞士馆等9个外国国家自建馆的出色合作，该执行委员会委托同济设计集团承担米兰世博会中国企业联合馆的设计总包单位。集团副总裁任力之带着吴杰、孙倩、李楚婧等6位建筑师组成的设计团队开始了设计创作，集团董事长郑时龄担任设计顾问。集团总裁丁洁民领衔，由虞终军、张峥、陆燕等7位结构工程师构成结构设计团队。

因为米兰世博会的主题是"滋养地球，生命的能源，为食品安全、食品保障和健康生活而携手"，建筑师选取"中国种子"作为展馆立面意象，"反映中国企业的发展与成长，展示中国企业重视食品安全、珍惜自然资源的目标"。[5]

米兰世博会的用地非常紧凑，规划条件严格，地块划分整齐，建筑高度不能超过12米。中国企业联合馆的基地面积仅900多平方米，总建筑面积约2000平方米，内部功能要求齐全。因为容量和规划条件的限制，建筑外形体量并没有太大的变化余地，因此设计团队采用了基本覆盖全部基地的长方形体量，将DNA的螺旋形结构引入室内作为参观流线，依此布置展厅，中间椭圆形的绿色核心内部设置了可容纳90人的4D电影院。外形采用"负阴抱阳"的体量，参观者自然而然地在内外空间中游走，并到达屋顶花园。[5]

为了方便企业联合馆在世博会后的拆除和异地重建的可能性，建筑整体采用钢结构，在中国预制加工后运到米兰现场用螺栓连接安装。建筑表皮采用一种具有通透性的白色PVC膜，这种材料"完成张拉后，呈现出柔中带刚的触感、仿佛柔软叶片与强悍生命力间所形成的张力"。[6] 南北立面采用钢板和大面积玻璃幕墙。PVC膜与立面钢板直接在转角相接，最大程度减少了不同生产安装商之间可能产生的误差。

依靠结构设计师的技术支持，建筑主要竖向受力构件简化为内圈的树状柱筒和立面的桁架。建筑核心的树状柱相互交叉支撑形成一个椭圆形柱筒钢结构折形柱。在生产和安装时，树状柱筒被分成内、外两个展开面以及若干小的侧面进行拼装，以实现更好的表面平整度。绿核影厅悬挂于柱筒上，结构斜梁成为屋顶花园斜向天空开放的轮廓。取消影厅下部的方柱后，地下展厅空间得以畅通无阻地延伸到枝状柱，环形光井将光线引入地下。[6]

平时建设量不大的意大利因为世博会遭遇了用工荒，大部分场馆工期紧张，人工费上涨，同济设计团队不得不"多次调整设计，寻找工业化程度更高，施工更简单的建构方式和性价比更高的材料"。而意大利更高的消防和无障碍要求也对空间和材料的选择造成了较

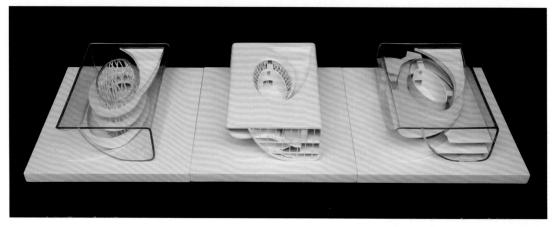

◎ 2014米兰世博会企业馆模型（来源：同济设计集团设计二院提供）

◎ 2014年，任力之（左5）带领同济设计团队向2015米兰世博会技术办公室人员汇报方案

◎ 米兰世博会企业馆清晨东北立面

◎ 米兰世博会企业馆主入口室内

（来源：同济设计集团设计二院提供）

大的限制。米兰世博会中国企业联合馆作为"建设全过程都在境外的项目，从规范要求材料选择到施工工艺等各方面，都充满了中国建筑师和意大利顾问团队，总包单位以及分包商之间的碰撞"。[6]

◎ 2015 米兰世博会企业馆施工中（来源：同济设计集团设计二院提供）

驻海外"边设计边施工"

为了保证海外项目的建造质量，同济设计院通常会向当地派驻现场设计代表。比如，援非盟会议中心项目曾先后派驻9位现场代表前往埃塞俄比亚，包括司徒娅和章蓉妍（建筑、景观）、邰燕荣（室内）、周勇（结构）、杨民和秦立为（给排水）、张智力和苏云（暖通）、彭岩（电气）。设计代表在现场的主要任务是协助监督项目按图施工，及时解决现场设计相关问题，保证设计意图最大程度得以实现。由于项目复杂，对于驻现场代表无法现场解决的问题，则需实时拍照传回国内团队，团队提出的修改意见再通过设计代表与施工单位沟通调整。距离使本来平常的现场配合变得困难。由于当地网络不稳定，速度比较慢，发送照片等较大容量的附件需要花费很长时间，设计代表需要利用深夜或凌晨网络较快的时候发送。

设计代表还需要与施工监理一起确认，进场材料确实与国内设计团队封样确认的材料一致。对于重要部位的主要材料，同样需要将相关报验表及材料照片发回国内供设计团队确认。非盟会议中心在 2008 年完成第一版施工图后，非盟方提出了更高的要求，为了在预定的施工进度内建成，设计调整和施工需要同步进行，如何保证施工进度同时坚持原则，这些都需要设计代表顶住压力，在不影响质量和效果的前提下灵活变通。⑥

对于设计院的年轻设计师和工程师而言，被派驻海外担任现场代表通常需要少则数周多则一年多的时间，他们是设计院与当地施工现场的沟通桥梁，在专业上会收获显著的成长，同时也有机会体验异国的风土文化。比如设计四院年轻的电气工程师吴任远于2013年5月至2014年4月间作为同济设计院万豪酒店的现场代表被派驻圭亚那，他在《TJAD 内刊》上发表了一篇关于一年的工作生活经历的文章，向集团同事分享了对拉美异国文化的生动体验。⑦

虽然同济设计集团95%以上的业务还是集中在国内，但是随着"一带一路"倡议等国家计划的发展，依靠已经在四大洲15个国家开展的20多个各类项目积累的业绩和经验，同济设计集团也有意尝试通过设立基金等方式来增加拓展境外市场的前期投入。⑧

⑥ 华霞虹书面访谈张丽萍。

⑦ 吴任远.《这一年,留在圭亚那的时光》,同济设计院内刊,总第18期,44-45页。

⑧ 丁洁民访谈。

参考文献

[1] 任力之,张丽萍,吴杰.矗立非洲——非盟会议中心设计[J].时代建筑,2012,(3):94-101.

[2] 任力之.非盟会议中心[J].建筑技艺,2012,(10):110-117.

[3] 李振宇,唐可清.从多样到多元——中国驻外外交建筑的文化价值与设计手法刍议[J].建筑师,2014,(4):82-89.

[4] 李振宇,唐可清.从彰显到融入:中国驻外外交建筑的设计转变[J].世界建筑,2015,(1):34-37.

[5] 赵敏.中国种子:米兰世博会的中国DNA——任力之解读米兰世博会中国企业联合馆建筑设计[J].建筑与艺术2014,34(7):74-75.

[6] 孙倩,任力之.春色有无中——2015年米兰世博会中国企业联合馆[J].时代建筑,2015,(4):102-107.

632米的上海中心大厦

2008年6月6日，同济设计院与合作方美国晋思建筑设计事务所（Gensler Architects）（下文简称"Gensler事务所"）和业主上海中心大厦项目建设发展有限公司举行合同签约仪式。这一年，同济设计院三喜盈门：50周年华诞，成立设计集团，介入浦东陆家嘴三幢摩天楼中最新最高的"超级工程"——632米，总投入148亿元的上海中心大厦。此前，同济设计院尚未主持过400米以上超高层设计。当设计的准入越来越依赖于已有业绩时，每一项重大工程都是未来项目拓展的契机。上海中心大厦的中标是设计院"在管理和运作机制上进行转型的一个重要开始"，可以使设计院"跃上一个新高度"。[1]

◎上海中心签约仪式，图中为丁洁民、业主、与Gensler代表（来源：《累土集——同济大学建筑设计研究院五十周年纪念文集》，丁洁民主编，中国建筑工业出版社，2008）

三轮投标

小陆家嘴由3座超高层形成独特的天际线，这是1993年《上海陆家嘴中心区规划设计方案》确定的。420.5米的金茂大厦和492米的环球金融中心已于1999年和2008年分别建成，位于陆家嘴Z3-2地块的"上海中心大厦"于2005年4月开始方案招标。到2008年6月，前后历时三年多，共开展了三轮，十多家国际及国内一流的设计单位参与竞争。投标过程中不断扩大规模和级别，加入第二轮角逐的包括SOM、KPF、Foster、Gensler、RTKL等国际知名设计公司。最终选出四家公司继续进入第三轮评选，同济排名第二，其余三家分别是设计金茂大厦的SOM、英国著名Foster建筑事务所和美国Gensler事务所。最后一轮选择美国Gensler事务所螺旋上升的"龙型"方案中标。同济设计院是唯一参加全部三轮投标，也是唯一入围决胜局的国内设计单位，因此最终被选定为中标方案的设计深化及施工图设计单位。[2]上海中心大厦方案和初设的结构和机电顾问是美国宋腾-汤玛沙帝工程顾问有限公司（Thornton Tomasetti）和科森蒂尼机电顾问有限公司（Cosentini Associates）。

同济设计院投标小组由副院长任力之领衔，设计"选用中国良渚文化中著名的玉器，也是祭天的礼器——玉琮的造型"作为原型，又从传统"竹文化"中汲取灵感，将"作为塔身的玉琮造型分区分节，透过外层的玻璃幕墙能映射大厦内部的结构"。[1] 同济设计团队富有本土特色的现代方案在投标中过关斩将，得到了前所未有的锻炼和成长，该设计模型一直陈列在上海中心的展览厅中。

111人的设计团队和58项科研课题

上海中心大厦总建筑面积约57.6万平方米，包括地上可使用楼层121层、地下5层。塔楼竖向分成9个功能分区：自下而上分别为大堂、会议和商业区、办公区、酒店以及精品办公区和观光区，其中1至8区顶层均设置设备/避难层。楼内安装114部垂直电梯，包括20部双轿厢电梯。118至119层为世界最高的观光厅，通过最高速度为18米/秒的观光电梯穿梭直达。在125层至126层，即结构顶部580米和583米为"电磁"阻尼器观光空间。主楼设置21个空中花园。

为协调上海中心与金茂大厦、环球金融中心的形体关系，Gensler建筑设计团队经过建模与函数分析，最终将建筑高度由原计划的580米提高到632米，比环球金融中心高出140米。三栋摩天楼高度之差的数列关系形成了一条平缓上升的螺旋形曲线。[3] 因为上海中心地上面积为37.3万平方米，比外滩的21栋历史建筑的总面积之和略多一点，因此被媒体戏称为"竖着的外滩"。[4]

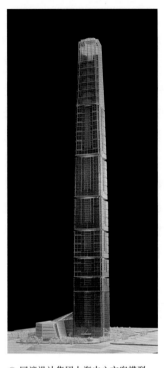

◎ 同济设计集团上海中心方案模型
（来源：同济设计集团）

632米的上海中心大厦无疑是同济设计集团近10年的头号工程。项目负责人为丁洁民和任力之，副总建筑师陈继良与资深建筑师王建强，周瑛担任项目经理。各工种全部由集团技术总工领衔，包括执行总建筑师张洛先、执行总工程师巢斯、总工程师王健、副总工程师贾坚、周建峰、郑毅敏、刘毅、归谈纯、夏林、钱大勋等。设计团队由各院抽取技术骨干组成，还与相关院系合作开展技术攻关。参与上海中心项目的人员多达111人，除5名总负责人和3名工地协调人、1名工程秘书外，还有30名建筑师、33名结构工程师、给排水和暖通工程师各11名，14名电气工程师和3名BIM专业人员，工作囊括方案咨询、初步设计优化和全部施工图设计。

每一个新的建筑高度都意味着新的规范和技术标准的研发。2009年3月，同济设计集团总裁丁洁民牵头的"500米以上超高层

◎ 建成后的上海中心与金茂大厦、环球金融中心的体形关系（来源：同济设计集团）

建筑设计关键技术研究"课题获得上海市科委的批准，关键技术研发涵盖了结构体系（巨型结构、复杂连体结构）、抗震性能化设计、抗风设计及舒适度、巨型组合构件、结构监测、非荷载效应、消能减震及其装备应用、施工模拟及控制、BIM 技术应用等，邀请集团内数十位骨干设计师组织科研团队，包括联合相关学科院系教授开展关键节点的攻关，相关分课题数量达到创纪录的 58 项。[5]

基坑、桩基和底板

上海中心自重近 80 万吨，每平方米地基要承受近 1.9 吨的竖向荷载，这对于陆家嘴地区所处的冲积平原的饱和软土地质是巨大挑战。为确保塔楼尽快封顶，轨道与地下交通院团队选择采用"外径为 123.4 米（内径 121 米）大直径无内支撑圆形基坑明挖顺作法施工"，塔楼区基坑开挖深度为 31.1 米，其开挖规模和实施难度属国内首例。塔楼结构出正负 0.00 后，裙房区 26.7 米深的基坑采用逆作法开挖施工。[6][7] 即以地坪标高为界，同时向上建造 121 层塔楼，向下建造 5 层地下室。既加快施工进度，也避免支撑拆除爆破，减少施工噪音和扬尘，彻底贯彻绿色建造技术。

因为上海中心地处繁华的浦东中央商务区，桩基如果像金茂大厦和环球金融中心一样采用常规的钢管桩，大量超

◎ 上图 2010 年，上海中心超大超深明挖顺作圆形基坑；下图 2011 年，上海中心在正向施工塔楼时，逆向施工地下室。（来源：同济设计集团轨道与地下交通工程院）

长的钢管桩施工带来对土壤的挤压将对周边建筑造成结构性破坏，施工过程产生的振动也会严重影响其日常运营，破坏地下管线和道路。经多方案比选后，结构团队提出首次在超高层建筑中采用钻孔灌注桩，通过机械在地基上钻孔，放入钢筋笼，最后灌注混凝土形成基桩。上海中心的桩基为955根。每根桩设计承载达1000吨，深87米，需灌注C50高标号混凝土。施工过程中，每根桩的强度和完整性都经过超声波检测，建成后的沉降量控制在设计范围内，仅10厘米左右。①

① 巢斯访谈。

② 陈继良访谈。

③ 同①

④ 技术质量部研究成果汇总。

　　桩基上支撑主楼的是直径121米，厚6米的圆形钢筋混凝土大底板，面积1.12万平方米，混凝土量达6.1万立方米，为一次浇筑成型，是全世界民用建筑中体积最大的底板。"当时场面非常壮观，8台巨大的布料机轰鸣着，8台大卡车喂料，后面还有8台卡车等待，持续时间达60小时"。②一般混凝土28天可达到强度，为保证均匀度，上海中心的底板混凝土90天才达到设计强度。③巢斯、姜文辉、丁洁民、赵锡宏、朱合华等结构工程师和教授分别主持注浆技术实用计算方法、基础筏板内力计算及施工全过程分析、大体积混凝土施工过程中水化热的控制、深基坑开挖回弹及再压缩、深基坑施工数字化安全监控等研究，为上海中心大厦底板浇注提供了可靠的保障。④

◎ 2010年，上海中心浇筑底板（来源：同济设计集团）

环带桁架与柔性幕墙

　　上海中心塔楼的基准平面为一个倒圆角的等边三角形，从底到顶沿轴心顺时针扭转120°，并逐渐收分，形成螺旋上升的锥体形态。风洞试验表明，这一非规则的几何造型较常规的正方形截面锥体造型可减少40%的风力，节省结构造价约3.5亿。但如果将主体结构按此非规则造型设计，却会成倍增加主体结构的设计和建造难度，也会影响建筑内部空间的使用效率。为此，上海中心采用了内、外幕墙分离的设计策略，将内幕墙和主体结构设计成分段收缩的圆柱体，逐渐扭转收分的不规则外幕墙与主体结构脱开。

　　上海中心主体采用巨型框架——核心筒混合结构加伸臂桁架的体系，结合建筑功能沿竖向分为8个标准区段和1个84.5米高的塔冠。每个标准区段约12～15层，每区顶部设置加强层。塔楼标准层呈圆形，平面直径由底部的83.6米逐步收缩到顶部塔冠区的35米，加强层平面为倒角的三角形。巨型框架结构由8根巨型柱、4根角柱、8道位于设备层两个楼层高的箱形空间环带桁架组成。巨型框架承担了结构约78%的基底弯矩，约一半的基底剪力及重力，受力较大。弧形的双层空间环带桁架既是抗侧力体系巨型框架的一部分，也是楼面次框架的转换支承结构，承担了各区12~15层楼面的重量，并支承在其上的由桁架传来的分区幕墙的重量。

因为环带桁架受力巨大，其钢板大多采用超厚板，最大板厚达12厘米。目前国内通常采用焊接处理厚板构件的拼接。但上海中心的环带桁架有很多构件以承受拉力为主，焊接厚板受力可靠性存疑。如果全部改用螺栓拼接，由于受力巨大，单个螺栓节点拼接长度达到4米，螺栓数量达600颗，施工难度太大。为此，同济设计团队对环带桁架的拼接方式开展了专项研究和论证，最终选择螺栓拼接与焊接组合的方式。受压为主的斜腹杆采用焊接，受拉为主的弦杆则采用螺栓拼接，以确保受力合理安全。

远离主体结构的外幕墙选择了由"吊杆—环梁—径向支撑"组成的"分区段悬挂的柔性幕墙支撑结构系统"。该系统的优点是：轻盈通透、视觉阻碍小，结构传力简洁、结构用钢量小等，但也存在分区悬挂重量大、

◎ 上海中心幕墙施工现场（内与外）（来源：同济设计集团）

悬挂高度高，竖向支承刚度柔且不均匀等问题。其特殊的构造和传力方式也导致与主体结构协同工作复杂：在各类水平及竖向荷载作用下，幕墙结构与主体结构之间会发生较大的竖向相对位移，幕墙结构与主体结构需能相对自由变形，以防止玻璃板块因过大的变形而破碎，支撑结构因较大次内力而失效。设计团队和技术骨干对幕墙结构与主体结构协同工作性能、竖向地震反应，以及施工过程中幕墙结构的受力特性等一系列非常规问题进行专项分析和研究，优

◎ 上海中心幕墙施工现场(来源:同济设计集团)从左至右:王田友、张洛先、车学娅、江立敏、陈继良、王文胜、周建峰、何志军、张丽萍、孙晔、朱鸣、吴蔚、吴晓晨

化设计提高了整个系统的可建造性,也节省了结构造价,使设计的原初意象完美呈现为陆家嘴的新地标。

在总课题中,专门设置了5个悬挂式幕墙的专项子课题,包括:玻璃幕墙的支撑体系和安全、超高层建筑自身变形与幕墙系统的协同设计、特殊形态幕墙舒适度、超高层建筑维护清洗体系等。上海中心幕墙原造价逾10亿元,同济团队通过将很多环节国产化,节约资金2亿多元。[4][8]

"垂直城市"的机电技术

为打造一座拥有众多空中花园的"垂直城市",同济设计院在境外事务所的机电方案基础上进行周密的细化和调整。各专业的设备设施需在有限的建筑空间内博弈,设备系统复杂、技术难度大、无现成工程案例、缺少设计规范支撑、设计周期短、工期紧张,需要边设计边施工。

为提高500米以上超限高层建筑消防供水系统的可靠性,设计、科研团队在总结金茂大厦、环球金融中心等国内外超高层的设计、运行经验后,结合上海地区的供水特点和物业管理能力提出:上海中心采用生活、消防合用——转输泵转输的高压消防供水系统。上海市科委研究课题"上海中心大厦消防供水技术可靠性研究"通过安全指标评估,全国三十多位专家打分,肯定该方案在提高消防供水可靠性的同时，很大程度上简化了消防供水系统的联动控制和系统的维护、保养工作。此外，在中庭幕墙10米以上结合透明度高的"C"形钢化玻璃配置玻璃喷头保证消防隔离。中庭内，自动跟踪洒水灭火系统结合灯槽安装，消防安全和空间美观一体化。

上海中心的机电创新技术成为上海市超高层建筑规范的依据，比如公安部消防局出台的《建筑高度大于250米民用建筑防火设计加强性技术要求（试行）》很多内容都参考了上海中心的经验。《给水排水》杂志特邀项目团队撰写了13篇关于上海中心大厦给排水设计的论文，2015年用整年的专栏刊登。研究涵盖生活消防合用系统及其联动控制、虹吸雨水系统、高压细水雾灭火系统、CFD模拟技术、微絮凝／盘式过滤器用于雨水回用处理等诸多方面。⑤

◎ 环带桁架与柔性幕墙室内（来源：同济设计集团）

⑤ 刘毅、归谈纯访谈，归谈纯提供资料。

上海中心对外的泛光照明设计巧妙利用丰富的中厅内透光，突出建筑造型自下而上贯通的"V"形槽，塔冠设置LED矩阵，组成与建筑融为一体的立体泛光，形成陆家嘴中心的超级显示屏，向城市展现丰富多彩的多媒体光影信息。

上海中心大厦的多个功能分区采用了复杂的空调、通风和采暖系统，还增加了地暖和较少应用的翅片来满足高大中庭的舒适度。翅片，是一种在密闭式高楼内用散热方式消除玻璃雾化的装置。为了尽量避免大厦外层的玻璃幕墙上冷凝成雾，暖通工程师们攻克了在有限截面空间内安置超常规量的除雾设备，保持百米内45台设备单元的散热量均控制在首端95℃末端75℃等一系列技术难题。为兼顾舒适与美观，翅片与每层钢结构结合安装。⑥

⑥ 刘毅、归谈纯访谈。

大楼顶部的塔冠区设置了最新科技的小功率风力发电，将高空的风能转化为电能，创造了超高层利用风能可再生能源的先例。多能源管理（CPMS）系统，合理调配电能、天然气、冰蓄冷、地源热泵、冷热电三联供、风力发电等用能，达到费用最省、能耗最省、尽可能利用可再生能源的目的。

BIM技术运用

上海中心大厦是中国第一座BIM技术运用于全生命周期的超高层，也是全球首次将BIM技术系统应用于400米以上的超高层。

通过 BIM 集成设计、三维分析、碰撞检查和辅助安装，上海中心实现了复杂构件的一次性准确加工和无碰撞安装。比如，主体塔楼每层设备层也是结构转换层，空间桁架很难用 CAD 表达清楚，通过 BIM 模型，很容易根据需要调整参数来改变构件尺寸。同样，因为上海中心为异形变化平面，空间桁架与楼板之间有大量异形空间，通过 BIM 三维管线综合比用常规图纸"拍图"更能快速有效地实现管线优化。BIM 优化设计技术的深入研究，对显著影响工程项目总投资的结构用钢量进行了系统全面的精细化分析和优化设计，共节约了近万吨型钢用量，成功减少返工 80%，节省投资 3 亿元。这种自主研发的高效优化算法已获得软件著作权授权，正在申请相关专利。

◎ 中国 BIM 认证体系发布会上，孟建民院士（左一）等多位领导为获奖项目各方代表颁发证书（陈继良左三）（来源：同济设计集团）

项目运营

　　除了技术攻关，上海中心大厦对同济设计集团的项目管理运营也带来巨大的提升。2008 年，因为上海中心而成立的项目运营部是集团直属部门，与其他直属机构，各生产单元为平行的关系，用于发挥集团优势，应对被列为集团项目的大型复杂工程。

　　虽然在上海中心以前，同济设计院已经有二十多年的中外合作经验，尤其是在上海世博会项目中，参与了一半外国主题馆的合作设计，但是上海中心的合作要求更加错综复杂，所有问题都需要事先沟通协商确定方案。项目需要协调的既有施工图纸、技术指标，也有各类设计、报审和运营协调等的专项问题，每一次会议，都是多家单位共同协商的结果。比如 2009 年 8 月 5 日的"绿色建筑第八次例会"，与会方包括业主、设计管理、美方设计、同济设计院等 8 家单位，讨论的内容包括：中水回用、电机耗损、雨水收集计算、中庭换气等。讨论的结论包括项目节点，技术目标和具体步骤："建议首先在 8 月中旬的绿色三星预评估专家会议上先与专家确定中水回用率的计算方式、处理方法，然后根据确定后的计算方法来计算需多少中水来补冷却塔"，"晋思建筑事务所应在下周五下班前将中庭换气装置的工作原理及说明提供给业主"。

经过 7 年的设计和施工配合，2015 年 4 月，上海中心大厦顺利通过了土建竣工验收。但项目运营部还继续为项目的后期招租和运营服务。比如为业主编制"租赁协议"，包括编制"租赁平面"；在租赁谈判时，向小业主介绍空间荷载、供电量、空调供给等基本供给；在租户提出修改要求时，提供咨询服务和局部修改设计；审核租户的室内装修是否符合业主的租赁条件等。在后续的管理服务中，设计院可以进一步拓展业务和市场。⑦

⑦ 同②

上海中心大厦签约后不到半年，2008 年 11 月 29 日，上海中心主楼桩基开工。2013 年 8 月 3 日，580 米高的主体结构封顶。2015 年 4 月，土建竣工完成验收。经过 2 年消防验收，上海中心大厦于 2016 年 4 月 27 日开始试营业。一年后，2017 年 4 月 26 日，位于大楼 125 层的"上海之巅"观光厅正式向公众开放。

上海中心大厦是国内首座同时获得两项权威认证的超高层建筑：国家住房和城乡建设部颁发的"三星级绿色建筑设计标识证书"和全球最具影响力和权威性的绿色建筑认证体系——美国绿色建筑委员会颁发的 LEED 金奖预认证。2018 年 7 月 3 日，中国工程建设检测认证联盟中国 BIM 认证体系在上海中心大厦颁布了中国首批 12 个 BIM 认证示范项目，上海中心大厦在首批荣誉白金级认证项目中名列榜首。同年，上海中心大厦还荣获了中国土木工程建设领域，包括规划、设计、施工和管理等方面的最高荣誉——詹天佑奖。

如果说上海世博会中，同济设计院的贡献得益于同济大学整体学科的平台，尤其是前期科研和规划建筑学科打下的基础的话，那么在上海中心大厦中，设计院争取到的重大项目机会为同济大学相关学科的科研创造了技术攻关和实施运用的机会。在这些重大项目中，高校设计院产学研协同的特征和优势尤为突出。同济设计集团现任董事长、中国科学院院士郑时龄从 2005 年同济设计院参与招投标就始终作为建筑设计的顾问参与该项目。用他的话总结，"上海中心就像是一艘航空母舰，有力整合不同领域的优秀资源和先进技术，给所有参建者提供了展示平台"。

参考文献

[1] 华开颜.跃上新高度[M]//丁洁民.累土集.北京:中国建筑工业出版社,2008.

[2] 韩晓蓉,姜丽钧."中国第一高楼敲定龙型"[N].上海东方早报,2008-06-24.

[3] 吴小康.螺旋上升的新高度——上海中心设计分析[J].代建筑,2009,(6):52-59.

[4] 程国政,李思瑶,王春."竖着的外滩"将创上海新高度——同济建筑设计团队深度参与上海中心大厦建设纪实[N].科技日报,2013-11-13.

[5] 632米的设计挑战——同济大学参与上海中心设计纪实[N].建筑时报,2015-01-12(08).

[6] 谢小林,翟杰群,张羽,等."上海中心"裙房深大基坑逆作开挖设计及实践[J].岩土工程学报,2012,(12):74-75.

[7] 贾坚,谢小林,翟杰群,等."上海中心"圆形基坑明挖顺作的安全稳定和控制[J].岩土工程学报,2010,(7):370-376.

[8] 丁洁民,何志军.上海中心大厦悬挂式幕墙结构设计[M].北京:中国建筑工业出版社,2015.

经营管理与市场拓展

与其他由国资委和各地建委管辖的国有独资企业不同，高校设计研究院从1979年成为各高校下独立编制的机构起，就是一个双重身份的机构。在人事上属于教育部管，而在工作上属于建设部归口。对同济设计院而言，1993年，成为同济科技实业股份有限公司的全资子公司时，100%股权属于上市企业，而到了2001年两院合并后，其股权调整为70%由同济大学控股，30%由同济科技控股，基因上是国有控股企业，但既不是国有独资企业，也不是完全市场化的企业。这种具有双重属性的企业基因，加上同济大学相对宽松民主的管理气氛，理工科大学兼具进取创新和严谨务实的人才特征，这些因素综合形成的灵活有效的管理机制，无疑是同济设计院最近18年持续稳定发展的重要保障。

"三统一"的生产管理

为了避免再出现20世纪90年代末高校设计资质管理混乱的状况，从2000年开始，同济设计院提出了经营、质量、财务"三统一"的管理方向。一方面将同济大学建筑设计研究院与上海同济规划建筑设计研究总院合并，另一方面将原来由各系所和设计院双重管理的专项设计机构逐渐梳理合并成为由设计院统一管理的直属设计机构或参股控股公司，厘清经营管理关系。

2005年，新的同济大学建筑设计研究院拥有7个甲级设计资质和3个乙级设计资质，到2017年底，同济设计集团拥有资质涵盖的设计类型增加至34项。涵盖7个大类，其中24项为甲级资质，7项为乙级资质。（参见本书附录5）同济设计集团是国内设计门类最全，设计资质最多的特大型著名设计咨询企业之一。

截止到2018年6月，同济设计集团旗下有5个职能部门，项目运营部、工程技术研究院和上海建筑数字建造工程技术研究中心3个直属部门和24个直属机构，包括10个建筑设计院，分别是一至四院、都城、都市、都境、土木、商业和同励建筑设计院，市政、桥梁、轨交和环境4个专项工程设计院，还有景观工程、投资咨询、交通规划和城市规划设计院各1个，成都、云南、天津、深圳4个分公司，以及城市与规划设计和汽车运动与安全两个研究中心，还有12个控股和参股公司。同济设计集团所有的直属机构均采用三统一的管理模式。

2001年至今，在设计集团董事会和院务委员会的总体规划和决策指导下，同济设计集团的经营管理模式相对扁平化。除了院级或后来的集团层面的经营外，每个生产单元直接对外承接业务，以增加与市场的接触面。不过资质及合同均由市场经营室（部）统一管理和使用，以维护市场和品牌形象。同济设计集团的经营部在2017年后与品牌部合并成立市场（品牌）运营中心，加强了集团层面的资源整合与拓展，以及重大项目的管理与服务。

精简的管理人员比例

一般的国有企业存在机构臃肿的问题，非直接生产性人员占企业员工数量的15%~20%，超过20%的比比皆是。为了避免因此造成不必要的负担，同济设计院在2000年之前就规定，非直接生产性人员不能超过设计院总人数的10%，这一比例维持至今。同济设计院几乎每一层级的管理人员均为技术出身，现在大多依旧兼做行政和技术管理。非生产性人员比例控制以后，一方面利于提高人均产值，另一方面也避免了复杂的人事矛盾和人浮于事的拖沓作风。一般建筑设计行业的平均人均产值为40万～50万元，同济设计集团的人均产值为80万元，10年来一直是国内全行业第一。[①] 这与轻质化的管理架构密不可分。

经营发展

2001年以来，同济设计院（集团）做大做强最显著的成就是设计收入以每年18.3%的增幅高速增长。2001年设计院的年产值约2.0亿元，到2017年底，同济设计集团的设计收入达到24.5亿元，创造了历史新高。

从市场经营的角度来看，进入新千年以后，同济设计院（集团）的发展经历了三个阶段。

第一阶段2000—2004年，是企业高速发展的起步阶段。因为外部市场良好，同济设计院抓住了难得的机遇，一方面抓紧建立和完善质量保证体系，另一方面改革了内部的组织形式，引进竞争机制以适应快速发展的市场需求。在这最初的5年，设计院实现了每年35%的增长率，形成了延续至今的基本生产组织架构，完成了钓鱼台国宾馆芳菲苑、杭州市民中心等重要项目，并进一步确立了在教育建筑规划设计方面的优势。

第二阶段2005—2013年，这是同济设计院（集团）的快速发展期，设计收入年增长率达到18%。这关键的8年既有北京奥运会和上海世博会这样大事件的大好机遇，也存在应对国家宏观环境剧烈

① 丁洁民访谈。王健、周伟民、范舍金等人的访谈也都提及同济设计院"管理轻质化"这一特征。

动荡的挑战。同济设计院（集团）紧跟国家政策指向，实施了调整、充实、提高的战略，设计项目的类型更加多元化，技术更加集成化，还在很多重大项目上取得了突破，包括世博会主题馆、未来馆和最佳实践区等大批上海世博会的重点项目，还承担了超高层建筑——上海中心的合作设计。

第三阶段2014年至今，为同济设计集团的稳步调整阶段。2011年以来，全国宏观经济形势呈现持续下行的态势，尤其是2014年以来，受房地产转折性变化的影响，经济下行压力加剧。面对因此萎缩的建筑市场和激烈的市场竞争，设计院采取相应的对策，比如，对一些部门实行合并以加强综合竞争力；加大新技术在设计中的应用；进一步提高设计项目的精细化要求；顺应国家在基础设施建设方面的发展要求，在市政、轨道、交通设计方面获得突破，等等。在这些改革举措的支持下，2014至2017年的3年中，同济设计集团在行业整体大幅下滑的背景下依旧保持了年均4%的增长，还获得了上海博物馆东馆、上海浦东美术馆、长沙会展中心、北京西站等一批重点项目，在国内的设计企业中算得上成绩斐然。②

工程投资咨询院③

虽然新千年后，同济设计院（集团）不断拓展项目的规模和类型，但是传统的教育和文化类建筑始终是支撑高校设计院的重要产品。搬入上海国际设计一场新大楼以后，人员的集中为不同生产部门之间的合作创造了有利条件，集团化的优势有待开拓。凭借世博会和上海中心等重大项目的机遇，同济设计集团开始向综合方向发展，在拓展项目功能类型和加强技术方面都花费了很大的力气。2013年后相继成立的投资咨询部和技术发展部就是两个在此背景下创建的实体机构，"一个是软性技术，一个是硬性技术。投资咨询部的技术以社会文化咨询服务于社会，技术发展部的技术咨询以硬性技术服务于设计产品"。④前者发展为新的业务机构——工程投资咨询院，后者则与2008年成立的项目运营部一起作为企业的直属机构，为其他生产部门服务，并在合作中发展，现在成为工程技术研究院。

工程投资咨询院的组织架构分成三部分：咨询所、造价所和项目管理。其中最大最综合的是咨询所，下设11个部门，包括3个策划部，2个可（行性）研（究）部，1个评估部，还有城镇发展、商业、规划、信息化、服务和海外5个事业部。工程投资咨询院对自己的定位是全产业链的综合服务提供商，提供前期咨询、造价管理、专项咨询和实施管理四个方面的全过程工程咨询和管理服务。其中前

② "经营发展"小节参考市场（品牌）运营中心提供资料。

③ "工程投资咨询院"一节的资料主要来自于"工程投资咨询院"的部门介绍报告。

④ 丁洁民访谈。

期咨询业务包括前期策划、立项咨询、项目评估、PPP（公私合作）咨询；投资控制主要是投资规划、估算、工程概预算和全过程造价管理和造价审计等；专项技术包括专项咨询和软件开发，前者如招投标代理、合同管理、机电顾问等，后者如 BIM 测试和优化、评估软件编制与开发；项目管理服务则包括 EPC/EPCM 项目管理、项目代建和设计管理。

事实上，作为一个综合设计院，很多工程咨询项目本来就是大型项目设计服务的组成部分。因此从工程投资咨询院的业绩来看，获得上海市优秀工程咨询成果一、二等奖的项目最早可以追溯到 2009 年和 2012 年，类型既包括建筑项目，也包括规划和市政工程。其中最大量的是前期的可行性研究报告，其次是专题研究和申请报告。部分项目为与设计部门合作完成。工程投资咨询院的前期咨询业绩与设计院近年的特色项目也有很大的关联，近年来最突出的项目包括：旅游、康养、小镇类项目的前期策划和概念性方案等，有影响的包括：占地 2200 亩的苏州 "太湖梦幻世界" 项目前期策划报告（2017）、阿里云谷园区等阿里巴巴系列项目前期咨询（2017）、北京国际赛车谷（2014）、四川省龙凤古镇项目总体策划（2015）、山东威海文登养老产业发展实施规划策划（2014）、乌鲁木齐市天山丽都养生养老项目等。最近在城市发展中逐渐兴起的 PPP 项目也是投资咨询工程院的主要业务范围，已有的业绩既包括传统的建筑项目，如文化、教育、体育设施，也包括医养融合工程、区域性的产业园和城镇发展，还有不少交通设施、污水处理、综合管廊等市政项目。

从 2009—2015 年，工程投资咨询院主持或合作参与的服务项目有 16 项获上海市优秀工程咨询成果一等奖，包括上海张江神华煤制油研究中心项目（2015）、兰州西站城市配套二期工程（2015）、安徽大学艺术与传媒学院新校区（一期）建设项目（2015）、文登市养老产业发展实施规划策划（2014）、七彩云南·古滇王国文化旅游

◎ 七彩云南·滇海古渡大码头项目（来源：同济设计集团）

名城项目（2014）、常州市第一人民医院综合病房大楼（2012）等。另有27个项目获二等奖，30个项目获三等奖。

工程投资咨询院在海外项目咨询方面同样成绩斐然，成果既包括商务部援建的成套项目，也包括技术援建。已完成8个成套援建，即援建非盟会议中心、冈比亚国际会议中心、毛里塔尼亚办公楼扩建项目、菲律宾戒毒中心、几内亚议会大厦、非盟中非友谊花园、缅甸仰光综合医院和尼泊尔辛杜巴尔乔克县公立学校恢复项目；还有6个技术援助项目，包括援建瓦努阿图国家会议中心、老挝国际会议中心第二期、阿富汗共和国医院第二期、刚果（布）黑角卢旺基里医院第六期、莫桑比克国际体育场项目第二期等。最主要的援助区域是东南亚、中亚、非洲和拉丁美洲各国，包括"一带一路"经济带地区。这些海外咨询项目并非局限于中国政府援建工程，也有其他性质项目，项目类型涉及办公、酒店、城市综合体、教育、体育、文化、医疗、商业、市政以及各种工程，区域包括亚洲、非洲、拉丁美洲、欧洲和大洋洲。从2006—2018年，项目总量超过50个。

项目运营部

2008年签约上海中心项目后，为了配合设计集团不断增加的大型综合类项目的全面管理、全流程服务以及寻找新的市场机会，同济设计集团成立了直属机构——项目运营部。最初由副院长王健担任主任，主要成员包括陈继良、周瑛等，后改由陈继良主要负责。到2017年底，项目运营部共有员工36名，全部为本科以上学历，其中近6成为研究生学历。

从2008—2015年，项目运营部最主要的服务项目是上海中心等重大集团级工程的项目管理，包括组织各种部门和院内外百余名设计师、工程师共同开展工作，协调报审等。在上海中心项目中最初设计人员主要是从各院集中的一线设计人员，然而随着设计图纸的完成，主要设计人员返回原来的部门时，后续的施工等工作还需要进一步协调，因此，项目运营部又单独招收了一批建筑师，专门负责项目的总协调。项目运营部类似于同济设计集团的职业经理中心，为后续协调部门多、工作复杂的项目专职配合，同时充分利用既有的业绩和研究开展后续延伸业务和类型化的项目设计。

比如，在上海中心这一超级工程土建竣工后的两年内，除了配合完成消防验收，针对其后期运营，同济设计集团项目运营部参考美国商业项目的经验，开展了后续的拓展服务项目，比如"编制租赁协议"。这一后续服务包括四部分内容：第一，编制租赁平面，作为租赁合同的技术附件。第二，租赁谈判向小业主介绍现在空间基本的供给，比如荷载、供电量、空调供给等，交代租赁条件。第三，如果租户提出修改要求，为其提供技术咨询服务，负责局部修改。第四，审核室内装修图纸是否符合业主提出的租赁条件。⑤ 类似的延伸服务既充分利用工程建设已有的设计成果和设计建造过程中积累的专业经验，又是新的商业策略和拓展方向。反过来也会为今后的前期策划和设计积累业绩和经验。

⑤ 陈继良访谈。

除了超高层、大型综合体这样的建筑单体项目外，同济设计集团的项目运营部还有三大类项目，一是主题乐园，二是设计总承包，三是涉外业主项目。从 20 世纪 90 年代中期与境外事务所合作设计上海热带风暴水上乐园（合作设计单位：加拿大 Prosilde Technology LNE）开始，同济设计院见证了国内主题乐园发展的三个阶段，已完成数十个主题公园的设计，业绩在国内目前处于领先地位，主项目技术优势明显，并在向主题包装及设计总承包方向拓展，协助集团其他部门进行业务洽商及承接，并有意开拓主题乐园设计的前端，尤其是游乐设计规划方面的市场。2017 年，项目运营部负责 15 个主题乐园项目，包括：上海国际旅游度假区、北京环球主题公园和度假区哈利·波特魔法世界片区、山水六旗乐园系列、万达主题乐园系列、恒大海花岛主题乐园、郑州银基国际旅游度假区、世茂主题乐园系列项目等。设计总承包方面，完成蚂蚁金服总部、湖畔大学、阿里云总部、云谷学校等项目。还负责了罗氏制药（RICS）和保时捷两个涉外业主项目。⑥

◎ 武汉万达电影乐园（来源：同济设计集团）

质量控制与评奖创优

　　质量是企业生存的根本，创优是企业发展的引擎。对于建筑和市政设计这类企业，产品的质量和设计人员的专业能力是企业的核心竞争力。同济设计院的质量控制和创优管理经历了30余年的历史变迁：20世纪80年代以前，未设置专职管理部门，1990年成立总师室负责，到90年代末期推行ISO9001质量保证体系，发展到2011年以后成立技术质量部，2013年5月获得质量、环境、职业健康安全三体系认证。

成立技术质量部

　　同济设计院最初的技术管理主要由各室主任自行承担。1984年5月，王吉螽从院长位置退休后成为同济设计院第一位总建筑师，1988年后提升陆轸、吴庐生为副总建筑师，徐鼎新、蒋志贤为副总工程师。1987年，国家教委系统设计院开始推行全面质量管理，同年底，同济设计院成立TQC领导小组，开始制定和推行TQC全面质量管理体系。1990年底，同济设计院的全面质量管理体系通过了国家教委TQC达标验收领导小组的验收。为了对技术标准开展专项管理，1990年，同济设计院设立了总师室，由顾如珍担任副总建筑师，姚大镒担任总工程师，蒋志贤和路佳担任副总工程师。总师室后来还发展出技术管理、行业对接等多项职能。

　　1999年，同济设计院决定开始推行国际通行的质量保证体系ISO9001：1994标准。当年3月，贯标领导小组筹建成立。同年4月至7月，贯标小组完成了《质量手册》《质量体系程序文件》《质量体系作业文件》的编制工作。7月20日，经院长丁洁民批准后正式发布，当年8月1日开始在全院（不含分支机构）试运行。9月，同济设计院11位设计师先后通过上海市勘察设计协会培训，考试合格后获得了内审员资格。于是在10月、11月开展了两次内审，12月进行了管理评审。2003年，同济设计院又通过ISO9001：2000版转换认证，ISO9001认证范围扩大到设计院所属所有建筑类设计机构。

　　2011年4月，随着集团搬入新的办公空间，经院务会研究决定，梳理各部门职能，同时调整部门的名称，设立市场经营部、技术质量部、信息档案部、综合行政部和资产财务部5个职能部门。其中技术质量部由副院长、设备总工程师王健和总建筑师张洛先负责。技术质量部主要负责集团的质量管理，包括组织对设计选用的设计标准、规范、标准图进行动态管理、协助集团总师组织制订集团各项技术规定和技术措施、协助管理者代表组织质量、环境、职业健康安全管理体系的内部和外部审核、制定各级设计技术岗位人员的任职资格要求、组织开展对集团产品的质量检查工作、对设计项目有关不合格品评审、处置和纠正预防措施的管理、负责顾客在质量层面的满意度调查和数据分析等。

近年来，技术质量部主要有 10 名工作人员，其中部门专职工作人员 5 名，由张洛先担任技术质量部主任，俞蕴洁担任副主任，还有 4 名为专职总师，分别是执行总建筑师张洛先，结构专职总师郑毅敏、给排水专职总师归谈纯和电气专职总师夏林。专职总师主要负责参与集团级的大型项目，负责重要项目的技术审核以及制定集团标准等技术工作。

整个集团的项目主要分成两类：集团级和院级。对于企业发展和品牌营建影响较大的项目，无论规模大小，均被划为集团级项目，其审核必须由集团级总师介入管控质量，以实现优质的设计作品。此外，针对部分技术力量比较薄弱的设计部门，技术质量部也会把审核权收到集团层面。

同济设计集团的质量管理主要通过技术质量部管理人员、总师与各生产部门的质量管理团队共同实施。其中每个生产部门设置一位主管质量的副院长和一名质量秘书，每个项目再配备一名工程秘书。技术质量部通过这一管理条线可以深入设计部门进行质量控制。

三证合一的质量保证体系

在访谈中，负责设计集团质量管理的总建筑师张洛先和技术质量部副主任俞蕴洁详细介绍了同济设计院的质量控制管理的变迁，以及现有质量保证体系的独特性。[①] 他们指出，和强调质量检验的 TQC 相比，ISO9001 质量保证体系更强调过程控制。TQC 要求项目在交付之前判断其是否合格，剔除不合格的部分。ISO9001 则要求控制产品生产过程，尽力避免不合格品的产生。ISO9001 虽然比 TQC 更深入，但两者并非简单地从产品质量到过程监管的差别。比如 TQC 对交付目标的定义也会限制每一道工序，下道工序的要求就是前道工序的交付目标，这就是考虑上下衔接。但总体而言，ISO9001 质量保证体系更强调过程管控、目标策划和运行保障。TQC 是一次性的质量管理体系，而 ISO9001 以三年为一个认证周期，每年都有监察。

在引进了国际标准 ISO9001 质量保证体系以后，同济设计院

① "三证合一的质量保证体系"内容主要参考华霞虹对张洛先、俞蕴洁访谈。

又引进了国际标准的环境管理和职业健康安全管理两套体系，形成了三体系同步运行的系统，一套本土化的 ISO 体系。其中环境管理保证体系包括两部分：一方面是公司办公区域对周边环境产生的影响，比如污水废气的排放，或者是交通造成的影响；另一方面，也是更重要的是，设计产品建设运行整个生命周期对所在地环境产生的危害，即建成物究竟是绿色的还是高污染的设计产品，比如，通常建筑设计选用的空调设备只考虑室内的噪音控制，但设定室外噪音的衡量数值就属于建成后的环境管控，要求更高。另一套体系，职业健康安全管理则主要针对设计机构的场地，包括办公场所和施工服务现场的工作环境和工作氛围是否有利于员工展开工作，贴近人的需求。

同济设计院在高校设计院中是较早推行 ISO 质量保证体系的。随着社会的发展，该标准已经成为设计市场的准入门槛之一。需要指出的是，ISO9001 并非确定的标准，而是每个企业根据规范和自己的情况自行制定和完善的体系，既要与国际标准衔接，也需要考虑自身的推行能力和实施效果，因此是一个循序渐进的长期更新过程。

2017 年 11 月 1 日开始实施的 ISO9001 管理体系文件由技术质量部和综合行政部牵头，会同信息档案部、市场（品牌）运营中心共同编制和修订，内容包括 4 个分册：《质量、环境、职业健康安全管理手册》《质量、环境、职业健康安全管理·程序文件》《质量管理·作业文件》和《环境、职业健康安全管理·作业文件》。其中程序文件包括：文件控制、记录控制、内部审核、管理评审、能力、意识和培训控制、绩效监视和测量、知识管理控制等 19 个程序标准，关于质量管理的作业文件则涉及项目组织构架及流程控制、合同 / 标书评审、设计评审、设计产品交付、施工配合、工程回访和规范、标准、软件管理等 28 项管理规定和细则，覆盖设计业务的完整流程。同济设计院的管理体系规定，涉及质量管理体系的文件、与设计产品相关的环境管理体系文件以及与施工现场服务等相关的职业健康安全管理体系文件由技术质量部归口管理并负责解释；涉及与办公场所相关的环境管理体系文件以及除技术质量部归口管理的其他职业健康安全管理体系文件由综合行政部归口管理并负责解释。

在双重认证中，考虑到国际标准和中国标准是承上启下的关系，以及海外业务发展的便利，同济设计院在 2000 年初通过了 SAC 和荷兰 RVA 的双重认证，2013 年又通过了 CNAS（中国合格评定国家认可委员会）和美国 ANAB（美国国家标准协会—美国质量学会认证机构认可委员会）的双重认证，以提高市场竞争力和行业好感度。

TJAD 学院

企业规模的扩大，项目难度和进度要求的压力都对员工的专业能力提出了很高的要求，新员工需要尽快职业化、专业化，老员工也需要不断地总结经验，并始终保持与企业技术发展同步。2012年4月，同济设计集团正式通过了"高新技术企业"的认定，这对员工的素质和技能成长提出了更高的要求。技术质量部成立以后一直致力于员工培训，但是因为"培训时间与员工的工作安排发生冲突，培训的出席率不高，效果也不好"，因此决定创办类似企业大学的机构，以实现系统化的培训。

依托集团信息化建设的成果，2014年，同济设计集团主要依靠技术质量部和信息档案部合力创建了 TJAD 学院，[②] 旨在提升企业绩效和员工素质，增强员工对本职工作的能力，有计划地充实知识技能，发挥潜在能力，建设科技创新企业。学院根据各类岗位制定了培训课时要求和管理、专业技术、行政等各类课程体系。在集团 EKP 平台上开发了"TJAD 培训系统"，所有员工的选课、开课考勤、课件管理、考试评估和调研反馈等功能都可在网上便捷地实施。所有课程均为实体课程，并同时建立了课件及上课录像的数据库，以供学员在线查阅。

② TJAD学院的相关资料由技术质量部副主任俞蕴洁提供。并参考华霞虹对张洛先、俞蕴洁访谈。

第一年 TJAD 学院就设置了 67 门课程，共 549 学时，员工阅读点击次数近 13 000 次。培训内容分为专业和行政管理两大类。其中专业类又分成新员工的通识性教育和专业课程及学术讲座，前者主要帮助新员工对设计行业的工作有全面具体的了解，后者的授课主要理论联系实际，针对设计中的重点、难点、新规出台后的影响、跨专业的综合了解、项目总控、开阔思路等方面发挥作用。行政类的课程则更为轻松幽默，从如何提高工作效率、如何更顺畅地进行人际沟通、如何提高职业心理素养等方面入手培训，管理类课程包括对法律风险、财务管理、危机管理、压力管理等方面进行培训。还有一些实际操作训练课程，包括 Office 系列软件等，以及艺术欣赏课程。

此后数年，TJAD 学院不断增加和完善课程，并对员工

◎ TJAD学院学习现场（来源：同济设计集团）

培训课时做出了明确的规定，比如技术岗位新员工每年的课时要求是32课时。参与授课的讲师不仅包括集团内建筑相关各工种，以及市政、桥梁等专项的几十位总师和技术骨干，也包括从其他部门，比如高校、国内外的知名设计企业以及境外事务所聘请来的专家。2017年开设的122门、591学时的课程，集团内部的讲师包括79位总师或技术骨干，同时提高了外聘讲师的比例，邀请了来自同济大学、华东建筑设计研究院、上海市卫生建筑设计研究院、中国东北设计研究院、上海建筑设计研究院、第九船舶设计院、中国航空工程规划设计院、中国建筑科学研究院、绿地控股集团有限公司、凯德置地中国、SOM、SmithGroup JJR、LEED AP、Perkins+Will、DLR Group、Cuningham Group、加州理工大学、AutoCAD等单位共50多位专家为学员授课。

近年来，TJAD学院培训重点更专注于入职年限较短的技术员工，内容围绕每年的技术热点问题开设，比如"综合管廊、海绵城市、BIM技术、装配式建筑、绿色建筑"等，同时每门专业还增加课程，针对集团内外质量检查中发现的常见病进行汇总分析并讲解。此外，2017年还开设了"行政岗位专修班"，对各部门行政岗位秘书进行专业化的集中培训。与其他设计企业的培训学校相比，因为依托高校，TJAD学院的讲师资源充沛，课程内容丰富，并且"要求全员必须参加培训"，因此效果较为理想。

同济设计院的人才队伍建设以技术为核心。业务管理队伍，从集团的总裁、副总裁，院长、副院长、所长，到室主任、副主任，绝大多数属于技术型管理人员，是技术骨干组成的队伍。从技术和质量保证的角度而言，集团总师、各院总师、院内主任工程师三级技术人才的体系形成了设计产品质量和人才培养的强大后盾和坚实保障。

评奖创优

体现同济设计集团行业和社会影响力的指标，除了高于国家经济增长率的设计效益外，就是在各类重大奖项中的佳绩。

高校设计院的评奖创优有直属部委和地方建委两个归口，因此同济设计院可以同时申报教育部和上海市的优秀勘察设计奖项，获得高级别省部级奖项后可继续申报全国奖项。

一方面由于设计奖项设置较少，另一方面也囿于设计规模，缺乏报奖意识和系统报奖组织，在1995年以前，同济设计院获奖项目主要是国家教委和上海市勘察设计的优秀奖，级别大多为二、三等奖，类型主要是中小型文教类建筑。1995年同济大学逸夫楼获得的国家教委优秀设计一等奖是曾经获得的最高建筑设计奖项，后又荣获建设部优秀设计二等奖。

在新千年前后，同济设计院的获奖总量和级别明显提高。获得教育部优秀勘察设计一等奖的项目包括宁寿大厦（中国人寿大厦，2000）、同济大学研究生院（瑞安楼，2001）、同济大学中德学院大楼（2003）、钓鱼台国宾馆芳菲苑（2003）。前3者和南京路步行街均再度斩获建设部优秀勘察设计二等奖。同济大学中德学院大楼和钓鱼台国宾馆芳菲苑又于2004年双双荣获第三届中国建筑学会建筑创作奖优秀奖，这也是同济设计院第一次赢得这一奖项。次年，浙江省公安指挥中心（2005）、同济大学图书馆改建、同济大学汽车学院一期工程三项工程荣获建设部优秀勘察设计一等奖，前两者又获全国优秀工程勘察设计银奖。

◎ 研究生院大楼瑞安楼（1998）（来源：同济设计集团）

自1986年至2018年6月，同济设计院共有395个项目获上海市优秀设计奖，267个项目获教育部优秀设计奖，186个项目获全国优秀勘察设计行业奖，8个项目获全国金银铜奖，14个项目获香港两岸四地建筑设计大奖，3个项目获亚洲建筑师协会建筑奖。167个项目获上海市建筑学会建筑创作奖，167个项目获中国建筑学会建筑设计奖。仅2017年度就全国优秀工程勘察设计行业奖53项，其中公共建筑设计获五个一等奖，还获得上海市优秀设计奖71项，教育部优秀设计奖27项，香港建筑师学会两岸四地建筑设计大奖8项，中国建筑学会建筑设计奖5项，上海市建筑学会建筑创作奖22项和上海市优秀工程咨询成果奖19项。

◎ 2016年获中国建筑学会建筑创作奖金奖的范曾艺术馆外景与三层屋顶合院（来源：同济设计集团）

因为教育部与上海市的优秀设计属于平级的奖项，但是其评价标准各有侧重。教育部奖项重视原创性和文化价值、社会效益，而上海市奖项则对项目的规模和技术的复杂度更为看重。为了提高集团总体的报奖成功率，技术质量部必须协助生产部门进行取舍和抉择，并审核成果文本，使之符合报奖的内容和格式要求。近年来，同济设计院每届向教育部和上海市申报的优秀项目有接近100项，其中以上海市的略占多数。③ 在获得教育部和上海市奖项后，设计院会继续申报全国和国际奖项。

③ 2018年1月26日，华霞虹访谈张洛先、俞蕴洁，地点：同济设计集团503会议室。

同济设计院的总师团队和技术质量部也积极担任行业团体职务并参与各类级别的行业奖项的评委工作，比如张洛先担任中国建筑学会建筑师分会第六届理事会理事、上海市建筑学会第十二届理事会常务理事、中国医院协会医院建筑系统研究分会第二届委员会委员和上海市绿色建筑协会规划与建筑专业委员会副主任委员。

◎ 2013年9月，同济设计集团一楼展厅内行业奖评审（来源：同济设计集团）

周建峰担任中国建筑学会工业建筑分会理事、中国勘察设计协会建筑设计分会信息化委员会委员、中国勘察设计协会信息化工作推进委员会委员、上海市建筑学工业化建筑专业委员会副主任和上海建筑学会历史建筑保护专业委员会委员。归谈纯担任上海市建筑学会理事兼建筑给水排水委员会副主任委员、中国勘察设计协会高校分会给排水专业委员会副主任委员、中国建筑学会建筑给水排水研究分会常务理事和中国勘察设计协会水系统工程与技术分会常务理事。郑毅敏担任中国钢结构协会预应力结构分会理事、上海市土木工程学会预应力专业委员会常务副主任委员和上海市建筑学会结构专业委员会委员。夏林担任中国建筑学会电气分会常务理事、中国建筑学会建筑照明专委会主任委员和中国勘察设计协会高校分会电气专业委员会副主任委员。俞蕴洁担任上海市建筑学会副秘书长、上海市勘察设计协会副秘书长和中国勘察设计协会建筑设计分会副秘书长。2017年，丁洁民、张洛先、归谈纯担任全国优秀工程勘察设计行业奖评委，张洛先、归谈纯、郑毅敏、夏林担任上海市优秀勘察设计评委，归谈纯、夏林担任教育部优秀设计评委，通过参与评审，不仅能更好地理解评审规则，并能增强在行业中的影响力和话语权。

集团内部奖项

集团外部的奖项主要表彰的是建成作品，而且常常倾向于规模和级别较高的类型，负责人大多为资历较深的设计师。为了鼓励集团内部的创新积极性，尤其是年轻设计师的职业热情，集团的行政和技术管理层提出要设立集团内部的奖项。

最早设立的是集团建筑创作奖，这是2005年都市院成立后由都市院院长，也是设计院副院长吴长福和设计院总建筑师张洛先等共同发起和倡导的，目标是鼓励优秀的建筑创作，因为这是"企业的生存基础"，也是"服务社会的核心竞争力"。该奖项最初主要针对青年建筑师，因为他们的成果可能尚未达到获得行业奖的高度。参选项目也不限制规模、类型和是否完工，既可以是实际项目，也可以是概念方案。评判标准强调原创性，与很多以市场和经济效益为导向的招投标和业绩考核标准有所区分。为了公平起见，集团会邀请外部的专家进行评选，近年来还采取集团内相关建筑师回避的政策。举办了几届后，这项活动获得了较高的认同度，虽然奖金不多，但是荣誉感很强。后来一些设计院的重量级设计人物也表示要参加评选，于是创作奖逐渐演变成代表集团最高创作水准的设计奖。④

◎《TJAD建筑创作奖十年2005—2014年》出版物封面（来源：同济设计集团）

④ 张洛先、俞蕴结访谈，吴长福访谈。

2015年，"建筑创作奖"满十周年时，集团举行了"十年获奖作品回顾展"，并出版了由吴长福和张洛先主编的《建筑创作奖十年2005—2014》。在题为"精心谋谟、精准创作"的导论中，吴长福全面回顾了"建筑创作奖"所体现的设计价值观，以及获奖的作品、建筑师、评奖的标准和历程。从获奖的类型来看180个获得一二三等奖的项目涵盖十多种建筑类型，其中表现最为突出的是文化类建筑项目和教育类项目，分别占获奖总数的37%和25%，这与在集团项目总数和总产值中这两类项目5%左右的占比形成对比。

359位获奖建筑师包括老中青三代，遍及集团各设计部门。既包括像戴复东、吴庐生、郑时龄这样依旧活跃在一线的院士和建筑设计大师，也包括集团中坚力量的青壮年建筑师，如任力之、曾群、钱锋、章明、李麟学、张斌、王文胜、江立敏、王建强、蔡永洁、谢振宇、汤朔宁、陈剑秋、张鸿武、甘斌、韩冬等，还有脱颖而出的年轻建筑师，李立、邹子敬、陈大明、周峻、徐更、潘朝辉、史巍、董建宁、贡坚、连津、吴敏、戚鑫、朱政涛、成栋、胡军锋、苏腾飞、彭璞、周亚军、丁阔、陈琦、赖君恒、崔鹏、戴鸣、李恒等。为了彰显为设计院做出巨大贡献，却常常甘居幕后的女建筑师的贡献，吴长福特意梳理出，获奖建筑后面还有一批成绩非凡的女建筑师，如赵颖、文小琴、马慧超、吴杰、张姿、周蔚、姜都、刘灵、司徒娅、吴丹、孙黎霞、周韵冰、臧玥、蒋奕、董英涛等。为了充分体现建筑创作中的思想过程，创作奖作品集收录了大量的设计过程草图。更可贵的是，该作品集并未只强调同济设计集团的集体品牌，而是把作品和建筑师列到同等重要的地位，每个作品都列出主要创作者的姓名，充分体现了对创作者的尊重和揄扬。[1]

为了表彰和鼓励其他专业工程师的创新设计，2011年在设计集团内部设置了结构创新奖，2017年又增设了科技进步奖、机电创新奖、细部设计奖等。其中有些奖项的设置最初来源于各生产单位内部的评优活动，因为创意新颖、效果好，后来被扩展至集团层面。比如细部设计竞赛最初是建筑四院的内部评选活动。⑤ 将各专业的优秀设计通过公开的展示和评选，形成了不同部门之间的交流和相互学习氛围，既有利于促进技术进步，也能形成良好的创新企业文化。

⑤ 2018年5月9日，邓小骅访谈江立敏，地点：同济设计集团503会议室。

集团内部的"创作奖"和"创新奖"，在"激励和表彰优秀设计作品和设计团队"，"营造良好的学术交流氛围的同时"，事实上也为"推动各级行业与学会设计奖的申报提前做好了技术准备"。[2]

凭借良好的效益，不断完善的质量管理和持续的创新创优能力，同济设计集团在国内外各类行业的评比

◎ 2017年度 TJAD 建筑创作奖终评（来源：同济设计集团）左排评委（从左向右）：张洛先、董丹申，右排评委（从左向右）：汪孝安、吴长福、沈迪

中屡屡获优，比如，2012年荣获由十三个部委联合审批的"国家工程实践教育中心"称号，2014年上海建设工程勘察设计质量先进单位，2017年度"勘察设计行业实施卓越绩效模式先进企业"称号和上海市交通建设行业"十佳"勘察设计企业称号等。在 2017 ENR/ 建筑

◎ 2017年度TJAD建筑创作奖展览（来源：同济设计集团）

时报"中国工程设计企业60强"榜单中位列第10，2018年荣获美国《工程新闻记录》ENR"全球工程设计公司150强"第70位，系连续3年荣登该榜单，且较上一年上升9个名次。

参考文献

[1]　吴长福.精心谋谟、精准创作[M]//吴长福，张洛先.同济大学建筑设计研究院（集团）有限公司建筑创作奖十年2005—2014.上海：同济大学出版社，2015：6-11.

[2]　吴长福，汤朔宁，谢振宇.建筑创作产学研协同发展之路：同济大学建筑设计研究院（集团）有限公司都市建筑设计院十年历程[J].时代建筑，2015，（6）：150-160.

大院里的建筑师工作室

在新千年前后，在国家相关政策的鼓励下，中国勘察设计咨询企业的所有制结构呈现多元化的趋向。1999年底，非国有经济比例为17.6%，不到两年，这一比例就提高到28.8%。[1] 2001—2003年，上海按照建设部标准批准通过的设计事务所为49家，其中报建设部批准的有13家。[2] 除了这些拥有资质的设计事务所，还有众多因各种原因未取得资质，但其业绩在业内已造成有目共睹的影响。从20世纪50年代初开始按照苏联模式公有制化的大型设计院一统天下的组织结构在半个世纪以后，因为中国建筑行业的市场化转型发生了急剧的改变。而按照中国城市化发展的速度，房地产市场将存在很多机会进一步刺激中小型设计事务所的发展。尽管同济设计院从合并开始就提出了做大做强的目标，并迅速成长为规模超过千人的大型设计企业，但是高校设计院的传统优势始终在于人才资源和技术创新上。要做强，要进入高端市场就必须依靠技术创新，在这一点上，精英型的中小型设计团队有其独特的优势。因此组织"大院里的工作室"成为"国内大型建筑设计机构独创的一种模式"。①鉴于同济设计院七成以上的业务是建筑类项目，并且如今即使是路桥等市政工程也越来越需要形象和景观的设计，因此与建筑城规学院的教授们合作成立"大院里的建筑师工作室"是同济设计院在新千年以后的主要策略。

建筑系教师工作室与同济设计集团的合作方式主要有两类，一类是直接在同济设计集团旗下成立以教授姓名命名的工作室，由设计集团统一管理合同、财务和技术质量，深化设计主要与集团其他综合院合作完成，成果单位显示为"同济大学建筑设计研究院(集团)有限公司"和"同济大学建筑与城市规划学院"，比如常青、吴长福、钱锋、徐风、蔡永洁等教授的工作室。另一类是创作能力强的中生代建筑师，自己组建团队成立了独立品牌的建筑工作室，一般采取独立的经济核算和技术管理，与同济设计集团根据需要开展项目合作，成果发表和奖项申报时，可分别或同时显示独立工作室和"同济大学建筑设计研究院（集团）有限公司"的品牌。后一类如章明和张姿创建主持的原作工作室、张斌和周蔚创建主持的致正工作室、李麟学创建主持的麟和工作室、袁烽创建主持的创盟国际、李立创建主持的若本工作室等。产学研结合是所有这些建筑师工作室的核心竞争力，很多工作室以特殊类型建筑设计见长，如徐风团队的音乐厅建筑、李立团队的博物馆建筑、袁烽团队的数字化设计和建造

① 王健，《也谈大院里的工作室》，新空间（CCDI），2010年。

等。因为大量高质量研究型设计项目的业绩积累，无论在前期投标，还是在后期的评奖创优、发表出版中，他们的设计都获得了有目共睹的成绩，为同济设计集团带来了众多实践机会和荣誉。

没有创作室

从20世纪80年代后期开始，建筑工程项目开始需要通过招投标赢取，而不是靠直接计划委托。这是建筑设计市场化的重要标志。为了集中设计力量开展方案创作，在20世纪90年代，国内的大型设计院纷纷设置了方案组或创作室，由资深设计师（后来基本都成为勘察设计大师）领衔带着年轻的创作能力强的建筑师专做投标项目，以提高中标率。这些创作中心对设计单位开拓市场、塑造原创品牌具有至关重要的作用。比如中国建筑设计研究院由2011年当选为中国工程院院士的崔恺领衔的创作室，华东院由2011年被授予全国工程勘察设计大师称号的汪孝安领衔的创作中心等。高校设计院也不例外。比如华南理工学院设计院也于1999年底"增设何镜堂工作室，命名为创作室，聚集设计院内创作能力强的建筑人才和在读研究生共同工作，以建筑方案创作为主"。因为适逢1999年下半年建设部颁布了《招投标法》并从2000年开始正式实施，华南理工学院设计院"在国内众多重要设计竞赛中屡屡中标"，于是研究生导师负责的工作室模式成为华南设计院的重要组织模式。

然而，在同济设计院的历史上，从没有正式成立过单纯以方案创作为主的方案组或创作室，基本保持了创作和实施一体化的模式。其原因同样也是高校设计院的优势。在20世纪90年代市场经济的初期，建筑系的教授带领研究生开展创作，加上创作能力强的研究生进入设计院后直接参与投标，就是同济设计院最初的方案组群。比如说90年代中后期，为发挥教授治学的积极性，同济建筑系成立了以教研室责任教授命名的研究室，如戴复东、卢济威、郑时龄、莫天伟、赵秀恒、刘仲、刘云、常青、刘克敏（美术，室内外艺术）等多个教授工作室，[②] 这些教授带领研究生开展了较多的工程实践和投标工作，其中很大一部分在技术深化和施工图阶段得到了同济设计院的支撑。

② 赵秀恒访谈。

从1992年开始，从各大院校毕业的建筑学硕士先后进入设计院，成为创作主力，比如从东南大学建筑研究所毕业、师从齐康的陈继良；从同济大学建筑系毕业、师从卢济威的曾群、陈屹峰、文小琴，师从戴复东的柳亦春，师从来增祥的马慧超，师从郑时龄的李晓东、庄慎、华霞虹，师从余敏飞的刘家仁等。加上毕业留校的青年教师，

如章明、张斌、李麟学、王
方戟、袁烽、汤朔宁、李立等。
因为同济大学建筑城规学院
在国内规模最大，加上教授
们前期的实践积累，同时考
虑到当时同济设计院的人员
和产值规模相对不大，这样
的组合模式已经足以满足生
产需求，并且一如既往地保
持了同济大学"群峰耸立"而
非"一枝独秀"的学术环境特
点。而跟随导师参与的实际
工程成为在1990年至2000
年间获得学士和硕士学位的
同济中生代建筑师最早积累
的创作经验。比如章明、张
姿与导师郑时龄合作创作的
格致中学（1994）、朱屺瞻艺
术馆（1994），李麟学参与导
师刘云的设计实践，完成中
国人民银行无锡分行、上海
七宝中学，张斌与孙光临等
参与导师卢济威的静安寺广
场等城市设计，袁烽在攻读
博士期间跟随导师赵秀恒一
起参与清华大学大石桥学生
公寓（2000）工程等。

◎ 上图 1998年，上海复兴高级中学会堂和体育馆（来源：郑时龄提供）
◎ 下图 清华大学大石桥学生公寓（来源：赵秀恒提供）

　　在新千年前后，由于上海城市建设的快速发展，以及同济建筑
系一贯宽松、民主的学术氛围，这些1965年至1975年间出生，当
时只有30岁左右的青年设计师和青年教师，在公开的校内和市场
的方案设计竞赛中不断脱颖而出，并在师长的指导和支持下在三五
年内就通过大量真刀真枪的历练成长为实际项目的工种负责人，甚
至破格成为工程负责人，这是一段很难复刻的历史。在20世纪90年
代末和21世纪初，需要通过招投标获得设计项目的市场刚刚全面形成，
国际建筑师尚未大批进入中国市场，同济建筑系师生等高校设计力
量的方案创作能力是他们赢取项目的关键。而当时同济设计的整体

规模较小，设计的类型大多为小型的文教类公共建筑，设计创意是方案获胜的关键，总体技术难度又较小，非常适合新生力量边做边学。同样不容忽视的是学校"传帮带"的传统，不仅因为本有的师生关系，即使并非真正的师生，设计院的资深设计师均把自己定位为老师，总能无私地将全部技术向年轻设计师倾囊而出，并且阐明工程原理。对于当时只会做方案不熟悉施工图的青年教师来说，从设计院借阅施工图也是快速学习的途径之一。正是以上诸多因素的综合，这一段幸运的快速成长期为同济中生代建筑师现今成为上海，乃至全国和国际上具有良好知名度和影响力的中国建筑师代表奠定了扎实的基础。

"50位中国建筑师去法国"

翻看同济设计院今天最活跃的中生代建筑师，包括兼顾教学和实践的都市院旗下的建筑师的简历，通过为院史研究展开的相关建筑师访谈中都可以发现，在新千年前后，有一个国际文化交流项目对这一代建筑师的独立实践产生了深远的影响，那就是1997年法国总统希拉克访华期间在上海提出了"50位中国建筑师去法国"的文化交流计划。该计划从1998年开始实施，每年由法国政府向30岁左右，有5年至10年相关工作经验的中国建筑师、规划师和景观设计师颁发进修奖学金，资助他们前往法国进行专业学习，还可以进入法国设计师的事务所实习。该项目于1998年启动，当时计划的期限是3年，名额为50人。2000年在中法两国首脑的共同推动下，项目期限延长，名额增加到100个。最后到2005年5月正式结束时，约150位中国建筑师、规划师和景观设计师受益于这一非凡的中法文化交流项目，这些设计师今天多已成为中国建成环境设计领域的中坚力量。

当时担任同济大学副校长，分管外事的建筑系教授郑时龄是这一项目的中方负责人，因此，同济大学有诸多年轻设计师和教师参与了这一项目。其中赴法交流一年的包括当时在建筑系任教的青年教师张斌（1999—2000，法国巴黎Paris-Villemin建筑学院进修，Architecture Studio事务所工作实习）、李麟学（2000—2001，巴黎Paris-Belleville建筑学院进修，法国Odile Decq建筑事务所工作实习）、庄宇（法国南特建筑学院进修，AIA建筑师事务所和夏邦杰建筑师事务所实习）、张凡，规划系的卓健和景观系的周向频，还有同济设计院的任力之（法国Paris Villmin建筑学院进修）、朱小村，参加3个月短期交流的包括设计院的王建强、周建峰（法国国营铁

◎ 2001年,法国 Odile Decq建筑事务所工作实习后送别仪式,右起分别为:李麟学、事务所主要成员 Peter Baalman,事务所创始人与主持建筑师 Odile Decq,左一为事务所建筑师 Vincent Callebaut(来源:李麟学提供)

路公司,SNCF 进修实习)、施一平(南昌分院),规划系的王伟强等。在该项目正式启动之前,建筑系青年教师章明已在法国巴黎机场公司 ADP 国际设计部师从保罗·安德鲁(Paul Andrew)参与实践 10 个月,安德鲁当时正在参与中国国家大剧院的投标。新千年前后在法国的学习、游历和实践一定程度上推动了同济中生代建筑师在上海创建独立工作室的进程, 比如李麟学在法国学习回来后就于 2000年成立了麟和工作室,章明与张姿于2001年成立了原作工作室,张斌与周蔚于 2002年成立了致正工作室。

比"50位中国建筑师去法国"项目更早开展,持续更久的另一个国际交流项目是同济大学与意大利帕维亚大学合作主持的国际联合设计。从 1996年开始,每年同济大学建筑系派出一位教授领衔,带领4位青年教师或研究生赴意大利帕维亚大学,与欧美多国建筑系大学生开展联合设计研讨会。在出国交流尚未全面开展的20世纪90年代中后期,这是同济建筑系大批青年教师第一次出国交流的机会。后来成为同济设计中生代建筑师代表的多位教师, 如 2015年同济大学建筑城规学院院长李振宇提出的"同济八骏"所包含的 11组共 14位由同济大学建筑系培养的中生代建筑师中,③ [3] 王方戟、张姿、张斌、袁烽、陈屹峰,以及同济设计集团副总裁汤朔宁,建筑城规学院副院长李翔宁等均曾得益于该项目。

③ "同济八骏"的说法由现任建筑与城市规划学院院长李振宇于2014年5月同济大学107周年校庆期间提出,主要包括任力之、曾群(同济设计院)、章明＋张姿(原作建筑工作室)、王方戟(博风建筑工作室)、童明(童明工作室)、张斌＋周蔚(致正建筑工作室)、柳亦春＋陈屹峰(大舍建筑设计事务所)、李麟学(麟和工作室)、袁烽(创盟国际)、庄慎(阿科米星建筑设计事务所)和李立(若本建筑工作室)共11组、14位成员,他们均为出生于1966年至1973年、于1985年至2005年间从同济大学建筑系获得学位的中生代建筑师。

在同一时期，同济设计院也派出一线骨干青年建筑师前往境外事务所短期实习，比如在建筑专业室任职、后来成为一院院长的曾群、2001年与庄慎④、陈屹峰创建大舍建筑事务所的柳亦春均曾被派往美国 RTKL 事务所交流 3 个月。

④ 庄慎于 2009 年离开大舍建筑设计事务所，与任皓合伙创建了阿科米星建筑设计事务所。

建筑师工作室与设计院的合作共赢

相对于拥有独立资质的单项建筑师事务所，大院内以及与大院合作的建筑师工作室在经营和资质管理上压力有所减轻，人事招聘、员工落户等行政事务也可以依靠大院得以分摊。在项目实践中，通过与设计院其他综合院所合作，可以与结构、机电设计师建立更为长期稳定的合作关系，有利于项目的高效高质实施。而大院通过明星或专长型工作室的加盟，不仅可以增加市场竞争力，扩大业务量，后者在科研学术和评奖争优中的实力也提升了大院的品牌价值和原创成就。

建筑师工作室与设计院的合作重点主要有三：一是工程合作，主要由建筑师竞标争取有影响力的项目，由设计院提供后期深化和多工种的技术配合；二是科研合作，主要是合作开展科研项目，申报科研课题，撰写学术专著，甚至共建省部级或国家级的专项研究中心；三是评奖创优的合作。这三种合作过程彼此交织，相辅相成，其中穿插教学及研究生培养项目，总体而言都属于产学研互相促进的模式。

因为在博物馆建筑设计中的出色表现而几乎被贴上"博物馆建筑师"标签的同济建筑系青年教授李立于 2003 年从东南大学师从齐康院士获得博士学位，后进入同济大学建筑与城市规划学院博士后科研流动站，师从同济建筑系教授卢济威继续学习，两年后留同济任教。他近 10 年的建筑实践及成就与同济设计院的合作密不可分。

2007 年，李立参加洛阳博物馆新馆投标，在国内外 20 多个方案中通过 4 轮比选获胜后，经孙彤宇等老师牵线，与设计三院王文胜团队开展深化设计合作，并从此建立了长期的合作关系，共同完成了多个博物馆设计项目并获得诸多重要奖项，包括无锡阖闾城遗址博物馆(2010)、中华玉文化博物馆(2011)、山东省美术馆(2012)等 10 余项工程。其中洛阳博物馆新馆获上海市优秀勘察设计一等奖（2011），山东省美术馆获全国优秀工程勘察设计行业奖一等奖（2015），无锡阖闾城遗址博物馆获中国建筑学会建筑创作奖银奖（2016）。

2017 年，李立团队经过一次国际青年建筑师竞赛和 4 轮激烈的

◎ 2017年,上海博物馆东馆西立面效果图和第5轮鸟瞰效果图(来源:李立提供)

◎ 2017年上海博物馆东馆绘制在飞机废物袋上的草图(来源:李立提供)

国际招标,最终在上海博物馆东馆的竞争中获胜。上海博物馆东馆(下文简称"上博东馆")是2016年开始国际方案征集的浦东三大馆(歌剧院、美术馆、博物馆)之一,也是唯一由本土建筑师中标的文化建筑项目,因此也是同济设计院继上海中心后又一个重量级地标性工程。该项目位于浦东杨高路世纪大道东南角地块,东临上海科技馆,隔着世纪大道北面为东方艺术中心。上博东馆以展示中国传统书画和古代工艺品为主要特色,李立选择采用规整的长方形体量回应周边复杂的城市环境,简洁的形体处理凸显安静内敛的文化特质。针对不同方向的场地特征,四个立面呈现出不同状态的公共空间,外立面用曲面白色大理石和打印大理石纹理的玻璃形成统一端庄的形象。与人民广场的博物馆采用"天圆地方"的理念不同,上博东馆的概念是"海陆交汇",曲线象征海洋,平整的立面象征陆地,体现上海的地理特征与海派文化。在东馆屋顶还有一座按1∶1比例建造的小型江南园林作为公共休憩场所,将古典园林这一古代文人的生活空间实景与室内展示的传统文人器物相融合。11.3万平方米的上博东馆已被设计院列为集团重点工程,李立团队与设计一院组成了联合工作团队,正在全力推进工程深化设计。

◎ 2010年,李立在无锡阖闾城遗址博物馆工地(来源:李立提供)

作为教师,李立并没有太多的精力经营工作室。早期的工作方式主要是李立构思方案绘制草图,由合作者高山和研究生绘制成电脑图纸。直到2015年5月,相对正式的若本建筑工作室才算成立。虽然项目大多在外省市,李立坚持通过现场勘察来确定设计概念,施工阶段则会经常下工地现场配合,其中阖闾城遗址博物馆项目甚至跑了100多次工地。若本建筑工作室迄今只有5人,规模太小,培养团队是一个长期的挑战。由于工作室把重点都放在前期方案设计和后期跑工地控制现场施工质量上,因此中间环节的施工图纸深化设计依托与设计院合作完成算是一种比较可行的模式。⑤

其他建筑师独立工作室均已从最初成立时的2人至3人扩展到20人以上的规模,不过均为建筑设计单项业务,且并未申请独立资质,因此与设计院合作共赢的成果同样显著。如张斌、周蔚主持的

⑤ 2018年5月11日,邓小骅访谈李立,地点:同济设计集团503会议室。

致正工作室与同济设计院合作项目近20项。章明、张姿主持的原作工作室与同济设计院合作项目近90项。李麟学主持的麟和建筑工作室从2000年成立至今与同济设计院合作，已完成设计、建成与在建项目50余项目，获得国内外设计奖项30余项。李麟学团队与设计院合作国家课题1项、校内研究课题2项，包括国家自然科学基金面上项目"基于生态化模拟的城市高层建筑综合体被动式设计体系研究"，与暖通专业总工程师王健合作完成的同济大学建筑与城市规划学院高密度人居环境生态与节能教育部重点实验室科研项目"能量形式化与热力学建筑前沿理论建构"等。此外还共同设立了"能量与热力学建筑中心CETA"，出版著作2部，并推动多项国际合作与学术交流。袁烽团队与同济设计集团合作，通过两年建设，于2016年成功获批上海建筑数字建筑工程技术研究中心。

◎ 同济大学浙江学院图书馆（来源：同济设计院提供）

由于原创性及产学研结合的优势，近年来同济设计院荣获的最高级别的国际和国内建筑设计奖中，建筑系教授主持的建筑师工作室的作品占到可观的比例。张斌、李麟学、章明、李立、汤朔宁和袁烽均曾荣获中国建筑学会青年建筑师奖。项目获奖比如：2015年度，原作团队的范曾艺术馆和李立、王文胜团队的山东省美术馆获全国优秀工程勘察设计行业奖公建一等奖。2017年度，徐风工作室的上海交响乐团迁建工程获全国优秀工程勘察设计行业奖公建一等奖，张斌团队的同济大学浙江学院图书馆和钱锋、汤朔宁团队的遂宁市体育中心获全国优秀工程勘察设计行业奖公建二等奖。在2017年香港建筑师学会两岸四地建筑设计大奖的名单中，获得金奖的是蔡永洁工作室主持的"5·12"汶川特大地震纪念馆，获得银奖的是原作工作室的范曾艺术馆和上海延安中路618号修缮项目——解放日报社，以及致正工作室的同济大学浙江学院图书馆。麟和工作室的南开大学津南校区学生活动中心、致正工作室的上海市闵行区中福会浦江幼儿园和庄宇团队的杭州桥西直街 D32 商业街区——杭政储出 32 号地块则获得提名奖。

作为一种人才战略的工作室

大院内的工作室并非仅限于建筑专业,同济设计院从 2009 年起通过引进中国第一位得到国际汽联认证的可设计国际赛车场的设计师姚启明后成立的"姚启明赛车场设计与安全研究工作室"(2007),2018 年更新为"汽车运动与安全研究中心",主要研究方向是道路交通和汽车安全。此外,除了与高校教授或外部特色工作室合作外,"大院内的工作室"也是中国大型设计院充分利用院内人才和大型设计机构项目优势的一种策略,比如在行业和学界均具有显著影响力的中国建筑设计研究院的崔恺、李兴钢建筑工作室。设计院必须做大,因为只有拥有一定的规模,经营、组织和技术能力才有机会通过大量的工程实践不断提高,积累经济、技术和人才基础。然而,不断做大只能是手段,做强才是目的,否则就只能是低端流水线工作,效率和效益都不高,而且只能以利润最大化为导向,不利于产品质量的提高、持续稳定的增长和进入高端市场。做强从来都不是做大的自然结果,但通过精心经营实现做强才是持续做大的基础。然而,为了提高政策的连续性和经营效率,同济设计院从 1998 年开始中高层的管理人员基本处于长期稳定的状态,阶层的固化对于年轻人才的成长是一种挑战。今天中国的大型设计院常常面临"铁打的银盘流水的兵"这样的人才流失状况,工作 3 年后离职的现象不在少数。为了留住人才,大院的管理机制必须有所创新。

从 2000 年 7 月起一直担任同济设计院管理者的王健,历任设计院副院长、常务副院长、党委书记、集团副总裁,2018 年 2 月被聘为同济设计集团总裁。他曾多次撰文探讨大型设计机构的机制建设,对"大院里的工作室"的作用和优势有着深入的分析。他认为,在市场经济中,大型商业设计公司和明星型事务所采用的是完全不同的经营策略,"大院里的工作室"试图在两者之间逐渐建构桥梁。这种在体制内的创业试图探寻一种共赢模式,"一种既能获得职业认同感又能利用公司品牌和资源的'最佳途径'"。对于大院管理者而言,设立工作室,一方面可以"留住人才",还能"在公司的品牌上附加'明星'价值,用'明星'效应提升公司品牌的知名度,推进'双轮驱动'的品牌战略。在公司经营上,用'明星'建筑师去增加市场触点,扩展经营纬度,实现'交互营销'的经营战略"。而对于大院里的明星建筑师而言，"大院作为平台"，一方面可以减轻直接面对市场竞争和资质管理的压力，另一方面又可以稍微跳出大型设计公司以利润为导向而对建筑创作、技术研发所造成的阻碍，实现对作品质量和设计思想的追求。⑥

⑥ 同①

　　但是"大院里的工作室"这种"若即若离"的松散型管理关系尺度如何把握才能真正实现彼此依存的共赢。除了如何选择人选、控制数量和开展考核以外，最大的困难还有三个方面：第一，如何避免造成内部不公和对资源共享和设计流程专业化这些大院优势的瓦解？第二，如何避免工作室陷入追求利润，不断扩张做大，成为一个新的综合所，失去了追求原创性和思想性的初衷？第三，如果工作室脱离母体成为独立法人公司，事实上也并非这类机制的理想目标。⑦

⑦ 同上。

　　在建筑设计市场竞争越来越激烈，规范越来越严苛的背景下，理念与技术的创新均需要制度创新的支持。对于像同济设计集团这样的超大型本土国营设计企业而言，更好发挥自身的平台作用，通过发掘具有创新研发能力的建筑和工程设计团队，建立有效的激励和考评机制，孵化和长期运营具有理念和技术核心竞争力的特色工作室，实现平台与个体的互补共赢，应是未来可持续发展和长久强大的策略之一。

参考文献

[1]　史巍.上海现象:对建筑设计公司的调研[J].时代建筑,2003,(3):20-23.
[2]　李武英.设计事务所发展空间很大[N].建筑时报,2003-03-31(7).
[3]　同济大学建筑与城市规划学院.同济"八骏":中生代的建筑实践[M].上海:同济大学出版社,2017.

技术发展与品牌运营

如果说稳定有效的经营管理和质量保障是设计院做大做强的基础，那么前沿创新的技术发展与品牌运营就是设计院持续做大做强的关键，只有双管齐下，才能保持中高端市场和行业及社会影响力，成为"具有全球影响力和竞争力的一流设计咨询企业"①。随着市场竞争的不断加剧，企业规模的不断扩大，技术的攻关与品牌的提升都需要专门化和专业化。依托高校的学科与人才优势，同济设计集团近年来主要通过设置专属技术发展部、品牌运营中心，引进高端人才，与长期从事前沿专项研究的特色团队联合争取国家级和省部级的技术研究中心，与院系所紧密合作开展产学研协同来实现技术创新、文化品牌建设、人才及团队的培养。

技术发展部②

同济设计集团旗下两个直属机构——项目运营部和技术发展部都是因为 2008 年承接了上海中心大厦的合作设计协议后为这一超级工程而先后建立的。与市场经营部、综合行政部和技术质量部这些以项目管理为目的的职能机构不同，项目运营部和技术发展部是与设计部门平行的旁支机构，是随着项目的规模和复杂度不断增加，市场竞争日益加剧而催生的精细化分工的部门，主要服务于集团和设计部门重大项目的运营和技术支持。通过项目实践的支撑，逐渐形成运营和技术方面的专项优势，可以进一步拓展市场，至少可以提高集团的软硬技术优势，提高集团整体的竞争力。2011 年，同济设计院被认定为高新技术企业，享受企业所得税 15% 的优惠政策，其中技术发展部被认定为"上海市企业技术中心"。在其后每三年一次的高新企业专项审计中，同济设计院均复审通过。

2008 年，技术发展方向最早成立的是汪峥、王颖负责的建筑节能与绿色建筑研发中心和张东升、张峥等 3 人组成的 BIM 中心，后者主要辅助上海中心超高层的复杂结构和空间的图纸绘制。在配合上海中心项目的过程中，技术发展部的规模和业务逐渐发展，开始为院内其他项目配合三维辅助设计。2010 年，技术发展部专门成立了超高层结构技术工程中心和大跨度钢结构技术工程中心，分别由吴宏磊和张峥负责。随着业务的发展，2013 年，进一步成立了消防咨询、科研管理和声学咨询小组。由于 2016 年设计集团联合建筑与城市规划学院成功申请到上海建筑数字建造工程技术研究中心；次年，技术发展部旗下又新成立了 4 个工程中心，专项研究

① 2018 年 6 月 1 日，同济设计集团正式发布的企业愿景：成为受人尊敬的具有全球影响力的设计咨询企业。

② 技术发展部的资料主要来源于技术发展部汇编的手册，2017 年述职报告以及刘刊对张峥的访谈。

减隔震技术、数字化技术、装配式建筑技术和建筑幕墙技术。到 2017年底，技术发展部共有员工53人，其中30周岁以下的员工占总人数的56%。

技术发展部主要是面向集团内部生产部门提供技术支持的部门，也就是集团内部的专项技术服务集成供应商，其主要的职能是：技术支撑、技术研发积累和技术传递推广。仅2017年，技术发展部支持集团内部生产部门完成项目247个，服务链条包括从前期配合、方案设计、初步设计，到施工图设计和施工运营配合。技术发展部也是集团专职的技术创新部门，除了具体项目外，还需要协助集团争取创新成果。2017年，新申请发明专利、软件著作权总计36项，获批上海市专利资助金额26 977.5元，所资助金额均已发放至各专利发明人，作为集团创新激励。博士后工作站还成功引进1名博士后进站，从事装配式减隔震结构标准化设计及集成优化关键技术相关的研究工作。

技术发展部和数字建造工程技术中心交叉管理的 BIM 中心是近年来规模和业务发展最快的，截至2018年6月，员工已超过200名。这一技术团队有三分之一拥有研究生学历，一半以上年龄在30岁以下，且为最近两年入职。这部分得益于上海建筑数字建造工程技术中心的建立，也部分得益于上海市政府2014年10月发布了《关于在本市推进 BIM 技术应用的指导意见》，该意见致力于在2015—2017年三年内在全市范围内应用和推广 BIM 技术。BIM 中心下属两个设计室，每个室按照专业分成结构、建筑和机电组，

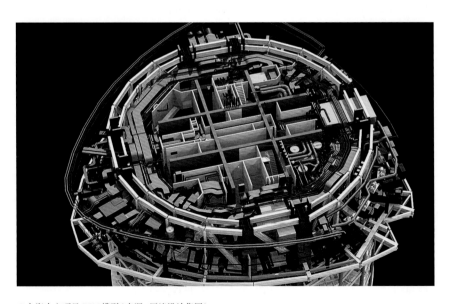

◎上海中心项目 BIM 模型（来源：同济设计集团）

还设有方案前期配合室和参数化设计室。BIM 中心不仅与其他部门合作完成了大量生产任务，还获得了诸多行业奖项，包括上海中心获得 2011 年度中国勘察设计协会和欧特克软件公司联合主办的"创新杯"建筑信息模型设计大赛——BIM 应用特等奖，上海国际旅游度假区工程获得 2014 年度美国建筑师协会授予的 AIA 建筑实践技术大奖和 2015 年度"创新杯"建筑信息模型设计大赛——BIM 应用特等奖。作为上海建筑学会 BIM 专业委员会理事单位，同济设计集团的 BIM 中心还参编了《建筑工程设计信息模型交付标准》《建筑信息模型应用标准》《上海市建筑信息模型技术应用指南》等多个国家及上海地区的标准。

为了总结经验和宣传推广，BIM 中心 2015 年开始策划推出《BIM 辅助设计常见问题汇编》建筑、结构和设备分册。2017 年又根据积累的多样项目类型，推出了《BIM 产品线汇编》，详细展示了商业类、学校类、游艺类、住宅类、超高层类和观演文化类产品 BIM 应用和实际案例分析，图文并茂地展示同济设计集团的项目业绩和技术积累。这些总结文本无论对集团内部的技术沟通，还是对业主和同行的交流和展示都起到了积极的推进作用。2018 年夏，技术发展部更名为工程技术研究院。

上海建筑数字建造工程技术研究中心

在国家创新发展战略和上海建设具有全球影响力的科技创新中心的思想指导下，上海市科学技术委员会近年积极推动工程技术研究中心的建设，目的是引领行业技术进步，加快科技成果的转移、辐射和扩散，推动科技与经济的融合。因为工程技术研究中心这种创新机构具有产业化的目标，因此通常由行业内的骨干企业来申请建设。迄今为止，上海市已拥有 200 多家工程技术研究中心，但每个细分方向的工程技术中心在全市只能有一家。上海市建筑设计类的工程技术中心主要集中在上海市建工集团和现代设计集团旗下。

2015 年开始，同济设计集团与建筑城规学院合作筹建上海建筑数字建造工程技术研究中心（下文简称"数字建造中心"）。该中心是由上海市科学技术委员会批准建设（沪科 [2016] 270 号文）的省部级工程研发和实践平台，依托单位是同济大学建筑设计研究院（集团）有限公司，同济大学建筑与城市规划学院和上海市机械施工集团有限公司是共建单位，还联合了上海斯诺博金属构件发展有限公司、上海一造建筑智能工程有限公司、上海机械施工集团有限公司、上海同磊土木工程技术有限公司、浙江精工钢构有限公司、山东雅百特科技有限公司、苏州昆仑绿建木结构科技股份有限公司、上海通正铝业工程技术有限公司、上海全筑建筑装饰集团股份有限公司、广东坚朗五金制品股份有限公司10家企业共同组建数字建造工程中心平台。

数字建造中心2016年正式申请立项，9月获得上海市科委建设立项认定后，中心建设正式开始，王健担任工程技术中心主任，袁烽担任学术委员会主任。经过两年快速扩展，数字建造中心现已拥有员工200余人，已于2018年6月30日完成验收。③这一工程技术研究中心是同济设计集团与8家单位竞争后赢得的，成功建立在依托单位和共建单位在该领域广泛的影响力和扎实的科研积累基础上，因此有能力克服技术攻关、运行管理和市场推广三方面的困难。建筑城规学院教授袁烽领导的高密度人居环境实验室"数字设计研究中心"（TJDDRL）团队通过多年研发，已经在数字建造核心技术攻关方面积累了较多的经验。而同济设计集团具有广泛的行业影响力和充足的工程资源，并一直致力于将高新技术推广于建筑工程实践中，这为后期的运行和推广创造了有利的机会。两者的合作相辅相成，在核心研发和成果转化应用方面各具优势，通过合作可以实现优势互补与共赢。

2017年1月，数字建造中心成立管理委员会和技术委员会。管理委员会聘任丁洁民为主任，李振宇、贺鹏飞、钱锋、吴欣之为委员会成员。技术委员会由袁烽担任主任，成员包括张其林、张尚武、陈继良、张峥、陈晓明、周开霖、刘中华、欧阳元文、倪峻、邵韦平、德国斯图加特大学教授阿希姆·门格斯（Achim Menges）、瑞士苏黎世联邦理工学院教授菲利佩·布洛克（Philippe Block）等依托单位、共建单位的主要技术骨干和国内外建筑行业科研、开发和产业的权威人士。

中心的定位目标是建设示范性建筑数字化建造共性技术研发平台，建设高端建造装备系统的制造平台，建设上海建筑数字化建造的产业平台，搭建国际化的数字建造产学研共创平台，建立一个国际化的从事数字建造研究、开发的人才培养基地，建立数字化建筑培训、咨询、应用的公共服务平台。诸多平台的建设均建立在产学研紧密结合的基础上。

通过两年的建设，上海建筑数字建造工程技术研究中心已建成工程建设产业基地1个，培养建筑数字化设计与建造的专业技术人员80人，申请发明专利、实用新型专利、软件著作共13项，编制国内标准2件、行业标准2件、地方标准2件和企业标准3件，形成

③ 上海建筑数字建造工程技术研究中心的内容主要由袁烽提供。

◎ 2018年,同济大学建筑与城市规划学院A楼数字打印实验室,用机器臂打印现场(来源:袁烽提供)

◎ 2018年,同济大学建筑与城市规划学院C楼展厅,"数字未来·人机共生"Timber Pavilion搭建过程(来源:袁烽提供,金青琳摄影)

◎ 2016年,同济大学建筑与城市规划学院C楼展厅,"数字未来"开幕式后合影(来源:袁烽提供)

◎ 2018年第16届威尼斯双年展中国国家馆室外展场,参展者在"云市"栖息,右一为袁烽(来源:袁烽提供)

新产品新工艺 5 项，建立示范工程 4 项，发表科技论文 20 余篇，出版科技专著 30 万字，新增产值 2000 万元。在国内同类项目中，其领先性主要包括三个方面：第一，率先将机器人、人工智能、VR 等当前热点发展新技术应用于建筑领域，开展综合应用研究，尤其在建筑机器人方面，已完成建筑机器人大尺度预制建造平台、现场轨道施工平台、现场移动式施工平台等多套基础性原型设备，还研发了大尺度三维打印、机器人木构、机器人砖构、机器人金属建造等十余项机器人建造工艺，从核心技术研发到产业应用都走在行业前列，在世界范围具有影响力；第二，多学科交叉研究，中心研发团队成员来自建筑、结构、计算机、机械、电子电气等多个专业的跨学科研究；第三，强调全流程整合，强调数字设计到数字建造一体化流程的贯通，具有很强的综合性、实践性和落地性。

数字建造中心是产学研模式中"产"和"研"的重要承担者，在科技成果产业化方面提供了大量资源，全力在工程项目中推广高新科技成果的应用。在核心技术研究方面，搭建良好软硬件研究环境，建设研究团队，不仅在 BIM 方面取得众多优秀成果，也为机器人建造等研究方向提供了大量资源支持。每年于同济大学举办的"数字未来"暑期活动一直受到中心的大力支持，2017 年起，数字建造中心成为该项目的主办单位之一。2018 年的暑期训练营以"人机共生"为主题，邀请到了来自全球高校的 21 位优秀导师，并有 14 台机器人、2 台 CNC 计算机数字控制机床、5 台无人机、UWB 室内定位设备、热成像仪和多台 3D 打印机的设备支持。来自全球 21 个国家和地区，超过 600 名学员报名，他们分别来自 125 所国内外高校，包括哈佛大学 (Harvard University)、麻省理工学院 (MIT)、建筑联盟学院 (AA)、卡耐基梅隆大学 (Carnegie Mellon University)、伦敦大学学院 (UCL)、剑桥大学 (University of Cambridge)、多伦多大学 (University of Toronto) 等 87 所海外先锋院校，以及同济大学、清华大学、东南大学、华南理工大学、天津大学、浙江大学、哈尔滨工业大学、中央美术学院等 38 所国内高校。

在 2018 年 5 月 26 日至 11 月 25 日第 16 届威尼斯双年展上，中国馆现场亮相的"云市"——机器人空间打印展厅就是数字建造中心的成果项目。该项目位于中国国家展馆室外展场的草坪上，四个半封闭的立方体覆盖在一整片向两侧舒展的屋顶下，描绘了自由闲适的村口意象，回应了由中国馆策展人，同济大学建筑城规学院副院长李翔宁提出的"我们的乡村"展览主题。"云市"结合了结构性能分析技术与改性塑料打印路径优化流程，将工厂预制化生产与现场装配相结合，提出了一种基于新型材料的"数字孪生"智能化生产模式。在周遭郁郁葱葱的树木掩映下，"云市"特殊的材质和形态，可以让人们在此享受阳光和微风，因此成为本届威尼斯双年展备受欢迎的观展栖息场所。

汽车运动与安全研究中心

同济设计集团旗下另一个掌握国际领先技术，占据行业领头地位的独具特色的直属机构是 2018 年 1 月宣布成立的"汽车运动与安全研究中心"，负责人是国际汽联认可的唯一一位中国赛道设计师姚启明。2004 年，姚启明完成了第一个中国人设计的国际赛道——上海 DTM 街道赛赛道，在赛道防撞领域做出了重大创新，因此成为中国汽车运动联合会场地委员会专家委员，也是中国第一个得到国际汽联认证的可设计国际赛车场的设计师，在 14 年后的今天仍是唯一一位。姚启明个人曾荣获全国五一劳动奖章、全国建设系统先进工作者、中国汽车运动"突出贡献奖"、"匠人精神奖"、中国设计贡献奖银质奖章等 20 余项省部级以上荣誉称号，并入选中国设计名人堂(2017)。

"汽车运动与安全研究中心"的前身是国际汽联和中国汽摩联长期合作的技术机构"姚启明赛车场设计与安全研究工作室"(2007年创建)和"姚启明赛车场设计与安全研究中心"(2015 年创建)。2017 年 2月，国家体育总局官方机构为姚启明和研究中心出具了"关于赛车场设计资历的证明函"(体汽摩联字[2017]51 号)。

2009 年 8 月，为了更好地将赛道设计领域的科研成果应用到道路安全领域，并全面实施鄂尔多斯国际赛车场项目，姚启明来到同济大学,进入建筑设计集团。"姚启明赛车场设计与安全研究工作室"与设计集团的建筑院、市政院、规划中心、咨询院和同济大学的交通学院、机械学院均开展合作。在大量工程实践和技术研发的同时，她还进入同济大学交通学院继续深造，于 2017 年获得道路安全方向的博士学位。工作室坚持创新,2012 年被上海市总工会命名为"上海市劳模创新工作室"，2017 年又被全国总工会命名为"全国示范性劳模和工匠人才创新工作室"。

姚启明赛车场设计优势的背景是正好赶上了国家大力发展汽车产业和汽车运动的历史时期，而其优势的核心是拥有自主知识产权的核心技术,技术不断更新，并且率先进入国内和国际的行业委员会。2005 年，姚启明自主研发完成"赛道速度计算系统 V1.0"和"安全模拟系统 TSS1.0"，之后该技术不断更新。这一拥有自主知识产权

◎右图及下图 2010年,鄂尔多斯赛车场举办世界GT超级跑车锦标赛(来源:姚启明提供)

◎上图及下图 ASI中国汽车运动展,姚启明赛车场设计与安全研究中心参展合影,中间为姚启明(来源:同济设计集团)

的核心技术"赛道安全模拟系统"现已更新至 6.0 版本，覆盖各种类型的赛道，迄今仍保持国内唯一、国际领先的地位，为中国的赛道安全保驾护航 14 年。

从汽车运动无人问津到"推动中小型赛车场建设"写入国务院文件，赛车场建设在神州大地方兴未艾，姚启明研究中心始终在赛车场、汽车公园、安全驾驶等汽车运动相关领域内孜孜不倦、开拓创新。中心独立研发出赛道速度计算程序、"3D 打印"施工数据系统和多种新型防撞设施；解决了高寒地区沥青路面开裂、高填方工后沉降等技术难题。迄今已累计规划设计场地 100 余个，取得创新成果 50 余项，创造"中国第一"20 余个，完成公益项目 16 个，改变了中国赛道全部由外国人设计的局面，为中国在赛道设计与安全研究领域争得了国际话语权。

中心近年来对新兴汽车运动场地的研究也颇有建树：2013 年完成了国内首条汽车操控路——中汽中心盐城试车场干操控路和体验赛道，将汽车产前研发与产后测试有机结合。2014 年完成中国第一个国际卡丁车场——北京瑞得万国际卡丁车场，2015 年完成中国第一条 RALLYCROSS 赛道——贵州骏驰国际赛车场，2016 年完成中国第一个"零车损"城市 SUV 体验赛道——金华汽车文化公园城市 SUV 体验赛道，丰富了国内汽车运动的形式与内容。

在汽车运动领域以外，研究团队还不遗余力地服务于公共安全和文化科普领域。相关的项目主要包括 3 类：第一，安全驾驶。比如开展赛车理想行驶轨迹在公路极限状态和道路安全领域的研究，研发国内首个安全驾驶模拟系统，为提高驾驶安全性提供科学手段。第二，推广汽车运动文化，培育汽车主题的休闲文化项目。比如将汽车街道赛嵌入大型体育场馆中，拉近赛车与市民之间的距离；以高压走廊下的废弃土地为源头，成功打造全国首批 96 个运动休闲特色小镇中唯一一个汽车运动休闲特色小镇；研究汽车自驾运动营地的产品特点、规范营地汽车运动文化项目；联合青年艺术家创作"有生命的汽车雕塑""汽车文化空间"，让汽车文化变得触手可及。第三，制定标准和撰写学术和科普专著。比如探究工业遗产再利用，为后工业时代旧工业区的文化改造提供新思路；起草第一部行业规范——《卡丁车场技术标准》；编著《汽车运动与文化主题公园》等系列专著和科普丛书，为行业快速发展提供科学指引。

从"赛车场设计与安全研究中心"到"汽车运动与安全研究中心"的发展既反映了中国汽车运动和文化的发展趋向，也反映了负责人姚启明实践和科研视野的拓展。赛车场已经从单一为汽车赛事服务，向规模更大、功能和技术更为全面综合的汽车运动文化公园、汽车自驾运动营地，甚至汽车运动休闲小镇拓展。这样的拓展也更能充分开展与同济大学交通学院等相关学科的交流合作、融合同济设计集团现有的建筑工程和市政工程的资源和技术。通过"赛道"的速度与安全的核心技术带动其他规划、建筑、景观、市政等全方位的设计业务。④

④ 2018年1月4日，华霞虹访谈姚启明，地点：同济设计集团514室；同济设计集团"汽车运动与安全研究中心"部门介绍。

硕博士培养

　　高校设计院最初的基因就是一个教学机构，生产服务是为"教育革命"服务的，因为"实践才是检验真理的唯一方式"。虽然在"文革"结束以后，设计院不再承担本科生的教学，但是设计院仍是研究生培养的重要基地。不过在20世纪八九十年代，设计院的研究生导师屈指可数，且多为建筑师。除了早期的吴景祥、王吉螽、陆轸以外，后来只有吴庐生是硕士导师，本科毕业分配到设计院的任力之、刘毓劼等后来就在设计院在职攻读了吴庐生的研究生。这样的状况到20世纪90年代中期后发生了巨大的改变。一方面是同济大学的研究生教育规模的剧增。从1996年到2006年，同济大学的研究生录取数量，从713位硕士，225位博士，分别跃增至3262位硕士和761位博士，整体人数扩大超过4.3倍。[1] 在1996年至2001年，上海同济规划建筑设计研究总院时期，因为院内人员为学校编制，因此时任总院院长顾国维提议学校延续和发展设计院研究生导师的机制。在2001年两个设计院合并形成新的同济大学建筑设计研究院后，设计院符合招收硕士生资格的导师数量不断增加，并且几乎涉及所有工种（专业）。在产业发展越来越依赖于核心技术研发的今天，相对于其他行业设计院，培养研究生既是高校设计院的科研优势，也是人才储备的优势。

　　根据2018年7月的统计数据（本书附录9），同济设计集团现有硕士生导师29名，大部分为设计院（集团）的技术负责人、总建筑师和总工程师。其中建筑专业包括任力之、张洛先、车学娅、周建峰、曾群、张斌、汤朔宁、陈剑秋、王建强、王文胜、赵颖、江立敏共12位；结构专业包括丁洁民、巢斯、苏旭霖、郑毅敏、吴水根、张晓光、赵昕共7位；地下工程有贾坚；桥梁专业有徐利平、李映、罗喜恒、曾明根共4位；设备专业包括暖通王健、给排水归谈纯和电气夏林。博士生导师2名，分别为结构专业的丁洁民和地下工程专业的贾坚。同济设计集团的导师除丁洁民于1997年获得研究生导师资格外，其余均为2001年后获得硕导资格。2015年12月，同济设计集团还获批成立了博士后流动站。

从1997年至2018年，同济设计院（集团）的导师共指导完成非常可观的452篇研究生论文。其中结构专业论文成果数量最多，约占44%，达197篇，包括21篇博士论文，指导学生最多的是丁洁民，在20年里，共有47位硕士和21位博士毕业。建筑学专业的论文成果数为156篇，约占总量的三分之一。地下、桥梁、暖通、给排水、电气专业分别完成论文17、44、19、13、6篇，其中地下工程专业贾坚指导完成1篇博士论文，1篇博士后论文。

与教学科研型导师指导的论文偏重基础理论的研究不同，同济设计集团富有工程经验的导师指导的论文主要以工程实践的技术研究和总结为特征。从论文主题来看，大致可以发现三种产学研协同的趋向：第一类，也是最核心的一类，即重大工程的技术研发。比如，上海中心大厦（400米以上超高层建筑）以及世博会主题馆（超大超高空间）等项目为科研创新带来了良机。其中上海中心技术难点最多的是结构专业，结构总工程师，也是上海中心项目负责人丁洁民共指导完成了2篇博士论文《上海中心大厦幕墙支撑结构广义荷载及荷载效应研究分析》和《上海中心大厦吊挂式幕墙支撑结构设计与分析关键问题研究》和6篇硕士论文，如《上海中心大厦吊挂式幕墙支承结构静力分析与研究》《400米以上巨型框架—核心筒结构体系的应用研究》《伸臂桁架在超高层建筑结构中的应用研究》《超高层框架—核心筒结构体系选型与受力性态研究》等。其余论题亦涉及多个学科方向，如建筑学方向：《超大型城市地下空间整合——以上海中心为例》《从参数化几何模型到建筑信息化模型梳理——上海中心的数字化建构》；地下工程方向：贾坚指导完成的博士论文《上海软土地区基坑卸荷和扰动的变形机理及评估方法研究》和硕士论文《软土地区深大基坑'坑中坑'的抗隆起稳定设计计算方法》《软土逆作深基坑立柱桩隆沉机理及控制研究》，暖通工程方向：王健指导完成的硕士论文《上海中心大厦中庭建筑热环境数值模拟研究》《上海中心大厦低区复合冷源冰蓄冷系统运行控制策略研究》；给排水工程方向：归谈纯指导完成的硕士论文《上海中心大厦室内雨水排水系统消能措施研究》和《上海中心大厦雨水收集与处理技术研究》。第二类，体现了工程类型上的发展趋向，以及对设计集团具有技术优势或需要进行技术拓展的项目类型所开展的基础研究。比如建筑学方向的对校园和教育类建筑、高层建筑、城市综合体、城市更新，以及近年来对医疗和养老设施的研究。比如桥梁工程领域因为城市桥梁对整体形象的重视而出现的"城市景观桥梁研究""城市桥梁建筑美学"和"桥梁建筑技术与艺术的发展历史"等方向的论文。第三类则体现了对新型技术和运营领域的关注，比如"建筑信息模型（BIM）"在多专业设计中的应用等。

品牌运营

"在消费社会，品牌是一种重要的象征资本……在高度竞争的经济中，很少有产品能保持长期的技术优势……商品品牌可能利用文化符号的操作而不是技术创新的优势来获得价值"，[2] 即把文化符号转化为经济资本。随着设计市场竞争的加剧，建构和加强企业品牌是增加设计附加值的重要手段。如果说小型个人事务所往往以明星建筑师的方式建构品牌价值，那么对于大型设计企业来说，集体品牌是一个更为切实可行，也更能突显规模优势的策略。

◎ 同济设计集团入口大厅（来源：同济设计集团提供）

"因为共享着同一集体品牌，高校设计机构与附属高校之间有着千丝万缕的关系"。[3] 一方面，高校建筑设计机构的品牌价值是高校在维护和提升本身品牌价值时会着重考虑的内容。因此在新千年后原建筑设计院与规划总院合并时，采用了历史更为悠久，与同济大学本身历史融合的"同济大学建筑设计研究院"作为品牌。另一方面，高校设计集体品牌蕴含了其他行业设计机构所缺乏的科研、技术和文化优势、无形资产和身份价值，包括院系知名专家学者的集群品牌效应。反过来，加强设计机构的经济实力和影响力同样能促进高校的品牌优势。高校企业集体品牌的核心价值是：技术专长、文化与人才资本、学术话语权和社会影响力。

2015年3月，同济设计集团增设品牌策划部，聘时任副总裁和党委书记王健兼主任，毛华为副主任。品牌部的工作重心有两部分：对内营建企业文化，对外加强宣传推广。考虑到设计企业的品牌价值与市场经营是相辅相成的，2017年2月，原市场经营部与品牌策划部合并成立了市场（品牌）运营中心，其职责范围为：市场拓展、经营管理、品牌策划。

同济设计集团品牌策划有诸多亮点。首先是充分利用宽敞而富有特色的一层公共服务设施和空间，包括举行各类展会交流和接待培训以宣传推广企业形象，扩大影响力。比如2017年，部门发起、主办、协办学术论坛包括U7+Design中青年建筑师论坛、新立方装配式公共建筑创新实践高峰论坛、CTBUH高层建筑性能研讨会等，也曾策划举办面向内部员工的文化活动，如教师节致谢卡片、圣诞集市、六一集市等。为了进一步活跃大厅空间，集团还增设了正对入口的LCD显示屏，对外宣传集团重要项目及来访、会议等相关信息，对内展示获奖项目、文体活动及节日祝福等，通过分时段播放，既丰富了空间，也实现了良好的展示效果。会议区展示墙的内容和展陈方式也有所升级，加入重要项目的模型，配以独特的灯光，不仅展示更为全面和立体，也增加了大厅空间的趣味。

品牌部还利用重要事件或产品线通过特展实施有针对性的市场推广。2017年，曾策划参与第二届华东通用航空发展论坛暨华东通航服务与保障展、同济的永续贡献——纪念同济大学成立110周年特展（同济大学博物馆）、上海国际城市与建筑博览会、中国（长沙）装配式建筑与建筑工程技术博览会、ASI中国汽车运动展（姚启明赛车场设计与安全研究中心参展）等。

在信息化的时代，利用完善的网络信息系统，包括微信推送和官网平台是实施对内、对外宣传最直接有效的方式。2017年品牌部完成110条微信推送，平均每周2条，总阅读量超25万人次，平均每篇阅读量超2200人次，内容包括新闻类(49篇)、项目类(42篇)、策划类(19篇)。2016年底还完成了官网改版，网站同时适用于PC和移动终端。新上线的官方网站定位于集团品牌宣传，主要内容包括集团介绍、业务、项目、新闻、文化、人才等栏目，采用文字、图片、视频等多种媒介。除提供浏览外，还设有分享、订阅等功能。通过改版，官网成为获取集团信息的主要途径。从业主反馈来看，信息明了，界面友好且富有吸引力的官网正成为设计院有效的市场展示和接触面。

除了在重要院庆年份推出作品集和纪念文集外，同济设计集团近年还持续出版了多本作品集、研究成果专著以及主持建筑师如曾群、任力之、王文胜等的个人作品集。2015年至2018年主要出版6部专著，包括《同济大学建筑设计研究院（集团）有限公司创作奖十年2005—2014》（吴长福、张洛先主编）、《上海中心大厦悬挂式幕墙结构设计》（丁洁民、何志军著）、《魔盒：上海交响乐团音乐厅》（徐风、支文军、丁洁民、徐洁著）、《黏滞阻尼技术工程设计与应用》（丁洁民、吴宏磊著）等和中英文各 1 本作品集。展示了设计集团重大项目的技术创新成果。其中 2018 年初出版的第一本全英文作品集

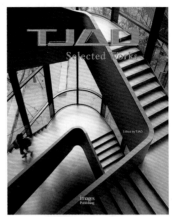

◎《黏滞阻尼技术工程设计与应用》《魔盒：上海交响乐团音乐厅》《TJAD》封面（来源：同济设计集团）

TJAD Selected Works，旨在向世界呈现中国高校设计院的原创能力。通过与国际建筑设计图书出版领域内久负盛名的视觉出版集团（images Publishing）合作，精选 33 个原创设计项目，范围遍及世界各地，类型囊括博物馆、剧场、办公楼、酒店、医院及教育设施等。集团相关人员投入近两年时间开展前期策划、项目选择和制作出版。采用手稿、照片、分析图和文字等多种形式，近千幅高清照片和精细图纸，详尽呈现各项目的创作思路与原创策略。

　　除了对外的宣传，对于一个员工超过 3000 人的特大型企业，良好的企业文化对于增强集团的凝聚力也至关重要。除了定期组织集团体育比赛、文娱活动，乃至亲子节目以外，从 2008 年国庆开始由技术质量部创办，后由品牌部主管的企业内刊《TJAD》（季刊）也是一个颇受欢迎的员工分享平台。

◎ TJAD（内刊）十周年（来源：同济设计集团）

企业愿景

2018年6月1日，为庆祝同济大学建筑设计院成立60周年，同济设计集团正式发布了企业愿景、使命、核心价值观和企业精神。希望"以顾客为中心，与员工共同成长"（核心价值观），"同舟共济，追求卓越"（企业精神），"成为受人尊敬的具有全球影响力的设计咨询企业"（企业愿景），"用我们创造性的劳动让人们生活和工作在更美好的环境中"（使命）。理论联系实际，边教学边生产是1958年3月1日中国最早正式成立的高校附属建筑设计院的优质基因，经过60年的风雨和几代人的不懈努力，同济大学建筑设计院不断发展壮大，而产学研协同也将始终作为"同济设计集团"这一中国当今最大的高校设计航母持续稳定前行的主引擎。

参考文献

[1] 《同济大学百年志》编纂委员会.同济大学百年志(1907—2007)上卷[M].上海:同济大学出版社,2007:478.

[2] 华霞虹.消融与转变——消费文化中的建筑[D].上海:同济大学博士学位论文,2007:179.

[3] 丁洁民,华霞虹.快速城市化背景下的高校建筑设计研究院[J].时代建筑,2017,(1):32-36.

同济大学设计院与同济学派

　　同济大学建筑设计研究院（以下简称"同济设计院"）经历了60年的发展成长，已经实现当年建院的初衷，有了质的飞跃。在这个时代，中国当代建筑和城市化的快速演变为建筑师、工程师提供了大量前所未有的机遇。中国的大学建筑设计院在实质上起着建筑实验室的作用，引领中国建筑的实验性和先锋性。由于同济大学的学术领域的优势和学科支撑，同济设计院的实验性和先锋性首先表现在集聚了一批有学术背景的优秀建筑师和工程师，拓展了建筑设计领域，整合了各个专业领域，创造了一批具有批判性的建筑。其次，表现在理论与实践融为一体，将设计与研究相结合，不断探索中国建筑的现代性，在设计思想方面提倡繁荣的百家争鸣。同时又秉承中国历代建筑师的传统，努力培养年轻一代的建筑师和工程师。在设计思想、建筑教育思想、设计作品和建筑理论方面表现出独特的同济风格，从而孕育了同济学派，其中，同济设计院功不可没。

　　同济设计院有着悠久的传统、深厚的学科背景、多样的人才渊源和独特的历史沿革。事实上，同济设计院的历史可以追溯到1958年正式成立设计院之前。源自历史谱系，同济设计院与同济大学在历史上融为一体，受地缘政治和经济的影响，同济大学也是国际建筑文化交流的中心，这里荟萃了众多优秀的建筑师、工程师和学者，他们的教育背景、教育思想、建筑理念和创作风格养成了百家争鸣、学术繁荣的多元化学派。一些中国近代建筑史上赫赫有名的建筑师、教授和艺术家都曾经参与创办同济大学建筑系、土木系和其他工程学科，这些著名的建筑大师和学者曾在同济大学建筑系和她的前身，华东地区十余所大学的建筑系和土木系执教，并参与设计，正是这些大师们孕育并支撑了同济学派。

　　当年正式成立设计院的初衷是为了使同济大学的师生能够像医学院的附属医院那样使理论联系临床实际，同济设计院至今一直保留了这一传统，使同济设计院具有社会上一般的设计院所不具备的优势——强大的人员储备，以及学科和理论及技术支撑。设计院成立迄今60年来，创造了众多优秀的作品，遍及全国各地，甚至向海外拓展业务，获得许多国家级和省部级的优秀建筑设计奖。同济设计院成立伊始，就与同济大学保持密切的合作关系，汇集了许多建筑师和结构工程师以及机械、设备方面的专家，结合设计深入研究，每一项设计获得的成绩都是因为有研究成果的支撑。同济设计院也是最早命名为建筑设计研究院的一批设计院，始终将研究与设计结合。正如西班牙当代建筑师和理论家曼努埃尔·高萨（Manuel Gausa）所指出的：一名具有创造性的建筑师"把研究凌驾于技艺之上，探索'事物的性质'，而不是学科的语言，吸纳我们这个新的太空时代的知识所带来的动力，应用更为'开放的逻辑'，从而发展出一种全新的先进建筑"。[1] 同济设计院的建筑师和工程师以设计实践论证了这个当代建筑的法则，并成功地在设计中加以运用。

同济设计院的设计领域十分广泛，除通常的公共建筑、住宅建筑、工业建筑外，也涉及城市规划、城市设计、历史建筑保护修缮设计、景观设计、室内设计、建筑声学设计、船舶设计、家具设计、市政工程设计等，不断探索新材料和新结构，创造了一大批优秀的建筑作品。同济校园内的建筑犹如建筑博物馆，展示了同济设计院的创造性，比如文远楼、同济教工俱乐部、理化馆、大礼堂、南北教学楼、结构实验室等。同济大学学生饭厅兼礼堂（1959—1962）采用当时世界上最先进的钢筋混凝土联方网架结构，将建筑与结构有机地整合。同济校园建筑凝注了同济设计院的先锋性和实验性。也正因为如此，如今整个同济大学四平路校园也在 2005 年被列为上海市第四批优秀历史建筑，近年来新建的一批教学楼以及今天同济设计院利用原来公交巴士停车场改建的大楼也是一个具有实验性的优秀建筑作品。

同济设计院与国家的建设息息相关，紧紧围绕国家的建设需要，投入设计和研究。国际和国内重大的建筑设计项目都有同济设计院的参与，包括波兰华沙英雄纪念碑（1956）、北京人民大会堂和"十大建筑"（1958）、古巴吉隆滩纪念碑（1962）、上海 3000 人歌剧院（1958—1965）、上海人民英雄纪念碑（1993）等。华沙英雄纪念碑设计方案曾获 1956 年国际竞赛二等奖（一等奖空缺），首开中华人民共和国成立后中国建筑师在国际竞赛获奖的记录。改革开放后于 1980 年在日本"未来文化乡土博物馆"国际设计和 1982 年日本"长寿之家"国际设计竞赛获奖。近年来，汶川地震灾后重建，援疆、援藏、援滇工作，"一带一路"倡议，雄安新区的建设与设计都有同济设计院的全方位参与。北川国家地震遗址博物馆（2008）、汶川特大地震纪念馆(2009—2013)既是对地震灾害的反思，对死难者的悼念，也是建筑师对自然环境的回应。重建的日喀则桑珠孜宗堡和汶川特大地震纪念馆在 2015 年荣获亚洲建筑师学会金奖。

同济设计院自 2000 年起就全面参与中国 2010 年上海世博会的申办和建设，同济大学及早成立了世博研究中心。同济设计院承担了 53 个项目和 138 个场馆的设计。世博会主题馆、城市足迹馆、城市未来馆等一批场馆是同济设计院的原创，对世博会的参与一直延

① Manuel Gausa. Initiator in Jennifer Sigler and Roemer Van Toorn ed.Hunch (The Berlage Institute Report No. 6/7): 109 Provisional Attempts to Address Six Simple And Hard Questions About What Architects Do Today And Where Their Profession Might Go Tomorrow [M].

续到后世博时期。近年来又参加了上海中心、浦东美术馆、新开发银行总部、上海博物馆东馆、上海图书馆东馆等的国际设计方案征集，取得了显著的成绩。作品遍及全国各地，甚至远及东南亚、欧洲、非洲和拉丁美洲等地区。中国驻德国慕尼黑总领事馆、2015年米兰世博会的中国企业联合馆，以及位于埃塞俄比亚首都亚的斯亚贝巴的非盟会议中心（2007—2011）就是海外设计成果的体现。

同济设计院多方参与学科建设，通过设计实践促进相关学科的发展，甚至在1962年还提出了创建"船舶建筑学"，并推广及地铁、飞机等交通工具。同济设计院传承并丰富了同济学派，成为同济学派的重要组成部分。有许多传颂的成果都是同济设计院的创造，例如对独门独户小面积住宅的探索（1962），上海戏剧学院实验剧场（1979—1986）的成功是与设计人员的精心设计和探索新技术分不开的，改革开放后在深圳设计了国内第一个高层居住区——白沙岭居住区（1983）。同济设计院的设计和研究成果也体现在所出版的《实验室建筑设计》（陆轸主编，1981）、《高层建筑设计》（吴景祥主编，1987）、《粘滞阻尼技术工程设计与应用》（丁洁民、吴宏磊编著，2017）等学术著作上。

同济设计院也与国际上著名的建筑师事务所和建筑院校开展广泛的合作交流，与美国、德国、英国、法国、西班牙、意大利、日本等国的建筑师深入地进行合作，设计了一批优秀的建筑作品。在筹办和建设2010年上海世博会期间就曾经与21个国家的建筑师合作设计，法国馆、西班牙馆、英国馆、丹麦馆等一批优秀的场馆就有同济设计院的合作设计。同济设计院建筑师们的作品于2013年在米兰三年展中展出，这是又一次关于中国当代建筑的重要展览，展出了29位同济建筑师的作品。他们既从事建筑的创作，也进行学术研究和建筑理论的探索，还同时从事建筑教育，带研究生，具

◎ 2013年米兰三年展展出同济设计集团作品（来源：同济设计集团）

◎ 2013年米兰三年展参展人合影（来源：同济设计集团）从左至右：陈易、曾群、郑时龄、王澍、袁烽、李翔宁

有广阔的视野和国际学术交流的经验。这样一种结合使他们的作品在中国独树一帜，具有显而易见的实验性和先锋性，他们的作品使同济学派在建筑创作上树立了批判性。

"同济学派"是一个内涵稳定、外延模糊、蕴涵极为深广的概念，包含了建筑理论和建筑设计思想、建筑设计创作手法、建筑教育思想和体系等。同济学派和同济设计院是众多大师汇成的群峰耸立的高原，而不是由个别权威位于金字塔尖的一峰独秀。相较国内其他一些高等建筑院校而言，同济设计院更多地体现了重技务实，革古鼎新的理性精神。同济设计院的建筑师和工程师们锐意进取，崇尚批判精神。他们广泛参与全国，尤其是上海的城市建设，为建设国际化大都市，弘扬传统文化、为保护上海的历史建筑做出了贡献。同济学派一贯注重跨学科的发展，坚持现代建筑的理性精神和现代建筑设计思想，倡导博采众长，兼收并蓄的学术精神。在同济设计院的推动下，同济大学四平路校区周边地区逐步构成"环同济知识经济圈"，集聚了许多设计研究院和相关的产业链、研究机构，成为上海国际设计中心，代表着上海迈向卓越的全球城市，建设国际文化大都市的未来发展。

60年的发展过程中，同济设计院也经历了风风雨雨，从一个事业领域较为狭窄的高校附属设计院成长为国家级的特大型建筑设计集团，在国际建筑界也享有卓著的声誉。正是由于同济学派的支撑，同济设计院才有今天的发展壮大，同济学派的形成和拓展也得益于同济设计院的支持。

附录

附录一

大事记 1951—2018

附录二

机构沿革 1951—2018

附录三

部门组织架构变迁 1951—2018

附录四

历任管理人员 1951—2018

附录五

勘察设计资质 2018

附录六

重要奖项 1986—2018

附录七

科研项目 2001—2018

附录八

出版专著 1981—2018

附录九

研究生毕业论文 2000—2018

附录十

规范图集 1987—2018

附录一 大事记 1951—2018

年底成立建筑工程处，由翟立林领导，参加人员有冯纪忠、丁昌国等教师。 ○ 1951
主要作品（竣工）：解放楼第一部分、青年楼第一部分等。

主要作品（竣工）：学一至学六楼、同济新村31栋同字楼（二层教职工宿舍）、12 ○ 1952
栋济字楼（一层住宅）以及同济大学幼儿园等。

1月，学校成立"同济大学建筑工程设计处"。翟立林任设计处主任，曲作民任 ○ 1953
副主任，下设4个设计室和1个技术室，承接由华东军政委员会文化教育委员会（简
称"华东文委"）下达的设计任务。
7—8月，校方提出撤销设计处，并得到华东文委的批准。设计处未完成的工程
由哈雄文、曹敬康处理。
主要作品：完成本校工程包括和平楼、民主楼、卫生科、解放楼第二部分、青
年楼第二部分、土建工程试验所、学生第一、第二食堂、理化馆、文远楼（方案）、
同济大学校园1953年规划方案，以及同济新村新字楼。
完成外校工程包括华东文委下设计任务共计101项工程，包括华东师大、华东
水利学院、中央音乐学院华东分院、儿科医院、山东结核病防治所、中国科学
院华东分院等单位的基建项目。

主要作品：同济大学南、北楼（方案）等。 ○ 1954

主要作品：同济大学教工俱乐部（方案）等。 ○ 1956

主要作品：同济大学结构实验室（竣工）等。 ○ 1957

2月，成立"同济大学附设土建设计院"；28日，学校发出布告，公布设计院的 ○ 1958
组织机构及参加该院工作人员名单。
3月1日，在"一·二九"礼堂召开附设土建设计院成立大会，任命吴景祥为设
计院院长。设有院办公室、技术室、设备室和6个设计室，由120名教师组成，
并有大量的毕业班同学参加设计和绘图。
8月，撤销原"附设土建设计院"，成立由建筑工程系领导的"建筑设计院"。
3—8月，共完成大小276个厂房、近30万平方米的设计任务。
主要作品：同济大礼堂（方案）等。

为49个单位进行了设计。 ○ 1959
结合生产中关键的、尖端的重大研究问题，编写《原子能试验室的设计与研究》《大
型体育场设计中视线和疏散等问题的研究》《同济大学饭厅40米大跨钢架结构
的研究》等资料，达22万字。
主要作品：复旦物理楼、武汉东湖梅岭宾馆等。

成立院务委员会，王达时任主任，吴景祥、唐云祥任副主任。下设办公室、资料室、第一设计室（综合室）、第二设计室（工业室）、第三设计室（民用室），第四设计室（规划室）、第五设计室（设备室）。

开始设计上海3 000人歌剧院，并在方案评比中胜出。

○ 1960

1月，学校将"同济大学建筑设计院"改为"同济大学设计院"。同年10月得到建工部肯定，并批准更名。

承接"南市一条街住宅"（上海南市公房）的住宅项目，对我国采取独门独户的设计理论作出第一次探讨与试点，创新成果引起了全国反响。

○ 1961

将住宅、剧院、医院、多层厂房等方面的资料汇编出版；与建工系、城建系、机电系等协作，共同拟订协作科研项目，举办学术活动。

1961—1962年共完成104项工程，如多层仪表厂房通用设计、毕丰钢铁厂机修车间、水上新村幼儿园托儿所、新余钢铁公司职工医院、新余钢铁公司职工技校和综合商店。1962年，在浦东三林塘垃圾滩上建造水上新村小学，在对高压缩性地基相适应的结构形式的研究基础上，所建工房建筑的造价和在好土上同样面积的建筑造价相同，并节省大量的砖和水泥。

主要作品：花港茶室（方案）等。

○ 1962

年底，恢复建筑系，同济大学设计院暂归于建筑系。

设计院对仪器仪表厂房设计、工业厂房屋面防水及构造设计、建筑物间距设计、理化实验室设计等项目进行研究总结，汇编资料，并将学生的优秀作业（设计方案）、以往的设计实例、建筑方案整理成册。

1958—1963年的五年中完成设计的单体工程共达476个，建筑面积约60万平方米。其中工业建筑327个，民用建筑149个。

○ 1963

冯纪忠任设计院院长。

上海成立了以同济设计院为主的"上海3 000人歌剧院"项目设计组。

○ 1964

7月29日，周恩来总理、陈毅副总理及上海市委、市文化局有关领导在上海锦江俱乐部接见"上海3 000人歌剧院"项目设计组人员，设计院吴景祥等同志直接向周恩来总理、陈毅副总理汇报设计方案。歌剧院设计小组被授予"上海市文教系统先进集体"荣誉称号。

○ 1965

2月，并入建筑工程系，改名建筑设计室。

8月，"文革"开始后，学校的教学、科研都处于停顿状态。刚刚并入建工系的建筑设计室被迫解散。

"文革"前，除院、室领导专职以外，设计人员都是兼职的，双重编制。

○ 1966

8月，校"革委会"向上海市"革委会"提出"三结合"教改试点方案，并命名试点单位为"五七公社"，由同济大学、上海市第二建筑工程公司（简称"上海市

○ 1967

二建公司")和华东工业建筑设计院（简称"华东院"）共同领导，实行军事编制，教学活动结合工地的典型工程开展。

8月，由城市规划、建筑工程和建筑材料等专业的部分师生、华东院部分设计人员以及上海市二建公司技术工人组成三结合设计组，共40余人，开赴安徽贵池"三线"进行建设。
主要作品：胜利机械厂的厂房和职工住宅的设计，共完成26个子项。

○1969

10月，设计组撤离贵池，回到上海市二建公司207工程队驻地。建工系、建筑系合并成立同济大学"五七公社设计组"。
主要作品：梅街医院传染病房等。

○1971

2月，设计组搬回同济校园内"文革楼"（现文远楼）办公，部分教师成为专职的设计人员。

○1972

3月，"五七公社设计组"更名为"五七公社设计室"。
1971—1974年共完成设计项目29项，以工业建筑为主。主要作品：金山上海石化总厂机修厂（1972—1974）、大隆机器厂、照相器材厂、上海工具厂、新沪钢铁厂、东风机修厂，上海电视塔的设计（1971—1974）。

○1974

设计室独立对外承接设计项目。
主要作品：宝山烈士陵园、同济新村教工住宅等。

○1975

11月，"五七公社设计室"更名为"同济大学建筑设计室"，并归属建工系。
主要作品：天津人民广播电台29号工程、上海科大加速器试验楼、闸北体育馆、江湾体育场、四平大楼等。

○1977

1月7日，恢复"同济大学建筑设计院"名称，与建工系脱钩，设有土建一室、土建二室和设备室。

○1978

2月，经国家教委批准成立"同济大学建筑设计研究院"，为独立编制的处级单位，直属同济大学领导，吴景祥任院长。设院办公室、技术室、土建一室、土建二室和设备室，曾先后在文远楼、北楼、学四楼、同济新村"白公馆"等处办公。设计院有了独立的编制，在编人员在80人左右。
主要作品：同济大学声学试验室、同济大学留学生宿舍、上海戏剧学院实验剧场、扬州宾馆等。

○1979

主要作品：上海松江方塔园、同济大学计算中心等。

○1980

王吉螽任院长。
10月，由中国建筑工业出版社精装出版陆轸主编的《实验室建筑设计》。

○1981

主要作品：上海长白新村二期工程、无锡新疆石油工人太湖疗养院、滨海电视塔等。

深圳特区设立，开始开拓深圳市场。

7月，2000平方米设计院大楼落成，设计院迁入，在编人数不足100人。

主要作品：深圳白沙岭居住区，同济大学图书馆（塔楼）扩建工程等。

○1983

黄鼎业任院长。设计院实行独立经济核算，实现了向事业单位企业化管理的转变。

设计室由2个土建室和1个设备室改编为3个综合室，人员分配上进行室主任和群众的双向选择。成立五角场分院（1991年注销）。

以咨询顾问身份与香港王欧阳建筑设计事务所合作参与兰生大酒店项目（1985年竣工），为第一次与境外设计公司合作。

主要作品：同济大学西北学生食堂、徐州电视塔、上海杨浦区社会福利院等。

○1984

4月，成立深圳分院和厦门分院（1992年4月厦门分院撤销）。

主要作品：上海天马大酒店、上海龙华迎宾馆、上海教育会堂、同济大学建筑与城市规划学院馆等。

○1985

6月，与原川沙县设计室联合成立川沙分院（1991年6月撤销）。

主要作品：漳州体训基地女排腾飞馆、中国工商银行烟台市分行等。

○1986

年底成立TQC领导小组，响应国家教委系统设计院开始推行的全面质量管理（简称"TQC"）的政策。

12月，由中国建筑工业出版社正式出版吴景祥主编的《高层建筑设计》。与《实验室建筑设计》共为中国建筑工业出版社根据国家八年科技规划决定出版的"十大类型建筑设计"十本重点专著中的其中两本，由设计院主编。

主要作品：上海地铁一号线新闸路站、西安交通大学逸夫科学馆、上海太平洋陶瓷有限公司、北京航空航天大学科学馆、兰州大学文科区、上海神农宾馆（合作设计单位：香港王欧阳公司）等。

○1987

1月，组织中层干部进行TQC学习。

同济大学承担上海南浦大桥所有的科研、咨询项目及浦东引桥的设计。该桥主跨423米，是我国自主设计建造的国内第一座大跨度悬索斜拉桥，于1991年11月建成通车。

主要作品：上海杨浦高级中学教学实验楼、深圳莲花居住区、上海凉城新村锦苑小区、上海国泰大厦等。

○1988

在教育部全面质量管理系统的推行过程中，将个人产值分配改为每个人按质量、产值、考勤等综合因素进行切块计奖。

主要作品：上海梅园新村五街坊、上海新沪面粉厂综合楼等。

○1989

10月，桥梁、道路、勘察、地下工程、环境五个专业室成立，技术上由设计院实施管理。

○1990

11月，全面质量管理体系通过了国家教委 TQC 达标验收领导小组的验收。

主要作品：福州元洪大厦、曲阜孔府文物档案馆。

8月，全面质量管理体系通过复查验收。 ○1991

主要作品：吴江宾馆、上海新城花园等。

5月，深圳分院实行独立经济核算。 ○1992

设计院办公楼第一次扩建，扩建后面积达 3272 平方米。在编人员为 132 人（不含专业室和分院）。

主要作品：泰兴国际大酒店、太湖大桥、上海市内环高架路 2.5 标、深圳百汇大厦（合作设计单位：新加坡 OD205 咨询公司）、同济大学科学苑（逸夫楼）、同济大学风工程馆、杭州市政府大楼、无锡华光珠宝城等。

2月，为促成"上海同济科技实业股份有限公司"上市，学校决定将同济大学建 ○1993

筑设计研究院、建设开发部、科技开发公司、监理公司、室内设计公司等 11 家校办企业归入，成为其全资子公司。

3月，成立上海同济爱思达建筑装饰设计工程有限公司（2008 年 3 月注销）。

9月24日，上海证券管理办公室 100 号文件宣布，上海同济科技实业股份公司获准上市。

主要作品：上海世界金融大厦（合作设计单位：香港利安设计公司）、卢湾体育馆、不夜城广场（合作设计单位：香港王欧阳公司）、上海嘉兴大厦、上海格致中学教学楼礼堂、上海中国高科大厦、合肥古井假日酒店、上海阳明新城（合作设计单位：波特曼事务所）、上海广场（合作设计单位：香港王董公司）等。

设计院员工分为两种编制：1994 年之前进入设计院的人员保留同济大学的产业 ○1994

编制，由学校人事部门管理；同年 1 月以后进院的人员属于企业编制。

主要作品：上海新美丽园大厦、北京冠城园、上海朱屺瞻艺术馆、上海申通广场、中国工商银行上海市分行外高桥计算中心、上海电力医院、上海市委 09 工程、11 工程等。

同济大学逸夫楼获"全国优秀工程勘察设计奖"铜奖。 ○1995

主要作品：上海静安寺地区城市设计、上海新华娱乐商城、上海安泰大楼（合作设计单位：RUENTEX ARCHITECT & ASSOCIATES）、上海绿茵苑、上海中海大厦（合作设计单位：HLW Shanghai Ltd.）、郑州黄河防汛调度中心、上海海华小学扩建、上海震旦国际大楼（合作设计单位：日本 NIKKEN SEKKEI）、上海地铁二号线石门一路站等。

10月，同济大学成立"上海同济规划建筑设计研究总院"。 ○1996

主要作品：中国电信中国移动通信指挥中心、钱君匋艺术研究馆、热带风暴水上乐园（合作设计单位：加拿大 PROSLIDE TECHINOLOGY LNE）、宁波电视演播中心、宁波广电大厦、华东师范大学体育馆、浙江海洋学院等。

2月，三个综合设计室改为建筑、结构、设备三个专业室。同年，桥梁、道路、勘察、地下工程与环境五个专业设计室划归上海同济规划建筑设计研究总院管理。

马慧超获"第三届中国建筑学会青年建筑师奖"。

主要作品：上海复兴中学、上海宁寿大厦、绍兴市人民医院门急诊综合楼、嘉兴广播电视中心、上海春申城四季苑、同济大学三门路住宅小区、上海城市轨道交通明珠线虹桥路站等。

1997

10月，在设计院大楼中庭举行设计院成立四十周年庆典。

选取部分设计作品编辑成册《同济大学建筑设计研究院作品选编》。

主要作品：同济大学瑞安楼、上海文化花园、上海静安寺广场、上海新天地广场（合作设计单位：WOOD ZAPATA，NIKKEN SEKKSI）、上海南京东路步行街（合作设计单位：夏邦杰事务所）、上海中国残疾人体育艺术培训基地、上海网球俱乐部一期公寓（合作设计单位：顾仑森·山姆顿规划建筑事务所）等。

1998

设计院开始推行 ISO9001 质量保证体系。

11月30日，深圳分院改制为"深圳同济人建筑设计有限公司"。

文远楼获得"建国50周年上海经典建筑"铜奖；同济大礼堂获得"建国50周年上海经典建筑"提名奖。

主要作品：上海市松江区图书馆及青少年活动中心、无锡华东疗养院等。

1999

1月，质量保证体系通过了中国 SAC 和荷兰 RVA 双重认证。

丁洁民院长获中国勘察设计协会颁发的"全国优秀设计院院长"称号。

7月，成立上海同艺图文设计制作有限公司（2018年9月注销）。

12月，投资成立上海同济协力建设工程咨询有限公司。

主要作品：北京钓鱼台国宾馆芳菲苑、东莞国际会展中心、上海淞沪抗战纪念馆、杭州中国财政博物馆、同济大学中德学院、清华大学大石桥学生公寓、深圳中心区免税大厦（合作设计单位：PEDDLE HORP & WALKER）、浙江省公安指挥中心、上海新时代花园、上海外滩三号楼（合作设计单位：MGA 建筑师事务所）、华润置地上海滩花园等。

2000

3月，与上海同济规划建筑设计研究总院合并，成立新的同济大学建筑设计研究院，通过股份转换，同济大学持有设计院70%股份，上海同济科技实业股份有限公司持有设计院30%股份，并成立同济大学建筑设计研究院第一届董事会。在编人员300人（不含专业室和分院），专业室调整为综合设计所，设三个综合设计所、一个住宅设计所、一个综合设计分院（浦东分院）、六个专业设计分院（市政、桥梁、轨道交通与地下工程、钢结构、岩土和环境）以及五个子公司。

5月，原上海铁道大学设计院改制，成立上海同济开元建筑设计有限公司。

7月，与香港茂盛公司合资成立上海同济摩森工程管理咨询有限公司。

10月，设计院办公楼第二次扩建完成，建筑总面积扩大到7600平方米；投资成立上海同远建筑工程咨询有限公司（2011年11月注销）；受同济大学委托管理同济大学建筑科技工程公司（2005年10月更名为上海同济建设管理科技工程公司）；

2001

投资成立上海同济凯博膜结构有限公司（2007年12月注销）。

承办2001年度教育部优秀工程勘察设计评选活动。

出版《同济大学建筑设计研究院作品选1998—2000》（中国计划出版社出版）。

主要作品：广州南沙客运港、温州大剧院（合作设计单位：CARLOS，OTT/PPA）、东莞市图书馆、东莞市展示中心、上海通用汽车展示厅及商务楼（合作设计单位：法国夏邦杰事务所）、上海哈瓦那大酒店、上海闵行区体育馆、常州天宁寺塔、佘山银湖别墅等。

○ 2002

投资成立江苏泛亚联合建筑设计有限公司、南昌同济规划建筑设计有限公司、江西同济建筑设计咨询有限公司。

主要作品：东莞大剧院（合作设计单位：CARLOS OTT/ PPA ARCHITECTS）、东莞市科技馆、中国银联数据处理中心、上海市公安局出入境管理中心（合作设计单位：法国夏邦杰事务所）、杭州市民中心、同济大学建筑城规学院C楼、同济大学汽车学院、同济大学图书馆改建等。

○ 2003

9月，住宅所改为都市设计分院（2004年底改为综合设计四所）。

10月，投资成立上海商业建筑设计研究院有限公司（2012年10月更名为上海同济华润建筑设计研究院有限公司）。

11月，举办设计院成立45周年庆典。

开始设立"吴景祥杯青年优秀建筑师奖"，两年一届。

王文胜、吴杰获第五届中国建筑学会青年建筑师奖；任力之获第一届上海市青年建筑师新秀奖金奖；陆秀丽获上海市"三八红旗手"称号。

出版《同济大学建筑设计研究院作品选2001—2003》（中国建筑工业出版社出版）《秋实——同济大学建筑设计研究院45周年院庆论文集》（同济大学出版社出版）。

主要作品：中央音乐学院教学综合楼、复旦大学正大体育馆（合作设计单位：韩国理·像综合建筑士事务所）、上海市外滩十八号改建工程（合作设计单位：MGA建筑师事务所）、上海电视大学综合教学楼、同济大学土木工程学院大楼、西郊庄园（合作设计单位：加拿大EDG建筑设计公司）等。

○ 2004

吴庐生获"全国工程勘察设计大师"称号。

丁洁民获2004年度上海市"育才奖"。

曾群获2004年度"上海市建设功臣"称号。

成立泛亚分公司。

同济大学中德学院大楼获"全国优秀工程勘察设计奖"银奖，文化花园二期（清华苑）获铜奖。

主要作品：上海汽车会展中心（合作设计单位：IFBDR. BRASCHELAG, GERMANY）、上海国际汽车博物馆（合作设计单位：IFBDR. BRASCHELAG, GERMANY）、同济大学中法中心、苏州大学炳麟图书馆、同济大学教学科研综合楼（合作设计单位：法国JEAN PAUL VIGUER S.A. 'ARCHITECTURE）、交通银行数据处理中心、南通体场、2008奥运会乒乓馆、日喀则桑珠兹宗堡、井冈山革命博物馆、联合利华中国研发中心。

4月，成立都市建筑设计分院。

7月，钢结构分院更名为"土木建筑设计分院"。

9月，浦东分院更名为"都城建筑设计分院"。

曾群获"第二届上海市青年建筑师新秀奖建筑师"金奖。

"2005年度上海市勘察设计质量优秀"排名第一。

主要作品：上海音乐学院改扩建工程、广州星海音乐学院音乐厅、杭州圣奥大厦、上海市公安局刑事侦查大楼、无锡蠡湖科技大厦、上海嘉定司法中心、上海瑞金宾馆接待楼及会议中心、上海地面交通工具风洞中心、上海葛洲坝大厦、安徽省政务服务中心大厦、宁波市庆丰桥、上海市轨道交通10号线同济大学站等。

○2005

2月，由英国结构工程师学会香港分会和中国分会联合组织的"2005中国结构大奖"在香港举行，秦皇岛体育场项目获结构优秀奖。

5月，丁洁民院长当选"专业学会—英中"（PIUK-China）（建造环境和工程）领导小组上海委员会主席。

9月，第十二届亚洲建筑师大会在北京隆重举行。任力之副院长在会上发表了题为"历史与未来"的演讲；参展在北京国际展览中心举行的"亚洲建筑展"。

10月，张斌、李麟学获第"六届中国建筑学会青年建筑师奖"；获中国勘察设计协会评选的"全国优秀会员单位"称号。

11月，成立交通规划所，参股上海同济室内工程有限公司。

外滩18号楼改建项目，2006年联合国教科文组织"亚太文化遗产保护奖"。同济大学图书馆改建、浙江省公安指挥中心获"全国优秀勘察设计奖"银奖，中国银联上海信息处理中心获铜奖。

主要作品：2010上海世博国际村、特立尼达和多巴哥共和国国家现代表演艺术中心、惠州市文化艺术中心科技馆博物馆、花桥会展中心、乌鲁木齐石化大厦、安徽大学新校区体育馆、加纳共和国塞康迪塔马利体育场、同济大学游泳馆等。

○2006

3月，上海音乐学院改扩建项目设计组获2006年度上海市重大工程立功竞赛优秀集体。

4月，中国勘察设计协会高等院校勘察设计分会第一届理事会第四次全体会议在同济大学召开，同济大学建筑设计研究院为该分会的常务理事单位。

5月18日，华润置地有限公司、同济大学建筑设计研究院战略合作框架协议签字仪式在同济大学逸夫楼隆重举行。科技部部长、同济大学校长万钢，华润集团总经理宋林和同济大学党委书记周家伦参加了签字仪式；20日，出版《传承·创新——同济建筑之路》同济大学建筑设计研究院作品选(1998—2007)(同济大学出版社出版)，该书首发式在设计院中庭举行。

6月，成立同鑫建筑设计分院。

9月，赵昕入选2007年上海市科技启明星计划。

10月，聘请全球知名咨询公司普华永道对设计院人力资源管理现状进行诊断。

11月，同济大学教学科研综合楼获"2007年英国结构工程师学会教育与医疗建筑类结构大奖"。

南通体育场项目获"第七届中国土木工程詹天佑奖"。

○2007

主要作品：竣工作品如华旭国际大厦，同济大学大礼堂保护性改造，同济大学教学科研综合楼；新签重要项目如非盟会议中心，上海世博会主题馆，2010年上海世博会未来馆及和谐塔，上海自然博物馆（合作设计单位：美国 P+W 公司），外滩公共服务活动中心，2010年上海世博会世博村（B 地块），大庆石油科技博物馆，柬埔寨西哈努克湾 KOHPUOS 跨海大桥项目，崇明至启东长江公路（上海段）工程，广州至珠海（含中山至江门）城际快速轨道交通工程，珠海、中山、顺德三个车站设计，洛阳博物馆新馆，合肥大剧院，淮安市城市博物馆、图书馆、文化馆、美术馆等。

4月，投资成立上海盛杰投资发展有限公司（2015年8月注销）。 ○**2008**

5月，在米兰理工大学建筑系举办了"同济大学建筑设计研究院2010年上海世博会设计作品展"及研讨会；16日组织了"汶川特大地震"抗震救灾捐款仪式，全院员工捐款额总计人民币500 662元。

6月6日与美国 Gensler 公司联合设计的上海中心大厦设计合同签字仪式在沪举行；7日，接受了教育部下达的关于编制《汶川地震灾后学校重建规划建设方案设计导则》的任务，由总支书记、副院长周伟民挂帅，副总建筑师周建峰和院长助理、设计三所所长王文胜领衔项目团队，与清华大学建筑设计研究院等教育部所属设计单位通力协作，于6月23日完成送审稿；12日至19日，与同济大学建筑与城市规划学院共同组成的设计小组参加了国家减灾委、民政部、科技部发起的"汶川大地震农民毁损房屋恢复重建工作"。

9月，受教育部委托承担了《汶川地震灾后重建学校规划建筑设计参考图集》出版事宜的总体协调工作，由副总建筑师周建峰主持协调7所高校设计院的相关工作；内刊《TJAD 专刊》创刊号于国庆前夕发行；进入2007年全国工程勘察设计行业全年营业收入百强，排名59位，民用建筑设计领域排名第3。

10月，出版《累土集——同济大学建筑设计研究院五十周年纪念文集》《凿牖集——同济大学建筑设计研究院五十周年论文集》（中国建筑工业出版社出版）。

11月6日，成立50周年庆典暨同济大学建筑设计研究院（集团）有限公司揭牌仪式在同济大学大礼堂举行。

12月，丁洁民院长当选为英国结构工程师学会2009届理事会理事，成为中国大陆地区第一位理事。

松江新城方松社区文化中心获"全国有限工程勘察设计铜奖"。章明、李立获"第七届中国建筑学会青年建筑师奖"。

主要作品：竣工项目四川国际网球中心；新签订的重要项目如奥迪城市展厅、南阳博物馆、世博舟桥、中国2010年上海世博会最佳实践区中部地块北部地块、中共上海市宣传党校迁建工程、上海浦东医院、南通市市民服务中心规划及建筑设计、上海中心大厦（合作设计单位：美国 Gensler 公司）、中国民生银行总部基地工程、世博会部分国家馆（荷兰馆、法国馆、西班牙馆、卢森堡馆）、世博会 C 片区、世博会浦西场馆、上海交响乐团迁建工程、上海嘉定保利大剧院（合作设计：安藤忠雄建筑研究所）、中国民生银行总部基地、大连北站等。

1月，贾坚副院长被评为"2008年度上海重点工程建设杰出人物"，由上海市总 ○**2009**

工会同时授予上海市"五一"劳动奖章。

2月，经国家住房和城乡建设部核准，同意设计院继续持有原设计资质。现已更换成功的是工程设计甲级资质证书、环境专项工程设计资质证书、工程勘察资质证书。

3月，上海交响乐团迁建工程设计合同签约仪式于14日在上海交响乐团举行。上海市委宣传部、上海交响乐团的领导、建筑方案设计人矶崎新大师和建筑声学设计人丰田大师及王健常务副院长出席了签字仪式；上海世博会工程建设指挥部颁发荣誉证书，授予主题馆设计团队2008年度中国2010年上海世博会工程建设"优秀集体"荣誉称号。

5月，主题馆设计团队获"上海市青年文明号（共青团号）"的称号。

7月，与日本安藤忠雄建筑事务所合作设计的"嘉定保利大剧院"和"嘉定保利商业文化中心"项目的合同谈判已完成。

9月，世博会浦东临时场馆及配套设施设计团队获上海市"五一劳动奖状"称号，世博会主题馆设计团队获"上海市工人先锋号"称号。

10月，井冈山革命博物馆荣获"全国建筑设计行业国庆60周年建筑设计大奖"，丁洁民院长荣获"全国建筑设计行业国庆60周年管理创新奖"，该奖项由中国勘察设计协会建筑设计分会颁发；井冈山革命博物馆新馆作为经典工程、集美大学新校区作为精品工程入选"新中国成立60周年百项经典暨精品工程"项目名单；承办教育部优秀勘察设计评选活动。

12月，陈剑秋、史岚岚、曾群荣获2009年度"上海市重大工程立功竞赛世博局赛区建设功臣"称号；周峻荣获2009年度"上海市重大工程立功竞赛都江堰赛区建设功臣"称号；陈继良荣获2009年度"上海市重大工程立功竞赛重大工程赛区建设功臣"称号。

投资成立陕西同济土木工程设计有限公司，上海迪顺酒店管理有限公司。

主要作品：竣工项目如2010年上海世博会主题馆、井冈山革命博物馆新馆、洛阳博物馆新馆、原成都军区昆明总医院住院大楼、日喀则桑珠孜宗堡（宗山城堡）保存与再生工程、新江湾城中福会幼儿园、同济大学嘉定校区传播与艺术学院；新签项目有同济晶度大厦、苏州大学附属第一医院平江分院（合作设计：山下设计株式会社（日本））、济宁市文体中心（合作设计：德国罗昂建筑设计有限公司）、福州城市发展展示馆、武汉万达电影文化公园等。

○2010

2月，上海市援建都江堰重点工程——"壹街区"综合社区主体结构封顶仪式于9日举行；10日下午，上海世博会城市最佳实践区工程竣工暨亮灯仪式在上海世博会浦西园区举行，上海世博会副局长丁浩等出席仪式，王健常务副院长代表所有设计单位在仪式上发表讲话。

4月，王健、麦强获"上海市五一劳动奖章"；23日，集团技术中心在院部底层大厅举行揭牌仪式。

6月，上海中心项目结构专业设计组在2010年上海中心大厦工程立功竞赛中荣获"先进集体"称号，谢小林、姜文辉、张鸿武、杨民四位设计师被授予"先进个人"称号；经过中国质量信用评价中心与中国工程建设管理协会为时三个月的质量与信用评选，集团下属同悦公司脱颖而出，最终被评为"全国工程造价咨询、信用 AAA 级十佳示范单位"。

8月,《同济大学建筑设计研究院(集团)有限公司2010年上海世博会项目集》(同济大学出版社)正式出版。

11月,入选2010年 ENR/ 建筑时报"中国承包商和工程设计企业60强",位列国内民用建筑设计研究院第3。

12月29日,与同济大学建筑与城市规划学院联合共建"人居环境生态与节能联合研究中心"在文远楼举行成立揭牌仪式;京杭运河常州市区段改线工程获"詹天佑奖"。

主要作品:竣工项目如上海国际设计中心(合作设计:安藤忠雄建筑事务所)、黄河口生态旅游区游船码头、同济大学建筑与城规学院 D 楼改建项目;新签重要项目有绿地·中央广场(合作设计:gmp)、义乌世贸中心、上海交响乐团音乐厅迁建工程(合作单位:矶崎新工作室)、范曾艺术馆、北川地震遗址保护与地震纪念馆、云南大剧院、古巴哈瓦那大酒店、北京建筑大学新校区图书馆等。

○2011

1月,技术中心赵昕组织团队自行研发的基于 B3 模型的竖向构件变形分析软件 V1.0 获得国家版权局计算机软件著作权登记证书,是设计院首个获得软件著作权登记的软件。

2月,北川国家地震遗址博物馆策划、整体规划与保护规划获得2009年度"全国优秀城乡规划设计一等奖";

4月,上海世博会主题馆、河南广播电视发射塔荣获第十届"詹天佑奖",曾群、邹子敬作为设计人员荣获第十届"詹天佑奖"创新集体;21日,集团新办公楼入驻仪式在新楼举行,同济大学副校长陈小龙主持了入驻仪式,全国政协副主席、科技部部长万钢、同济大学党委书记周家伦,校长裴刚出席了入驻仪式并共同启动新大楼大门;经院务会研究决定,对全院各部门名称进行了调整或新增。

5月30日,同济大学建筑设计研究院(集团)有限公司迁至上海市四平路1230号新址办公,集团进行组织机构调整,5个职能部门,2个直属部门,22个直属机构,10个控股参股公司。

6月,建筑设计一院主持设计的研发中心工程(中国银联三期)中标。

8月,院长丁洁民作为亚太地区候选人,成功当选为英国结构工程师学会2012—2014届理事会理事,成为通过会员投票选举的中国大陆地区第一位理事。

9月,日喀则桑珠兹宗堡保存与再生工程、2010年上海世博会主题馆、2010年上海世博会西班牙馆3个项目获全国优秀勘察设计行业奖公建类一等奖。

10月,中国勘察设计协会发布了2010年全国工程勘察设计企业营业收入前100名排序,集团总排名第71,民用建筑设计类企业中排名第3;入选2010年 ENR/ 建筑时报"中国承包商和工程设计企业60强",位列"中国工程设计企业60强"榜单第13位,在民用建筑设计领域排名第3。

11月,集团荣获"上海市对口支援都江堰市灾区重建突出贡献集体"称号,建筑设计四院副院长赵颖获"上海市对口支援都江堰市灾后重建突出贡献个人"称号。

12月,总裁丁洁民当选为中国勘察设计协会建筑设计分会新一届理事会副会长;26日,原作工作室和一院联合承担设计的上海当代美术馆工程开工仪式举行。

主要作品:竣工重要项目如上海浦东嘉里中心、援非盟会议中心、同济晶度大厦、TJAD 新办公楼、同济大厦 A 楼、常熟市体育中心体育馆、上海市委党校二期工程（教学楼、学员楼）等，新签项目有腾讯滨海大厦（合作设计：NBBJ）、遂宁市体育中心、银联三期、苏州第九人民医院、兰州鸿运金茂综合体、虹口SOHO 项目（合作设计：隈研吾建筑都市设计事务所）等。

2 月，成立云南分公司。商业建筑设计院二所所长孙黎霞荣获 "2011 年度上海市保障性住房优秀勘察设计项目负责人" 称号；世博中国馆、主题馆光伏建筑一体化关键技术研究及工程示范项目获得 "国家能源科技进步奖" 二等奖。 ○2012

4 月，正式通过上海市科学技术委员会等机构的 "高新技术企业" 认定，有效期为三年。

6 月，成立工程投资咨询院。

8 月，集团荣获中国建筑学会评选的 "中国建筑设计百家名院" 称号，董事长郑时龄、资深总建筑师吴庐生、副总裁任力之、执行总建筑师张洛先获 "当代中国百名建筑师" 称号。

9 月，组团参加了在日本东京举办的第 24 届世界建筑师大会，参展了同期举办的建筑设计展；副总裁曾群主编的《空间再生》一书由同济大学出版社出版，本书讲述了集团新办公楼项目的设计理念和特色；《di 设计新潮》杂志社发起的 "2011—2012 年度中国民用建筑设计市场排名"，集团获得总榜第四名；28 日，上海市 "十二五" 重大文化建设项目刘海粟美术馆迁建工程正式开工建设。

10 月，成立上海同济华润建筑设计研究院有限公司。与上海当代艺术博物馆、2012 年第九届上海双年展、同济大学建筑与城市规划学院主办双年展主题活动 "A+A 品鉴之约"（上海当代艺术博物馆设计展及建筑·人·艺术主题摄影展）开幕。

11 月，中国共产党同济大学建筑设计研究院(集团)有限公司第一次代表大会召开，选举产生了集团第一届党委会和纪委会，王健当选为党委书记，江立敏、贾坚当选党委副书记，江立敏当选纪委书记。入选 2012 年 ENR/ 建筑时报 "中国承包商和工程设计企业 60 强"，位列 "中国工程设计企业 60 强" 榜单第 13 位。

12 月，成立成都分公司，深圳分公司。荣获由十三个部委联合审批的 "国家工程实践教育中心" 称号；12 日，集团成都分公司开业庆典在成都隆重举行。

主要作品：竣工重要项目有上海当代艺术博物馆、外滩公共服务中心、哈大客专大连北站站房工程、黄山元一柏庄国际旅游体验中心——国际酒店、武汉万达电影文化公园等，新签项目如遵义会议陈列馆改扩建、刘海粟美术馆、上海崧泽遗址博物馆、中国商飞总部基地（合作设计：gmp）、山东省美术馆、上海市第一人民医院改扩建工程、南开大学津南新校区规划及建筑单体设计、圭亚那万豪酒店、辰塔公路跨黄浦江大桥、洛阳市九都路快速道路工程、温州机场交通枢纽综合体等。

1 月，集团荣获 2011 年度上海市对口支援新疆工程建设 "沪疆杯" 立功竞赛优秀集体，任为民获 2011 年度上海市对口支援新疆工程建设 "沪疆杯" 立功竞赛建设功臣称号，周汉杰获 2011 年度上海市重大工程 "优秀建设者" 称号；陈剑秋、汤朔宁获第九届 "中国建筑学会青年建筑师奖"。 ○2013

2 月，副总建筑师车学娅荣获 "建筑节能先进个人" 称号。

3月，梦幻世界片区项目组被上海市总工会授予"工人先锋号"的荣誉称号；巴士一汽停车库改造——同济大学建筑设计院新办公楼获"两岸四地建筑设计大奖"商业办公大楼类金奖，2010上海世博会主题馆获社区、文化及康乐设施类优异奖。

5月，与新疆生产建设兵团城市建设投资有限责任公司共同出资设立"新疆同济建筑设计咨询管理有限公司"（2018年2月注销）；姚启明凭借其在汽车赛道设计方面的创新精神、突出表现和国际影响力脱颖而出，成为10名"上海市青少年科技创新市长奖"获奖者之一。

6月，副总裁贾坚等与上海建工集团合作课题"超大型复杂环境软土深基坑工程创新技术及其应用"成果荣获2012年度"上海市科学技术进步一等奖"；黄浦区第一中心小学获得2012年"建筑设计奖（建筑创作）金奖"。

7月30日，召开党的群众路线教育实践活动动员大会。

8月3日，参与设计的"上海中心"实现主体的结构封顶，达到580米的结构高度。

9月11—15日，2013年度"全国优秀工程勘察设计行业奖"建筑工程和建筑结构的评审会在集团举行，总裁丁洁民作为结构组组长、总建筑师张洛先作为建筑组评委参与了此次评审。

10月，2013年度"全国优秀工程勘察设计行业奖"公示，集团设计的援非盟会议中心、同济科技园A2楼、上海市新江湾城建设公建配套幼儿园（中福会幼儿园）等3个项目获公建一等奖3项；包顺强、巢斯、丁洁民、归谈纯、王健获得"当代中国杰出工程师"称号。

11月，正式运行质量、环境、职业健康安全"三证合一"管理体系；集团荣获中国勘察设计协会组织评选的"创新型优秀企业"称号，总裁丁洁民荣获"优秀企业家（院长）"称号；入选2013年ENR/建筑时报"中国承包商和工程设计企业60强"，位列"中国工程设计企业60强"榜单第10位。

12月19日，中国共产主义青年团同济大学建筑设计研究院（集团）有限公司第一次代表大会举行，选举产生了集团第一届团委会委员。

投资成立上海同济天地创意设计有限公司。

主要作品：竣工的重要项目有上海自然博物馆、北川地震纪念馆、山东美术馆、上海交响乐团迁建工程（合作单位：矶崎新工作室）、武汉电影乐园、上海市城市建设投资开发总公司企业自用办公楼、改建铁路宁波站改造工程、西北工业大学长安校区图书馆、上海鞋钉厂改建项目、同济大学设计创意学院、同济大学博物馆、沈阳动漫桥工程等，新签项目如利福上海闸北项目、长沙国际会展中心、兰州西站、平凉街道22街坊项目、南水北调博物馆、上海古北SOHO等。

○2014

2月，集团荣获2013年度"上海现代服务业联合会突出贡献奖"；建筑设计三院孙慧芳荣获2013年度"上海市重大工程优秀建设者"称号。

3月，项目管理系统全面投入生产试运行。

4月，TJAD学院正式启动，当年共开设各类课程总计67门549课时；副总裁贾坚等与申通地铁集团等合作的课题"周边群体工程建设活动对地铁运营安全叠加影响的关键控制技术"成果获得2013年度上海市科学技术进步三等奖。

7月，集团荣登美国《工程新闻纪录》（ENR）"全球工程设计公司150"榜单第68位，在民用建筑设计领域列第4位；技术发展部副主任赵昕入选"2014年度上海市优秀技术带头人"计划。

8月3日,"上海中心"最后一榀1米多长的鳍状桁架吊置塔顶,标志着大厦塔冠结构封顶成功,达到632米的最终高度。

9月,同济科技园A2楼(巴士一汽改造项目/设计院新大楼)、上海当代艺术博物馆获得"2014中国建筑学会建筑创作奖"建筑保护与再利用类金奖,援非盟会议中心等五项目获银奖。

10月,集团足球队问鼎2014年亚洲建筑师足球赛;总裁丁洁民获中国"杰出工程师鼓励奖"(中华国际科学交流基金会、国家科技部和国家科学技术奖励工作办公室)。

11月,集团荣列"2014年中国工程设计企业60强"榜单第九位。

12月,总裁丁洁民获"全国勘察设计行业科技创新带头人"称号。

主要作品:竣工重要项目如北京建筑大学新校区图书馆、范曾艺术馆、英特宜家无锡购物中心、遂宁体育中心、济宁奥体中心、兰州西站站房工程、同济大学浙江学院图书馆等,新签项目有上海崇明体育训练基地、郑州二七新塔、合肥绿地之窗、中国印钞造币526工程项目、大同市北环路御河桥工程等。

○2015

2月,集团"建筑创作奖"迎来十周年,举办"十年获奖作品回顾展",出版《建筑创作奖十年2005—2014》;建筑设计三院上科大项目组获上海市2014年度重大工程立功竞赛优秀集体称号。

3月,增设品牌策划部;上海鞋钉厂改建项目(原作设计工作室)获"两岸四地建筑设计大奖"商业办公大楼类银奖,同济大学传播与艺术学院等三项获"2015年两岸四地大奖"卓越奖。

5月,集团荣获"2014年上海建设工程勘察设计质量诚信考评先进单位"称号;汤朔宁获得"上海市五一劳动奖章"。

6月8日,总裁丁洁民、副总裁任力之陪同同济大学校长裴刚参观了意大利米兰世博会中国企业联合馆。同日,国务院副总理汪洋来到米兰世博园,视察了中国企业联合馆。

7月,建筑中国俱乐部"走进名企——走进同济设计集团"活动成功举办。

8月,由总裁、结构总工程师丁洁民,技术发展部副总工程师何志军共同编著的技术专著《上海中心大厦悬挂式幕墙结构设计》出版。

9月,总裁丁洁民及上海中心项目团队成员参加上海中心大厦工程竣工验收会;国家"十二五"规划重点工程、集团轨道院重大项目中川铁路站房工程、中川国际机场综合交通枢纽工程建成投运;苏通长江公路大桥工程获"第十四届全国优秀工程勘察设计金奖",同济大学教学科研综合楼、华旭国际大厦(原名申花大厦)获银奖;国家"十二五"规划重点工程、轨道院重大项目中川铁路站房工程、中川国际机场综合交通枢纽工程建成投运;范曾艺术馆、山东省美术馆获"全国优秀勘察设计行业奖"公建一等奖。

10月,TJAD培训学院首期"项目经理专修班"成功开班。

11月,荣列ENR"2015年中国工程设计企业60强"榜单第9位;获上海市建筑学会"突出贡献团体会员单位"荣誉;日喀则桑珠孜宗堡保存与再生工程、北川地震纪念馆获2015年亚洲建筑师协会建筑奖金奖,上海鞋钉厂改建项目获荣誉提名奖。

12月，成立室内设计院。获批成立博士后科研工作站，开展博士后研究工作。

主要作品：竣工重要项目如上海中心（合作设计：Gensler）、米兰世博会中国企业联合馆、南开大学津南校区、青岛岭海温泉大酒店、英特宜家武汉购物中心、七彩云南花之城、银联三期、刘海粟美术馆、利福上海闸北项目、苏州大学附属第一医院平江分院、虹口SOHO（合作设计：隈研吾建筑都市设计事务所）等，新签重要项目有上音歌剧院（合作设计：伊丽莎白与克里斯蒂安·德·鲍赞巴克建筑事务所）、海花岛一号岛项目、苏州阳澄湖半岛养老养生项目、甘肃敦煌机场扩建工程T3航站楼、郑州新国际会展中心、中国人民保险集团股份有限公司北方信息中心、华为杭州生产基地、昆明滇池国际会展中心4号地块、环球西安中心（合作设计：香港嘉柏）、青岛市市民健康中心、遵义市奥林匹克体育中心、北三环东延快速通道工程等。

1月21日，都市建筑设计院成立十周年暨2015年度总结会成功举行。　○2016

5月，"上海中心巨型悬挂式幕墙"荣获"首届中国高层建筑奖"高层建筑创新奖，"虹口SOHO项目"荣获最佳高层建筑优秀奖；"大跨度张弦结构成套技术研究和创新工程实践"课题荣获中国建筑学会科技进步一等奖；张峥荣获"上海市青年五四奖章"。

6月，"上海建筑数字建造工程技术研究中心"获上海市科学技术委员会建设立项认定。

8月2日，天津分公司正式成立；总裁丁洁民获"全国优秀科技工作者"荣誉称号；位列"2016年ENR全球工程设计公司150强"第75位。

9月，上海中心大厦荣获2016年"IABSE杰出结构大奖"。

10月，集团摘得"2016中国建筑学会建筑创作奖"金奖一枚、银奖三枚；姚启明荣获首届"上海青年英才科创奖"。

11月，集团荣列"2016中国工程设计企业60强"榜单第9位；3日，上海中心大厦荣获2016年CTBUH"世界最佳高层建筑奖"；30日，"2016同济设计系列论坛——主题公园发展论坛"成功举办。

12月，集团总裁丁洁民获"全国工程勘察设计大师"称号；TJAD新版官方网站建成使用。16日，中国共产党同济大学建筑设计研究院（集团）有限公司第二次代表大会在一楼报告厅隆重举行，选举产生新一届党委会和纪委会，王健当选为党委书记，江立敏、贾坚当选党委副书记，江立敏当选纪委书记。投资成立上海同跃图文设计制作有限公司。

主要作品：竣工重要项目有上海棋院、中国丝绸博物馆、国家机关事务管理局第二招待所翻扩建工程、天津国家电网公司客户服务中心、中国商飞总部基地（合作设计：gmp）、苏州实验中学、甘肃敦煌机场扩建工程T3航站楼、长沙国际会展中心、遵义娄山关红军战斗遗址陈列馆、吴中区东吴文化中心、福州城市发展展示馆、中国电子科技集团第三十二研究所科研生产基地、延安中路816号（解放日报社）、郑州陇海路高架快速通道跨南水北调特大桥工程等；新签项目如平潭综合交通枢纽工程及站前城市综合体、兰州轨道交通1号线一期工程沿线附属工程、三亚当代艺术馆、郑州美术馆新馆、档案史志馆、河南科技馆新馆、德州创新谷项目、上海青浦区体育文化活动中心、上海托马斯实验学校新建工程、太原摄乐桥等。

2月，市场经营部和品牌策划部合并成立市场（品牌）运营中心。

○2017

4月，中国勘察设计协会结构设计分会正式成立，总裁丁洁民被推选为副理事长。

5月，入选住建部40家全过程工程咨询试点企业；18日，"同济的永续贡献——纪念同济大学成立110周年特展"开幕；集团一楼大厅展示墙全新亮相；集团获2016年度上海市交通建设工程"十佳"勘察设计企业称号。

6月，在"2017年两岸四地建筑设计大奖"中斩获两金、两银、四个提名奖；《TJAD2012—2017作品选》出版发行。

7月，位列2017年ENR"全球工程设计公司150强"第79位。

8月，成立城市与规划设计研究中心。荣获"勘察设计行业实施卓越绩效模式先进企业"称号。

9月，上海博物馆东馆、浦东美术馆正式开工建设；荣获53项2017年"全国优秀工程勘察设计行业奖"，其中嘉定新城D10-15地块保利大剧院项目、上海交响乐团迁建工程、滇海古渡大码头、北京建筑大学新校区图书馆、南开大学新校区环境科学与工程学院5个项目获"全国优秀勘察设计行业奖"公建一等奖。

10月，第二届"U7+ Design中青年建筑师设计论坛"圆满召开。

11月，荣登2017 ENR/建筑时报"中国工程设计企业60强"榜单第10位；总工程师、国家勘察设计大师丁洁民荣获SEWC终身荣誉会员奖；姚启明创新工作室入选全国示范性劳模和工匠人才创新工作室。

12月，首次开展集团内部"科技进步奖""机电创新奖"评选活动；移动信息平台门户建成使用，数字影像系统、数字图片系统陆续上线。

主要作品：竣工重要项目有义乌世贸中心、腾讯滨海大厦（合作设计：NBBJ）、云南大剧院、云南滇海古渡码头、上海大自鸣钟广场（合作设计：UN Studio）、合肥悦方中心、上海市第一人民医院改扩建工程、淮安市城市博物馆、图书馆、文化馆、美术馆、咸阳市民文化中心、郑州市金水路准快速化下穿隧道、郑州市郑东新区北三环跨如意运河桥、绿地中央广场（合作设计：gmp）等，新签项目如上海博物馆东馆、浦东美术馆（合作设计：Ateliers Jean Nouvel）、宛平剧场、扬州大剧院、程十发美术馆、赤峰大剧院、昆明滇池国际会展中心、威海国际经贸交流中心、上海西虹桥商业综合体、中国银联运营管理中心、四川理工学院——白酒学院、中科大高新园区、阜阳市奥林匹克体育公园、浙江山水六旗主题乐园、横琴天湖酒店、济南市轨道交通M2、M3线工程、太原西中环南延工程等。

1月，成立汽车运动与安全研究中心；《TJAD Selected works》（images Publishing）英文作品集正式首发。

○2018

2月8日，上海市总工会党组成员，正局级巡视员何惠娟为姚启明全国示范性劳模创新工作室授牌。

3月，"基于膜分离的废水深度处理和资源化关键技术和工程应用"获2017年度上海市科学技术奖一等奖；"基于BIM的复杂项目集成建设管理关键技术与应用"获2017年度上海市科学技术奖二等奖；"上海城镇建筑综合能效提升关键技术与应用"获2017年度上海市科学技术奖三等奖。

4月28日，中华全国总工会授予集团汽车运动与安全研究中心主任姚启明2018年"全国五一劳动奖章"。

5月22日，王健当选第八届上海市勘察设计行业协会副会长；集团正式发布企业愿景、使命、核心价值观和企业精神。

6月，上海中心大厦、宁波站、上海迪士尼度假区、上海交响乐团音乐厅四个项目获得第十五届中国土木工程詹天佑奖；集团再次获得上海市交通建设工程"十佳"勘察设计企业称号；集团首届建筑细部竞赛圆满落幕。

7月，成立工程技术研究院。上海中心大厦项目成为首批荣誉白金级BIM认证示范项目，为此次认证的最高级别；集团位列2018年ENR"全球工程设计公司150强"第70位，较去年上升9个名次；18日，同济大学组织部在集团召开干部大会，原组织部长黄翔峰宣读同济大学党委会决定，任命汤朔宁为集团党委书记；由副总建筑师车学娅参编的《公共建筑节能设计标准GB50189-2015》获2017年度"华夏建设科学技术奖"二等奖。

9月，集团原作工作室项目"杨浦滨江公共空间示范段"获得2018年亚洲建筑师协会建筑奖"建筑的社会责任"类金奖；集团荣获2018年"创新杯"建筑信息模型应用大赛"最佳BIM应用企业"。

主要作品：竣工项目有上海崇明体育训练基地，新签项目包括中国美术学院良渚校区(合作设计：非常建筑)、商丘三馆一中心、郑州南站、中国海洋大学黄岛校区、苏州阳澄研发产业园、杭州湾新区创业创新大厦、郧西县文化体育中心、西安浐灞酒店。

附录二　机构沿革 1951—2018

成立年月	名称	隶属关系	备注
1951年底	同济大学建筑工程处（设计处）	同济大学	履行未成立的"工务组"的职责
1953年1月	同济大学建筑工程设计处	同济大学	承接由华东军政委员会文化教育委员会下达的设计任务
1958年3月	同济大学附设土建设计院（原定名称为"同济大学附设土木建筑设计院"）	建筑系；1958年7月24日后隶属建筑工程系	中华人民共和国第一所高校设计院
1958年8月	同济大学建筑设计院	建筑工程系	学校提议撤销原"附设土建设计院"，成立"同济大学建筑设计院"
1961年1月	同济大学设计院	1963年底暂归建筑系	1961年10月建工部正式批准更名
1966年2月	建筑设计室	并入建筑工程系	8月"文革"开始后停止工作
1969年8月	五七公社设计组	同济大学	赴安徽贵池进行"三线"建设
1971年初	五七公社设计组	同济大学	返沪后在上海市二建公司207工程队驻地设计
1974年3月	五七公社设计室	同济大学	—
1977年11月	同济大学建筑设计室	建筑工程系	—
1978年1月	同济大学建筑设计院	同济大学	与建筑工程系脱钩
1979年2月	同济大学建筑设计研究院	同济大学	独立编制的处级事业单位
1984年	同济大学建筑设计研究院	同济大学	独立经济核算，企业化管理
1993年		上海同济科技实业股份有限公司	全资子公司
2001年3月	（新）同济大学建筑设计研究院	同济大学	与上海同济规划建筑设计研究总院合并
2008年	同济大学建筑设计研究院（集团）有限公司	同济创新创业控股有限公司70%；上海同济科技实业股份有限公司30%	集团公司成立

参考资料:

[1] 附录一大事记(1951—2008)[M]// 丁洁民. 累土集——同济大学建筑设计研究院五十周年纪念文集. 北京:中国建筑工业出版社,2008.

[2] 同济大学百年志(1907—2007):下卷[M]. 上海:同济大学出版社,2007:1833-1853.

[3] 林章豪. 同济设计的品牌之路——同济大学建筑设计研究院成立50周年[J]. 同济人,2009第2期,总第16期:54-56.

[4] 同济大学档案馆相关馆藏档案文件

附录三 部门组织架构变迁 1951—2018

年份	名称				
1951	工程设计处①	—	—	—	—
1953	第一设计室（有规划问题的建筑）	第二设计室（复杂结构建筑）	第三设计室（砖木结构房屋）	第四设计室（水电安装工程）	技术室
1958②	第一设计室	第二设计室	第三设计室	第四设计室	第五设计室
	第六设计室	设备室	技术室	—	—
1960	第一设计室（综合室）	第二设计室（工业室）	第三设计室（民用室）	第四设计室（规划室）	第五设计室（设备室）
	办公室	资料室	—	—	—
1966	解散	—	—	—	—
1969	三结合设计组	—	—	—	—
1971	五七公社设计组	—	—	—	—
1978	土建一室	土建二室	设备室	—	—
1979	—	—	—	技术室	办公室
1984	第一设计室	第二设计室	第三设计室	五角场分院（1991年撤销）	—
1985	深圳分院（2000年改制为深圳同济人建筑设计有限公司）	厦门分院（1992年4月撤销③）			
1986	—	—	川沙分院（1991年6月撤销）	—	
1990	桥梁设计室	道路设计室	勘察设计室	地下工程设计室	环境设计室
1993	上海同济爱思达建筑装饰设计工程有限公司（2008年3月注销）	—	—	—	

① 资料中1951年成立的设计处未细分部门，但考虑到应从成立最初开始统计，故把总称写入表格。

② 未查到六个设计室是综合室或是专业室的资料。

③《校志设计院篇（出版稿）》中为1992年5月。

年份						备注
1996	上海同济规划建筑设计研究总院④	—	—	—	—	④ 桥梁、道路、勘察、地下工程与环境专业室于1997年归上海同济规划建筑设计研究总院管理。
1997	建筑设计室⑤	结构设计室	设备设计室	—	—	⑤ 三个综合设计室改为建筑、结构、设备三个专业室。
2000	上海同艺图文设计制作有限公司(2018年9月注销)	深圳同济人建筑设计有限公司	上海同济协力建设工程咨询有限公司			
2001	综合设计一所⑥	综合设计二所	综合设计三所	住宅设计所	综合设计分院(浦东分院)	⑥ 原同济大学建筑设计研究院建筑室结构室设备室调整为综合设计一所、综合设计二所,原上海同济规划建筑设计研究总院建筑院调整为综合设计三所。
	市政工程分院	桥梁工程分院	轨道交通与地下工程分院	钢结构分院	岩土勘察分院(2011年并入轨道交通建筑设计院)	
	环境工程分院	上海同济开元建筑设计有限公司	同元分院(2011年更名为同元建筑设计院)	上海同远建筑工程咨询有限公司(2011年11月注销)	同远分院(2011年更名为都境建筑设计院)	
	同济大学建筑科技工程公司(受同济大学委托管理)	上海同济凯博膜结构有限公司(2007年12月注销)	上海同济摩森工程管理咨询有限公司	建筑经济室(2011更名为工程造价咨询所)	—	
	经营室	财务室	总师室	计算机室	档案资料室	
2002	南昌同济规划建筑设计有限公司	江西同济建筑设计咨询有限公司	江苏泛亚联合建筑设计有限公司(2016年1月股权转让)	—	—	
2003	都市设计分院(原住宅设计所)	上海商业建筑设计研究院有限公司(2012年10月更名为上海同济华润建筑设计研究院有限公司)	—	—	—	

2004	综合设计四所（原都市设计分院）	泛亚分公司	—	—	—
2005	都市建筑设计分院	都城建筑设计分院（原浦东分院）	土木建筑分院（原钢结构分院）	上海同济建设管理科技工程公司（原同济大学建筑科技工程公司，2006年10月由上海同济科技实业股份有限公司管理）	—
2006	交通规划所	上海同济室内工程有限公司	—	—	—
2007	同鑫建筑设计分院	—	—	—	—
2008	上海盛杰投资发展有限公司（2015年8月注销）	—	—	—	—
2009	陕西同济土木工程设计有限公司	上海迪顺酒店管理有限公司	—	—	—
2010	技术中心	—	—	—	—
2011	建筑设计一院	建筑设计二院	建筑设计三院	建筑设计四院	都城建筑设计院
	都市建筑设计院	都境建筑设计院	土木建筑设计院	同元建筑设计院（2016年7月并入四院）	商业建筑设计院（同鑫建筑设计分院）
	泛亚建筑设计院（2016年2月并入三院）	同励建筑设计院	市政工程设计院	桥梁工程设计院	轨道交通建筑设计院
	环境工程设计院	景观工程设计院	工程造价咨询所	交通规划设计所	—
	同鹏建筑设计院（2016年4月并入同励）	同创建筑设计院（2016年7月并入一院）	同益建筑设计院（2016年6月并入二院）	—	—
	市场经营部	技术质量部	信息档案部	综合行政部	资产财务部

	项目运营部	技术发展部	—	—	—
2012	工程投资咨询院	云南分公司	成都分公司	上海同济华润建筑设计研究院有限公司	深圳分公司
2013	新疆同济建筑设计咨询管理有限公司（2018年2月注销）	上海同济天地创意设计有限公司	—	—	—
2015	品牌策划部	室内设计院	—	—	—
2016	上海建筑数字建造工程技术研究中心	天津分公司	上海同跃图文设计制作有限公司	—	—
2017	城市与规划设计研究中心	市场（品牌）运营中心	—	—	—
2018	汽车运动与安全研究中心	工程技术研究院（原技术发展部）	—	—	—

现同济大学建筑设计研究院(集团)有限公司组织架构(2018)

职能部门(5)	
市场(品牌)运营中心	综合行政部
技术质量部	资产财务部
信息档案部	

直属部门(3)	
项目运营部	上海建筑数字建造工程技术研究中心
工程技术研究院	

直属机构(24)	
建筑设计一院	桥梁工程设计院
建筑设计二院	轨道交通建筑设计院
建筑设计三院	环境工程设计院
建筑设计四院	景观工程设计院
都城建筑设计院	工程投资咨询院
都市建筑设计院	交通规划设计院
都境建筑设计院	城市与规划设计研究中心
土木建筑设计院	汽车运动与安全研究中心
商业建筑设计院	成都分公司
同励建筑设计院	云南分公司
市政工程设计院	天津分公司
泛亚分公司	深圳分公司

控股和参股公司(12)	
上海同济开元建筑设计有限公司	深圳同济人建筑设计有限公司
上海同济华润建筑设计研究院有限公司	南昌同济规划建筑设计有限公司
上海同济协力建设工程咨询有限公司	上海同济室内设计工程有限公司
上海同济工程咨询有限公司	上海同跃图文设计制作有限公司
陕西同济土木建筑设计有限公司	江西同济建筑设计咨询有限公司
上海迪顺酒店管理有限公司	上海同济天地创意设计有限公司

参考资料:

[1] 附录一大事记(1951—2008)[M]// 丁洁民. 累土集——同济大学建筑设计研究院五十周年纪念文集. 北京:中国建筑工业出版社,2008.

[2] 王吉螽手写历年设计机构人员(1951—1997)

[3] 《同济大学百年志》编纂委员会编. 同济大学百年志(1907—2007):下卷[M]. 上海:同济大学出版社,2007:1833-1853.

[4] 同济设计集团组织架构变迁档案

[5] 2007—2015《同济大学建筑设计研究院年鉴》

附录四　历任管理人员 1951—2018

历届董事会

时期	姓名	职务	任职年月
	第一届：2001年3月至2002年4月		
	倪亚明	董事长	2001.3~2002.4
	金海龙	副董事长	2001.3~2002.4
	顾国维	董事	2001.3~2002.4
	刘小兵	董事	2001.3~2002.4
	丁洁民	董事	2001.3~2002.4
	王伯伟	董事	2001.3~2004.4
	李永盛	董事	2001.3~2004.4
	钱 刚	董事	2001.3~2002.4
	王建云	董事	2001.3~2002.4
	朱美星	监事	2001.3~2002.4
	周伟民	监事	2001.3~2004.4
	第二届：2002年4月至2006年12月		
（新）同济大学建筑设计研究院	项海帆	董事长	2002.4~2006.12
	黄鼎业	副董事长	2002.4~2004.3
	金海龙	副董事长	2004.4~2006.12
	梁念丹	董事	2002.4~2006.12
	丁洁民	董事	2002.4~2006.12
	吴志强	董事	2002.4~2006.12
	陈以一	董事	2002.4~2006.12
	钱 刚	董事	2002.4~2006.12
	黎华清	董事	2002.4~2006.12
	周伟民	董事	2004.4~2006.12
	刘惠民	监事	2002.4~2006.12
	范舍金	监事	2004.4~2006.12
	狄云芳	监事	2002.4~2006.12
	第三届：2006年12月至2009年7月		
	项海帆	董事长	2006.12~2009.7
	梁念丹	副董事长	2006.12~2009.7
	王昆	董事	2006.12~2009.7

丁洁民	董事	2006.12~2009.7
吴长福	董事	2006.12~2009.7
张其林	董事	2006.12~2009.7
高国武	董事	2006.12~2009.7
王明忠	董事	2006.12~2009.7
王健	董事	2006.12~2009.7
徐建平	监事长	2006.12~2009.7
周伟民	监事	2006.12~2009.7
狄云芳	监事	2006.12~2009.7
第四届：2009年7月至2014年8月		
郑时龄	董事长	2009.7~2014.8
/	副董事长	/
丁洁民	董事	2009.7~2014.8
柴德平	董事	2008.3~2010.10
肖小凌	董事	2009.7~2014.8
王明忠	董事	2009.7~2014.8
高国武	董事	2009.7~2014.8
吴长福	董事	2009.7~2014.8
张其林	董事	2009.7~2014.8
周伟民	董事	2009.7~2014.8
王健	董事	2009.7~2014.8
徐建平	监事长	2009.7~2014.8
肖小凌	监事	2009.7~2014.8
柴德平	监事	2010.10~2014.10
贾坚	监事	2009.7~2014.8
第五届：2014年8月至今		
郑时龄	董事长	2014.8至今
/	副董事长	/
丁洁民	董事	2014.8至今
王明忠	董事	2014.8至今
高国武	董事	2014.8至今
吴长福	董事	2014.8至今
张其林	董事	2014.8至今
王健	董事	2014.8至今
凌玮	监事长	2014.8~2016.3

同济大学建筑设计研究院（集团）有限公司

	霍佳震	监事长	2016.3至今
	骆君君	监事	2014.8至今
	邹子敬	监事	2014.8~2018.4
	周瑛	监事	2018.4至今

历届行政领导

时期	姓名	职务	任职年月
同济大学建筑工程处（设计处）	冯纪忠	/	1951~1953.3
	丁昌国	/	1951~1953.3
同济大学建筑工程设计处	翟立林	主任	1953.3~1958.2
	曲作民	副主任	1953.3~1958.2
同济大学附设土建设计院	吴景祥	院长	1958.3~1960
同济大学建筑设计院 至 同济大学设计院 至 建筑设计室	王达时	主任	1960~1961
	吴景祥	副主任	1960~1961
		院长	1961~1964
	冯纪忠	院长	1964~1966⑦
	唐云祥	副院长	1960~1966
	王吉螽	副院长	1964~1966
五七公社设计组	汤冬根	组长	1969.8~1974.8
五七公社设计室	吴景祥	副主任	1974.8~1979
	尹银桂	副主任	1975.1~1977.11
同济大学建筑设计室 至 同济大学建筑设计院 至 同济大学建筑设计研究院	季万江	副主任	1977~1979
	关天瑞	副主任	1978.1~1979
	吴景祥	院长	1979~1981
	唐云祥	副院长	1979~1981
	陆轸	副院长	1979~1981
同济大学建筑设计研究院	王吉螽	院长	1981~1984.4
	唐云祥	副院长	1981~1985
	陆轸	副院长	1981~1984.4
	黄鼎业	副院长	1981~1984.4
		院长	1984.5~1985
		院长（兼）	1986~1989.8
		院长（兼）	1990.9~1993.5

⑦ "文革"开始后建筑设计室被迫解散。

	欧阳可庆⑧	副院长	1981.5~1984.5	⑧《王吉螽手写历年设计机构人员》中未提及。
	姚大镒	副院长	1984.5~1990.8	
		常务副院长（主持工作）	1990.9~1992.12⑨	⑨《王吉螽手写历年设计机构人员》中最晚出现在至1992.12的名单中，《1953-2008组织机构与领导名单》与《校志设计院篇（出版稿）》中则均显示至1993.5止。
	刘佐鸿	副院长（主持工作）	1986~1989.8	
		院长	1989.9~1990.8	
	许木钦	副院长	1989.9~1992.12	
	高晖鸣	副院长	1989.9~1992.12	
		常务副院长（主持工作）	1993.1~1995.7	
		院长	1995.8~1998.9	
	谈得宏	副院长	1990.9~1995.7	
	张纪衡	院长（兼）	1993.6~1995.7	
	乐 星	副院长	1993.1~1996.3	
	周伟民	副院长	1994.10~2008.11	
同济大学建筑设计研究院	施国华	院长助理	1993.1~1993.8	
	董浩风	院长助理	1993.9~1995.7	
		副院长	1995.8~1996.3	
	张洛先	副院长	1996.4~1998.9	
	丁洁民	副院长	1998.8~1998.9	
		院长	1998.10~2008.11	
	顾敏琛	院长助理	1996.4~2000.6⑩	⑩《1953-2008组织机构与领导名单》显示顾敏琛1996.4起担任院长助理，但截止该名单完成还没有卸任，故先推测任职至2000.7开始担任副院长前。
		副院长	2000.7~2004.10	
	王 健	副院长	2000.7~2005.2	
		常务副院长	2005.2~2008.11	
	王明忠	副院长	2000.7~2006	
	吴长福	副院长（兼）	2000.7~2008.11	
	任力之	副院长	2004.6~2008.11	
	贾 坚	副院长	2006.12~2008.11	
	陈鸿鸣	副院长	2006.12~2008.11	
	曾 群	院长助理	2007.11~2008.11	
	王文胜	院长助理	2007.11~2008.11	
同济大学建筑设计研究院(集团)有限公司	丁洁民	总裁	2008.11~2017.7	
	王 健	常务副总裁	2008.11~2012.7	
		副总裁	2012.8~2017.7	

历任管理人员 1951—2018

	王 健	副总裁（主持工作）	2017.8~2018.2
		总裁	2018.2至今
	周伟民	副总裁	2008.11~2017.3
	任力之	副总裁	2008.11至今
	贾 坚	副总裁	2008.11至今
	陈鸿鸣	副总裁	2008.11~2017.3
	吴长福	副总裁（兼）	2008.11至今
	曾 群	总裁助理	2008.12~2010.2
		副总裁	2010.3至今
同济大学建筑设计研究院(集团)有限公司	王文胜	总裁助理	2008.12~2010.2
		副总裁	2010.3至今
	汤朔宁	总裁助理	2013.3~2014.12
		副总裁	2014.12至今
	曾明根	总裁助理	2013.3~2014.12
		副总裁	2014.12至今
	陈继良	总裁助理	2015.3~2017.3
		副总裁	2017.3至今
	金 炜	总裁助理	2016.9~2018.4
		副总裁	2018.4至今
	邹子敬	总裁助理	2016.9~2018.4
		副总裁	2018.4至今

历届技术领导

姓名	职务	任职时间
王吉螽	总建筑师	1986~1990.8
高晖鸣		1998.10~2001.12
姚大铭	总工程师	1993.1~2000.5
陆 轸	副总建筑师	1988~1990.8
吴庐生		1988~1990.8
顾如珍		1993.1~2001.12
徐鼎新		1988~1990.8
蒋志贤	副总工程师	1988~1990.8 1993.1~2000.5
路 佳		1993.1~2001.12

张洛先	副总建筑师 总建筑师 执行总建筑师	2000.5~2001.12 2002.1~2010.1 2010.2至今
巢 斯	副总工程师 总工程师 执行总工程师	1998.4~2001.12 2002.1~2010.1 2010.2至今
任力之	副总建筑师 总建筑师	1998.4~2010.1 2010.2至今
丁洁民	副总工程师 总工程师	2004.6~2010.1 2010.2至今
王 健	副总工程师 总工程师	1999.4~2010.1 2010.2至今
吴长福	副总建筑师	1998.4至今
王建强		2001.3~2011.6
周建峰		2002.1至今
车学娅		2005.8至今
陈继良		2010.2至今
曾 群		2011.7至今
苏旭霖	副总工程师	2000.5~2011.6
孙品华		2002.1~2011.6
归谈纯		2002.1至今
夏 林		2004.6至今
郑毅敏		2007.5至今
钱大勋		2009.12至今
刘 毅		2009.12至今
贾 坚		2011.7至今
曾明根		2011.7至今
邓青儿		2017.11至今
唐国荣		2017.11至今

历届党委、党总支（支部）领导

姓名	职务	任职年月
周张福	党支部书记	1974~1976
曲则生	党支部书记	1977~1978
赵喜英	党支部副书记	1974~1976
唐云祥	党总支书记	1979~1981

宋屏	党总支书记	1981~1984.5
李皖霞	党总支副书记	1979~1984.5
许木钦	党总支书记	1984.5~1997.6
黄斌	党总支副书记	1985.5~1987.5
范舍金	党总支副书记	1987.5~1990.6 1992.7~2010.11
张宝珠	党总支副书记	1990.7~1992.6
金海龙	党总支书记（兼）	1997.7~1999.9
周伟民	党总支书记	1999.10~2010.11
丁洁民	党总支副书记	2002~2012.12
范舍金	党总支副书记（主持工作）	2010.11~2012.7
王健	党总支副书记（主持工作）	2012.8~2012.12
江立敏	党总支副书记	2010.5~2012.12
王健	党委书记	2012.12~2018.6
汤朔宁	党委书记	2018.7至今
江立敏	党委副书记、纪委书记	2012.12至今
贾坚	党委副书记	2012.12至今

参考资料：

[1] 附录一大事记(1951—2008)[M]// 丁洁民. 累土集——同济大学建筑设计研究院五十周年纪念文集. 北京:中国建筑工业出版社,2008.1951-2008大事记
[2] 王吉螽手写历年设计机构人员(1951-1997)
[3] 《1953-2008 组织机构与领导名单》
[4] 《总师、主任工程师名册总表 20180330》

附录五 勘察设计资质 2018

序号	行业	类别		资质等级
1	建筑行业	建筑工程		甲级
	公路行业	公路		专业甲级
		特大桥梁		专业甲级
		交通工程		专业乙级
	市政行业	给水工程		专业甲级
		排水工程		专业甲级
		城镇燃气工程		专业甲级
		道路工程		专业甲级
		桥梁工程		专业甲级
		城市隧道工程		专业甲级
		公共交通工程		专业甲级
		轨道交通工程		专业甲级
		环境卫生工程		专业甲级
	专项	环境工程	水污染防治工程	专项甲级
			大气污染防治工程	专项甲级
			固体废物处理处置工程	专项甲级
			物理污染防治工程	专项甲级
		风景园林工程设计		专项甲级
2	建筑行业	人防工程		专业乙级
	市政行业	热力工程		专业乙级
	商务粮行业	冷冻冷藏工程		专业乙级
3	勘察资质	勘察专业	岩土工程	甲级
4	规划资质	城乡规划编制		乙级
5	工程咨询	建筑		专业资信甲级
		生态建设和环境工程		专业资信甲级
		公路		专业资信甲级
		市政公用工程		专业资信甲级
6	文物保护	文物保护工程勘察设计		甲级
7	特种设备设计许可证	压力管道		GB1、GB2、GC2

附录六 重要奖项 1986—2018

优秀设计作品奖项

亚洲建筑师协会建筑奖

年份	奖项名称	项目名称
2015	金奖	日喀则桑珠孜宗堡保存与再生工程
		"5·12"汶川特大地震纪念馆
	荣誉提名奖	上海鞋钉厂改建项目（原作设计工作室）
2018	金奖	杨浦滨江公共空间示范段

香港建筑师学会"两岸四地建筑奖"

年份	奖项名称	项目名称
2013	金奖	巴士一汽停车库改造——同济大学建筑设计院新办公楼
	优异奖	2010上海世博会主题馆
2015	银奖	上海鞋钉厂改建项目（原作设计工作室）
	卓越奖	同济大学传播与艺术学院
		宁波站铁路综合交通枢纽项目
		黄河口生态旅游区游船码头
2017	金奖	"5·12"汶川特大地震纪念馆
		范曾艺术馆
	银奖	上海延安中路816号修缮项目——解放日报社
		同济大学浙江学院图书馆
	提名奖	南开大学津南校区学生活动中心
		上海市闵行区中福会浦江幼儿园
		上投大厦整体修缮
		杭州桥西直街D32商业街区——杭政储出（2011）32号地块

全国优秀工程勘察设计金、银、铜奖

年份	奖项名称	项目名称
1995	银奖	同济大学逸夫楼
2004	银奖	同济大学中德学院大楼
	铜奖	文化花园（二期）（清华苑）
2006	银奖	同济大学图书馆改建

	银奖	浙江省公安指挥中心
	铜奖	中国银联上海信息处理中心
2008	铜奖	松江新城方松社区文化中心
2010	金奖	苏通长江公路大桥工程设计
	银奖	同济大学教学科研综合楼
		华旭国际大厦

全国优秀工程勘察设计行业奖(2008年之前为建设部优秀勘察设计奖)

年份	奖项名称	项目名称
2008年前(建设部优秀勘察设计奖)		
1986	城市住宅创作奖	新疆石油工人无锡疗养院职工住宅
1989	三等奖	同济大学西北区学生食堂浴室
1995	二等奖	同济大学逸夫楼
2000	二等奖	宁寿大厦(中国人寿大厦)
		上海南京东路步行街
	三等奖	上海淞沪抗战纪念馆
		外环线杨高路立交
2001	二等奖	同济大学研究生院(瑞安楼)
	城镇住宅和住宅小区设计二等奖	文化花园(二期)(清华苑)
	城镇住宅和住宅小区设计三等奖	上海新时代花园(一组团)
	二等奖	同济大学中德学院大楼
	三等奖	静安寺广场综合体
		东莞国际会展中心
		广西桂林市解放桥重建工程
		华东师范大学第二附属中学迁建工程
2005	一等奖	浙江省公安指挥中心
		同济大学图书馆改建
	二等奖	中国银联上海信息处理中心
		同济大学医学院
	三等奖	上海市新时代花园一~四组团
		南汇文化中心

		三等奖	上海大学新校区礼堂
			清华大学大石桥学生公寓区
			日照帆船俱乐部

2008年后（优秀工程勘察设计行业奖）

2008	公建	二等奖	南通体育会展中心体育场
			浙江大学紫金港校区中心岛建筑群
			东莞展示中心
			东莞玉兰大剧院
			同济大学嘉定校区图书馆
			金华职业技术学院教学楼群
			上海中山东一路18号改建工程
			上海国际汽车博物馆
			华东师范大学新校区教学楼统计楼
			松江新城方松社区文化中心
			格致中学二期扩建工程
			网球俱乐部二期
		三等奖	东莞市图书馆
			嘉定校区二期综合教学楼、教学科研楼
			上海电视大学教学综合楼
			广州南沙客运港
			金华职业技术学院艺术楼
			上海工程技术大学新校区行政办公楼
			交通银行数据处理中心
			复旦大学正大体育馆
			江湾体育场文物建筑保护与修缮工程
			轮船招商总局大楼修缮工程
			同济汽车学院洁净能源汽车工程中心实验车间
	市政	三等奖	松江区玉树路跨沪杭高速公路工程
	结构创新奖	一等奖	同济大学教学科研综合楼
		二等奖	南通体育会展中心体育场

2009	公建	一等奖	同济大学教学科研综合楼
			华旭国际大厦
		二等奖	上海市地面交通工具风洞实验中心
		三等奖	联合利华（中国）研发中心
			新江湾城 C2 地块高级中学
			同济大学嘉定校区机械工程学院
			集美大学新校区三期工程文科大楼
			集美大学诚毅学院综合体育馆
			中央音乐学院教学综合楼
			上海市公安局刑事侦查技术大楼
			中国银联项目（二期工程）培训中心
			安徽大学图书馆
			中国银联项目（二期工程）客户服务中心
			苏州大学独墅湖校区文科综合楼
			上海海事大学临港新校区科研楼
			井冈山革命博物馆新馆
			同济大学土木工程学院大楼
			北京大学体育馆
	市政	三等奖	京杭运河常州市区段改线工程——青洋大桥
			上海市 A5（嘉金）高速公路新建工程
2011	公建	一等奖	日喀则桑珠孜宗堡保存与再生工程
			2010年上海世博会西班牙馆
			2010年上海世博会主题馆
		二等奖	洛阳博物馆新馆
			合肥大剧院
			浦东世纪花园办公楼
			秦皇岛市文化广场
			同济大学嘉定校区电子与信息工程学院大楼
			同济大学研究生公寓
			温州大剧院
			都江堰市向峨小学
			原成都军区昆明总医院住院大楼
			2010年上海世博会城市未来馆
			上海世博会城市最佳实践区北部模拟街区区域阿尔萨斯案例

			浦东新区三林镇W6-3、W6-5地块住宅
		三等奖	上海哈瓦那大酒店
			无锡市土地交易市场
			都江堰市北街小学
			都江堰市北区中学
			同济大学嘉定校区传播与艺术学院
			华东师范大学闵行校区体育楼
			上海世博会城市最佳实践区北部模拟街区区域罗阿案例
			世博村B地块项目
	住宅	三等奖	顺驰·嘉定外冈项目
	市政	三等奖	洛阳市瀍洲大桥及接线工程
	结构专业	一等奖	上海世博会主题馆结构设计
		三等奖	泉州市行政管理服务中心
	建筑环境与设备专业	三等奖	合肥大剧院
	建筑智能化工程专业	三等奖	2010年上海世博会主题馆
2012	全国保障性住房优秀设计专项奖二等奖		航头基地三号地块
			青浦区徐泾北（华新拓展）大型居住社区经济适用房B块
2013	公建	一等奖	同济科技园A2楼
			援非盟会议中心
			上海市新江湾城建设公建配套幼儿园（中福会幼儿园）
		二等奖	同济大厦A楼
			上海音乐学院改扩建工程教学楼、排演中心
			上海市委党校二期工程（教学楼、学员楼）
			钱江新城B-06-2地块（圣奥中央商务大厦）
			上海浦东嘉里中心（A-04地块项目）
			黄浦区第一中心小学迁建项目
			国棉二厂地块旧区改造项目—西侧公建（浅水湾办公商业综合体）
		三等奖	城投控股大厦（吴淞路150号地块）
			江苏省泰州中学老校区保护性改造工程
			三山会馆环境整治暨扩建工程（上海会馆史陈列馆）
			天津师范大学体育馆
			同济大学浙江学院实验楼
			云南师范大学呈贡校区体育训练馆

2013			四川国际网球中心
	市政	二等奖	崇明至启东长江公路通道工程（上海段）
	市政	二等奖	太原市机场路火炬桥道路及桥梁工程（现名：祥云桥）
	居住	三等奖	国棉二厂地块旧区改造项目
	景观	三等奖	南园滨江绿地（公园）改扩建工程
	结构专项	二等奖	同济大学新建多功能振动实验中心
			常熟市体育中心体育馆
		三等奖	上海国际设计中心
	标准设计三等奖		《建筑给水薄壁不锈钢管道安装》10S407-2
2015	公建	一等奖	范曾艺术馆
			山东省美术馆
		二等奖	哈大客专大连北站站房工程
		三等奖	上海市浦东医院征地新建
			中国科学技术大学环境与资源楼
			河南理工大学体育馆
			常熟市体育中心体育馆
			安徽大学科技创新楼
			南通新一代雷达信息处理楼
			芜湖市金融服务区
			上海市委党校新建体育馆、地下停车库项目
			香港新世界大厦装修工程
			上海市西中学改扩建工程综合楼
	住宅	三等奖	上海中山西路1350号地块（中星美华村）
			苏州新市路（B-40）居住小区
			锦绣星城
	绿色建筑	一等奖	上海市委党校二期工程（教学楼、学员楼）
		二等奖	上海市委党校新建体育馆、地下停车库项目
		三等奖	香港新世界大厦装修工程
	市政工程	二等奖	太原市南中环桥道路及桥梁工程
		三等奖	海南昌江棋子湾旅游度假区 基础设施工程（路网工程）
			通州南部地区污水处理厂一期工程

	结构专业	二等奖	上海城开无锡蠡湖项目
			漳州体育场
		三等奖	山东省美术馆
			辽阳市民服务中心
	建筑环境与设备专业	二等奖	上海城开无锡蠡湖项目
	建筑智能化专业	二等奖	厦门大学翔安校区主楼群图书馆（3号楼）
	电气专业	二等奖	上海城开无锡蠡湖项目
		三等奖	厦门大学翔安校区主楼群图书馆（3号楼）
2017	公建	一等奖	嘉定新城D10-15地块保利大剧院项目
			上海交响乐团迁建工程
			"滇海古渡"大码头
			北京建筑大学新校区图书馆
			南开大学新校区环境科学与工程学院
		二等奖	上海自然博物馆（上海科技馆分馆）
			同济大学浙江学院图书馆
			遂宁市体育中心
			2015年米兰世博会中国企业联合馆
			延安中路816号"严同春"宅（解放日报社）修缮及改建
			山东省第二十三届省运会配建场馆建设工程
			烟台经济技术开发区城市规划中心
		三等奖	上海田林路200号工业研发楼
			上海市城市建设投资开发总公司企业自用办公楼
			上海市虹口区海南路10号地块
			新建宝鸡至兰州铁路客运专线兰州西客站站房工程
	住宅	三等奖	保集英郡（二期）
			万科任港路项目（万科濠河传奇）
	市政工程	一等奖	太原市环线道路建设工程 东中环、南中环、西中环、北中环建设工程（合作方申报）
			赣州市赣江公路大桥工程
		二等奖	辰塔公路越黄浦江大桥新建工程

2017		三等奖	江西省赣州市赣县至南康连接线第二阶段工程勘察设计（第Ⅱ合同段）——新世纪大桥
			罗山路快速化改建工程（合作方申报）
			武汉八一路(卓刀泉北路——鲁磨路)延长线工程设计（合作方申报）
			宜兴市东氿大桥以东桥梁（梅林大桥）工程
	工程勘察	一等奖	上海中心大厦基坑围护设计
	绿建专项	一等奖	上海自然博物馆（上海科技馆分馆）
	结构专业	一等奖	上海交响乐团迁建工程
			宁波站改建工程宁波火车南站
		二等奖	山东省第二十三届运动会配建场馆综合体育馆
			新建宝鸡至兰州铁路客运专线兰州西客站站房工程
		三等奖	同济大学浙江学院图书馆
			山东省第二十三届运动会配建场馆跳水游泳馆
			福州市城市发展展示馆
	园林景观工程	一等奖	金山卫抗战遗址纪念园改扩建工程
		二等奖	鲁迅公园改造项目
		三等奖	爱思儿童公园改造
	标准设计二等奖		15S412《屋面雨水排水管道安装》
	建筑环境与热能源应用专业	三等奖	上海交响乐团迁建工程
			上海市城市建设投资开发总公司企业自用办公楼
	建筑智能化专业	二等奖	上海交响乐团迁建工程
			吴江宾馆
	建筑电气专业	二等奖	苏州大学附属第一医院平江分院
		三等奖	上海交响乐团迁建工程
			英特宜家无锡购物中心
	水系统专业	一等奖	嘉定新城 D10-15 地块保利大剧院项目
			上海自然博物馆（上海科技馆分馆）
		二等奖	无锡阖闾城遗址博物馆
			英特宜家无锡购物中心
			上海城开无锡蠡湖项目
			遂宁市体育中心
			吴江宾馆
		三等奖	2015年米兰世博会中国企业联合馆

教育部优秀工程勘察设计奖一、二等奖（含原国家教委优秀工程勘察设计奖）

年份	奖项名称		项目名称
1987	国家教委	二等奖	同济大学计算中心
1988	国家教委	二等奖	同济大学西北区学生食堂
1989	国家教委	二等奖	上海杨浦区社会福利院
1991	国家教委	二等奖	上海市教育会堂
1995	国家教委	一等奖	同济大学逸夫楼
		二等奖	中国女排漳州训练基地
1998	教育部	二等奖	同济大学建筑与城市规划学院馆
2000	教育部	一等奖	宁寿大厦（中国人寿大厦）
		二等奖	上海淞沪抗战纪念馆
			中国高科大厦
			上海南京东路步行街
			外环线杨高路立交
2001	教育部	一等奖	同济大学研究生院（瑞安楼）
		二等奖	上海网球俱乐部
2003	教育部	一等奖	同济大学中德学院大楼
			钓鱼台国宾馆芳菲苑
		二等奖	浙江师范大学艺术楼
			东莞国际会展中心
	教育部市政建设	二等奖	广西桂林市解放桥重建工程
	教育部规划建设	一等奖	杭州市、滨江区、江滨地区城市设计
2005	教育部	一等奖	浙江省公安指挥中心
			同济大学汽车学院一期工程
		二等奖	清华大学大石桥学生公寓区
			同济大学图书馆改建
	教育部市政工程	二等奖	陕西宝鸡市广元路渭河大桥
	教育部规划	二等奖	上海工程技术大学新校区规划
2007	教育部	一等奖	南通体育会展中心体育场
			东莞市图书馆
		二等奖	嘉定校区二期综合教学楼、教学科研楼
			浙江大学紫金港校区中心岛建筑群
			上海电视大学教学综合楼
			广州南沙客运港

			东莞展示中心
			金华职业技术学院艺术楼
			无锡市青祈路五里湖大桥
	教育部结构	一等奖	同济大学教学科研综合楼
		二等奖	南通体育会展中心体育场
2009	教育部	一等奖	联合利华一期
			中法中心
			中央音乐学院教学综合楼
			上海市 A5（嘉金）高速公路工程
			宁波长丰桥
		二等奖	安徽大学体育馆
			井冈山革命博物馆
			无锡市惠山区建设与发展展示中心
			同济大学土木工程学院大楼
			同济大学嘉定校区机械工程学院
			集美大学新校区三期工程文科大楼
			安徽大学新校区图书馆
			同济大学浙江学院
			东莞市塘厦林村污水处理厂工程
			杭州江南滨江公园
			京杭运河常州市区段改线工程——龙城大桥
2011	教育部	一等奖	日喀则桑珠孜宗堡保存与再生工程
			2010年上海世博会城市未来馆
			宁波市庆丰桥工程
		二等奖	同济大学嘉定校区传播与艺术学院
			同济大学研究生公寓
			秦皇岛市文化广场
			上海哈瓦那大酒店
			华润置地·上海滩花园
			厦门大学翔安校区总体规划
			上海市青浦区西大盈港双桥
	教育部结构	一等奖	中国2010年上海世博会主题馆结构设计

2013	教育部	一等奖	援非盟会议中心
			四川国际网球中心
		二等奖	云南师范大学呈贡校区体育训练馆
			同济大厦 A 楼
			江苏省泰州中学老校区保护性改造工程
	教育部市政公用工程	一等奖	太原市机场路火炬桥道路及桥梁工程（现名：祥云桥）
		二等奖	鄂尔多斯国际赛车场工程设计 - 赛道工程
	教育部结构	一等奖	同济大学新建多功能振动实验中心
		二等奖	常熟市体育中心体育馆
	教育部园林景观	一等奖	2011 年世界园艺博览会景观工程
	教育部智能化	一等奖	援非盟会议中心
2015	教育部工程设计	一等奖	山东省美术馆
			范曾艺术馆
			西北工业大学长安校区图书馆
		二等奖	河南理工大学体育馆
			常熟市体育中心体育馆
			锦绣星城
			苏州新市路（B-40）居住小区
	教育部市政设计	一等奖	太原市南中环桥道路及桥梁工程
			海南昌江棋子湾旅游度假区基础设施工程（路网工程）
			通州南部地区污水处理厂一期工程
		二等奖	盛泽镇舜湖西路（梅堰路—西环二路）新建工程
	教育部结构	一等奖	山东省美术馆
	教育部建筑环境与设备	一等奖	上海城开无锡蠡湖项目
	教育部建筑智能化	二等奖	上海城开无锡蠡湖项目
	教育部建筑电气	一等奖	上海城开无锡蠡湖项目
	教育优秀绿色建筑	一等奖	上海市委党校二期工程（教学楼、学员楼）
2017	教育部工程设计	一等奖	北京建筑大学新校区图书馆
			2015 年米兰世博会中国企业联合馆
			新建宝鸡至兰州铁路客运专线兰州西客站站房工程
			延安中路 816 号 "严同春" 宅（解放日报社）修缮及改建

2017		二等奖	南开大学新校区环境科学与工程学院
			山东省第二十三届省运会配建场馆建设工程
			烟台经济技术开发区城市规划中心
	教育部规划设计	一等奖	南开大学新校区建设工程
	教育部园林设计	一等奖	金山卫抗战遗址纪念园改扩建工程
	教育部住宅设计	二等奖	万科任港路项目（万科濠河传奇）
	教育部市政工程	一等奖	赣州市赣江公路大桥工程
			江西省赣州市赣县至南康连接线第二阶段工程勘察设计（第Ⅱ合同段）——新世纪大桥
			彭州市18万吨/日自来水厂二期续建工程
		二等奖	盛泽镇南二环路（梅堰路—西环路）新建工程
			大同市南三环御河大桥
			如东县县城第二污水处理厂
	教育部结构	一等奖	新建宝鸡至兰州铁路客运专线兰州西客站站房工程
		二等奖	福州市城市发展展示馆
	教育部水系统工程	一等奖	2015年米兰世博会中国企业联合馆
	教育部建筑环境与能源应用	二等奖	北京建筑大学新校区图书馆

上海市优秀工程勘察设计奖一、二等奖

年份	奖项名称	项目名称
1986	二等奖	同济大学电气试验楼电算房
1987	人防一等奖	上海徐汇区工人俱乐部人防工程
1988	二等奖	上海长白新村二期总体工程
1989	二等奖	上海杨浦区社会福利院
1992	一等奖	南浦大桥主桥工程
	二等奖	南浦大桥引桥工程
1993	二等奖	龙华迎宾馆
1994	二等奖	同济大学逸夫楼
		上海市杨浦大桥浦东引桥
1995	二等奖	众城大厦
	二等奖	上海市内环线

1996	二等奖		格致中学教学楼及礼堂
			银都大厦
1997	体育建筑	最佳设计奖	卢湾体育馆
1998	体育建筑	最佳设计奖	华东师范大学体育馆
	给排水	二等奖	上海热带风暴
1999	二等奖		复兴中学
2001	一等奖		新天地广场北部地块
	二等奖		静安寺广场综合体
			申通广场（现名申通信息广场）
			常州广化桥
2002	住宅工程小区设计	二等奖	文化花园（二期）（清华苑）
			上海新时代花园（一组团）
2003	二等奖		沪东造船厂技术中心大楼
			中国电信通信指挥中心、中国移动通信指挥中心
			华东师范大学第二附属中学迁建工程
			上海工行电子计算中心扩建工程
			正大广场
2004	一等奖		上海市新时代花园一～四组团
	住宅工程单体	二等奖	赤峰路53号地块（书香公寓）6#楼（12层）
2005	一等奖		中国银联上海信息处理中心
			秦皇岛体育场
	二等奖		南汇文化中心
			震旦国际大厦
			上海浦东通用汽车展示厅及办公楼
			上海大学新校区礼堂
			同济大学医学院
	电气	二等奖	无锡惠山区行政中心
2006	住宅工程小区	二等奖	明珠花苑
			爱法新城
	优秀住宅工程单体	一等奖	舜风世纪花园1号楼
		二等奖	西郊庄园NU型别墅
2007	一等奖		东莞玉兰大剧院
			同济大学嘉定校区图书馆

2007	一等奖		苏州大学新校区炳麟图书馆
			上海工程技术大学新校区行政办公楼
			金华职业技术学院教学楼群
			上海中山东一路18号改建工程
	二等奖		武钢技术中心科技大厦
			交通银行数据处理中心
			上海国际汽车博物馆
			复旦大学正大体育馆
			上海汽车会展中心
			华东师范大学新校区教学楼统计楼
			松江新城方松社区文化中心
			格致中学二期扩建工程
			江湾体育场文物建筑保护与修缮工程
			轮船招商总局大楼修缮工程
			同济汽车学院洁净能源汽车工程中心实验车间
			上海市松江区玉树路跨线桥工程
2008	住宅工程单体设计	一等奖	汇宁花园住宅大楼
			网球俱乐部二期
		二等奖	江桥二号地块
			陆家嘴美丽苑
2009	一等奖		同济大学教学科研综合楼
			申花大厦
			北京大学体育馆
			新江湾城 C2 地块高级中学
			北京工业大学国际交流中心
	二等奖		集美大学诚毅学院综合体育馆
			上海新时达电气有限公司嘉定南翔变频器厂产品检测中心
			上海海事大学临港新校区科研楼
			苏州大学独墅湖校区文科综合楼
			上海市公安局刑事侦查技术大楼
			中国银联项目（二期工程）培训中心
			中国银联项目（二期工程）客户服务中心
			京杭运河常州市区段改线工程——青洋大桥

			上海地面交通工具风洞实验中心
	给排水	二等奖	杭州现代印象广场—酒店及商业综合体
2010	住宅设计	一等奖	顺驰·外冈项目(兰郡·名苑)一、三期
			浦东新区三林镇 W6-3、W6-5 地块住宅
		二等奖	湘潭市"湘银·熙城"B 地块
	援建都江堰工程	一等奖	都江堰市"壹街区"安居房灾后重建项目 F01、F02、F07、F04、K10、K11 地块
			向峨小学
			都江堰市灾后重建"壹街区"两馆三中心项目——文化馆
			北街小学
		二等奖	北区中学
			都江堰市"壹街区"安居房灾后重建项目 F10、K07、K02、K03、C03 地块
			都江堰市灾后重建"壹街区"两馆三中心项目——工人文化活动中心
			都江堰市灾后重建"壹街区"两馆三中心项目——图书馆
2011	一等奖		2010 年上海世博会主题馆
			洛阳博物馆新馆
			温州大剧院
			同济大学汽车学院电子与信息工程学院大楼
			云南师范大学呈贡校区一期体育馆
			浦东世纪花园办公楼
			2010 年上海世博会英国国家馆
			2010 年上海世博会西班牙国家馆
			2010 年上海世博会城市最佳实践区中部系列展馆区域
			2010 年上海世博会加拿大国家馆
			2010 年上海世博会法国国家馆
			2010 年上海世博会瑞士国家馆
			上海中环线浦东段(上中路越江隧道—申江路)新建工程
			上海市轨道交通 10 号线(M1 线)一期工程
			上海市轨道交通 7 号线工程
	二等奖		2010 上海世博会世博村(B 地块)
			合肥大剧院
			云南民族大学呈贡校区图书馆
			原成都军区昆明总医院住院大楼

2011	二等奖		同济规划大厦（鼎世大厦改扩建项目）
			无锡市土地交易市场
			华东师范大学闵行校区体育楼
			宁波市镇海新城规划展示中心及附属设施
			2010年上海世博会城市最佳实践区北部模拟街区阿尔萨斯案例
			2010年上海世博会丹麦国家馆
			2010年上海世博会日本产业馆及企业联合馆
			2010年上海世博会城市最佳实践区北部模拟街区罗阿案例
			河南洛阳市瀍洲大桥及接线工程
			上海市崧泽高架路新建工程
	结构	二等奖	泉州市行政管理服务中心
	给排水	二等奖	山东日照市帆船基地（酒店）
2012	住宅工程	一等奖	上海国棉二厂地块旧区改造项目
			上海经纬城市绿洲B地块
2013	一等奖		上海同济科技园A2楼
			上海市委党校二期工程（教学楼、学员楼）
			上海浦东嘉里中心（A-04地块项目））
			上海浅水湾恺悦办公商业综合体（国棉二厂地块旧区改造项目之西侧公建）
			上海漕河泾万丽酒店（漕河泾开发区新建酒店、西区W19-1地块商品房项目）
			黄浦区第一中心小学迁建项目
			天津师范大学体育馆
			上海音乐学院改扩建教学楼
			上海市崇明至启东长江公路通道工程（上海段）
			南园滨江绿地（公园）改扩建工程
	二等奖		上海城投控股大厦
			上海音乐学院改扩建排演中心
			上海会馆史陈列馆
			上海市浦东医院
			中国科学技术大学 环境与资源楼
			嘉兴同济大学浙江学院实验楼
			哈大铁路客运专线大连北站站房工程
			杭州圣奥中央商务大厦

			上海新江湾城公建配套幼儿园（中福会幼儿园）
			建筑给水薄壁不锈钢管道安装
	结构	二等奖	上海国际设计中心（国康路50号办公楼）
	电气	二等奖	舟山市普陀区东港商务中心
2014	住宅设计	二等奖	上海市配套商品房青浦区华新镇新选址基地5号地块（瑞和锦庭）
			上海中山西路1350号地块（中星美华村）
2015	一等奖		上海自然博物馆（上海科技馆分馆）
			上海交响乐团迁建工程
			嘉定新城D10-15地块保利大剧院项目
			同济大学浙江学院图书馆
			遂宁市体育中心
			上海瑞金宾馆新接待大楼及贵宾楼项目
			上海市委党校新建体育馆、地下停车库项目
			上海市西中学改扩建工程综合楼
			上海香港新世界大厦装修工程
			上海鲁迅公园改造项目
	二等奖		芜湖市金融服务区
			上海田林路200号工业研发楼
			兰州大学学生活动中心
			上海市城市建设投资开发总公司企业自用办公楼
			安徽大学科技创新楼
			南通新一代雷达信息处理楼
			宜兴市东氿大桥以东桥梁（梅林大桥）工程
			无锡市高新水务有限公司梅村厂三期扩建工程
			浦东国际机场北通道（申江路—主进场路）新建工程
			遂宁市体育中心景观设计
	结构	一等奖	上海交响乐团迁建工程
		二等奖	武汉电影乐园
			河南理工大学体育馆
			同济大学浙江学院图书馆
			漳州体育场
			辽阳市民服务中心
			英特宜家无锡购物中心

2015			上海城开无锡蠡湖项目
			重庆两江国际云计算服务中心（一期）
			上海市城市建设投资开发总公司企业自用办公楼
			山东省美术馆
			武汉电影乐园
			吴江宾馆
	暖通	一等奖	上海交响乐团迁建工程
			上海自然博物馆（上海科技馆分馆）
	电气与智能化	一等奖	重庆两江国际云计算服务中心（一期）
			上海交响乐团迁建工程
			上海城开无锡蠡湖项目
		二等奖	吴江宾馆
			厦门大学翔安校区主楼群图书馆（3号楼）
			英特宜家无锡购物中心
	给排水	一等奖	上海城开无锡蠡湖项目
			重庆两江国际云计算服务中心（一期）
			英特宜家无锡购物中心
			芜湖市金融服务区
		二等奖	上海南汇工业园区智城研发基地
			吴江宾馆
			武汉电影乐园
			江苏大学附属医院门急诊楼改扩建工程
			如皋市文化广场
	绿色建筑奖		上海市城市建设投资开发总公司企业自用办公楼
2016	住宅设计	二等奖	同瓴佳苑（大场镇文海路西侧）
			凯佳公寓（川沙新镇 C-04 地块住宅宾馆项目（C 地块））
			保集英郡（二期）
2017	工程设计	一等奖	中国商飞总部基地（一期）
			南开大学新校区公共教学楼综合实验楼（核心教学区）组团
			黄山学院风雨操场
			辰塔公路越黄浦江大桥新建工程
			上海中心大厦基坑围护设计

2017			简支预应力混凝土小箱梁
		二等奖	上海市虹口区海南路10号地块
			花桥国际商务城博览中心新展馆
			研发中心工程（中国银联三期）
			舟山市普陀区全民健身中心
			甘肃敦煌机场扩建工程航站区新建 T3 航站楼
			江苏省苏州实验中学原址重建
			"滇海古渡" 大码头
	市政设计	二等奖	罗山路快速化改建工程
	标准设计	二等奖	屋面雨水排水管道安装
	结构	一等奖	宁波站改建工程宁波火车南站
			山东省第二十三届运动会配建场馆综合体育馆
		二等奖	邹城市体育中心体育场
			中国商飞总部基地（一期）
			山东省第二十三届运动会配建场馆跳水游泳馆
			沁水县综合展示馆
	电气	一等奖	苏州大学附属第一医院平江分院
			研发中心工程（中国银联三期）
		二等奖	购物中心, T3楼（万科金域广场）
			特多国家自行车赛车场
			温州电信国脉大楼
			福州市城市发展展示馆
	水系统工程	一等奖	无锡阖闾城遗址博物馆
	环境与能源应用	二等奖	扬州市科技综合体（东/西区）
			无锡阖闾城遗址博物馆
			甘肃敦煌机场扩建工程航站区新建 T3 航站楼
	智能化	二等奖	中国银行集团客服中心（西安）
			上海城市国际建材大厦
	园林景观	二等奖	爱思儿童公园改造
			上海国际旅游度假区一期乐园配套用房（精品购物村）

中国建筑学会建国60周年建筑创作大奖

项目名称
方塔园
同济医院
钓鱼台国宾馆芳菲苑
同济大学文远楼保护性改建
南通市体育会展
同济大学逸夫楼
浙江大学紫金港校区中心岛建筑群
中国残疾人体育艺术培训基地（诺宝中心）
井冈山革命博物馆新馆
江阴长江公路大桥
苏通长江公路大桥

中国建筑学会建筑创作奖

年份	奖项名称	项目名称
2004	优秀奖	同济大学中德学院大楼
		钓鱼台国宾馆芳菲苑
	佳作奖	静安寺广场综合体
2006	佳作奖	浙江省公安指挥中心
		同济大学图书馆改建
		同济大学建筑与城市规划学院 C 楼
		东莞图书馆
2008	佳作奖	同济大学中法中心
		上海电视大学综合教学楼
		同济大学大礼堂保护性改造
		井冈山革命博物馆
		中国财税博物馆
		上海音乐学院教学楼
		同济大学嘉定校区图书馆
		同济大学嘉定校区电子信息学院
2011	佳作奖	同济大学嘉定校区传播与艺术学院
		都江堰市向峨小学
		黄河口生态旅游区游客码头

		世博会城市最佳实践区中部展馆 B-3 馆
		安亭镇文化活动中心
	优秀奖	中国 2010 年上海世博会主题馆
		洛阳博物馆新馆
2014	建筑创作奖金奖	同济科技园 A2 楼（巴士一汽改造项目——设计院新大楼）
		上海当代艺术博物馆
	建筑创作奖银奖	援非盟会议中心
		山东省美术馆
		上海鞋钉厂改建项目
		同济大学"一·二九"大楼装饰工程
		同济大学能源楼修缮项目（建筑与城市规划学院 D 楼）
	建筑创作奖入围奖	同济大学嘉定校区留学生公寓
		哈大客专大连站站房工程
2016	建筑创作奖金奖	范曾艺术馆
	建筑创作奖银奖	中福会浦江幼儿园
		无锡阖闾城遗址博物馆
		上海市延安中路 816 号改扩建工程——解放日报社
	建筑创作奖入围奖	崧泽路初中
		江苏省苏州实验中学原址重建项目
		北京建筑大学新校区图书馆
		南开大学津南校区学生活动中心
		同济大学设计创意学院

上海建筑学会建筑创作奖

年份	奖项名称	项目名称
2006	优秀奖	同济大学中德学院大楼
		中国残疾人体育艺术培育基地——诺宝中心
	佳作奖	中国银联上海信息处理中心
		同济大学建筑城规学院 C 楼
		上海电视大学综合教学楼
		同济大学中法中心
		上海哈瓦那大酒店
		同济大学嘉定校区二期教学楼
2007	优秀奖	西藏日喀则桑珠孜宗堡复原性重建工程
		南通市体育会展中心体育场

	佳作奖		浙江大学紫金港校区中心岛建筑群
			常州市天宁寺塔
			杭州中国财税博物馆
			上海联合利华（中国）研发中心
			盐城盐渎公园
			上海同济大学嘉定校区总体规划
2009	城乡规划	优秀奖	上海崇启通道生态景观及道路规划
	公建	优秀奖	上海世博会主题馆
			援非盟会议中心
			上海世博会城市未来探索馆——南市发电厂主厂房改扩建工程
			都江堰市向峨小学
			北京大学体育馆
			惠州市文化艺术中心
			南宁市昆仑关战役博物馆
		佳作奖	上海世博会城市最佳实践区中部系列展馆区域中部展馆 B-3
			合肥大剧院
			四川国际网球中心
			北京中央音乐学院综合教学楼
			惠州市科技馆、博物馆
	居住建筑	优秀奖	都江堰市"壹街区"安居房灾后重建项目
	市政交通	优秀奖	太原市机场路火炬桥道路及桥梁工程
		佳作奖	洛阳瀛洲大桥及接线工程
2011	优秀奖		同济大学科技园 A 楼
			洛阳博物馆新馆
			无锡阖闾城遗址博物馆
			黄浦区第一中心小学
			三山会馆环境整治暨扩建工程
			山东滨州杜受田故居复原与再生设计
			太原市长风文化岛跨汾河学府景观桥
			沈阳浑河动漫桥
	佳作奖		珠海国家高新区总部基地建筑设计
			同济大学传媒与艺术学院
			安徽省古生物化石博物馆
			上海市委党校二期工程（教学楼、学员楼）

2011	佳作奖		新江湾公建配套九年一贯制学校（D2地块）
			安亭镇文体活动中心
			同济大学研究生公寓
			大华清水湾花园三期历史建筑移位保护
			赣州市赣县—南康连接线第二阶段工程勘察设计——新世纪大桥
			辟筑平城路延伸段（嘉唐公路—柳湖路）道路及桥梁工程
	入围奖		南通报业新闻传媒中心
			安徽大学新校区二期理科院系楼
			上海市青浦区少年业余体育学校
			盐城市盐阜宾馆迁建工程
			宝钢综合大楼项目
			椒江二桥
	商用建筑创新奖		华润欢乐颂购物中心
			南昌凤凰城二期商业街
2013	公建	优秀奖	刘海粟美术馆迁建工程
			中华玉文化博物馆
			山东省美术馆
			范曾艺术馆
			上海当代艺术博物馆
			北川地震纪念馆
		佳作奖	上海城市建设投资开发总公司企业自用办公楼
			钱江新城 B-06-2 地块（圣奥中央商务大厦）
			中国驻德国慕尼黑总领馆馆舍新建工程
			同济大学浙江学院图书馆
			上海市委党校新建体育馆、地下停车库项目
			中国人民银行征信中心建设项目（一期）
			南通新一代雷达信息处理楼
			天津师范大学体育馆设计
			上海烟草集团浦东科技新园区建筑与景观设计
			都江堰水文化博物馆建筑设计及水文化广场设计
			南亚风情第壹城 A 地块
			黄河口生态旅游区游客服务中心
			上海棋院
			南开大学新校区一期核心教学区

2013	公建	佳作奖	上海张江神华煤制油研究中心项目
			同济大学建筑与城规学院D楼改建项目
			咸阳市市民文化中心
			如皋市文化广场
			福州市城市发展展示馆
			上海崧泽遗址博物馆
			遂宁市体育中心
	住宅	优秀奖	同济大学新建嘉定校区学生宿舍及专家公寓项目
		佳作奖	大卫世纪城·永安花园
	市政交通	优秀奖	海南省旅游公路万宁石梅湾至大花角段示范工程
		佳作奖	新建兰州至中川机场铁路兰州新区、中川机场站站房工程
	景观园林	优秀奖	援非盟会议中心室内设计
		佳作奖	宝山滨江绿带（宝杨路至小沙背）景观设计
			长沙松雅湖南部湿地公园及高湖公园景观设计
	历史建筑保护	佳作奖	大同天主教堂改扩建工程
2015	公共建筑	优秀奖	晋中市城市规划展示馆
			西岸2013建筑与当代艺术双年展11点位
			中国企业联合馆
			扬州广陵公共文化中心
			千岛湖进贤湾安龙森林公园东部小镇E地块
			雅安市旅游安全应急救援中心（雅安市游客服务中心）新建
			同济大学设计创意学院
		佳作奖	西北工业大学长安校区图书馆
			南水北调博物馆
			舟山市普陀区全民健身中心
			安徽艺术学院·美术馆
			南京河西生态公园木结构生态展示馆建筑设计
			中国商业与贸易博物馆、义乌市美术馆项目建设工程
			苏州市吴江区体育中心
			北京建筑大学新校区图书馆
			金山区广播电视发射塔迁建项目
			射阳万寿园详细规划及建筑设计
			苏州市第九人民医院
			中国建设银行无锡疗养院改扩建

2015	公共建筑	佳作奖	中国移动江苏公司无锡分公司生产调度中心
			天津市第二实验中学
			安徽理工大学重点实验室
			兰州中川国际机场综合交通枢纽工程
			新泰市青龙路大桥工程
			山东省第二十三届运动会配建场馆建设工程配套景观及管线综合设计
			上实低碳农业园小粮仓室内外环境设计
	居住建筑	优秀奖	钟灵组团倒房户安置房 P05 地块
	城乡规划	佳作奖	宜宾市中心城区交通专项规划（2014—2030）
2017	公共建筑	优秀奖	青浦区体育文化活动中心一期工程
			遵义市娄山关红军战斗遗址陈列馆
			江苏省苏州实验中学原址重建项目
		佳作奖	江苏盛泽医院三期工程
			上海国际旅游度假区核心区南入口公共交通枢纽及市政综合服务用房项目
			七彩云南花之城
			上海国际汽车城同济科技园01A-03A项目
			研发中心工程（中国银联三期项目）
			广东（潭州）国际会展中心
			金坛市滨湖新城金广场开发项目 E 楼
			烟台经济技术开发区城市规划中心
			青岛岭海温泉大酒店
			张江中区东单元教育公建配套项目
		提名奖	兴业银行大厦
			中国电科光电子光通信科技创新与产业化项目园区（一期）工程
			张江集团中区 D-2-2 新建项目
			南通高新区科技之窗项目
			伊通河城区段百里综合整治项目南溪湿地综合治理工程——J1 全民健身中心
			抗日战争最后一役纪念馆（侵华日军向新四军投降处旧址）、人民公园及周边地块环境整治工程
			阜阳市奥林匹克体育公园设计项目
			科技大学新校区体育馆
			安徽理工大学新校区公共教学楼

2017	城市更新类	优秀奖	中国丝绸博物馆改扩建工程
			上海延安中路816号改扩建项目——解放日报社
		佳作奖	复旦相辉堂改扩建项目
	市政交通	优秀奖	摄乐桥建设工程设计
		提名奖	漯河新区牡丹江路沙河大桥
	园林景观	优秀奖	杨浦滨江公共空间一期(示范段)
		提名奖	金山卫抗战遗址纪念园改扩建工程
			黄浦江沿岸 E10 单元(公共绿地工程)
	城市设计	佳作奖	连州市丰阳镇丰阳村设计及改造
			虹口区北外滩地区城市设计
			三亚当代艺术馆暨世界手工艺理事会国际交流中心项目
			遵义市新蒲新区美丽乡村及古村落改造修建性详细规划
		提名奖	连州市西岸镇马带村设计及改造
			浦东新区临港新城 NHC10302 地块城市设计
			贵州理工学院新校区修建性详细规划
			佛山国际会展中心(暂定名)建筑方案设计及周边地块城市设计研究国际竞赛
			鑫远·太湖国际健康城项目概念性规划

科技进步奖

年份	项目名称	奖项
2004	《膜结构技术规程》	上海市科技进步奖三等奖
2007	"穿越高架区域地下空间开发关键技术" 课题成果	上海市科技进步奖三等奖
2009	大型复杂钢结构三维实体建造信息技术	上海市科技进步奖二等奖
2010	《地铁车站与地下综合体一体化建造技术研究》	上海市科技进步奖三等奖
2011	"世博园区南市电厂综合改造和能源中心建设关键技术" 成果	上海市科技进步奖一等奖
	"自适应支撑系统基坑变形控制技术及成套系统设备研究与应用" 成果	上海市科技进步奖二等奖
	"上海世博会永久场馆光伏建筑一体化技术系统集成应用"	上海市科技进步奖三等奖
	世博主题馆光伏建筑一体化关键技术研究及工程示范项目	国家能源科技进步奖二等奖

2012	超大型复杂环境软土深基坑工程创新技术及其应用	上海市科技进步奖一等奖
	超高全钢结构广播电视发射塔建造综合技术研究及应用	中施企协会科学技术奖科技创新成果
2013	大型复杂预应力混凝土结构体系及关键技术	上海市科技进步奖二等奖
	风力发电机组梁板式预应力锚栓基础开发及应用	电力建设科学技术成果一等奖
	风力发电机组反向平衡法兰开发及应用	电力建设科学技术成果一等奖
2014	周边群体工程建设活动对地铁运营安全叠加影响的关键控制技术	上海市科学技术进步三等奖
2015	大跨度张弦结构成套技术研究及创新	中国建筑学会科技进步奖一等奖
2016	大跨度张弦结构体系设计技术研究和创新应用	上海市建筑学会科技进步奖一等奖
	超大跨度巨型钢桁架叠合弦支网壳设计施工关键问题研究	上海市建筑学会科技进步奖二等奖
	上海自然博物馆绿色技术集成创新研究与应用示范	上海市建筑学会科技进步奖二等奖
	上海自然博物馆绿建节能空调技术的创新研究与集成示范	上海市建筑学会科技进步奖三等奖
	中庭烟气扩散试验技术及防排烟应用研究	上海市建筑学会科技进步奖三等奖
	全浮筑双层中空外壳隔声结构高水准音乐厅关键技术研究与应用	上海市科技进步奖二等奖
	大跨度张弦结构成套技术研究和创新工程实践	中国建筑学会科技进步奖一等奖
	上海自然博物馆地源热泵、灌注桩埋管、连续墙埋管研究	上海市土木工程科学技术奖二等奖
	全浮筑双层中空外壳隔声结构高水准音乐厅关键技术研究与应用	上海市土木工程科学技术奖一等奖
	建筑屋面雨水排水系统技术规程	华夏建设科学技术奖三等奖

詹天佑奖

年份	项目名称
2007	南通体育会展中心
2010	京杭运河常州市区段改线工程
2011	河南广播电视发射塔
	2010年上海世博会主题馆
2017	上海中心大厦
	宁波站
	上海迪士尼度假区
	上海交响乐团音乐厅

个人奖项

	奖项	年份	姓名
行业荣誉	全国工程勘察设计大师	2004	吴庐生
	全国工程勘察设计大师	2016	丁洁民
	"当代中国百名建筑师"称号 （中国建筑学会）	2012	郑时龄
			吴庐生
			任力之
			张洛先
	"当代中国杰出工程师"称号	2013	包顺强
			巢斯
			丁洁民
			归谈纯
			王健
	中国建筑学会青年建筑师奖	1997年（第三届）	马慧超
		2003年（第五届）	吴杰
			王文胜
		2006年（第六届）	张斌
			李麟学
		2008年（第七届）	章明
			李立
		2012年（第九届）	陈剑秋
			汤朔宁
		2014年（第十届）	袁烽
	上海青年建筑师新秀金奖	2003年（第一届）	任力之
		2005年（第二届）	曾群
管理奖项	全国优秀设计院院长（中国勘察设计协会）	2000	丁洁民
	中国建筑设计行业优秀管理人才奖（中国勘察设计协会建筑设计分会）	2008	
	全国建筑设计行业国庆60周年管理创新奖（中国勘察设计协会建筑设计分会）	2009	
	优秀企业家（院长）（中国勘察设计协会）	2013	
科技奖项	中国"杰出工程师奖"鼓励奖（中华国际科学交流基金会、国家科技部和国家科学技术奖励工作办公室）	2014	丁洁民

			2014	
	"全国勘察设计行业科技创新带头人"称号（第二届全国勘察设计行业科技创新大会）		2014	
	"全国优秀科技工作者"荣誉称号		2016	
	上海市"育才奖"		2004	
	上海市节能先进个人		2007	车学娅
	上海市科技启明星计划		2007	赵昕
	上海市"上海市青少年科技创新市长奖"		2013	姚启明
	上海市优秀技术带头人计划		2014	赵昕
	上海绿色建筑贡献奖		2014	车学娅
	上海市青年岗位能手		2014	吴宏磊
	上海市科技启明星计划		2015	董欣
	上海青年英才科创奖		2016	姚启明
	中国设计贡献奖银质奖章		2017	姚启明
劳动模范	全国五一劳动奖章		2018	姚启明
	上海市五一劳动奖章		2008	贾坚
			2010	王健
				麦强
			2015	汤朔宁
	上海市青年五四奖章		2014	姚启明
			2016	张峥
	上海市"三八红旗手"		2003	陆秀丽
	全国向上向善好青年		2018	姚启明
上海市建设功臣	上海市建设功臣		2004	曾群
	上海市重点工程实事立功竞赛	建设功臣	2007	徐风
			2009	陈剑秋
				史岚岚
				曾群
				周峻
				陈继良
			2014	丁洁民
上海市立功竞赛	浦东新区重点工程实事立功竞赛	建设功臣	2006	王英

上海市立功竞赛	世博工程立功竞赛土控赛区	先进个人	2008	章明、丁阔、何天森、康月、顾英、赵颖、肖艳文、马正麟、龚进、徐杰
	上海中心大厦建设立功竞赛	先进个人	2009	陈继良、胡宇滨、钱大勋、赵昕、孙晔
			2010	谢小林、姜文辉、张鸿武、杨民
	上海市"都江堰杯"立功竞赛	优胜个人	2009	张勇
		优秀组织奖		王文胜
	上海市建设工程质量先进个人		2009	车学娅
	上海市对口支援都江堰市灾后重建工程立功竞赛	建设功臣	2010	汤朔宁
		优胜个人		穆海宁
		优秀组织者		肖艳文
		优秀青年突击队员		沈洋
	上海市教育系统优秀工会积极分子		2010	范舍金
	上海市对口支援都江堰市灾后重建	突出贡献个人	2011	赵颖
	上海市对口支援新疆工程建设"沪疆杯"立功竞赛	建设功臣	2011	任为民
	上海市保障性住房优秀勘察设计项目负责人		2011	孙黎霞
	上海市重大工程优秀建设者称号			周汉杰
	上海市保障性住房建设优秀勘察设计项目负责人		2012	王玫
	上海市重大工程优秀建设者称号		2013	孙慧芳
	上海市青年岗位能手			吴宏磊

单位荣誉

单位奖项	上海市勘察设计质量管理先进单位	2005
	中国勘察设计协会优秀会员单位	2006
	上海中心大厦工程建设立功竞赛先进集体	2009
		2010
	上海市"五一劳动奖状"	2010
	上海市对口支援都江堰灾后重建突出贡献集体	2011
	上海市对口支援新疆工程建设"沪疆杯"立功竞赛优秀集体	2011

上海现代服务业联合会突出贡献奖	2013	
上海市建设工程勘察设计质量诚信考评先进单位	2014	
上海交通建设工程"十佳"勘察设计企业	2016、2017	
中国建筑学会"中国建筑设计百家名院"	2012	
中国勘察设计协会"创新型优秀企业"	2013	
上海市建筑学会"突出贡献团体会员单位"	2015	
中国勘察设计协会"勘察设计行业实施卓越绩效模式先进企业"	2017	

集体荣誉

集体获奖	上海市"五一劳动奖状"	2009	世博会浦东临时场馆及配套设施设计团队
	上海市重点工程立功竞赛 优秀集体	2007	上海音乐学院改扩建项目设计组
		2014	建筑设计三院上海科技大学项目组
			旅游度假区购物村团队
	世博工程立功竞赛土控赛区先进集体	2008	世博国际村设计团队
			南市电厂和谐塔设计团队
			最佳实践区设计团队
	上海市对口支援都江堰市灾后重建工程立功竞赛优胜集体	2010	都市建筑设计分院
	上海市工人先锋号	2009	世博会主题馆设计团队
		2012	上海迪士尼乐园项目梦幻世界片区项目组
	上海市青年文明号	2009-2012	建筑设计一院主题馆设计团队
		2011-2012	建筑设计二院青年骨干设计团队
	上海市青年五四奖章	2014	建筑设计二院青年骨干设计团队
	上海世博会工程建设"优秀集体"荣誉称号	2008	主题馆设计团队
	上海市模范职工小家	2009	院工会
	上海市教育系统模范教工小家	2006-2008	院工会
	上海市教卫工作党委系统先进基层党组织	2016	建筑设计四院第一党支部
	全国示范性劳模和工匠人才创新工作室	2017	姚启明创新工作室

附录七　科研课题 2001—2018

年份	科研项目名称	项目负责人	委托单位
2001	改良型中档薄膜温室的研制与开发	杜文华	上海市农业委员会
2002	地铁车站抗震设计方法研究	童峰	上海市建设和管理委员会
	长江口水域"4·17苯乙烯泄漏事故"大气环境影响评价	张智力	上海市海事局
	沪崇越江通道工程风险分析	贾坚	上海市政管理局
	香港尖沙咀滨海城市设计	任意刚	香港大学
2003	我国建筑业诚信制度研究	尤建新、丁洁民	上海市建设和管理委员会
	大空间展馆建筑消防设站	归谈纯	科大立安全技术有限责任公司
	杭州市民中心工程设计重点课题研究	丁洁民	本院（集团）
	上海世博会建设过程的系统问题研究	尤建新、丁洁民	
	杭州市市民中心工程基础底板受力变形分析	李永盛	
2004	上海世博会场的低环境负荷能源基础设施调查	王健	日本环境技术株式会社
	同济大学教学科研综合楼结构整体力学行为及抗震性能综合研究	丁洁民	同济大学基建处
	同济大学教学科研综合楼消防安全工程评估	徐戌勤	
	同济大学教学科研综合楼先进空调系统的技术筛选及实施方案	张旭	
	不规则结构选型研究	巢斯	
	建筑结构设计的可靠性管理研究	陈强	
	世博会经济评价准则与方法研究	陶小马	
	基于顾客满意理论的上海世博会服务对象研究	陈迅	
	城市大型公共建设项目安全管理体系框架研究	尤建新	
	杭州市民中心工程连廊风环境试验研究	郑毅敏	
2005	世博园区分布式供能系统及区域供冷供热技术的研究	龙惟定	上海市科学技术委员会
	世博科技支撑综合技术研究与展示	李光明	
	同济大学教学科研综合楼工程场地地震安全性评价	楼梦麟	同济大学
	钢结构结构抗火设计与火灾安全	李国强	

	方钢管混凝土高层建筑的抗震性能与工程设计	丁洁民	上海建设技术发展基金会
	杭州市民中心工程大跨度连廊课题研究	丁洁民、郑毅敏、巢斯	本院（集团）
	复杂造型建筑屋面数值找形（模拟）与结构选型	丁洁民	
	空调冷热源的选择与评价	陈汝东	
2006	杭州市民中心高空连廊结构健康监测	郑毅敏	本院（集团）
	大跨度空间杂交张拉钢结构屋盖的分析设计技术与施工过程模拟研究	丁洁民	
	上海音乐学院改扩建工程	丁洁民	
	配筋混凝土小型空心砌块砌体高层结构设计的研究及应用	巢斯、金炜	
	预应力混凝土结构 CFRP 加固后性能研究	巢斯	
	超长混凝土结构设计技术研究	郑毅敏	
2007	复杂高层建筑结构性态监测关键技术研究	赵昕	上海市科学技术委员会
	世博园区南市电厂综合改造和能源中心建设关键技术研究	丁洁民、王健	
	世博科技促进与保障综合技术研究	李光明	
	世博会主题馆新技术集成应用研究	王健	
	联合利华全球研发中心及总部办公楼抗震分析	吕西林	联合利华
	大跨度钢结构抗震设计	丁洁民	本院（集团）
	方钢管混凝土高层建筑的抗震防灾性能与工程设计	丁洁民	
	高层建筑结构非荷载效应研究	赵昕、丁洁民	
2008	环境友好型社会评价指标研究——"我国城市人均综合用水量预测方法研究"	徐祖信	上海市科学技术委员会
	世博科技亮点培育与成果应用研究	李光明	
	龙城大桥主塔竖转及主缆体系工艺研究	郝峻峰	江苏省交通厅科技处
	青洋大桥脊背结构钢拱桥施工技术研究	郝峻峰	
	龙城大桥双向钢砼组合工艺研究	郝峻峰	
	自锚式悬索与斜拉组合结构体系桥梁受力性能与安全评价	郝峻峰	
	荆邑大桥钢拱塔耳板锚固结构受力性能模型试验研究	吴冲	宜兴市城市建设发展有限公司
	荆邑大桥抗风性能数值模拟研究	陈艾荣	

	世博会主题馆 PHC 管桩抗拔性能的试验研究与应用	万月荣、李伟兴	本院（集团）
	世博会主题馆超长地下室结构的温度效应研究及应对措施研究	万月荣、李伟兴	
	世博会主题馆预应力混凝土梁—型钢柱空间节电抗震性能试验研究	万月荣、李伟兴	
2009	世博科技展示综合技术集成与示范	李光明	上海市科学技术委员会
	世博科技宣传规划研究及工作推进	李光明	
	建筑围护结构（主、被动式建筑节能技术体系）和建筑设备综合节能新技术体系研究	陈剑秋	
	上海高校科技产业与本校优势学科相结合的状况与发展	丁洁民、高国武	上海市教育委员会
	邻近地铁建筑工程卸荷变形及工后沉降对运营影响的评估和控制技术	贾坚	上海申通地铁集团有限公司运管中心
	地下车站及区间隧道与相邻建筑差异沉降和控制技术研究	贾坚	上海轨道交通申松线发展有限公司/上海申通轨道交通研究咨询有限公司
	椒江二桥及接线工程抗震性能研究	李建中	椒江二桥项目部
	椒江二桥及接线工程主桥抗风性能研究	朱乐东	
	椒江二桥及接线工程船撞设防标准及防撞设计研究	袁万城	
	椒江二桥及接线工程——基于应力的混凝土配筋设计方法在半封闭钢箱组合梁斜拉桥的应用研究	徐栋	
	休闲城市研究	王健	本院（集团）
	百年奥运建筑研究	钱锋	
2010	500米以上超高层建筑设计关键技术研究项目	丁洁民	上海市科学技术委员会
	超高层建筑结构全寿命周期设计及维护关键技术研究	赵昕	
	复杂高层建筑结构性态监测研究	赵昕	
	大跨度钢结构设计与施工技术深化研究	张峥	铁道部
	超长桩、体外索、钢箱拱桥新技术研究	徐利平	云南省交通厅
	铁路客站站房及雨棚等结构设计研究	丁洁民	铁道部经济规划研究院
	上海建筑外墙保温隔热系统应用研究	车学娅	上海市建筑建材业市场管理总站
	上海市建筑外遮阳技术示范应用研究	车学娅	
	高速磁浮大跨度桥梁关键技术研究	徐利平	上海磁浮交通发展有限公司

	自然博物馆生态节能技术研究与应用示范	汪铮	上海科技馆
	绿色博物馆建筑的探索——上海自然博物馆新馆节能技术研究为例	汪铮	
	地铁车站、隧道与地块开发建筑共建的沉降耦合及控制技术	贾坚	上海轨道交通申松线发展有限公司/上海申通轨道交通研究咨询有限公司
	世博会主题馆西侧展厅张弦桁架张拉分析与研究	何志军	本院（集团）
	世博会主题馆大跨度屋盖钢结构体系选型分析与研究	何志军	
	世博会主题馆西侧展厅关键节点分析与设计	何志军	
	连体高层建筑结构设计关键技术研究	巢斯	
	2010年上海世博会主题馆大跨度钢结构柱间支撑体系选型分析与研究	何志军	
2011	超高层及大空间建筑设计技术创新能力建设	巢斯	上海市经济和信息化委员会
	体育场挑棚建筑形态设计及结构体系选型研究	丁洁民	本院（集团）
	建筑与结构的融合——大跨度建筑钢屋盖的结构选型与设计	丁洁民	
	上海交响乐团迁建工程排演厅结构深化分析及隔振研究	陆秀丽	
	超高层巨型柔性悬挂幕墙支撑结构体系设计、施工若干关键问题研究	丁洁民	
2012	基于共享关系表的暖通空调设计集成系统研究	王健	中国建筑科学研究院
	超高层建筑玻璃幕墙抗爆性能评估和设计研究	赵昕、陈素文	本院（集团）
	超高层建筑防恐安全性规划与对策研究	赵昕、韩新	
	高层建筑非荷载效应研究	赵昕、丁洁民	
	预制混凝土框架结构设计研究	薛伟臣、吕西林	
	正交异性钢桥面板荷载调查与疲劳荷载研究	吴冲	
	超高层建筑结构幕墙支承结构设计关键技术	丁洁民、巢斯、何志军	上海市科委课题"500米以上超高层建筑设计关键技术研究"的集团分课题
	超高层建筑深基础优化设计与施工控制关键技术	巢斯	
	超高层建筑结构抗风设计关键技术	丁洁民、赵昕	

年份	课题	负责人	单位
	超高层建筑结构抗震设计关键技术	丁洁民、巢斯	
	超高层建筑结构关键构件及节点设计技术	丁洁民、巢斯	
	超高层建筑结构分析关键技术	丁洁民、赵昕	
	超高层建筑结构性态监测关键技术	张其林、丁洁民	
	超高层建筑安全性设计关键技术	丁洁民、赵昕	
	中庭烟气扩散试验技术及防排烟应用研究	王健	
	中庭动态热环境分析模型开发与应用研究	王健	
	建筑多种能源复合系统的优化设计与应用	王健	
	超高层建筑智能应急指挥管理系统研究	包顺强	
	应急发电机组在超高层中的应用研究	夏林	
	超高层绿色建筑雨水收集与处理技术研究	归谈纯、吴敏	
2013	超高层及大空间建筑设计技术创新能力建设	巢斯	上海市经济和信息化委员会
	深大基坑开挖卸载对相邻地铁设施的变形影响及控制	贾坚、刘传平	上海地铁维护保障有限公司
	高层建筑桩基工后沉降对相邻地铁设施的附加变形影响及控制	贾坚、张志彬	
	基坑大面积卸荷对下卧运营地铁隧道的变形影响及控制	贾坚、刘传平	
	高速磁浮大跨度桥梁关键技术研究	徐利平	上海磁浮交通发展有限公司
	250米以上超高层建筑结构分析与设计关键技术研究	丁洁民、赵昕	本院（集团）
	公共建筑围护结构热工参数取值对暖通专业负荷计算及设备选型的影响	车学娅	
	大型公共建筑结构性态监测技术研究	张其林	
	基于性能的工程结构优化设计关键技术研究	丁洁民、赵昕	
	体育场挑篷整体张拉结构体系选型与设计研究	丁洁民、张峥	
	BIM在复杂钢结构的设计应用研究	何志军	
	地源热泵系统应用项目运营效能评估研究	车学娅	
	消能减震技术在超高层建筑结构中的研究与应用	丁洁民、吴宏磊	
	建筑结构优化设计方法的应用研究	贺鹏飞、吴艾辉	
2014	大型公共建筑结构生命周期性能设计与优化	赵昕、丁洁民	上海市科学技术委员会
	封闭式中庭消防安全技术研究	王健	
	上海中心大厦消防供水技术可靠性研究	归谈纯	
	超深地下工程多工况微扰动变形控制技术	贾坚	

		基于绿色建筑评价标准的绿色建筑实效评估研究	车学娅	上海市建筑建材业市场管理总站
		建筑工程隔震和消能减震技术的推广应用	吕西林	本院（集团）
		上海中心超高层柔性悬挂幕墙支撑结构系统成套技术研究	何志军、丁洁民	
		国内速度型黏滞阻尼器（FVD）市场应用调研	吴宏磊、丁洁民	
		虹口区四平路交通拥堵治理策略和方法研究	鲍燕妮	
		城市超大型地下空间的规划整合和开发使用	张洛先	
2015		大型主题乐园 IPD/BIM 集成建设关键技术及应用示范研究	丁洁民、汤朔宁	上海市科学技术委员会
		高层建筑风荷载特性及气动措施研究	董欣、丁洁民	
		建筑节能新技术研究	车学娅	上海市建筑建材业市场管理总站
		建筑节能与绿色建筑评估研究及趋势分析	车学娅	
		BIM 辅助设计技术研究	张峥、张东升	本院（集团）
		面向管理实施的地下空间规划控制研究——以上海虹口区为例	汤宇卿	
		基于疗效评估的医疗空间内部环境设计研究	陈易、郝洛西	
		手机信令数据在城市空间分析中的应用——以上海市为例	王德	
		我国农村"精明收缩"导向下的村镇公共服务配置机理及规划调控技术研究	赵民	
		环境响应的超高层建筑绿色节能技术MCDM及性能优化评估方法研究	宋德萱、刘少瑜	
		高密度人居环境绿色基础设施生态化设计	刘滨谊	
		能量形式化与热力学建筑前沿理论建构	李麟学、王健	
		基于机器人平台的数字化建筑设计与建造	袁烽	
		大跨度结构参数化设计成套技术研究	丁洁民、张峥	
		国标图集《屋面雨水排水管道安装》	归谈纯	
		同济-佐治亚理工生态城市设计联合实验室 生态城市设计理论与技术国际课程平台	王一、杨沛儒	
		高密度低碳步行街区与可持续城市设计方法研究	孙彤宇、潘海啸、庄宇	
		黏滞阻尼技术在结构设计中的应用技术集成	丁洁民、吴宏磊	
		共享用电设备的智能控制和电能管理系统	鞠永健 王坚	
		智慧创新社区平台的构建机制研究	吴志强	

2016	上海天文馆工程建设关键技术研究与开发	王健	上海市科学技术委员会
	新建民用建筑项目可再生能源综合利用量核算	车学娅	上海市建筑建材业市场管理总站
	低碳宜居城市形态研究项目	王健	青岛市建筑节能与墙体材料革新办公室
	公建节能政策研究	王健	
	基于建筑结构设备集成信息模型的村镇住宅能耗计算与评估软件测试	赵昕	上海同磊土木工程技术有限公司
	车辆基地综合开发结构预留技术研究	贾坚	上海申通地铁资产经营管理有限公司
	一种用于隔震建筑排水出户管抗震节点的安装方法	龚海宁	山西泫氏实业集团有限公司
	预制装配扁柱钢框架支撑住宅体系设计与研发	赵昕、阚明	本院（集团）
	应急照明系统安全节能及互联网+的研究	鞠永健、王坚	
	上音歌剧院BIM	张峥、张东升	
	办公建筑室内产尘量研究	王健	
	轮辐式张拉结构体系的设计理论与工程应用	丁洁民、张峥	
	BIM辅助设计产品线汇编	张峥，张东升	
	浅层调蓄技术在已建城区内涝提标改造中的应用研究	周益洪	
2017	在市属保障性住房中实施绿色建筑对建房成本影响的研究	车学娅	上海市住宅建设发展中心
	装配式住宅典型项目的技术集成化研究	张东升	上海三湘（集团）有限公司
	海长流六期1404#地块超高塔楼混合减振技术研发	赵昕	海南省建筑设计院
	宁波象保合作区综合能源规划研究	王健	浙江省能源集团有限公司
	观演类文化建筑设计关键技术究——以交响乐团、上音歌剧院项目为例	徐风、张涛、吴宏磊	本院（集团）
	装配式建筑集成技术研究	丁洁民	
	建筑工程评估管理系统的开发研究与实现	熊跃华	
	中国银联业务运营中心塔楼关键节点设计技术	陈以一	
	超高层建筑结构优化设计——工程应用	赵昕	
	装配式减隔震结构标准化设计及集成优化关键技术	赵昕	

2018	羊三木油田1号丛场产能建设地面配套工程项目BIM技术咨询服务	刘建	天津大港油田工程咨询有限公司
	南方地区城镇居住建筑节能新专利及示范工程研究	汤朔宁	中华人民共和国科学技术部
	装配式超大跨度展篷产品设计成套技术研究	张峥	本院(集团)
	浅水湖泊群生态修复与水质提升关键技术研究	郑涛、张饮江	
	基于神经网路和聚类分析的建筑负荷分析预测	王健	
	上海中心大厦烟囱效应成因分析及解决措施	王健	
	冷水机房整体性能优化设计策略研究	王健	
	建设世界"双一流"(一流大学、一流学科)校园的规划及设计问题研究	江立敏、王涤非	

附录八 出版专著 1981—2018

年份	书名	出版社	主编/著者
1981	《实验室建筑设计》	中国建筑工业出版社	陆轸 主编
1987	《高层建筑设计》	中国建筑工业出版社	吴景祥 主编
2001	《同济大学建筑设计研究院作品选1998~2000》	中国计划出版社	丁洁民 主编
2002	《投资基金学》	中国林业出版社	鲁开宏 著
2003	《同济大学建筑设计研究院作品选2001—2003》	中国建筑工业出版社	丁洁民 主编
	《秋实——同济大学建筑设计研究院45周年院庆论文集》	同济大学出版社	丁洁民 主编
2004	《建筑装饰工程丛书》（第二版）	同济大学出版社	丁洁民,张洛先 主编
	《执业资格考试丛书全国勘察设计注册公用设备工程师考试复习教程（暖通空调专业）》	中国建筑工业出版社	沈晋明 主编,王健 参编
	《钢—混凝土组合结构设计》	上海科学技术出版社	张培信 编著
2005	《中国建筑业改革与发展研究报告（2005）》	中国建筑工业出版社	建设部工程质量安全监督与行业发展司,建设部政策研究中心 编著,俞蕴洁 参编
	《中国工程勘察设计五十年》《建筑行业发展卷》第二篇"建筑设计技术发展"中第六章"教育建筑"	中国建筑工业出版社	中国勘察设计协会 主编,张洛先、俞蕴洁 参编
2006	《上海冷藏史》	同济大学出版社	邱嘉昌主编,王增先、邹雅珍 参编
2007	《传承·创新——同济大学建筑设计研究院作品选（1998—2007）》	同济大学出版社	丁洁民 主编
	《任力之建筑及城市设计作品选》	同济大学出版社	任力之 著
	《王文胜教育建筑设计作品选》	同济大学出版社	王文胜 著
	《公共建筑节能设计指南》	同济大学出版社	徐吉浣,寿炜炜 编,刘瑾 参编
2008	《累土集——同济大学建筑设计研究院五十周年纪念文集》	中国建筑工业出版社	丁洁民 主编
	《凿牖集——同济大学建筑设计研究院五十周年论文集》	中国建筑工业出版社	丁洁民 主编
	《曾群设计作品集（1998—2008）》	同济大学出版社	曾群 著
	《缙云山风景旅游休闲区规划》	深圳报业集团出版社	鲁开宏 著

2009	《2010年上海世博会参展指南——建设与布展研究》	同济大学出版社	周建峰、俞蕴洁 主编
	《农村危险房屋鉴定技术导则培训教材》	中国建筑工业出版社	住房和城乡建设部村镇建设司组织 编著,郑毅敏 参编
	《地基基础设计问答实录》	机械工业出版社	王宁 编
2010	《同济大学建筑设计研究院(集团)有限公司——2010年上海世博会项目集》	同济大学出版社	丁洁民 主编
	《同济大学建筑设计研究院(集团)有限公司——2010年上海世博会项目论文集》	中国建筑工业出版社	丁洁民 主编
2011	《古韵的现代表达——新古典主义建筑演变脉络初探》	东南大学出版社	严何 著
	《桥梁工程软件 MIDAS Civil 应用工程实例》	人民交通出版社	邱顺东 主编,徐海军 参编
2012	《可持续教育建筑——上海市委党校二期工程可持续技术应用示范》	同济大学出版社	陈剑秋 编著
	《空间再生》	同济大学出版社	曾群主 编
	《TJAD作品集2008—2012》	同济大学出版社	丁洁民 主编
	《大区域景观设计》	同济大学出版社	鲁开宏 著
2013	《上海地铁监护实践》	同济大学出版社	王如路、贾坚、廖少明 编著
	《休闲城市研究》	深圳报业集团出版社	鲁开宏 著
	《大跨度建筑钢屋盖结构选型与设计》	同济大学出版社	丁洁民、张峥 著
2014	《职业结构工程师业务指南》	中国建筑工业出版社	住房和城乡建设部职业资格注册中心组织 编写,丁洁民、赵昕 主编
	《会八方宾客展天下奇工:2010上海世博会主题馆建设与运行》	同济大学出版社	戴柳、高文伟、丁洁民 编
2015	《上海中心大厦悬挂式幕墙结构设计》	中国建筑工业出版社	丁洁民、何志军 著
	《同济大学建筑设计研究院(集团)有限公司建筑创作奖十年2005—2014》	同济大学出版社	吴长福、张洛先 主编
	《2005—2015同济都市建筑十年》	同济大学出版社	同济大学建筑设计研究院(集团)有限公司都市建筑设计院 著
	《城市地下综合体设计实践》	同济大学出版社	贾坚等 著
	《中国新型城镇化区域统筹建设模式(图册版)》	深圳报业集团出版社	鲁开宏 著

2016	《酒店建筑设计导则（TJAD建筑工程设计技术导则丛书》》	中国建筑工业出版社	同济大学建筑设计研究院（集团）有限公司 组织编写，陈剑秋、王健 编著
	《2013—2014同济都市建筑年度作品选》	同济大学出版社	吴长福、汤朔宁、谢振宇 主编
	《建筑分布式能源系统设计与优化》	同济大学出版社	王健、阮应君等 编著
	《消防给水及消火栓系统技术规范GB 50974—2014实施指南》	中国建筑工业出版社	归谈纯 编委
	《椒江二桥工程设计施工关键技术》	人民交通出版社	徐利平编，戴利民、赵佳男、罗喜恒、郑本辉、刘健 参编
2017	《黏滞阻尼技术工程设计与应用》	中国建筑工业出版社	丁洁民、吴宏磊编著
	《魔盒：上海交响乐团音乐厅》	同济大学出版社	徐风、支文军、丁洁民、徐洁编
	《TJAD2012—2017作品选》	广西师范大学出版社	丁洁民主编
	《医院改扩建项目设计、施工和管理》	同济大学出版社	陈剑秋、戚鑫、童繁富、王桂林、韦建成、张晔、张智力编
	《城市桥梁美学创作》	同济大学出版社	徐利平 编著
	《中国市政设计行业BIM指南》	中国建筑工业出版社	徐辰、徐海军、施新欣、李扬帆 参编
	《城市繁荣与商业空间的演变》	同济大学出版社	魏巍 参编
	《逆作法施工关键问题及处理措施》	中国建筑工业出版社	赵昕 参编
	《照明设计手册（第三版）》	中国电力出版社	郝赫亮 参编
	《离埠商圈与城市营地（图册版）》	深圳报业集团出版社	鲁开宏 著
2018	《TJAD Selected Works》	images Publishing	TJAD 编
	《上海自然博物馆生态设计与技术集成》	同济大学出版社	陈剑秋、杨晓琳、贺康 著

附录九　研究生毕业论文 2000—2018

建筑

导师姓名	入学年份	学生姓名	论文题目
任力之 （2001）	2003	吴杰	关于建筑改造的三个案例
		万全	酒店设计概论
	2004	陈向蕾	高层建筑公共空间的城市关联
		夏诗丹	建筑的类街道空间
		李德根	公司总部办公建筑（自建型）研究
		张婧	大型商业建筑公共空间设计研究
		李伟	从两次设计实践看我国"多馆合一"类城市公共文化建筑
	2005	王凌宇	商学院建筑研究
	2006	王园	现代会议建筑的空间建构及形态生成研究——基于原型的类型学解读
		卞萧	城市综合体设计初探
		郭颖莹	现代金融类办公建筑设计初探
	2007	余卓立	上海世博会欧洲四馆的艺术与技术表达初探——以西班牙馆、瑞士馆、法国馆、英国馆为例
		徐飞	大型综合超级市场建筑设计研究
		高敏	高层垂直功能综合体建筑设计探究
	2008	王晨军	场景操作与空间体验——公共建筑内部负空间设计手法初探
	2009	宋鑫	城市图书馆公共空间建筑设计研究
		朱聪	边界空间的交互与渗透研究
		张韬	上海地区社区文化活动中心建筑设计研究
	2010	杨帆	网络化的城市高层建筑群体公共空间
	2011	汪仙	建筑周边微型公共空间设计策略研究
		孟圣博	城市核心区地面及地下步行空间网络化研究——以南亚风情第壹城为例
		仇星	传统街巷空间模式的回归——基于地域文化与体验的步行商业街区设计
		于典	酒店建筑空间之文化内涵——城市酒店大堂公共空间设计研究
	2012	姚辰明	城市微观公共空间与相邻建筑的协同更新研究

	2013	任亚慧	基于场所创造的景观体验式商业建筑设计研究
		刘琦	复合型文化中心的介入性空间解析——基于结构主义理论的研究
		樊薇	城市新建老年人公寓交往空间设计研究
	2014	陈艺丹	城市更新背景下——高层建筑改造功能和空间研究
		孙文青	城市社区文化中心建筑更新设计研究——以上海市为例
		周阳	城市更新背景下景观化公共节点的设计研究
	2015	吴越	后坞村空间演变机理及对乡村建设的启示研究
		卢文斌	超高层建筑立体绿化设计策略研究——以昆明国际旅游大厦为例
		陈奉林	消费文化视域下购物中心的主题画设计策略研究
张洛先 （2004）	2005	周亮	模块化综合医院建筑的系统化分级研究
	2006	张星彦	综合医院中医疗技术部门人性化设计研究
		陈沅	城市道路交叉口整合设计中的需求法评价
	2008	张海锋	城市轨道交通地面站设计研究
		金佳琳	商业中心集群化与外部空间模式的关联性研究
	2009	姚焱	建筑情感的解析与再现
		温雪凌	我国精神专科医院建筑设计存在的问题及改进策略
		庄统	综合医院的改扩建设计研究
		杨少辉	传统聚落对科技企业孵化园区的设计启示
	2010	沈阳	综合医院内部公共空间品质研究
		陶漪蓝	超大型城市地下空间整合——以上海中心为例
	2012	郭越	博物馆体验性空间设计
		陈静忠	高效图书馆研习空间设计研究
	2013	张倩茜	博物馆与城市生活的连接空间研究——以维也纳博物馆区为例
	2014	邓珺文	基于模块化的社区医院建筑设计研究
		祁晗雨	大型综合医院立体交通组织设计研究
车学娅 （2005）	2006	齐赞	关于高等院校教学楼的几点研究
	2007	黄亚洲	2010上海世博会老建筑再利用研究
	2008	方宋	玻璃幕墙的应用探讨
	2009	王晓峰	内外之间——建筑外墙层化现象探析
		张晓波	从参数化几何模型到建筑信息化模型——上海中心的数字化建构
		姚元佳	绿色大学校园的规划设计

	2011	邱博	BIM在建筑设计中的应用
		邓璐	综合医院门诊大厅设计研究
	2013	董江巍	高校图书馆绿色设计探究——以中国地质大学（武汉）图书馆为例
	2014	赵蓉娜	绿色建筑场地布局设计策略
曾群 （2005）	2008	张扬	我国城市近郊创新型办公园区空间设计的模式语言
		孙薇薇	太阳能光伏建筑一体化设计研究及应用实践
	2009	张晶	创意产业园区公共空间整合设计研究
		伍弦智	光伏材料的建筑设计与形态表现研究
		黄勰	现代金融信息后台服务中心设计研究
	2010	原潇健	城市近郊更新设计中的生态策略研究
		李荣荣	当代城市金融建筑集群发展趋势研究——以建筑与街区协同发展为导向
		于斌	"消失"的结构——当代结构性表皮的建构解析
		申鹏	结构的本体与再现——结构与空间交织的策略
	2011	曹韬	"开放式"建筑运作策略研究
		詹翔	浅析广播电视类建筑设计的开放性特征
		刘峰	城郊低密度园区式办公建筑的特点研究
	2012	曾毅	当代建筑界面空间化的设计方法研究与实践
		崔潇	"模糊"的结构——基于建构的视角对非理性结构的解读
		谢一轩	虹口区典型城市空间研究——基于空间的社会属性
	2013	张鹏飞	超高层连体建筑设计研究——以腾讯滨海大厦为例
		李纯阳	当代中国复合型会展建筑设计策略研究
	2014	徐晨鹏	建筑改扩建中界面设计的城市策略
		吴欣阳	建筑边界空间的日常化解读及策略探究
	2015	马忠	以特大型会展建筑为核心的城市片区的城市设计研究
		马曼·哈山	文化导向下工业遗产的释读与活化
		李紫玥	城区中大学校园边界空间研究——以柏林、上海三个校园为例
周建峰 （2005）	2006	张智慧	当代花园式多层住宅的设计研究
		蔡杰瑜	生态建筑自然通风策略研究
	2010	冯婷婷	上海住宅空间演变研究（1978—1998）
		陈捷	城市综合体公共空间设计策略研究——以上海真如副中心A5地块为例

	2011	陈兰	意大利砖构历史建筑保护设计策略研究
		华帅旗	生态视野下的建筑自然采光设计策略研究
	2013	何冰玉	中国高校图书馆设计发展研究（1990—2015）
张斌 （2006）	2007	程剑	村落空间形态的更新——以大裕村改造为例
		曾哲	历史街区空间重构——以慕尼黑内城更新为例
		钟丽佳	以儿童自主性游戏为导向的幼儿园公共空间设计
	2008	郭玥	德国城市农艺园——柏林案例研究
		曾鹏	勒·柯布西耶"建筑漫步"思想及其影响研究
	2009	顾天国	上海民生码头区域更新改造的设计策略研究
		王瑜	地域性视野下的当代精品酒店设计——以上海青浦朱家角古涧堂·淀湖院项目为例
	2010	王真	基于渐进性与资源重组的城市更新机制——永康路城市更新研究
		黄珍	基布兹：白色乌托邦——以色列犹太人公社的理想与实践
	2011	霍丽	基于渐进性城市更新的居住资源重组策略研究——以徐汇区永康路街区为例
		丁铭	当前语境下的建构内涵与事实呈现
		何斌	基于渐进性城市更新的运营商介入策略研究——以徐汇区永康路更新为例
	2012	张雅楠	"溢出"的生活——田林二村居住空间非正规更新研究
		孙嘉秋	取用与合作：田林二村中的社群共生与共有空间的公共化研究
		徐杨	非正规生活空间的介入——基于田林便民服务集合体的日常生活空间实践
	2013	张学磊	既成轨交站域的回馈社区型修补式更新研究——以上海轨交13号线浦东段部分站点为例
		齐心	回馈社区型地铁上盖联动开发模式研究——以上海地铁14号线浦东段部分站点为例
	2014	刘晓宇	参与性旧住区更新中的适应性设计探索
		陆伊昀	老旧住区自建空间的运作机制及其启示
	2015	薛楚金	基于"差异空间"理论的商业综合体开放空间公共性研究——以新上海商业城为例
		黄艺杰	回馈与连接——"城市民宿"驱动下里弄住区更新的适应性探索
汤朔宁 （2008）	2009	韩雨彤	基于中奥比较的社区体育馆设计研究
		林大卫	体育综合体功能组合研究
		贾鑫	社会化趋势下高校体育建筑设计研究——以中德比较为例

汤朔宁 （2008）		郑璞	以体育建筑结构为线索的空间分析研究
	2010	毛秋菊	大型体育建筑包厢设计研究——以体育馆为例
		喻汝青	现代新媒介艺术影响下体育建筑的表皮研究
		刘珂	体育建筑与周边区域协同开发研究
		程东伟	大型体育赛事中临时设施使用探索与研究
	2011	王倩	体育建筑的适应性研究
		张溥	北京大学体育馆使用后评价——高校体育馆赛后利用设计研究
		李莉娜	复杂地形条件下体育中心总平面设计
	2012	李阳夫	绿色体育建筑形态设计研究——以体育馆为例
		郭斯文	体育建筑形态仿生设计研究
		史佳鑫	体育建筑可开合屋面设计研究——以游泳馆为例
	2013	刘炳瑞	基于城市空间视角的大跨体育建筑形态设计
		潘超	社区体育馆的复合化设计研究
	2014	赵孔	结合气候的热力学设计方法初探
		谭洋	城市综合体与轨道交通站点的衔接空间设计探讨——以上海为例
		黄施嘉	美国体育建筑改造策略的研究
	2015	何薇	现代大跨木结构在体育建筑中的应用及艺术表现研究
		赵岩	以风环境为线索的体育馆比赛厅内界面优化设计研究
		徐筱铎	悬索结构在大跨度建筑中的应用与表现
		常婉悦	城市集约型用地体育中心公共空间设计策略研究
陈剑秋 （2009）	2010	邹杰	世博后博览建筑的绿色设计策略研究
	2011	汤娜	城市设计维度下的建筑综合体外部空间整合设计
		陈静丽	大型综合医院急诊部建筑绿色设计策略研究——以上海市第一人民医院扩建工程为例
		马媛媛	自然光物质化呈现的研究与运用——以刘海粟美术馆改迁建工程为例
	2013	张金霞	城市医院建筑地下空间利用的研究
		连晓俊	模块化设计理念在体验型社区商业设计中的应用研究
	2014	周宝林	从内容出发的自然历史博物馆展示空间设计研究——以上海自然博物馆为例
		胡彪	基于既有建筑改造的青年公寓空间集约化设计
	2015	方兴	当代文化建筑更新再利用中的复合空间设计研究
		刘宇阳	德国博物馆群的外部空间整合策略研究

王文胜 （2011）	2012	何彬	医疗建筑护理单元人性化设计研究
	2013	王子扬	基于城市设计视角的当代大学校园集体设计研究
		仲勇	高校复合体院馆设计策略研究——以中国地质大学（武汉）体育馆为例
	2014	李琦	医养综合型养老设施建筑设计策略研究
		许健	高密度城市环境下新建大学校园设计策略研究——以维也纳经济大学新校区为例
王建强 （2011）	2012	王沁冰	商业综合体的动线更新研究——以上海的三个案例为例
	2013	赵广颖	历史文化名城中度假酒店的地域性研究——以丽江古城为例
赵颖 （2011）	2013	宓楷彭	城市新建混合养老社区适老化社区空间设计初探
		韩羽嘉	产业密集型中小城市区域更新策略——以晋江洪山文创园为例
	2014	楼峰	基于环境行为学的联合办公空间设计研究
	2015	韩佩颖	以社区活力为导向的养老设施复合化设计研究
江立敏 （2013）	2014	吴寻	教育建筑非正式学习空间设计研究
	2015	彭峥	高密度下高校核心区集约化设计研究——以青岛理工大学黄岛校区核心区为例
		孙天元	校园更新的整体性空间策略研究

结构

导师姓名	入学年份	学生姓名	论文题目
丁洁民 （1997）	2000	王永春	超高层筒中筒钢结构的静动力分析与研究
		杨晖柱（博）	索杆钢结构的成形分析与仿真研究
	2001	张涛	不规则复杂结构静动力分析与研究
		沈忠贤	大跨度预应力钢屋盖体系设计、施工全过程分析
		刘磊	索—桁架结构在地震作用下的动力特性研究
		何志军（博）	大型体育场膜结构挑篷的结构分析、设计理论与工程实践
	2002	金刚	新型方钢管混凝土结构节点受力性能研究
		岳永强	大跨度拱支桁架结构的静力稳定分析与优化
		孙伟斌	大跨度格构式拱结构的动力分析与研究
		陈建斌（博）	高层建筑方钢管混凝土组合结构非线性地震反应分析理论与试验研究
		吴东海（博）	空间变异地震动下门式超高层结构的反应分析

丁洁民 (1997)	2003	姜涛	门式超高层结构的静力分析与研究
		毛华	复杂高层钢结构多模型多程序分析与研究
		康晓菊	空间桁架结构非线性静动力分析与研究
		李静斌(博)	铝合金结构连接静力强度的理论和试验研究
		孔丹丹(博)	张弦空间结构的理论分析与工程应用
		申跃奎(博)	地铁激励下振动的传播规律及建筑物隔振减振研究
	2004	张峥	张弦梁空间结构体系的静力弹塑性分析及工程应用
		方江生(博)	复杂大跨度屋盖结构的风荷载特性及抗风设计研究
		王克峰(博)	双塔超高层结构静力风荷载数值模拟研究
		王田友(博)	地铁运行所致环境振动与建筑物隔振方法研究
	2005	江韬	防屈曲支撑节点有限元分析及工程中的应用
		王培	复杂连体结构的静动力分析
		尹志刚(博)	地铁引起建筑物振动及辐射噪声研究
		王华琪(博)	防屈曲支撑及耗能减震技术的研究与工程应用
	2006	胡晓娟	上海世博会主题馆中张弦钢屋盖结构静力分析与研究
		杨飞	双塔连体结构的静力何动力分析
		张宇	上海世博会主题馆混合支撑体系及消能减震技术的应用研究
		温家鹏(博)	张弦空间屋盖结构与下部支承结构的静、动力协同工作分析
	2007	陈侃	复杂立面结构体系的分析和研究
		冯峰	缆索在柔性摩天轮中的工程应用研究
		姜子钦	张弦结构施工过程分析与研究
		吴宏磊(博)	大跨度张弦结构的弹塑性极限承载力研究与工程实践
		游桂模(博)	柔性摩天轮结构动力性能研究
		赵奋(博)	柔性巨型摩天轮结构的非线性静力分析与研究
	2008	胡殷	上海中心大厦吊挂式幕墙支承结构静力分析与研究
		洪祎	大跨度钢结构在铁路客站中的应用研究
		赖寒	400米以上巨型框架-核心筒结构体系的应用研究
		焦春节(博)	上海中心大厦幕墙支撑结构广义荷载及荷载效应研究分析
	2009	周旋	典型铁路站房钢屋盖的结构体系选型与关键问题研究
		薛晓娟	斜拉式体育场挑蓬结构选型分析与研究
		杨庆辉	拱式体育场挑蓬结构的选型研究与分析
		李久鹏(博)	上海中心大厦吊挂式幕墙支撑结构设计与分析关键问题研究
	2010	尹淦生	两种典型弦支穹顶结构选型设计关键问题研究
		张保	伸臂桁架在超高层建筑结构中的应用研究

丁洁民 （1997）		华怀宇	高层及超高层复杂连体结构受力性态分析与工程实践
		江昊	超高层框架—核心筒结构体系选型与受力性态研究
	2011	马清	球面及椭球面巨型网格结构选型研究与静力分析
		王松林	会展中心下凹式屋面结构体系选型分析与研究
		徐梦琳	大悬挑钢—混凝土组合楼盖人致振动性能及减振设计研究
		徐志伟	高层建筑斜交网格筒体结构受力性能分析与工程应用
		张悦	450米以上带支撑的巨型框架结构体系受力分析和外框选型研究
		张月强（博）	轮辐式张拉结构设计理论和分析方法研究
	2012	江帆	大跨度张弦结构连续倒塌分析与研究
		吴雨岑	黏滞阻尼伸臂技术在超高层结构抗震设计中的应用研究
		李璐	下凹式张弦梁结构稳定性分析研究
		全文宇	黏滞阻尼墙在高层建筑中的研究与应用
		张峥（博）	轮辐式张拉结构体系选型与工程应用研究
	2013	陈长嘉	高层建筑黏滞阻尼墙减震结构研究
		唐熙	耗能连梁阻尼器在高层建筑中的研究与应用
		黄卓驹	建筑结构参数化设计理论与工程实践研究
		毛明超	索拱组合结构体型与受力性能研究
		王世玉（博）	黏滞类阻尼技术在建筑结构中的应用研究
	2014	郝志鹏	大跨度空间钢屋盖极限弹塑性极限承载力研究
		刘鹏	高层隔震建筑结构研究与应用
		卢郁霖	铝合金板式节点试验研究与理论分析
	2015	王俊鑫	铝合金网格结构选型与受力性能分析
		张冀	部分填充钢—混凝土组合结构（PEC）在多高层建筑中的应用研究
巢斯 （2001）	2002	杨福磊	平面楼板不规则的复杂高层建筑结构的抗震分析
	2003	吴敏芳	钢管混凝土结构压弯节点试验研究与有限元分析
	2004	洪健	预应力及水平加腋对混凝土框架节点承载力影响加研究
		秦薇	CFRP加固空间网壳结构的设计与性能研究
		张准	碳纤维布加固预应力混凝土梁的设计方法研究
	2005	吴轶群	一种新型张弦梁结构的静力稳定性分析与施工方案比较
		王道成	工业厂房大跨度预应力框架梁的设计与分析
	2006	方良	预应力悬挑钢梁结构的静力分析和风振响应分析
		时素红	改建烟囱结构的静力弹塑性分析研究
		王正方	和谐塔结构可靠度分析

巢斯 （2001）	2007	王磊	密集超高层建筑沉降分析
	2008	雷小虎	超高层建筑桩筏基础共同作用全过程受力分析
		刘伟伟	桩端后注浆钻孔灌注桩承载力性状试验研究
		张金	大体积混凝土的裂缝控制研究
	2009	白强强	超高层建筑筏板基础冲切机理研究
		陶倍林	剪力墙中连梁的抗震性能研究
	2010	崔勇	收缩徐变对桩筏基础的影响计算分析
		杜羽静	超高层风振舒适度研究与控制
		贺剑龙	钻孔灌注桩桩端渗透注浆扩散范围及承载力研究
		张成武	水平地震作用下悬挂结构的设计与分析
	2011	李鑫	超高层建筑非线性施工全过程分析
		刘纪坤	基于CFD技术的连体结构风致响应分析
		周佩佩	连体结构在多维多点地震下的响应分析
	2012	蒋凯泉	连体结构地基基础共同作用分析
		刘志远	钢—混凝土竖向混合结构抗震性能分析
		孙洋	坡道对框架结构抗震性能影响及抗震设计方法的研究
		叶如枫	超大面积混凝土楼盖结构无缝施工技术的研究
	2013	陈磊	隔震和消能减震技术在工程中的合理选取及应用分析
		刘家欢	现浇楼梯对复杂平面框架抗震性能影响分析
		潘希梁	超高层剪力墙结构的分析与设计
苏旭霖 （2001）	2003	袁万里	错层剪力墙结构的抗震分析与研究
		方盛	轴线变位柱节点抗震性能研究
	2006	潘振洲	江西奥体超长预应力混凝土看台结构温度与收缩裂缝控制研究
	2007	王怡	新型预制混凝土构件试验与理论研究
郑毅敏 （2002）	2003	陈玉堂	圆环形多塔连体高层结构动力特性和地震响应分析
	2004	程雄涛	大跨度高空连廊风荷载及风振响应研究
		徐文华	复杂高层多塔楼连体结构高空连廊的分析与设计
	2005	刘永璨	环状六塔连体复杂高层建筑抗风特性研究
		卢宇航	环形超长混凝土结构温度应力及控制研究
	2006	贾京	复杂高层建筑风特性及关键子结构性态监测
		孙华华	复杂连体高层大跨度连廊动力测试与模型修正
	2007	朱伟平	大跨度超长斜交梁体系屋盖结构特性研究
	2008	刘南乡	带伸臂桁架的超高层混合结构施工阶段性能分析与控制
		张盼盼	超高层混合结构时变效应分析

郑毅敏 （2002）	2009	何忻炜	超高层建筑结构基于性能的抗震设计方法关键问题研究
		王栋	带清水混凝土填充墙体结构的抗震性能分析
		陈璐杰	屈曲约束支撑在钢筋混凝土结构中的应用研究
		郭莉	离散变量匹配满应力齿形法在桁架结构中的优化研究与应用
	2010	何礼东	配置高强纵筋和约束箍筋的混凝土柱抗震性能试验研究
		袁野	配置高强纵筋和箍筋的混凝土框架梁端部抗震性能试验研究
	2011	段星宇	基于性能的超高层结构 抗震关键构件分析及性能评估方法探讨
		郭兆宗	大跨人行连廊及楼盖的减振分析
		韩超	钢筋套筒灌浆连接预制混凝土柱的抗震性能试验研究
		张之璞	钢筋混凝土结合面直剪性能试验研究
		焉宇飞	超高层结构基于性能的抗震设计优化方法
	2012	黄朗	压剪作用下装配式混凝土结合面抗剪性能试验研究
		王茂宇	装配式混凝土框架结构中间层中节点抗震性能试验研究
		王怀清	装配式混凝土结构框架顶层端节点抗震性能试验研究
	2013	王毅	超高层部分框支剪力墙结构抗震性能设计研究
		程春森	预制混凝土双 T 板企口端部受力性能及设计方法研究
		王立林	超高结构组合调谐风振控制系统优化设计
		占茜	超高结构黏滞阻尼墙系统抗震集成优化设计与研究
		张家竣	钢筋混凝土叠合板拼缝处受力性能试验研究及数值模拟
	2014	庄翔	高层建筑风荷载气动优化措施研究
		李锐	采用不同连接形式的预制混凝土柱抗震性能对比试验研究
吴水根 （2006）	2006	康殿丙	后张预制抗拔方桩技术研究
		汤炯	施工管理信息化的变更索赔系统研究
		张帅	建筑工程绿色施工问题研究
	2007	刘麒	大跨度厂房移动隔墙研究
		林叶胜	村镇住宅电气设备施工质量控制关键技术研究
	2008	姜渭渔	公共建筑项目地下工程施工绿色施工应用研究
	2009	连宗扬	竖向结构构件中铝合金框模板的试验研究
		季申飞	高层钢结构特殊构件吊装技术研究
	2010	谢银	装配式住宅部品碳排放计算方法研究
		季绍凯	竖向结构构件铝框木模板体系研究
		柏建韦	装配式住宅关键部品施工阶段质量管理及信息化分析研究
		郭睿	建设项目投资估算信息采集模型及辅助计算方法研究

	2011	王思豹	房产企业住宅产品施工阶段质量管理信息化研究
		丁景辰	工业化住宅典型部品施工阶段信息模型研究
		吴科一	杭州莱福士中心连廊结构施工过程控制研究
	2012	侯飞	上海国际航运服务中心深基坑关键施工技术研究
		上官冀鸿	大底盘多塔楼地下室抗裂技术研究
		胡雅靓	多层钢结构住宅全寿命周期经济评价方法研究
	2013	吴佳鹏	基于BIM的工业化住宅典型部品全过程信息模型研究
		范亚斌	杭州莱福士广场悬挂结构施工控制技术研究
		王佳佳	装配式混凝土建筑经济评价方法研究
	2014	季韬	上海国际金融中心基坑施工典型技术研究
		张亚芬	基于BIM模型的造价管理在东方医院新病房大楼工程中的应用研究
	2015	游育林	基于BIM的南翔陈翔路站高层住宅项目智慧施工管理研究
		文彬多	参数化设计技术在平潭科技文化中心设计与施工中的应用研究
		韩晓丹	BIM在装配式钢结构住宅设计与施工中的应用研究
张晓光 (2006)	2006	黄涛	改建烟囱结构的地震响应分析
		刘星	曲面基材后锚固节点的受力性能研究
	2007	何诚	某超高层结构的抗震性能分析
	2008	马高强	某超高层结构加强层设置问题研究
	2009	陈泽赳	某弱连接连体结构受力性能分析
		轩勇勇	某高层双塔连体结构的动力性能研究
		张冲冲	钢管混凝土"Y"形节点的有限元分析
	2010	陈路遥	高层建筑中薄弱层和软弱层的改进加强解决方案研究
		许世戎	某影剧院空间刚架屋盖方案分析
	2011	王瑞	钢管混凝土分叉柱节点受力性能数值分析
		王金花	体外预应力加固钢结构设计分析研究
		单孟硕	混凝土结构上的钢结构的地震反应分析
	2012	王子华	张弦梁结构不同施工方案的影响分析
		程杨苟	竖向混合结构上部钢结构的地震反应分析
	2013	赵耽崴	轮辐式张拉结构施工模拟及误差分析
		王婷	Q690高强钢梁柱栓焊连接节点力学性能研究
		杨茵茹	Q690高强钢焊缝连接受力性能研究
	2014	王楠	地下室顶板厚板转换结构受力性能研究
		张洋	既有结构室内加层改造的施工模拟方法研究

	2015	周桥	大跨开合钢屋盖结构静力和整体稳定性能分析
		吴剑滨	轮辐式张拉结构施工误差分析方法研究
赵昕 （2008）	2010	林祯衫	超高层建筑风振时变响应识别与控制
		杨文健	基于小波变换的结构时变损伤
		郁冰泉	超高层建筑结构时变作用耦合效应研究
	2011	董佩伟	超高层建筑结构生命周期时变性能抗震设计
		姜世鑫	基于纤维模型的超高层建筑巨型组合构件时变效应分析与设计
		余天意	超高层建筑风振舒适度性能分析与生命周期设计
		方朔	超高层建筑结构隐含碳分析与设计
	2012	曹本峰	高层建筑钢筋混凝土结构多级约束优化设计
		董耀旻	超高层建筑结构抗侧力系统多约束优化设计
		张鸿玮	超高层建筑结构屈曲约束支撑集成优化设计
		严从志	巨型组合构件湿度分布时变效应分析与监测
	2013	刘射洪	超高结构共同作用系统时变性能分析与设计
		江祥	超高结构舒适度性能动力修正优化设计方法
		石涛	超高结构黏滞阻尼器系统抗震集成优化设计
		王立林	超高结构组合调谐风振控制系统优化设计
		占茜	超高结构黏滞阻尼墙系统抗震集成优化设计与研究
	2014	马浩佳	超高结构肘节式黏滞阻尼系统抗风集成优化
		秦朗	超高建筑结构约束敏感性及多约束优化设计
	2015	马壮	超高结构降级反向约束优化设计
		方葆益	超高钢结构共同作用系统施工阶段性能研究

地下及桥梁

导师姓名	入学年份	学生姓名	论文题目
贾坚 （2005）	2005	邓指军	基坑卸荷回弹特性的试验及研究
		刘小建	控制卸荷对下卧地铁隧道隆起影响的试验及研究
	2006	汪小兵	软土深大基坑分区开挖控制变形的机理研究及工程实践
	2007	杨科	邻近荷载作用下考虑自身刚度的地铁车站沉降耦合及控制理论研究
		刘磊	地中壁控制深基坑变形的机制研究及实践
	2008	周建勇	已建建筑物在基坑开挖影响下的安全性评估研究
		郑习羽	旋喷桩内插型钢工法应用技术研究
	2009	刘传平	深基坑开挖对上方运营铁路栈桥的影响分析及控制研究
		郑俊星	软土地区深大基坑"坑中坑"的抗隆起稳定设计计算方法

	2010	郭晓航	软土逆作深基坑立柱桩隆沉机理及控制研究
		杨科（博）	上海软土地区基坑卸荷和扰动的变形机理及评估方法研究
		陈宇（博士后）	紧邻运营地铁深大基坑群施工关键技术研究
	2011	高伟	高铁枢纽车站动力响应分析及振动影响控制研究
	2012	鲁嘉星	软土地区铁车站结构地震反应实用计算方法研究
	2013	华锋	大型超低温地下储罐的多场耦合分析
	2014	施俊	软土深基坑降承压水控制的设计方法及措施研究
	2015	叶琦棽	盾构隧道管片整体力学性能及变形评估方法研究
徐利平（2006）	2006	李元俊	多塔斜拉—悬吊协作体系桥梁概念设计
		蒋维刚	超千米级斜拉桥概念设计
	2007	兰懿凡	桥梁深水基础设计与施工技术
	2008	冯希训	大跨度中承式拱桥结构体系研究
		徐波	自锚式悬索桥的适用性与主梁性能研究
	2009	刘健	磁悬浮三塔斜拉桥技术方案及关键结构参数研究
		方卫国	大跨度磁悬浮斜拉桥结构体系研究
		张丛	磁悬浮两塔斜拉桥技术方案及关键结构参数研究
	2010	梁远	某矮塔斜拉桥主梁裂缝成因及开裂结构分析研究
		宋明明	大跨度斜拉桥新型组合梁断面正应力分析研究
		李荣一	大跨度新型组合梁斜拉桥施工控制理论和方法研究
	2011	陈振东	城市景观桥梁研究
	2013	蔡景波	桥梁建筑技术与艺术的发展历史
		张孝俊	城市桥梁建筑美学
	2015	尹紫钰	创新型拱桥方案创作与关键技术研究——衢州荷一路跨江大桥工程
李映（2006）	2006	王安民	体外索平衡水平推力的连拱拱桥研究
	2007	梁田	组合拱肋拱桥结构特点及受力分析
	2008	梁斌	钢桁架拱桥结构体系及设计参数分析
	2009	郭远航	高速磁浮大跨度钢桁架拱桥概念设计
	2010	蒋铮	三跨中承式钢管混凝土系杆拱桥优化设计
	2011	陈云	V型支撑桥梁结构体系研究
	2012	高扬	高架混凝土宽箱梁及异型箱梁设计研究
	2015	戴少东	城市高架波形钢腹板PC组合箱梁力学性能及经济性能分析研究

罗喜恒 （2007）	2008	郑润清	三塔悬索桥加劲梁架设关键技术研究
	2009	谢雪峰	三塔悬索桥结构受力性能研究
		邓婷	三塔悬索桥关键控制指标的合理取值研究
	2010	胡美	三塔两跨悬索桥原型设计方法研究
		张静林	三塔悬索桥中塔选型及不同跨径下的适用性研究
	2011	凌晨	混凝土箱型连续梁桥横梁计算方法研究
曾明根 （2008）	2007	梁炜	大跨度人行桥设计浅析
	2009	周小苏	大悬臂宽箱梁组合梁桥面板有效宽度研究
		徐嘉煜	半封闭式双箱组合梁斜拉桥索梁锚固区受力性能研究
	2010	王晓雷	混凝土收缩对组合梁斜拉桥受力的影响
	2011	李杰	曲线组合梁匝道桥抗倾覆影响因素研究
		张庆伟	浇注式沥青混凝土高温摊铺引起的钢箱梁温度场及温度效应研究
	2012	步龙	带"U"形肋钢——混凝土组合桥面板压弯性能研究
		陈文超	波形钢腹板PC连续组合箱梁桥设计方法及优化设计研究
		戴昌源	异形自锚式悬索桥受力特性分析
	2013	陈竞翔	建筑信息模型技术在斜拉桥4D施工仿真模拟中的应用研究
		林友强	建筑信息模型（BIM）在桥梁设计阶段的若干基础性研究
	2014	万杰龙	城市高架波形钢腹板PC组合箱梁桥应用前景参数化分析
	2015	李聪磊	基于BIM技术的钢混组合梁参数化建模研究
		杨志	基于BIM技术的Revit与有限元软件数据接口研究
		杨虎	基于BIM技术的等高连续钢箱梁参数化建模与二维出图功能完善

设备

导师姓名	入学年份	学生姓名	论文题目
王健 （2003）	2004	吴晓非	典型建筑使用静止型板翅式全热交换器的节能研究
		周谨	离心式冷水机组采用变频技术的节能性研究
	2005	张军	上海世博会典型公共建筑利用江水源热泵的动态能耗分析
		秦卓欢	诱导型变风量空调末端在世博会罗阿馆的应用和性能分析
	2006	王颖	上海中心大厦中庭建筑热环境数值模拟研究
	2007	杨木和	医院建筑应用冷热电三联供系统的优化配置研究
		曾刚	上海中心大厦低区复合冷源冰蓄冷系统运行控制策略研究
	2008	钱辉	集中空调冷却水变流量问题讨论
	2009	张小波	生物纤维保温墙体热湿迁移研究
		朱伟昌	数据中心空调系统安全节能运行的研究

	2010	金文燕	高大中庭动态热环境区域模型应用研究
	2011	刘人杰	建筑多能源复合系统的优化设计与应用研究
	2012	桂娟	建筑排烟盐水模拟实验技术研究
		许烨	地源热泵在校园建筑的应用研究
	2013	李晨玉	上海地区建筑中庭自然通风的影响因素研究——以某博物馆为例
		曲志君	世博主题馆新型风柱送风舒适性及节能研究
	2014	胡雪利	商业街中庭建筑阳台溢出型烟羽流运动规律影响研究
	2015	栗悦	江门中微子实验站负荷特性分析及节能措施研究
	2016	吴音璇	基于地源侧和用户侧耦合分析的地源热泵运行策略研究
归谈纯 （2007）	2007	王紫玉	虹吸式屋面雨水排水系统主要影响因素的研究
	2008	熊曦	上海中心大厦室内雨水排水系统消能措施研究
	2009	李学良	虹吸式屋面雨水排水系统水力设计中重要工况研究与探讨
	2010	顾海玲	绿色建筑屋面雨水收集与处理技术研究
		苏昶明	超限高层建筑消防供水技术可靠性研究
		王希诚	金山湖水预处理及三氯酚的高级氧化和粉末炭吸附研究
	2011	沈嘉钰	藻源有机质在预氧化及超滤过程中的迁移与转化
	2012	杨俊	上海中心大厦雨水收集与处理技术研究
		肖雨亮	宜兴微污染水源水的化学预氧化和深度处理工艺研究
		王慧莉	虹吸式屋面雨水系统的测试方法研究
	2013	孙子为	长江水源预处理和深度处理工艺选择研究
	2014	陆宇奇	磁性离子交换树脂工艺去除水体典型PPCPs特性研究
	2015	李琳	建筑与小区雨水储存设施集蓄效率计算方法研究
夏林 （2008）	2008	张松	高层建筑群组电梯节能控制系统的研究
	2009	何泉江	射频识别室内定位技术的应用研究
		周波	LED照明控制技术应用研究
	2010	刘备	民用建筑复杂供配电系统的可靠性分析
	2011	蒋丹红	民用建筑视频人流统计在防灾中的应用研究
	2012	陆欣怡	基于视频监控智能照明控制系统的研究与应用

备注：导师姓名下的年份为担任导师起始年份

附录十 规范图集 1987—2018

近年来主编或参编的工程建设标准、规范、规程及图集情况

序号	年份	名称	编号	主编/参编人员	类型	发布单位	编写
1	1987	民用建筑设计通则（修订）	JGJ37-87	方鲒影	行业标准	中华人民共和国建设部	
2	1992	高层建筑钢结构设计暂行规定	DBJ08-32-92	丁洁民	地方标准	上海市建设委员会	
3	1993	T06型上海市住宅标准图	—	黄安	地方图集	上海市建设委员会	
4		T07型上海市住宅标准图	—	黄安	地方图集	上海市建设委员会	
5	1995	T18上海市多层住宅标准图	—	黄安	地方图集	上海市建设委员会	
6	1997	冷轧扭钢筋混凝土构件技术规程	JGJ115-97	丁洁民	行业标准	中华人民共和国建设部	参编
7		轻型钢结构设计规程	DBJ08-68-97	丁洁民王明忠	地方标准	上海市建设委员会	
8		焊接钢筋网混凝土结构技术规程	DBJ08-63-97	蒋志贤、张宝珠、巢斯、孙品华、尤雪萍	地方标准	上海市建设委员会	
9	1998	高层民用建筑钢结构技术规程	JGJ99-98	丁洁民王明忠	行业标准	中华人民共和国建设部	
10	2000	墙梁结构设计规程	DG/TJ08-004-2000	顾敏琛、张晔、王明忠、周瑛	地方标准	上海市建设和管理委员会	主编
11	2001	住宅设计图集——1,2	—	丁洁民张洛先	地方图集	上海市建设和管理委员会	主编
12	2002	膜结构技术规程	DGJ08-97-2002	王明忠丁洁民	地方图集	上海市建设和管理委员会	主编
13	2003	建筑给水金属管道安装——铜管	03S407-1	吴祯东、归谈纯、包顺德、徐徽、杨模荻、邵建龙	国家图集	中华人民共和国建设部	主编
14		建筑抗震设计规程	DGJ08-9-2003	蒋志贤	地方标准	上海市建设和管理委员会	主编

15		上海市新建住宅全装修试点工程装修设计导则	沪住产[2003]032号	张洛先、赵颖、李翔、杨模获、潘涛、董家业、陈鹏	地方标准	上海市住宅发展局 上海市工程建设标准化办公室	主编
16	2004	建筑给水金属管道安装——薄壁不锈钢管	04S407-2	吴祯东、归谈纯、包顺德、徐徽、邵建龙	国家图集	中华人民共和国建设部	主编
17		空间格构结构设计规程	DG/TJ08-52-2004	丁洁民 王明忠 郑毅敏	地方标准	上海市建设和管理委员会	主编
18		建筑物低压电源系统电涌保护器选用、安装、验收及维护规程（报批稿）	CECS174:2004	董家业	协会标准	中国工程建设标准化协会	参编
19	2005	民用建筑设计通则	GB50352-2005	方稚影	国家标准	中华人民共和国建设部	参编
20		工程做法	05J909	车学娅	国家图集	中华人民共和国建设部	参编
21		宿舍建筑设计规范	JGJ36-2005	王建强 车学娅 俞蕴洁	行业标准	中华人民共和国建设部	参编
22		上海市市政工程标准设计——先张法预应力混凝土空心板（桥梁）	DBJT08-101-2005	张哲元 林英 郝峻峰	地方标准	上海市建设和交通委员会	参编
23		建筑结构用索应用技术规程	DG/TJ08-019-2005	丁洁民 何志军	地方标准	上海市建设和交通委员会	参编
24		虹吸式屋面雨水排水系统应用技术规程	CECS183:2005	归谈纯	协会标准	中国工程建设标准化协会	主编
25	2006	高耸结构设计规范	GB50135-2006	马人乐	国家标准	中华人民共和国建设部	参编
26		塔桅钢结构检测与加固技术规程	CECS80:2006	马人乐	行业标准	中国工程建设标准化协会	参编
27	2007	世博会临时建筑、构筑物设计标准	沪建交[2007]437号	周建峰、俞蕴洁、归谈纯、刘毅、张智力、夏林	地方标准	上海市建设和交通委员会	主编
28		世博会临时建筑、构筑物防火设计标准	沪建交[2007]438号	朱鸣、夏林、潘涛	地方标准	上海市建设和交通委员会	参编

29	2008	汶川地震灾后重建学校规划建筑设计参考图集	—	周建峰、丁洁民、王文胜、冯玮、周伟民、徐桓、耿耀明、程青	参考图集	—	主编
30		建筑给水排水设备器材术语	GB/T16662-2008	归谈纯张晓燕	国家标准	中国工程建设标准化协会	参编
31		居住建筑节能设计标准	DG/T08-205-2008	车学娅	地方标准	上海市城乡建设和交通委员会	参编
32		高层建筑钢结构设计规程	DG/TJ08-32-2008	丁洁民何志军	地方标准	上海市城乡建设和交通委员会	参编
33	2009	民用建筑设计术语标准	GB/T50504-2009	王建强车学娅俞蕴洁	国家标准	中华人民共和国住房和城乡建设部	主编
34		建筑给水铜管道安装	09S407-1	归谈纯	国家图集	中国建筑标准设计研究院	主编
35		低阻力倒流防止器应用技术规程	CECS259：2009	归谈纯	协会标准	中国工程建设标准化协会	参编
36	2010	建筑给水薄壁不锈钢管道安装	10S407-2	归谈纯	国家图集	中国建筑标准设计研究院	主编
37		展览建筑设计规范	JGJ218-2010	任力之、陈剑秋、张丽萍、王健、夏林、归谈纯、朱鸣	行业标准	中华人民共和国住房和城乡建设部	主编
38		苏维托单立管排水系统技术规程	CECS275：2010	归谈纯	协会标准	中国工程建设标准化协会	主编
39		型钢水泥土搅拌墙技术规程	JGJ/T199-2010	谢小林	行业标准	中华人民共和国住房和城乡建设部	参编
40		装配整体式混凝土住宅体系设计规程	DG/TJ08-2071-2010	丁洁民巢斯黄一如	地方标准	上海市城乡建设和交通委员会	参编
41	2011	建筑同层排水部件	CJ/T 363-2011	归谈纯	行业标准	中国工程建设标准化协会	参编

42		居住建筑节能设计标准	DG/T08-205-2011	车学娅	地方标准	上海市城乡建设和交通委员会	参编
43		雨、污水分层生物滴滤处理(MBTF)技术规程	CECS294：2011	龚海宁	协会标准	中国工程建设标准化协会	参编
44	2012	砌体结构设计与改造	12SG620	巢斯 程才渊 刘纪坤	国标图集	中华人民共和国住房和城乡建设部	主编
45		建筑幕墙工程技术规范	DGJ08-56-2012	车学娅 张其林	地方标准	上海市城乡建设和交通委员会	参编
46	2013	建筑生活排水管长标口铸铁管道与钢塑复合管道安装	13S409	归谈纯、李丽萍、王慧莉、张晓燕、李学良	国家图集	中国建筑标准设计研究院	主编
47		教育建筑电气设计规范	JGJ310-2013	夏林	行业标准	中华人民共和国住房和城乡建设部	主编
48		ZC静钻根植桩应用技术规程(修编)	DBJ/CT179-2013	巢斯、邵晓健、姜文辉、刘纪坤	地方标准	上海市建筑建材业市场管理总站	主编
49		ZC静钻根植先张法预应力混凝土竹节桩	2013沪G/T-505	巢斯、邵晓健、姜文辉、刘纪坤	地方图集	上海市建筑建材业市场管理总站	主编
50		ZC复合配筋先张法预应力混凝土管桩	2013沪G/T-504	巢斯、邵晓健、姜文辉、刘纪坤	地方图集	上海市建筑建材业市场管理总站	主编
51		住宅生活排水系统立管排水能力测试标准	CECS336：2013	归谈纯	协会标准	中国工程建设标准化协会	参编
52	2014	农村住房危险性鉴定标准	JGJ/T363-2014	郑毅敏 顾炜	行业标准	中华人民共和国住房和城乡建设部	主编
53		住宅建筑绿色设计标准	DGJ08-2139-2014	车学娅、徐桓、归谈纯、夏林、郑毅敏、林建萍、汪铮、陈剑秋、卢韵琴	地方标准	上海市城乡建设和管理委员会	主编
54		烧结页岩砖、砌块墙体建筑构造	14J105	孙斌	国家图集	中国建筑标准设计研究院	参编

55		旅馆建筑设计规范	JGJ62-2014	车学娅 张丽萍	行业标准	中华人民共和国住房和城乡建设部	参编
56		建筑屋面雨水排水系统技术流程	CJJ142-2014	归谈纯 赵昕	行业标准	中华人民共和国住房和城乡建设部	参编
57		公共建筑绿色设计标准	DG/TJ08-2143-2014	车学娅、汪铮、徐桓、归谈纯、夏林、郑毅敏、林建萍、陈剑秋、王晔、王钰	地方标准	上海市城乡建设和管理委员会	参编
58	2015	屋面雨水排水管道安装	15S412	归谈纯、吴祯东、冯玮、李丽萍、王纳新、李学良	国标图集	中国建筑标准设计研究院	主编
59		虹吸式屋面雨水排水系统技术规程	CECS183：2015	归谈纯 李学良 刘芳	协会标准	中国工程建设标准化协会	主编
60		公共建筑节能设计标准	GB50189-2015	车学娅	国家标准	中华人民共和国住房和城乡建设部	参编
61		公共建筑节能设计标准	DGJ08-107-2015	车学娅 岳志铁	地方标准	上海市城乡建设和管理委员会	参编
62		居住建筑节能设计标准	DGJ08-205-2015	车学娅 岳志铁	地方标准	上海市城乡建设和管理委员会	参编
63		预应力混凝土结构设计规程	DGJ08-69-2015	郑毅敏 沈土富	地方标准	上海市城乡建设和管理委员会	参编
64		建筑工程消防施工质量验收规范	DG/TJ08-2177-2015	朱鸣	地方标准	上海市城乡建设和管理委员会	参编
65		民用建筑外保温材料防火技术规程	DGJ08-2164-2015	车学娅	地方标准	上海市城乡建设和管理委员会	参编
66	2016	绿色博览建筑评价标准	GB/T51148-2016	陈剑秋	国家标准	中华人民共和国住房和城乡建设部	参编
67		宿舍建筑设计规范	JGJ36-2016	车学娅 王建强 俞蕴洁	行业标准	中华人民共和国住房和城乡建设部	参编

序号	年份	名称	编号	主编/参编人员			
68	2016	建筑同层排水工程技术规程	CJJ 232-2016	归谈纯	行业标准	中国工程建设标准化协会	参编
69		综合客运枢纽换乘区域设施设备配置要求	JT/T1066-2016	赵昕、陈剑秋、张瑞、丁妤	行业标准	中华人民共和国交通运输部	参编
70		建筑信息模型应用标准	DG/TJ08-2201-2016	张东升	地方标准	上海市城乡建设和管理委员会	参编
71		展览建筑及布展设计防火规程	DGJ08-2173-2016	陈剑秋归谈纯夏林	地方标准	上海市城乡建设和管理委员会	参编
72		热固改性聚苯板保温系统应用技术规程	DG/TJ08-2212-2016	车学娅岳志铁	地方标准	上海市城乡建设和管理委员会	参编
73		照明工程设计收费标准	T/CIES002-2016	夏林	团体标准	中国照明学会	参编
74		车库LED照明技术规范	T/CIES001-2016	夏林	团体标准	中国照明学会	参编
75	2017	绿色建筑工程验收标准	DG/TJ08-2246-2017	车学娅王颖	地方标准	上海市城乡建设和管理委员会	参编
76		公用终端直饮水设备应用技术规程	T/CECS468-2017	归谈纯	协会标准	中国工程建设标准化协会	参编
77		供暖通风与空气调节设计P-BIM软件功能与信息交换标准	T/CECS-CBIMU 11-2017	王健张智力	协会标准	中国工程建设标准化协会	参编
78	2018	桥梁悬臂浇筑施工技术标准	CJJ/T281-2018	吴水根李映	行业标准	中华人民共和国住房和城乡建设部	参编

近年来主编或参编的工程建设标准、规范、规程及图集（仍在编）情况

序号	年份	名称	编号	主编/参编人员	备注
1	2012	建筑信息模型设计交付标准	报批	陈继良、张东升	参编，国标
2	2014	建筑工程设计信息模型制图标准	报批	张东升	参编，国标
3		建筑雨水排水用球墨铸铁管及管件	报批	归谈纯	参编、国标

4	2015	模块化雨水利用系统应用技术规程	报批	归谈纯	主编,协标
5		水平流生物膜反应器污水处理技术规程	在编	苏鸿洋	参编,行标
6		混凝土结构钢筋详图统一标准	在编	吴水根 侯飞	参编,行标
7		部分填充钢—混凝土组合结构技术规程	在编	丁洁民 吴宏磊	参编,行标
8		上海市建筑索结构技术规程	DG/ TJ08- 019- 201x	丁洁民 张峥 张月强	参编,地标
9		城市道路指路标志设置规程	在编	杨阿荣 麻乐	参编,地标
10		建筑节能与可再生能源利用技术规程	送审	车学娅	参编,国标
11		地下建筑设计统一规范	征求意见稿	车学娅 孙晔	参编,国标
12		槽式预埋件技术规程	在编	吴水根	参编、协标
13	2017	民用建筑设计统一规范	报批	车学娅、张丽萍、王健	参编,国标
14		木结构技术规范	在编	梁峰	参编,国标

后记

　　《同济大学建筑设计院 60 年》既是针对一家独特而卓有影响的高校设计机构展开的专项历史研究,也是对社会主义中国在建筑行业、设计机制、人才培养、学科发展等领域 60 余年变迁所开展的基础研究。因为高校设计院是中国特有的一种建筑设计组织机制,也是一个富有历史价值和理论深度的研究主题,而同济设计与同济学派是中国建筑人为国家社会超过一个甲子努力贡献的典型代表。

　　1952 年同济大学建筑系由华东地区 13 所大学的土木系和建筑系汇聚而成,奠定基石的第一代教师包含来自美、英、法、德、比利时、奥地利、日本 7 个国家 10 余所建筑院校和国内 9 所大学土木、建筑系的毕业生,他们与同样多源且精英荟萃的土木工程等其他系所紧密合作,开展具有先锋性的实践与教学。多元与民主是同济学派的基因,现代性与时代性是同济建筑的核心,创新与传承是同济设计的精髓。1958 年 3 月 1 日创建的同济大学附设土建设计院,即今天同济大学建筑设计研究院(集团)有限公司(下简称"同济设计集团")的前身,就是师生们"边教学边生产""既出图也出人"的实验基地。近代上海留下的丰富的城市建筑遗产、五六十年代上海作为华东地区工业基地、改革开放以后上海城市的高速发展,这些都构成同济设计和同济学派实验性探索的强大支撑。

　　我们清楚地认识到,本书的研究建立在同济大学、同济设计集团、建筑与城市规划学院、土木工程学院等机构以及相关研究者完成的大量前期成果基础上,其中设计院院庆 50 周年时编撰的《累土集》,关于吴景祥、谭垣、黄作燊、冯纪忠等建筑系第一代教授和俞载道、张问清等结构系前辈的纪念文集,同济大学校史研究,以及很多建筑系老校友的回忆录和同学录都是本书重要的参考资料。2016 年 4 月起,研究团队也与同济设计集团合作开展了专项课题,主要内容包括:第一,口述采集,对与同济设计 60 余年历史相关的重要人物,包括高校管理者、设计院历届各级管理者、设计师和学院教师开展访谈。除了按主题汇编《同济设计 60 年访谈》外,所有前期研究和访谈获得的图文音像资料经整理后形成本书的一手资料,也是同济设计集团的基础档案库。第二,历史综述,根据同济设计集团档案室和同济大学档案馆的原始档案、其他相关文献和访谈资料梳理在国家、行业、同济大学的整体发展背景下设计院 60 年的历史变迁,完成本书。第三,理论拓展,在历史研究的基础上,以"建筑设计作为一种现代组织"为题开展高校设计院的系统理论研究。

本书书名中的"同济大学建筑设计院"，不仅是1958年最早使用的机构名称之一，也浓缩了研究的主题：同济大学(高校)、建筑(实践和学科类型)和设计院(社会主义的设计组织机制)。其中"建筑"既隐含了同济设计院的历史(最初隶属于建筑系)，也代表了与建成环境相关的广义学科。虽然本研究考据主要参考一手史料和团队自己完成的访谈，文字叙述采取客观立场(未用尊称)，但因为选择了见人见事的文体，既呈现宏观的历史背景和规律，也展示微观的个人贡献与记忆，因此书名定为较宽松开放的"60年"。

能对同济设计院的历史展开独立研究，首先要感谢同济设计集团现任总裁王健教授和前任总裁丁洁民教授的大力支持和开放心态。设计集团所有部门都对课题研究给予了最大的支持，帮助研究团队在较短的时间内收集到较全面的信息和资料，并完成了60余组，70余人的正式访谈。其中，三分之一受访者年龄超过80岁，几乎所有受访的设计院管理者和设计师都已为本单位服务20年以上。极为难得的是，我们有幸与1952年秋就进入新成立的同济建筑系的前辈进行了多次交流，这对澄清1951至1977年间的同济设计史意义非凡。包括曾参与设计处、工程设计处和设计院实践的100岁的傅信祁先生，从1960至1985年间("文革"期间除外)都担任设计院副院长和总支书记的唐云祥先生，虽年逾九旬却依旧记忆力超群、思维敏捷的王季卿先生、董鉴泓先生和院士戴复东先生，还有勘察设计大师吴庐生先生。那些1953至1965年从同济毕业的教授们则凝聚了同济设计院三段截然不同的历史，从半工半读的学生到半工半教的青年教师再到领导设计院试点经济和技术改革的管理者，如前院长黄鼎业、刘佐鸿、姚大镒和高晖鸣教授等，还有兼顾教学和实践的资深设计师，如朱亚新、朱保良、陆凤翔等教授和建筑系刘仲、路秉杰、贾瑞云、赵秀恒、王爱珠等教授，东南大学分配至同济任教的卢济威教授、长期担任设计院副总建筑师的顾如珍教授等，以及五十年代毕业的校友，如郁操政、吴定玮、李道钦、陈琦等老师。他们也为我们描述了亲眼见证的第一代教授的风采。

同济大学的历任校领导是九十年代以后设计院改制，全面市场化和集团化的领导者和决策者，也是同济设计集团董事会的成员，如同济大学前常务副校长顾国维教授、李永盛教授，还有长期主持学校基建，推动设计院与学校合作的前常务副校长陈小龙教授等。最近20年担任设计院行政主管和技术总工的丁洁民、王健、吴长福、张洛先、周建峰等，他们差不多是设计院的同龄人，毕业后就抓住了改革开放和城市化高速发展的良好机遇，在九十年代中继任为新一代的管理者，他们是同济设计品牌近 20 年不断壮大的领军人物。众所周知，历史研究中，既注重史料的收集和整理，又有良好记忆力的历史见证者最为难得，在我们的课题中，保存了 1956 至 1961 年日记的赵秀恒教授，曾撰写吴景祥、陆轸、戴复东院士等前辈回忆的薛求理教授，曾撰写生动的建筑工程班回忆，并拍摄大量照片的信息中心负责人朱德跃老师，还有曾长期在汶川地震援建一线工作，今年刚被任命为同济设计集团党委书记的汤朔宁教授等都是我们的贵人，他们不仅为研究团队提供了大量珍贵的历史照片，还不厌其烦地为我们确认其中每一个人的姓名和身份。

同样不可忽视的是，今天的同济设计集团，市政类工程无论在经济上还是技术上所占份额都在不断增加。如果没有工程院院士项海帆教授、桥梁院的曾明根院长和徐利平总工、轨道院的贾坚院长、市政院的翟东副院长和张哲元总工等的大力支持，要准确再现同济设计集团全面的技术实力和工程成就是不可想象的。

必须感谢的还有同济大学党委办公室主任陆居怡老师，在他的支持下，同济大学档案馆岳彩慧老师为我们查到跨度达 50 年的原始档案，使课题成果更为扎实可信。同济大学校史馆馆长章华明老师近年来一直致力于校史资源的发掘，他的工作为我们开展设计院前 20 年，尤其是"五七公社"时期的研究打下了良好的基础。限于篇幅，我们无法在此一一列举所有帮助过我们的人的姓名，但每一位受访者和支持者都为本书呈现全面而丰富的图景提供了不可或缺的帮助，对此我们全部铭记在心。

本研究团队由中科院院士领衔，建筑与城市规划学院的中青年教师、同济设计集团技术质量部负责人和品牌运营中心骨干设计师、博士生、硕士生以及才 20 岁出头的年轻本科生共 40 余人构成，课题研究的过程也充分体现了同济建筑"缜思畅想"精神的薪火传承。

研究的遗憾主要有二：一方面，很多重要的人事未能及时采访，或因故未能开展正式访谈，大量档案已无从获取和考证，这也提醒我们系统进行中国现当代建筑口述史采集和史料整理的紧迫性。另一方面，虽然课题开展了两年半，但正式确定以著而非编的方式发表成果到本书出版只有短短 11 个月。在此期间，研究团队开展了50 余组访谈，作者边研究边写作完成了数十万字的文稿，还与集团同事一起整理了十个附录和所有图片，内容庞杂，工作量巨大。因此本书一定还存在不少错漏，深度也有待进一步挖掘。之所以敢于付梓出版，是为了抛砖引玉，以期前辈和同行们不吝赐教，使之更臻完善，并成为进一步深入研究的基础。

同济设计 60 年是极不平凡的，一个甲子的雄浑交响曲已经由一代代同济人用难以尽数的热情、才智和勤奋谱写而就，能用文字凝固其中重要的片段，是研究团队和执笔者的莫大荣幸。

作者
2018 年 9 月 12 日

图书在版编目（CIP）数据

同济大学建筑设计院60年 / 华霞虹，郑时龄著 . -- 上海：同济大学出版社，2018.10
ISBN 978-7-5608-8136-2

I . ①同… II . ①华… ②郑… III . ①建筑设计 – 大学研究院 – 概况 – 上海 IV . ① TU2-40

中国版本图书馆 CIP 数据核字 (2018) 第 203799 号

同济大学建筑设计院60年

华霞虹、郑时龄著

出品人：华春荣
策划编辑：江岱
责任编辑：徐希
责任校对：张德胜
装帧设计：(subtext)

出版发行：同济大学出版社 www.tongjipress.com.cn
地址：上海市四平路1239号　邮编：200092　电话：(021)65985622
经销：全国各地新华书店
印刷：上海雅昌艺术印刷有限公司
开本：787mm × 1092mm　1/16
印张：32.5
字数：811.2千字
版次：2018年10月第1版　2018年12月第2次印刷
书号：ISBN 978-7-5608-8136-2
定价：128.00元